Lehrbuch der LEBENSMITTELCHEMIE

1 Lebensmittelinhaltsstoffe

2., bearbeitete Auflage
von
PROF. DR. HABIL. CLAUS FRANZKE

unter Mitarbeit von
Prof. Dr. sc. R. Engst (Bergholz-Rehbrücke),
Prof. Dr. habil. U. Freimuth (Dresden),
Prof. Dr. habil. B. Gassmann (Bergholz-Rehbrücke),
Doz. Dr. sc. S. Grunert (Berlin),
Dr. habil. H. Iwainsky (Berlin),
Dr. F. Kretzschmann (Potsdam),
Prof. Dr. sc. E. Ludwig (Dresden),
Prof. Dr. habil. H. Ruttloff (Bergholz-Rehbrücke)

Mit 36 Abbildungen und 50 Tabellen

AKADEMIE-VERLAG BERLIN

Bearbeiter:

Prof. Dr. sc. R. ENGST	Kap. 15
Prof. Dr. habil. C. FRANZKE	Kap. 1, 3, 5, 10, 11, 12, 13 und 14
Prof. Dr. habil. U. FREIMUTH	Kap. 2
Prof. Dr. habil. B. GASSMANN	Kap. 7 und 9
Doz. Dr. sc. S. GRUNERT	Kap. 4
Dr. habil. H. IWAINSKY	Kap. 5 und 6
Dr. F. KRETZSCHMANN	Kap. 15
Prof. Dr. sc. E. LUDWIG	Kap. 2
Prof. Dr. habil. H. RUTTLOFF	Kap. 8

Gesamt-ISBN 3-05-500637-2
Bd. 1 ISBN 3-05-500638-0

Erschienen im Akademie-Verlag Berlin, Leipziger Straße 3—4, Berlin, DDR-1086
© Akademie-Verlag Berlin 1990
Printed in the German Democratic Republic
Gesamtherstellung: Druckhaus „Thomas Müntzer", GmbH, DDR-5820 Bad Langensalza
Lektor: Gisela Güntherberg
LSV: 1234, 1274, 3694
Bestellnummer: 762 734 5 (6553/1)

VORWORT ZUR 2. AUFLAGE

Die Stoffgliederung ist vom Prinzip auch für die 2. Auflage beibehalten worden. Einige Kapitel sind nahezu völlig neu geschrieben und einige erheblich erweitert worden. Soweit erforderlich, erfolgte grundsätzlich bei allen Kapiteln eine Aktualisierung sowie Korrektur von Fehlern.

Mein Dank gilt dem gleichen Personenkreis, der mich schon bei der 1. Auflage bestens unterstützt hat sowie Herrn *Dr. Th. Mörsel* für die kritische Durchsicht dieser Auflage.

Meine Bitte geht erneut an alle Fachkollegen, mich auf Fehler und Unzulänglichkeiten aufmerksam zu machen.

Claus Franzke

VORWORT ZUR 1. AUFLAGE

Das vorliegende „*Lehrbuch der Lebensmittelchemie*" ist in erster Linie für Studenten der Lebensmittelchemie, Lebensmitteltechnologie und Lebensmitteltechnik geschrieben, darüber hinaus aber auch für Interessenten gedacht, die sich mit Fragen auf dem Gebiet Lebensmittel und Ernährung befassen. Die beiden Bände „*Lebensmittelinhaltsstoffe*" (Bd. I) und „*Die Lebensmittel*" (Bd. II) sind inhaltlich aufeinander abgestimmt.

Der *erste Band* soll die Grundlagen der Lebensmittelchemie, d. h. das Wissen über Struktur, Eigenschaften und Reaktivität der die Lebensmittel konstituierenden Bausteine vermitteln und Hinweise auf deren biologische, lebensmittelchemisch-analytische und technologische Bedeutung gewisser Verbindungen geben. In stärkerem Umfange als sonst üblich sind jene Bestandteile berücksichtigt, über deren Vorkommen, Konstitution, Entstehen und Wirkungsweise man erst in neuerer Zeit besser informiert ist, die mengenmäßig zwar meist wenig ins Gewicht fallen, aber trotzdem für die Qualität von Lebensmitteln von ausschlaggebender Bedeutung sein können. So ist beispielsweise den Kapiteln „*Aroma- und Geschmacksstoffe*" sowie „*Zusatzstoffe und Kontaminanten*" relativ viel Platz eingeräumt worden.

Der *zweite Band* beschreibt unter Voranstellung eines Kapitels über die Reaktionskinetik von Lebensmittelinhaltsstoffen, die Lebensmittel und die ihnen lt. Lebensmittelgesetz rechtlich gleichgestellten Produkte. Sie werden nach Erzeugnisgruppen zusammengefaßt abgehandelt. Die stoffliche Zusammensetzung der Nahrungsgüter, ihre Determiniertheit bzw. Änderung in Abhängigkeit von inneren und äußeren Faktoren steht im Vordergrund der Betrachtungen. Auf analytische Möglichkeiten ihrer Erfassung und die damit verbundenen Probleme kann nur hier und da hingewiesen werden.

Die Ausführungen zur Technologie der Gewinnung, Aufbereitung, Herstellung usw. einzelner Lebensmitteltypen und ihrer Ausgangsstoffe sind vorwiegend prinzipieller Natur. Sie sollen anhand von Zielstellung, angewendeter Verfahrensweise und gegebenen Bedingungen primär erkennen lassen, welche chemischen Umsetzungen beabsichtigt und möglich sind, um daraus Schlußfolgerungen für die Beeinflußbarkeit bestimmter Reaktionen hinsichtlich Richtung, Umfang und Geschwindigkeit ziehen zu können.

Die Darlegung ernährungsphysiologischer, lebensmittelhygienisch-toxikologischer und -rechtlicher neben der chemischer Aspekte soll das Verständnis für Zusammenhänge und eine komplexe Problembetrachtung fördern. Sie ist allerdings kurz gehalten, um genügend Raum für die Behandlung (bio-)chemischer Sachverhalte zu lassen.

Den Abschluß bildet ein Kapitel *„Ausgewählte statistische Angaben über Lebensmittelverbrauch, Ernteerträge und Produktion"*.

Der Student und jeder andere interessierte Leser, der sein Wissen weiter vervollkommnen möchte, sollte die Mühe nicht scheuen, die am Ende eines jeden Bandes aufgeführte Literatur zum vertiefenden Studium mit heranzuziehen.

Bezüglich der technischen Details seien folgende Hinweise gegeben: Für die Formeln sind dort, wo es aus didaktischen Gründen angebracht erschien, vereinfachte Strichzeichnungen verwendet worden, aus denen jedoch — außer im Falle eines ausdrücklichen Vermerkes — Rückschlüsse auf Konfiguration oder Konformation nicht gezogen werden dürfen. Grundsätzlich wird die c-Schreibweise angewendet. Die neuen Vorschläge der IUPAC für die Schreibweise von chemischen Verbindungen sind weitgehend berücksichtigt. Als Affixe mit systematischer Bedeutung werden daher verwendet -en, anstelle von -ol oder -in für benzoide (aromatische) Kohlenwasserstoffe (z. B. Benzen, Caroten, Naphthalen, Styren usw.) und -ol für Verbindungen mit -OH als charakteristischer Gruppe (z. B. Cholesterol, Glucitol, Glycerol, Inositol usw.). Durchgängig wurden SI-Einheiten für physikalisch-technische Daten angewendet, wobei aber zusätzlich in Klammern die entsprechenden Werte in den bisher gebräuchlichen Maßeinheiten angegeben sind.

Mein Dank gilt in erster Linie den Mitautoren, die eigenverantwortlich bestimmte Kapitel bearbeitet haben und in verständnisvoller Weise meine Änderungsvorschläge für ihre Manuskripte, die ich im Hinblick auf eine einheitliche Gestaltung für erforderlich hielt, berücksichtigt haben. Zu danken habe ich zahlreichen Fachkollegen für Ratschläge, Literaturbeschaffung sowie kritische Durchsicht von Einzelkapiteln. Herrn *Chem.-Ing. H. Döhnert* danke ich für die Anfertigung aller Zeichnungen. Dem Akademie-Verlag, besonders Frau *G. Güntherberg* und Herrn *F. Schulz*, bin ich für ihr verständnisvolles Entgegenkommen zu Dank verbunden. Besonders zu danken habe ich noch Herrn *Dozent Dr. S. Grunert*, der mich durch zahlreiche Diskussionen, Überprüfung von Einzeldarstellungen und kritische Hinweise unterstützt hat. Meine Bitte geht an alle Fachkollegen, mich auf Fehler und Unzulänglichkeiten aufmerksam zu machen.

Claus Franzke

INHALT

1.	Einleitung	15
2.	Aminosäuren, Peptide, Proteine	18
2.1.	Allgemeines	18
2.2.	Aminosäuren	18
2.2.1.	Aufbau, Einteilung	18
2.2.2.	Vorkommen, Entdeckung, Bedeutung	19
2.2.2.1.	Aminosäuren mit unpolarer Seitenkette	19
2.2.2.2.	Aminosäuren mit polarer ungeladener Seitenkette	24
2.2.2.3.	Aminosäuren mit geladener Seitenkette	25
2.2.2.4.	Aminosäureproduktion	26
2.2.3.	Physikalisch-chemische Eigenschaften	26
2.2.3.1.	Löslichkeit	26
2.2.3.2.	Dissoziation	27
2.2.3.3.	Optische Eigenschaften	28
2.2.4.	Chemische Reaktionen	28
2.2.4.1.	Reaktionen an der α-Aminogruppe	28
2.2.4.2.	Umsetzungen der α-Carboxylgruppe	31
2.2.4.3.	Reaktionen an Aminosäureseitenketten	31
2.2.4.4.	Nachweisreaktionen, Bestimmungen	36
2.2.5.	Natürliche nichtproteinogene Aminosäuren	38
2.2.6.	Biogene Amine	38
2.2.7.	Aminosäureschädigungen	41
2.3.	Peptide	42
2.3.1.	Aufbau, Nomenklatur	42
2.3.2.	Physikalisch-chemische Eigenschaften	43
2.3.3.	Chemische Reaktionen	44
2.3.4.	Vorkommen, Bedeutung	44
2.4.	Proteine	45
2.4.1.	Allgemeines	45
2.4.2.	Proteinstrukturen	46
2.4.2.1.	Proteinzusammensetzung	47
2.4.2.2.	Primärstruktur	47
2.4.2.3.	Sekundärstrukturen	47

2.4.2.4.	Supersekundärstrukturen	50
2.4.2.5.	Strukturdomänen	51
2.4.2.6.	Tertiär- und Quartärstrukturen	51
2.4.3.	Physikalisch-chemische Eigenschaften	53
2.4.4.	Chemische Reaktionen	55
2.4.5.	Proteingruppen, individuelle Proteine	55
2.4.5.1.	Einfache Proteine	55
2.4.5.2.	Zusammengesetzte Proteine (Proteide)	58
2.4.6.	Proteinveränderungen in Lebensmitteln	60
2.4.7.	Proteinmodifizierung	60
2.4.8.	Unkonventionelle Proteine (neue Proteinquellen)	61
2.4.9.	Biologischer Wert von Proteinen	62
3.	Lipide und deren Bausteine	64
3.1.	Allgemeines	64
3.2.	Einfache Lipide	65
3.2.1.	Fette	65
3.2.1.1.	Fettsäuren	66
3.2.1.2.	Glycerol	76
3.2.1.3.	Aufbau der Fette	76
3.2.2.	Wachse	78
3.2.3.	Sterolester	79
3.2.3.1.	Zoosterole	79
3.2.3.2.	Phytosterole	80
3.2.3.3.	Mycosterole	81
3.3.	Phospholipide	82
3.3.1.	Glycerophospholipide	82
3.3.2.	Sphingophospholipide	83
3.4.	Glycolipide, Lipopolysaccharide	84
3.4.1.	Glyceroglycolipide	84
3.4.2.	Sphingoglycolipide	85
3.4.3.	Sterylglycolipide	85
3.5.	Fettbegleitstoffe	86
3.5.1.	Kohlenwasserstoffe	86
3.5.2.	Lipochrome	86
3.5.3.	Lipovitamine	87
3.5.4.	Weitere Fettbegleitstoffe	87
3.6.	Lipidveränderungen	87
3.6.1.	Hydrolyse	88
3.6.1.1.	Chemische Hydrolyse	88
3.6.1.2.	Enzymatische Hydrolyse	88
3.6.2.	Oxydation	89
3.6.2.1.	Primäre Oxydationsprodukte	89
3.6.2.2.	Sekundäre Oxydationsprodukte	94

3.6.2.3.	Oxydationsfördernde und -hemmende Faktoren	94
3.6.3.	Polymerisation	95
3.6.3.1.	Thermische Polymerisation	95
3.6.3.2.	Oxypolymerisation	97
3.6.4.	Mikrobiell bedingte Methylketonbildung	97
4.	Kohlenhydrate	98
4.1.	Allgemeines	98
4.2.	Monosaccharide	99
4.2.1.	Struktur	99
4.2.1.1.	Konstitution	99
4.2.1.2.	Stereoisomerie	100
4.2.2.	Pentosen, Hexosen	103
4.2.3.	Derivate von Monosacchariden	105
4.2.3.1.	Glycoside	105
4.2.3.2.	Zuckeranhydride, Anhydrozucker	107
4.2.3.3.	Acetale, Dithioacetale, Ketale	107
4.2.3.4.	Zuckerether	108
4.2.3.5.	Zuckerester	108
4.2.3.6.	Desoxy- und Aminozucker	108
4.2.3.7.	Zuckeralkohole	109
4.2.3.8.	Glyconsäuren, Glycuronsäuren, Glycarsäuren	111
4.3.	Oligosaccharide	113
4.3.1.	Disaccharide	113
4.3.1.1.	Nichtreduzierende Disaccharide	114
4.3.1.2.	Reduzierende Disaccharide	115
4.3.2.	Trisaccharide, höhere Oligosaccharide	116
4.3.2.1.	Nichtreduzierende Verbindungen (Glycosyl-Glycoside)	116
4.3.2.2.	Reduzierende Verbindungen (Glycosyl-Glycosen)	117
4.4.	Polysaccharide (Glycane)	117
4.4.1.	Homopolysaccharide (Homoglycane)	119
4.4.1.1.	Monosaccharid-Homoglycane	119
4.4.1.2.	Aminozucker-Homoglycane	122
4.4.1.3.	Uronsäure-Homoglycane	123
4.4.2.	Heteropolysaccharide (Heteroglycane)	123
4.4.2.1.	Monosaccharid-Heteroglycane	123
4.4.2.2.	Monosaccharid-Uronsäure-Heteroglycane	124
4.4.2.3.	Heteroglycane mit Anhydrozucker-Struktureinheiten	126
4.4.2.4.	Heteroglycane mit Aminozucker-Struktureinheiten	127
4.5.	Saccharid-Protein-Verbindungen	127
4.6.	Chemische Saccharidveränderungen	128
4.6.1.	Hydrolyse, Reversion	128
4.6.1.1.	Hydrolyse	128
4.6.1.2.	Reversion	131

4.6.2.	Mutarotation, Endiolbildung, Isomerisierung	132
4.6.3.	Dehydratisierung, Desmolyse	133
4.6.3.1.	Saure Medien	133
4.6.3.2.	Alkalische Medien	135
4.6.4.	Bräunung	135
4.6.4.1.	Bräunungsreaktionen außer Caramelisierung	135
4.6.4.2.	Caramelisierung	136
5.	Wasser	138
5.1.	Allgemeines	138
5.2.	Wassergehalt von Lebensmitteln	139
5.3.	Bedeutung des Wassers für Lebensmittel	139
6.	Mineralstoffe	143
6.1.	Allgemeines	143
6.2.	Mineralstoffgehalt von Lebensmitteln	145
6.3.	Radioaktive Mineralstoffe	150
6.4.	Auswirkung von Mineralstoffen auf Lebensmittel	151
7.	Vitamine	152
7.1.	Allgemeines	152
7.1.1.	Begriffsbestimmung, Nomenklatur, Funktionen, Bedarf	152
7.1.2.	Vitaminantagonisten (Antivitamine)	154
7.1.3.	Geschichte, Herstellung, Bestimmung	154
7.1.4.	Bedarfsdeckung, Vitamine als Lebensmittelinhalts- und -zusatzstoffe, Verlustproblematik	156
7.2.	Fettlösliche Vitamine	160
7.2.1.	Retinol (Vitamin A) und dessen Provitamine	160
7.2.2.	Calciferole (Vitamin D)	164
7.2.3.	Tocopherole (Vitamin E)	164
7.2.4.	Naphthochinone (Vitamin K)	166
7.3.	Wasserlösliche Vitamine	166
7.3.1.	Thiamin (Vitamin B_1)	166
7.3.2.	Riboflavin (Vitamin B_2)	168
7.3.3.	Nicotinsäure, Nicotinamid	169
7.3.4.	Pyridoxol, Pyridoxal, Pyridoxamin (Vitamin-B_6-Gruppe)	170
7.3.5.	Pantothensäure	171
7.3.6.	Biotin	171
7.3.7.	Folsäure	172
7.3.8.	Cobalamine (Vitamin B_{12})	173
7.3.9.	Ascorbinsäure (Vitamin C)	175
8.	Enzyme	179
8.1.	Allgemeines	179

8.2.	Struktur, Wirkung	179
8.2.1.	Proteinanteil	179
8.2.2.	Aktives Zentrum, Mechanismus der Enzymkatalyse	180
8.2.3.	Coenzyme, prosthetische Gruppen, Cofaktoren	181
8.2.4.	Spezifität	182
8.2.5.	Allosterische Enzyme	182
8.2.6.	Multiple Formen, Isoenzyme	183
8.2.7.	Zymogene	184
8.2.8.	Multienzymsysteme	185
8.2.9.	Immobilisierte Enzyme	186
8.3.	Enzymkinetik	186
8.3.1.	MICHAELIS-MENTEN-Kinetik	186
8.3.2.	Hemmung	189
8.3.3.	Aktivierung	190
8.3.4.	Kinetik der allosterischen Enzyme	191
8.4.	Einfluß äußerer Bedingungen	191
8.4.1.	Temperatur	191
8.4.2.	pH-Wert	192
8.4.3.	Wassergehalt	192
8.5.	Enzymaktivität, Enzymeinheit	193
8.6.	Klassifizierung, Nomenklatur	193
8.7.	Vorkommen, Gewinnung	194
8.8.	Enzyme als Bestandteile von Lebensmitteln	195
8.9.	Einsatz von Enzymen bei der Lebensmittelproduktion und -analytik	198
9.	Farbstoffe	200
9.1.	Allgemeines	200
9.2.	Tetrapyrrol-Strukturen	201
9.2.1.	Hämfarbstoffe	202
9.2.2.	Gallenfarbstoffe	206
9.2.3.	Chlorophylle	206
9.3.	Isoprenoide	208
9.4.	Phenylchromanderivate (Anthocyane)	212
9.5.	Betalaine	215
9.6.	Chinone und Xanthone	216
9.7.	Weitere Farbstoffe	217
10.	Ätherische Öle	218
10.1.	Allgemeines	218
10.2.	Inhaltsstoffe	220
10.2.1.	Terpene	220
10.2.1.1.	Monoterpene	221
10.2.1.2.	Sesquiterpene	223
10.2.2.	Benzoide Verbindungen	224

10.2.3.	Aliphatische Verbindungen	225
10.2.4.	Heterocyclische Verbindungen	225
10.2.5.	Sonstige Verbindungen	226
10.3.	Balsame, Harze	228
11.	Pflanzenphenole	230
11.1.	Allgemeines	230
11.2.	C_6-C_1-Grundkörper	230
11.3.	C_6-C_3-Grundkörper	232
11.4.	C_6-C_3-C_6-Grundkörper	233
11.5.	Einfluß der Pflanzenphenole auf die Qualität von Lebensmitteln	238
11.5.1.	Enzymatische Bräunung	238
11.5.2.	Nichtenzymatische Verfärbungen	239
11.5.3.	Sonstige Einflüsse	240
12.	Alkaloide	241
12.1.	Allgemeines	241
12.2.	Coffein, Theobromin, Theophyllin	242
12.3.	Capsaicin	243
12.4.	Nicotin	244
12.5.	Piperin	245
12.6.	Solanidin	245
13.	Nucleinsäuren und deren Bausteine	247
13.1.	Pyrimidine, Purine	247
13.2.	Nucleoside, Nucleotide	250
13.3.	Nucleinsäuren	251
14.	Aroma- und Geschmacksstoffe	254
14.1.	Allgemeines	254
14.2.	Aromastoffe	256
14.2.1.	Vorkommen, Verhalten	256
14.2.2.	Einteilung	260
14.2.3.	Bildung	260
14.2.3.1.	Fette als Aromavorstufen	261
14.2.3.2.	Kohlenhydrate als Aromavorstufen	261
14.2.3.3.	Eiweißstoffe als Aromavorstufen	263
14.3.	Geschmacksstoffe	264
14.3.1.	Sauer schmeckende Stoffe	265
14.3.2.	Salzig schmeckende Stoffe	267
14.3.3.	Süß schmeckende Stoffe	267
14.3.4.	Bitter schmeckende Stoffe	269
14.3.5.	Geschmacksverstärker	271

15.	Zusatzstoffe und Kontaminanten	274
15.1.	Allgemeines	274
15.2.	Zusatzstoffe (Additive)	276
15.2.1.	Stoffe zur Verbesserung des Aussehens	276
15.2.1.1.	Lebensmittelfarbstoffe	276
15.2.1.2.	Farbverändernde und -stabilisierende Stoffe	278
15.2.2.	Stoffe zur Verbesserung von Aroma und Geschmack	278
15.2.3.	Stoffe zur Verbesserung und Stabilisierung der Konsistenz	280
15.2.3.1.	Dickungs- und Geliermittel	280
15.2.3.2.	Emulgatoren, Emulsionsstabilisatoren	281
15.2.3.3.	Sonstige konsistenzbeeinflussende und stabilisierende Stoffe	283
15.2.4.	Stoffe zur Verlängerung der Haltbarkeit	285
15.2.4.1.	Konservierungsmittel	285
15.2.4.2.	Antioxydantien, Synergisten, Komplexbildner	287
15.3.	Verunreinigungen und Rückstände (Kontaminanten)	289
15.3.1.	Rückstände aus der Pflanzenproduktion	289
15.3.1.1.	Pflanzenschutz- und Schädlingsbekämpfungsmittel	289
15.3.1.2.	Sonstige Agrochemikalien	297
15.3.2.	Rückstände aus der Tierproduktion	297
15.3.3.	Mikrobielle Verunreinigungen	300
15.3.3.1.	Mycotoxine	301
15.3.3.2.	Bakterientoxine	302
15.3.4.	Sonstige Verunreinigungen	302
16.	Literatur	305
17.	Sachwortverzeichnis	308

1. EINLEITUNG

Lebensmittel dienen in ihrer vielfältigen Form dem Menschen zur Energiegewinnung sowie zum Aufbau und Ersatz körpereigener Substanzen.

Nach dem derzeitigen Stand unserer Kenntnisse benötigt der Mensch zur Aufrechterhaltung seiner Gesundheit und seines Leistungsvermögens — abgesehen von einer ausreichenden Menge energieliefernder Verbindungen — ständig über 50 verschiedene Stoffe, die er mit der Nahrung aufnehmen muß. Diese Stoffe werden als *essentielle Nahrungsbestandteile* bezeichnet, da der Mensch nicht bzw. nicht in ausreichendem Umfange in der Lage ist, sie selbst aus anderen Verbindungen durch körpereigene Synthesen aufzubauen. Zu diesen Stoffen zählen Wasser, Mineralstoffe, Vitamine sowie die essentiellen Aminosäuren und die essentiellen Fettsäuren. Im Hinblick auf eine optimale Nahrung ist es also nicht entscheidend, welche Lebensmittel der Mensch zu sich nimmt, sondern aus welchen Bausteinen sie sich zusammensetzen, da sich der biologische Wert der Nahrung aus Art und Menge der die Lebensmittel konstituierenden Bausteine ergibt.

Die erforderliche tägliche Energiezufuhr (Energiebedarf) durch die Nahrung, die aus den einzelnen energieliefernden Lebensmittelbausteinen resultieren muß, beträgt für einen gesunden Mann bei mittelschwerer körperlicher Arbeit und normalem Lebensstil etwa 12,6 MJ (3000 kcal) und für eine Frau etwa 10,0 MJ (2400 kcal).

Es gilt heute als wünschenswert, daß etwa 10 ... 15% des Energiebedarfes durch Eiweiß, etwa 30 ... 35% durch Fett und etwa 45 ... 60% durch Kohlenhydrate (mindestens 100 g/Tag) aufgebracht werden.

Für den absoluten Tagesbedarf ergeben sich somit folgende orientierende Empfehlungen:

Mann: 85 g Eiweiß, 105 g Fett, 400 g Kohlenhydrate
Frau: 75 g Eiweiß, 85 g Fett, 310 g Kohlenhydrate

Für den Energiegehalt der drei Hauptnährstoffe sind hier folgende physiologische Brennwerte zugrunde gelegt:

1 g Eiweiß   = 17,2 kJ (4,1 kcal)
1 g Kohlenhydrat = 17,2 kJ (4,1 kcal)
1 g Fett   = 39,0 kJ (9,3 kcal)

(In diesem Zusammenhang sei darauf verwiesen, daß Ethylalkohol ebenfalls einen recht hohen Brennwert (1 g = 30 kJ bzw. 7,1 kcal) hat und bei der Energieaufnahme berücksichtigt werden muß.)

Selbstverständlich ist der Energiebedarf nicht eine feststehende Größe, sondern abhängig von vielen Faktoren, z. B. Alter, Geschlecht, Körperkonstitution, Gesundheitszustand, Schwere der Arbeit, Verdauung- und Absorptionsleistung, Klima usw.

Für eine optimale Nahrung ist eine ausreichende Energiezufuhr die Grundvoraussetzung; darüber hinaus müssen aber alle erforderlichen essentiellen Bestandteile in genügender Menge vorhanden sein.

Die *Lebensmittel* sind, wenn man von wenigen Ausnahmen, z. B. Wasser, Zucker und Kochsalz absieht, keine einfachen und einheitlichen chemischen Verbindungen, sondern stellen meist recht kompliziert zusammengesetzte Produkte der Biogenese des Tier- und Pflanzenreiches dar, so daß eine Gliederung nach chemischen Gesichtspunkten kaum möglich ist. Die Lebensmittel werden daher im allgemeinen nach ihrer Herkunft in tierische und pflanzliche Produkte unterteilt.

Die *Lebensmittelinhaltsstoffe* hingegen kann man unabhängig von ihrer Herkunft in primäre und sekundäre Bestandteile einteilen.

Unter primären Bestandteilen werden solche Stoffe verstanden, die in den Lebensmitteln originär bereits vorhanden sind. Hierzu rechnen einerseits die Nährsstoffe mit hoher potentieller Energie, wie Eiweiße, Kohlenhydrate und Fette, sowie anderseits Mineralstoffe, Vitamine und Wasser. Die primär vorhandenen Begleitstoffe (z. B. Farbstoffe, ätherische Öle, Gerbstoffe usw.) spielen für die Energiegewinnung keine bzw. nur eine untergeordnete Rolle. Sie können aber den Genußwert eines Lebensmittels (Aroma, Geschmack, Farbe usw.) positiv oder negativ beeinflussen bzw. können in einigen, wenigen Fällen sogar gesundheitsschädigend sein (z. B. toxische Amine, strumigene Stoffe usw.). Zu den sekundären Bestandteilen der Lebensmittel zählen solche Substanzen, die den Lebensmitteln zugesetzt werden (Additive) bzw. sich als Verunreinigungen und damit unerwünschte Komponenten (Kontaminanten) in Lebensmitteln angereichert haben sowie jene Stoffe, die sich — teils erwünscht, teils unerwünscht — unvermeidbar bei der Gewinnung, Verarbeitung, Lagerung und Zubereitung gebildet haben (Umsatzprodukte).

Wenngleich auch bei der Einteilung der Lebensmittelinhaltsstoffe in primäre und sekundäre Bestandteile Überschneidungen auftreten, z. B. ist das Konservierungsmittel Benzoesäure originär in einigen Früchten vertreten, einige Farbstoffe können sowohl Begleit- als auch Zusatzstoff sein, so soll diese Einteilung hier doch beibehalten werden, da sie didaktisch vorteilhaft ist.

Unsere Lebensmittel, die überwiegend der lebenden Natur entstammen und zumeist relativ komplizierte chemische Stoffgemische darstellen, erleiden als Rohstoffe, Zwischenprodukte und Fertigerzeugnisse bei Verarbeitung, Lagerung, Transport und Zubereitung vielfältige biologische, chemische, physikalische und sensorische Veränderungen. Bei unsachgemäßer Behandlung sind diese Veränderungen besonders nachteilig und führen zu Qualitätsminderungen sowie zum Verderb. Der Volkswirtschaft erwachsen daraus wesentliche ökonomische Verluste, zumal Nahrungsgüterwirtschaft und Lebensmittelindustrie nach Produktionswert und -volumen mit zu den bedeutendsten Wirtschaftsfaktoren gehören. Die Sicherung des Bedarfes der Bevölkerung mit ernährungsphysiologisch hochwertigen und hygienisch einwandfreien Lebensmitteln nach Umfang und Qualität bei minimalem Aufwand an gesellschaftlicher Arbeit und der Einschränkung von Warenverlusten setzt die Aneignung und Anwendung modernster wissenschaftlicher Kenntnisse voraus.

Einteilung der Lebensmittelinhaltsstoffe

1. Primäre Bestandteile
  Nährstoffe
    Eiweiße
    Kohlenhydrate
    Fette
    Wasser
    Mineralstoffe
    Vitamine

  Begleitstoffe
    Enzyme
    Farbstoffe
    Ätherische Öle
    Gerbstoffe
    usw.

2. Sekundäre Bestandteile
  Zusatzstoffe (Additive)
    Konservierungsmittel
    Antioxydantien
    Emulgatoren
    Dickungsmittel
    usw.

  Verunreinigungen (Kontaminanten)
    Pflanzenschutzmittel
    Tierarzneimittel
    Desinfektionsmittel
    usw.

  Umsatzprodukte
    Kondensationsprodukte
    Oxydationsprodukte
    Polymerisationsprodukte
    Abbauprodukte
    usw.

2. AMINOSÄUREN, PEPTIDE, PROTEINE

2.1. Allgemeines

Aminosäuren, Peptide und Proteine sind wichtige Inhaltsstoffe von Lebensmitteln; denn sie bestimmen wesentlich deren ernährungsphysiologische, sensorische sowie funktionelle Eigenschaften. Zahlreiche Lebensmittel mit Schaum-, Emulsions- oder Gelstruktur verdanken diese Eigenschaften in erheblichem Maße ihrem Proteingehalt. Durch biokatalytische Aktivitäten (Enzyme) können Proteine auch maßgeblich zum Verderb von Lebensmitteln beitragen.

Einige Aminosäuren sind bedingt oder völlig essentiell, d. h., daß sie vom Organismus nur begrenzt oder gar nicht synthetisiert werden können und deshalb mit der Nahrung zugeführt werden müssen.

Während der Verarbeitung und Zubereitung von Lebensmitteln, aber auch spürbar bei längerer Lagerung, können sich Aminosäuren, Peptide und Proteine mit anderen Lebensmittelinhaltsstoffen umsetzen und zur Veränderung von Aroma, Farbe und Verwertbarkeit beitragen.

Einige Oligo- und Polypeptide sind wegen ihrer physiologischen Wirksamkeit, andere wegen ihres süßen oder bitteren Geschmackes oder sogar wegen ihrer Toxizität bedeutsam.

2.2. Aminosäuren

Nahrungsproteine sind aus etwa zwanzig Aminosäuren aufgebaut (*proteinogene Aminosäuren*). Darüber hinaus existiert vor allem in Pflanzen eine wesentlich größere Zahl (über 200) *nichtproteinogener Aminosäuren*. Diese haben, von wenigen Ausnahmen abgesehen, keine primäre metabolische Bedeutung. Die nachfolgenden Ausführungen beziehen sich, wenn nicht anders vermerkt, auf proteinogene Aminosäuren.

2.2.1. Aufbau, Einteilung

Proteinogene Aminosäuren sind bis auf eine Iminosäure α-Aminosäuren.

Die Seitenkette R ist unterschiedlich aufgebaut. Sie charakterisiert folglich die individuelle Aminosäure und ihr Verhalten, je nachdem ob der Rest R aliphatischer, aromatischer oder heterocyclischer Natur ist, ob er polar oder unpolar, elektrophil oder nucleophil ist.

$$
\begin{array}{cc}
\text{COOH} & \text{COOH} \\
| & | \\
\text{H}_2\text{N}-\text{C}-\text{H} & \text{H}-\text{C}-\text{NH}_2 \\
| & | \\
\text{R} & \text{R} \\
\text{L-Form} & \text{D-Form}
\end{array}
$$

Außer bei Glycin, wo R ein Wasserstoffatom bedeutet, ist das α-Kohlenstoffatom asymmetrisch. Diese Aminosäuren sind infolgedessen optisch aktiv. Proteinogene Aminosäuren liegen alle in der L-Form vor; D-Formen sind besonders bei Mikroorganismen gefunden worden. Für Aminosäuren hat sich das CAHN-INGOLD-PRELOG-System zur Beschreibung der Konfiguration nicht eingebürgert. L-Aminosäuren würden i. a. den (S)-Formen entsprechen.

Zusätzliche asymmetrische Kohlenstoffatome liegen in den Seitenketten von Isoleucin, Threonin und Hydroxyprolin vor, so daß sich in diesen Fällen die Zahl der Enantiomeren um zwei allo-Modifikationen erhöht.

Die Einteilung der Aminosäuren erfolgt nach unterschiedlichen Gesichtspunkten, aber alle beziehen sich auf den Charakter der Seitenkette R. Verbreitet ist die Klassifizierung in *neutrale Monoaminomonocarbonsäuren*, *saure Monoaminodicarbonsäuren* und *basische Diaminomonocarbonsäuren*.

Zweckmäßiger ist eine Gliederung, die die für die Struktur und Stabilität eines Proteinmoleküls wichtigen Wechselwirkungen der Seitenketten stärker berücksichtigt. Sie gliedert die Aminosäuren in solche mit unpolaren und folglich auch ungeladenen Seitenketten (Gly, Ala, Val, Leu, Ile, Pro, Phe, Trp, Met), solche mit polaren aber ungeladenen Seitenketten (Ser, Thr, Cys, Tyr, Asn, Gln) und solche mit geladenen Seitenketten (Asp, Glu, His, Arg, Lys).

Die ernährungsphysiologische Bedeutung der Aminosäuren liegt der Einteilung in essentielle, bedingt essentielle und nicht essentielle Vertreter zugrunde.

2.2.2. Vorkommen, Entdeckung, Bedeutung

In Lebensmitteln liegen Aminosäuren hauptsächlich gebunden als Proteinbausteine vor; der Gehalt an freien Aminosäuren ist im allgemeinen gering.

2.2.2.1. Aminosäuren mit unpolarer Seitenkette

Glycin ist die einfachste Aminosäure. In Proteinen kommt sie häufig vor, besonders reichlich in Kollagen (etwa 30%) und folglich auch in Gelatine. Im Stoffwechsel wird der Stickstoff leicht übertragen; das Kohlenstoffgerüst oder Teile davon werden zur Synthese anderer Verbindungen verwendet.

Tabelle 2.1. Die proteinogenen Aminosäuren

Trivialname	Symbole	Systematischer Name	Formel	Relative Molekülmasse	Effekt. Seitenkettenradius (nm)	pK-Werte α-COOH	pK-Werte α-NH$_2$	pK-Werte Seitenkette	pI	Essentiell
1. Aminosäuren mit unpolarer Seitenkette										
Glycin	Gly G	2-Amino-ethansäure		75,1	0,42	2,3	9,6	—	6,0	—
Alanin	Ala A	2-Amino-propansäure		89,1	0,52	2,3	9,7	—	6,0	—
Valin	Val V	2-Amino-3-methyl-butansäure		117,2	0,64	2,3	9,6	—	6,0	+
Leucin	Leu L	2-Amino-4-methyl-pentansäure		131,2	0,70	2,4	9,6	—	6,0	+
Isoleucin	Ile I	2-Amino-3-methyl-pentansäure		131,2	0,70	2,3	9,6	—	6,0	+
Prolin	Pro P	Pyrrolidin-2-carbonsäure		115,1	0,62	2,0	10,6	—	6,3	—
Phenylalanin	Phe F	2-Amino-3-phenyl-propansäure		165,2	0,71	1,8	9,1	—	6,0	+
Tryptophan	Trp W	2-Amino-3-indolyl-propansäure		204,2	0,76	2,4	9,4	—	5,9	+
Methionin	Met M	2-Amino-4-methyl-thiobutansäure		149,2	0,68	2,3	9,2	—	5,8	+

AMINOSÄUREN

2. Aminosäuren mit polarer ungeladener Seitenkette

			Struktur	M		pK_1	pK_2	pK_R	pI	
Serin	Ser S	2-Amino-3-hydroxy-propansäure		105,1	0,49	2,2	9,2	—	5,7	—
Threonin	Thr T	2-Amino-3-hydroxy-butansäure		119,1	0,50	2,6	10,4	—	6,5	+
Cystein	Cys C	2-Amino-3-mercapto-propansäure		121,1	0,61	1,7	10,8	8,3	5,0	—
Tyrosin	Tyr Y	2-Amino-3-(4-hydroxphenyl)-propansäure		181,2	0,71	2,2	9,1	10,1	5,7	—
Asparagin	Asn N	2-Amino-butan-1-säure-4-säureamid		132,1	0,50	2,0	8,8	—	5,4	—
Glutamin	Gln Q	2-Amino-pentan-1-säure-5-säureamid		146,1	0,60	2,2	9,1	—	5,7	—

3. Aminosäuren mit geladener Seitenkette

			Struktur	M		pK_1	pK_2	pK_R	pI	
Asparaginsäure	Asp D	2-Amino-butan-1,4-disäure		133,1	0,50	1,9	9,8	3,9	3,0	—
Glutaminsäure	Glu E	2-Amino-pentan-1,5-disäure		147,1	0,60	2,2	9,7	4,3	3,2	—
Histidin	His H	2-Amino-3-(5-imid-azolyl)-propansäure		155,2	0,60	1,8	9,1	6,0	7,6	(+)
Arginin	Arg R	2-Amino-5-guanidino-pentansäure		174,2	0,60	2,2	9,0	12,6	10,8	(+)
Lysin	Lys K	2,6-Diaminohexansäure		146,2	0,60	2,2	8,9	10,5	9,7	+

Tabelle 2.2. Entdeckung von Aminosäuren

Aminosäure	Entdeckungsjahr	Entdecker	Quelle
Asn	1806	L. N. Vauquelin J. P. Robiquet	Spargel
Cys	1810	W. H. Wollaston	Blasensteine
Leu	1818	J. L. Proust	Käse
Gly	1820	H. Braconnot	Gelatine
Tyr	1846	J. Liebig	Käse
Val	1856	E. v. Gorup-Besanez	Drüsen
Ser	1865	E. Cramer	Sericin
Glu	1866	H. Ritthausen	Gliadin
Asp	1868	H. Ritthausen	Leguminosen
Gln	1877	E. Schulze	Zuckerrüben
Phe	1879	E. Schulze J. Barbieri	Lupinensamen
Arg	1886	E. Schulze E. Steiger	Lupinenkeimlinge
Ala	1888	T. Weyl	Seidenfibroin
Lys	1889	E. Drechsel	Casein
His	1896	A. Kossel	Protamin
Pro	1901	E. Fischer	Casein
Trp	1901	F. G. Hopkins S. W. Cole	Casein
Ile	1904	F. Ehrlich	Melasse
Thr	1935	W. C. Rose et al.	Fibrin

Alanin ist in Proteinen ebenfalls weit verbreitet (durchschnittliche Menge 2 ... 7%). Die Häufigkeit des C_3-Gerüstes, das auch in anderen Aminosäuren vorkommt, beruht auf dem reichlichen Vorhandensein dieser Bruchstücke im Stoffwechsel (Pyruvat). Über das Pyruvat ist Alanin eng mit dem Kohlenhydrat-Stoffwechsel verbunden.

Valin ist ein verbreiteter Proteinbaustein, der aber meist nur in Mengen von 1 bis 5% vorkommt.

Leucin ist weit verbreitet; viele Proteine enthalten 7 ... 10%, einzelne Getreideproteine noch mehr. *Streptococcus lactis* erzeugt aus Leucin 3-Methylbutanal, das den Milchfehler „malzig", „caramelartig" verursacht.

Isoleucin ist in Mengen bis etwa 5% in Proteinen vorhanden. Ei- und Milchproteine enthalten 6 ... 7%.

Methionin ist in Mengen von etwa 2 ... 4% in tierischen Proteinen enthalten. Seltener ist es in pflanzlichem Eiweiß zu finden, wo es in manchen Fällen zu den limitierenden Aminosäuren zu rechnen ist (vgl. I; 2.4.9.). Als wichtiger Methylgruppendonator hat es funktionelle Bedeutung im Stoffwechsel, in der Leber z. B. für den Fettsäuretransport. Methionin ist empfindlich gegen Sauerstoff und Erhitzung. Unsachgemäße Verarbeitung oder Zubereitung von Lebensmitteln führt deshalb zu Methioninverlusten. Bei starker Lichteinwirkung kann in Milch aus Methionin Methional (S-Methyl-3-mercaptopropanal) und in Bier 3-Methyl-2-butenylmercaptan gebildet werden. Beide Verbindungen rufen in den Lebensmitteln einen „Lichtgeschmack" hervor.

Methional

Methyl-butenyl-mercaptan

Phenylalanin kommt in Mengen von etwa 4 ... 5% in vielen Proteinen vor. Es kann im menschlichen Organismus in Tyrosin umgewandelt werden. Bei Phenylalaninmangel kann andererseits Tyrosin in erheblichem Umfang die fehlende Aminosäure ersetzen. Phenylketonurie ist eine das Phenylalanin betreffende genetisch bedingte Stoffwechselstörung. Durch das Fehlen von Phenylalaninhydroxylase bilden sich anstelle von Tyrosin in ungewöhnlichem Maße Phenylpyruvat und Phenylessigsäure, die im Harn ausgeschieden werden. Betroffen von diesem Defekt, der schwere Gehirnschäden verursacht, sind vor allem Kinder (auch schon im pränatalen Zustand). Sie bzw. von Phenylketonurie betroffene Schwangere müssen phenylalaninarm ernährt werden.

Tryptophan kommt nur in Mengen von etwa 1 ... 2% in Proteinen vor; Molkenprotein enthält 2,5%. Tryptophan ist in Pflanzenproteinen häufig die limitierende Aminosäure (vgl. I; 2.4.9.); deshalb ist mit vegetabilischer Ernährung die Bedarfsdeckung nicht zu sichern. Kinder benötigen besonders viel Tryptophan. Die Aminosäure kann teilweise in das Vitamin Nicotinsäureamid umgewandelt werden (vgl. I; 7.3.3.). Ausreichende Zufuhr von hochwertigem Eiweiß sichert deshalb im allgemeinen den Bedarf an diesem Vitamin. Das durch Decarboxylierung entstehende Tryptamin und einige seiner Derivate besitzen hohe physiologische Aktivität (vgl. I; 2.2.7.). Bei saurer Proteinhydrolyse wird Tryptophan zerstört.

Prolin, eine Pyrrolidin-2-carbonsäure, ist die einzige proteinogene Iminosäure. Ihr Gehalt in Proteinen liegt bei etwa 4 ... 7%. Reichlich ist sie in Getreideprolaminen (etwa 10 ... 13%), Kollagen und Casein enthalten. Prolin kann im Körper aus Glutaminsäure gebildet werden. Es ist für die Proteinstruktur von Bedeutung, da es ebenso wie 4-Hydroxyprolin die Ausbildung der α-Helix stört.

4-Hydroxyprolin ist nur in Kollagen und Gelatine (etwa 13%) vorhanden. Seine Erfassung kann deshalb zum Nachweis des minderwertigen Bindegewebes neben hochwertigem Muskelfleisch in Fleischwaren genutzt werden.

2.2.2.2. Aminosäuren mit polarer ungeladener Seitenkette

Serin kommt zu etwa 4 ... 8% in zahlreichen Proteinen vor. Es kann im Körper aus Glycin gebildet werden. In mehreren Proteinen, z. B. in Casein, ist die Hydroxylgruppe des Serins mit Phosphorsäure verestert. Serin ist bei wichtigen Proteasen, z. B. Trypsin, Chymotrypsin, im Wirkungszentrum vorhanden und aktiv an der katalytischen Umsetzung des Substrates beteiligt.

Cystein und das durch Oxydation bzw. Dehydrierung daraus leicht entstehende Disulfid *Cystin* kommen in wechselnden Anteilen in Proteinen vor. Den höchsten Gehalt von etwa 10% weisen Keratine auf.

Cystein wird in neutralem oder basischem Milieu in Gegenwart von Sauerstoff rasch zu *Cystin* oxidiert. Bei der Proteinhydrolyse bildet sich stets das schwerlösliche Cystin. Cystein nimmt eine zentrale Position im S-Stoffwechsel ein. Methioninmangel kann zu einem gewissen Grade durch Cystein kompensiert werden. Bei Thiolenzymen, z. B. Papain, ist die Sulfhydrylgruppe für die katalytische Wirkung erforderlich. Cystin hat Bedeutung für die Proteinkonformation (vgl. I; 2.4.2.6.); die Disulfidbrücke ist die einzige kovalente Bindung für die Stabilisierung der Tertiärstruktur und trägt z. B. bei Weizengluten zur Ausbildung bestimmter funktioneller Eigenschaften bei.

Derivate des Cysteins sind am Geruch und Geschmack von Zwiebel, Schnittlauch, Knoblauch usw. beteiligt. Sie entstehen auf enzymatischem Wege bei der Beschädigung der Zellen (vgl. II; 10.2.5.).

Cystein ist nur in saurer Lösung beständig. Alkalieinwirkung führt auch bei peptidisch gebundenem Cystein zur Bildung von Dehydroalanin, das weiteren Umsetzungen unterliegt (vgl. I; 2.2.7.).

Threonin kommt zwischen 2 und 7% in Nahrungsproteinen vor. Bei minderwertigen Proteinasen limitiert es häufig deren biologischen Wert (vgl. I; 2.4.9.). Für die Ernährung kann von Bedeutung sein, daß sich Peptidbindungen, an denen Threonin beteiligt ist, enzymatisch offenbar besonders schwer spalten lassen.

Die teilweise Umwandlung von Threonin in α-Ketobuttersäure bei der Proteinhydrolyse ist mitverantwortlich für den Bouillongeruch der Hydrolysate. Er ist in hoher Verdünnung (1:1000) besonders intensiv.

Tyrosin ist in den meisten Proteinen zwischen 2 und 6% vorhanden. Es kann im Organismus leicht aus Phenylalanin gebildet werden. Tyrosin ist eine Vorstufe von Hormonen

(z. B. Adrenalin, Thyroidhormone) und natürlichen Pigmenten (Melanine) (s. I; 11.5.). Durch Decarboxylierung entsteht das physiologisch wirksame Tyramin (s. I; 2.2.7.).

Asparagin und *Glutamin* sind die γ- bzw. δ-Halbamide der beiden Monoaminodicarbonsäuren und wie diese in vielen Proteinen, besonders pflanzlicher Herkunft, vorhanden. Der Anteil an Glutamin und Glutaminsäure in Prolaminen von Weizen, Roggen, Gerste und Hafer liegt bei 35%. Dabei erreichen die Amidierungsgrade außer bei Hafer über 90%. Beide Amide haben in Pflanzen Bedeutung als Stickstoffreservoir sowie bei der Entgiftung von Ammoniak.

2.2.2.3. Aminosäuren mit geladener Seitenkette

Asparaginsäure kommt in vielen Proteinen bis zu etwa 10% vor.

Glutaminsäure ist reichlich in Proteinen vorhanden. In Form des Mononatriumsalzes wird sie Lebensmitteln als Geschmacksverstärker zugesetzt. Die klassische Herstellung beruht auf der sauren Hydrolyse von Weizengluten; moderner ist die biotechnologische Produktion auf Zuckerbasis.

Lysin ist in den meisten tierischen Proteinen zu 6,5 ... 12% vorhanden. Pflanzenproteine enthalten dagegen meist nur 2,5 ... 5%, viele Leguminosen aber zwischen 6,5 und 7,5%. Dieser geringe Lysin-Gehalt limitiert den biologischen Wert vieler pflanzlicher Proteine, z. B. den der Cerealien.

Der Bedarf an Lysin ist für Kinder besonders hoch. Spürbare Verluste an dieser wichtigen Aminosäure können bei der Verarbeitung und Zubereitung durch Umsetzung der reaktiven ε-Aminogruppe mit Carbonylverbindungen auftreten (s. I; 2.2.4.3. u. 2.2.7.). Als Zusatz zu Nahrung oder Tierfutter (0,1 ... 0,3%) wird Lysin großtechnisch produziert (s. I; 2.2.2.4.).

Arginin kommt zu etwa 3 ... 6% in den meisten Proteinen vor; Protamine enthalten bis über 50%, Histone etwa 10%. In Pflanzen, z. B. in Keimlingen, liegt Arginin reichlich als freie Aminosäure vor, offenbar als Stickstoffspeicher und -transportform.

Arginin wird von gesunden Erwachsenen nicht benötigt; nur vom wachsenden Organismus kann es nicht in ausreichender Menge zur Verfügung gestellt werden. Arginin ist ein wichtiges Glied des Harnstoffcyclus und damit an der Beseitigung des als ein Endprodukt des Eiweißstoffwechsels auftretenden Ammoniaks beteiligt. Auf eben diesem Wege wird anderseits Arginin und damit die Guanidino-Gruppierung bereitgestellt.

Eine wichtige Rolle spielen Arginin und das ähnlich aufgebaute Kreatin bei der Speicherung chemischer Energie in Form der Phosphagene. Das nahezu symmetrische Guanidiniumion besitzt durch die hohe Resonanzenergie eine starke Basizität. Die Resonanz wird

Argininphosphat   Kreatinphosphat

durch die Phosphorylierung beeinträchtigt, es entsteht eine energiereiche Bindung, deren Energieinhalt auf andere Verbindungen übertragen werden kann.

Histidin ist in den meisten Proteinen zu 1 ... 3%, in Blutproteinen bis zu 6% enthalten. Histidin wird nur vom wachsenden Organismus benötigt. Histidin ist für die Hämoglobinsynthese besonders wichtig. Es findet sich im Wirkungszentrum vieler Enzyme, z. B. Chymotrypsin, und ist an deren Reaktionsmechanismus beteiligt. Durch Decarboxylierung entsteht das physiologisch aktive Histamin (s. I; 2.2.7.).

2.2.2.4. Aminosäureproduktion

Einzelne Aminosäuren werden in großen Mengen synthetisch bzw. in zunehmendem Maße biotechnologisch hergestellt. Diese Verfahrensweise hat u. a. den Vorteil, nur die gewünschten L-Formen zu liefern. Die Aminosäuren werden Lebensmitteln und auch Futtermitteln zur Qualitäts- und Aromaverbesserung zugesetzt. Darüber hinaus werden viele Aminosäuren für therapeutische Zwecke produziert. Zunehmende Bedeutung gewinnen Glycin und Alanin als Geschmacksstoffe sowie Cystein als Reduktionsmittel und Backhilfsmittel.

Tabelle 2.3. Produktion von Aminosäuren (1980)

Aminosäure	Menge (t/a)	Herstellungsart	Mikroorganismen
L-Glu	300 000	biotechnologisch	*Corynebacterium glutamicum*
			Brevibacterium flavum
L-Met	105 000	synthetisch	
L-Lys	40 000	biotechnologisch	
	10 000	synthetisch	

2.2.3. Physikalisch-chemische Eigenschaften

2.2.3.1. Löslichkeit

Aminosäuren sind gut kristallisierende Substanzen, die in Wasser bei neutralem pH-Wert teils gut (Gly, Ala, Pro, Arg), zumeist aber mäßig und nur in zwei Fällen (Cys, Tyr) schwer löslich sind. Die Löslichkeit verbessert sich im Sauren oder Basischen durch Salzbildung. In unpolaren organischen Lösungsmitteln lösen sich Aminosäuren auf Grund ihrer Polarität sehr schlecht oder gar nicht.

2.2.3.2. Dissoziation

Löslichkeit, Kristallisationsfähigkeit sowie die hohen Schmelzpunkte deuten auf das Vorhandensein salzartiger Strukturen hin. In Wasser bilden die Aminosäuren je nach pH-Wert der Lösung unterschiedlich geladene Formen.

$$
\underset{\text{Kation}}{H_3\overset{\oplus}{N}-\underset{R}{\overset{COOH}{\underset{|}{C}}}-H} \;\underset{+H^{\oplus}}{\overset{-H^{\oplus}}{\rightleftarrows}}\; \underset{\text{Zwitterion}}{H_3\overset{\oplus}{N}-\underset{R}{\overset{COO^{\ominus}}{\underset{|}{C}}}-H} \;\underset{+H^{\oplus}}{\overset{-H^{\oplus}}{\rightleftarrows}}\; \underset{\text{Anion}}{H_2N-\underset{R}{\overset{COO^{\ominus}}{\underset{|}{C}}}-H}
$$

Auf Grund der engen Nachbarschaft der Ammonium- und der Carboxylat-Gruppierung ist bei Aminosäuren die Acidität der Carboxylgruppe und die Basizität der Aminogruppe größer als bei vergleichbaren Säuren oder Aminen (vgl. pK-Werte). Das bedeutet, daß Aminosäuren über einen großen pH-Bereich (etwa pH 4 ... 9) hinweg als Zwitterionen vorliegen und durch ihre Fähigkeit, Protonen aufzunehmen oder abzugeben über ausgeprägte Puffereigenschaften verfügen. Außerhalb des genannten Bereiches sind sie dann überwiegend Kationen oder Anionen. Selbstverständlich hat auch der Charakter der Seitenkette Einfluß auf die Lage der pK-Werte.

Als *isoelektrischer Punkt* pI einer Aminosäure wird derjenige pH-Wert bezeichnet, bei dem die Zwitterionen-Form die maximale Konzentration erreicht. Für Aminosäuren mit nur zwei dissoziablen Gruppen gilt:

$$pI = 0{,}5\,(pK_{a1} + pK_{a2})$$

Als Ionen wandern Aminosäuren in einem elektrischen Gleichspannungsfeld; allerdings nicht am pI, hier erfolgt nur eine Ausrichtung der Dipole.

Das Dissoziationsverhalten der Aminosäuren, und natürlich auch das der Peptide und Proteine, läßt sich gut aus Titrationskurven entnehmen. Sie zeigen, besonders bei Aminosäuren mit geladenen Seitenketten, die unterschiedlichen Pufferbereiche.

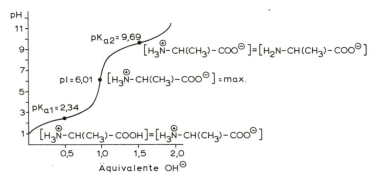

Abb. 2.1. Titrationskurve von Alanin

Das Dissoziationsverhalten der Peptide und Proteine ist dem der Aminosäuren analog. Trennmethoden wie Elektrophorese oder Ionenaustauschchromatographie nutzen dieses Verhalten.

2.2.3.3. Optische Eigenschaften

Aminosäuren sind farblose Verbindungen. Bis auf Glycin sind sie optisch aktiv. Die Größe der Drehung hängt u. a. ab von dem pH-Wert der Lösung. Da die Aminosäuren Tryptophan, Tyrosin und Phenylalanin bezoide, also chromophore Reste in der Seitenkette besitzen, absorbieren sie Licht im ultravioletten Gebiet (Absorptionsmaxima bei 200 ... 230 nm und 250 ... 290 nm). Die Absorption am längerwelligen Maximum läßt sich zur Bestimmung dieser Aminosäuren und auch von Peptiden und Proteinen nutzen.

2.2.4. Chemische Reaktionen

Aminosäuren zeigen die für die Carboxyl- und Aminogruppen typischen Reaktionen, einschließlich Cyclisierung. Weitere Umsetzungen ergeben sich auf Grund der funktionellen Gruppen in den Seitenketten.

Umsetzungen an der α-Aminogruppe lassen sich zu allgemeinen Nachweisen nutzen; dagegen können Reaktionen an den Seitenketten zu spezifischen Nachweisen oder Bestimmungen herangezogen werden.

Besprochen werden hier nur solche Reaktionen, die lebensmittelchemisch von Interesse sind.

2.2.4.1. Reaktionen an der α-Aminogruppe

Oxydativer Angriff an der α-Aminogruppe führt bei freien Aminosäuren über die Iminostufe entweder zu einer α-Ketosäure oder bei Decarboxylierung (STRECKER-Abbau) zur Bildung des um ein Kohlenstoffatom ärmeren Aldehyds. Decarboxylierend wirken z. B. α-Diketone, Chinone, α-Hydroxysäuren (vgl. Ninhydrin-Reaktion); die CO_2-Abspaltung bleibt dagegen mit einfachen Carbonylverbindungen aus.

Die Nitrosierung mit salpetriger Säure führt spezifisch für α-Aminogruppen innerhalb von 5 min zu einer Stickstoffeliminierung unter Bildung von N_2 (VAN SLYKE 1911). ε-Aminogruppen reagieren in etwa 20 min, Guanidinogruppen oder cyclisch gebundener Stickstoff gar nicht. Der entstehende Stickstoff kann volumetrisch oder präziser manometrisch gemessen werden.

Umsetzung mit Formaldehyd unterdrückt die Basizität der Aminogruppe und erlaubt eine anschließende titrimetrische Bestimmung der Aminosäure-Carboxylgruppe. Dieses Verhalten wird bei der „Formoltritration" nach SÖRENSEN (1908) genutzt.

Umsetzungen von Aminosäuren mit aktivierten Säurederivaten sind analytisch und für Peptidsynthesen von großer Bedeutung. Trifluoracetylierung oder Acetylierung nach Veresterung der Carboxylgruppe führen zu relativ leicht flüchtigen Verbindungen und gestatten so eine gaschromatographische Differenzierung und Bestimmung der Aminosäuren.

Die Einführung von Substituenten mit benzoidem Charakter dient vor allem der Markierung von Aminosäuren, die auch bei saurem pH-Wert stabil ist. Die Derivate, die durch Umsetzung mit 1-Fluor-2,4-dinitrobenzen (FDNB) oder mit Trinitrobenzensulfonsäure (TNBS) resultieren, sind auf Grund ihrer Gelbfärbung einer photometrischen Erfassung zugänglich.

5-Dimethylaminonaphthalin-1-sulfonsäurechlorid (Dansylchlorid) ist in analoger Weise wie FDNB oder TNBS einsetzbar; jedoch läßt sich der Nachweis der Reaktionsprodukte auf Grund ihrer Fluoreszenz wesentlich empfindlicher gestalten.

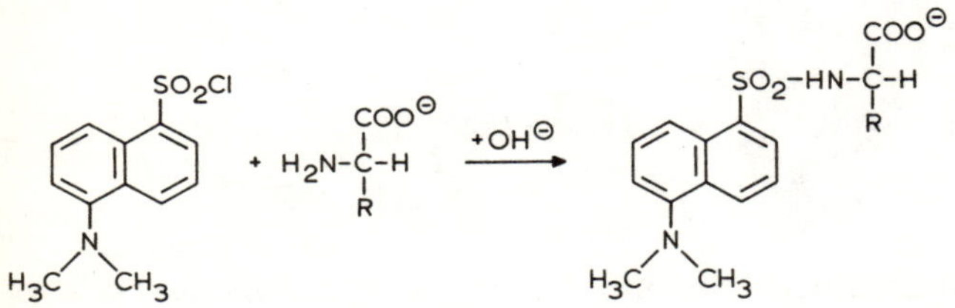

Auf diese Weise lassen sich z. B. die kopfständigen N-terminalen Aminosäuren einer Peptidkette ermitteln oder, da diese Umsetzungen auch die ε-Aminogruppe der Lysinseitenkette erfassen können, die chemische Verfügbarkeit dieser essentiellen Aminosäure bestimmen. Die chemische Verfügbarkeit erlaubt in vielen Fällen einen Rückschluß auf die biologische Verfügbarkeit.

Isocyanate bzw. Isothiocyanate reagieren in neutraler oder schwach alkalischer Lösung mit Aminosäuren unter Bildung von Carbamat- bzw. Thiocarbamatverbindungen, die sich im Sauren zu Hydantoinen bzw. Thiohydantoinen cyclisieren lassen. Besondere Bedeutung hat die Umsetzung von Phenylisothiocyanat mit Peptiden bzw. Proteinen; sie konnte inzwischen zu einem automatisierten Vielschritt-Abbau der Aminosäuren vom N-terminalen Ende einer Peptidkette her ausgebaut werden und ist die wichtigste Methode zur Sequenzermittlung für Proteine geworden.

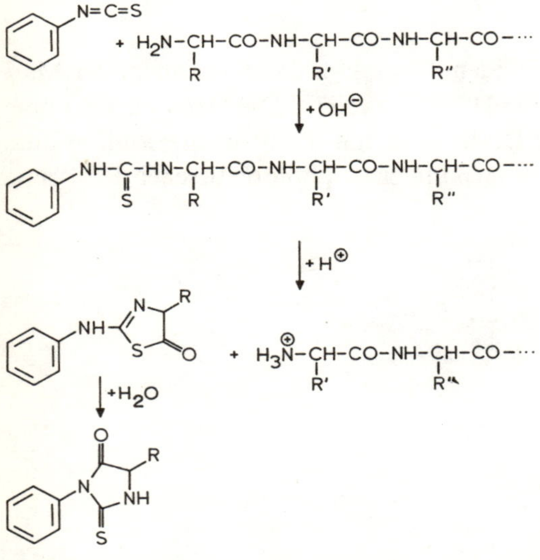

Abb. 2.2. EDMAN-Abbau von Proteinen mit Phenylisothiocyanat

Eine hitzeinduzierte Reaktion (z. B. bei der Kakaoröstung), an der Amino- und Carboxylgruppen beteiligt sind, ist die Bildung von Diketopiperazinen. Diketopiperazinderivate tragen zur Bildung bitterer Geschmacksnoten bei.

2.2.4.2. Umsetzung der α-Carboxylgruppe

Die Carboxylgruppe der Aminosäuren kann mit Alkoholen verestert werden. Die Ester sind flüchtiger als die Säuren. Sie haben große Bedeutung bei der chemischen Peptidsynthese und für die gaschromatographische Aminosäurebestimmung. Andere Säurederivate sind von untergeordnetem lebensmittelchemischen Interesse.

2.2.4.3. Reaktionen an Aminosäureseitenketten

Seitenkettenreaktionen sind wichtig für den spezifischen Nachweis einzelner Aminosäuren, wobei diese frei oder in der Peptidkette gebunden vorliegen können. Umsetzungen an den Seitenketten können aber auch zu erwünschten und unerwünschten Veränderungen von Proteineigenschaften führen. Gezielte Modifizierung von Seitenketten wird zur Beeinflussung funktioneller Eigenschaften von Proteinen (z. B. Löslichkeit) genutzt; unerwünschte Veränderungen können im Gefolge von Bearbeitung und Zubereitung proteinhaltiger Lebensmittel auftreten.

Die Veränderung der Seitenketten von Aminosäuren, die das Wirkungszentrum eines Enzyms bilden, führt zu dessen Aktivitätsverlust. Andererseits bieten Seitenkettenreaktionen in anderen Molekülbereichen eine Möglichkeit, Enzyme kovalent an Träger zu binden, sie also zu immobilisieren.

Methionin wird oxydativ über die Stufe des Sulfoxides in Methioninsulfon umgewandelt. Da diese Aminosäure häufig den biologischen Wert von Proteinen limitiert, ist eine Oxydation möglichst zu vermeiden.

Bromcyan reagiert mit peptidisch gebundenem Methionin unter spezifischer Aufspaltung der von der Methionincarboxylgruppe ausgehenden Peptidbindung unter Bildung eines Homoserinlactons. Da die meisten Proteine nur wenig Methionin enthalten, lassen sie sich mit Bromcyan gezielt in mehrere Polypeptide zerlegen. Dieser Abbau hat große Bedeutung für die Strukturaufklärung von Proteinen erlangt.

Indolverbindungen, wie z. B. *Tryptophan*, geben in saurer Lösung mit Aldehyden farbige Kondensationsprodukte. Darauf beruhen Nachweisreaktionen (z. B. Reaktionen nach EHRLICH, ADAMKIEWICZ).

Serin und *Threonin* spalten bei saurer oder alkalischer Hydrolyse von Proteinen zum Teil Wasser ab und gehen in die entsprechenden α-Ketosäuren über. Das ist bei der Bestimmung der Aminosäurezusammensetzung von Proteinen zu beachten.

Die Thiolgruppe im *Cystein* ist ein sehr reaktionsfreudiges nucleophiles Agens. Cystein bildet bereits bei milder Oxydation das Disulfid Cystin. Im Peptidverband führt diese Reaktion zur intra- oder intermolekularen Vernetzung von Peptidketten. Das kann Veränderungen der Proteineigenschaften verursachen. Die Reaktion zwischen Thiol- und Disulfidgruppen im Protein wird als Thiol-Disulfidaustausch bezeichnet.

Die Reduktion von Cystin und damit die Lösung der einzigen kovalenten Bindung zur Stabilisierung der Proteinkonformation kann mit β-Mercaptoethanol oder Dithioerythrol im Sinne des obigen Austausches erfolgen. Die Reaktion hat Bedeutung für Untersuchungen des strukturellen Aufbaues sowie zur analytischen Charakterisierung von Proteinen.

Um die Oxydation von Thiolgruppen zu verhindern, wird deren leichte Alkylierbarkeit ausgenutzt. Diese Blockierung kann z. B. mit Acrylnitril, Iodacetamid oder Vinylpyridin vorgenommen werden.

Quantitativ werden Sulfhydrylgruppen in Proteinen und Peptiden mit Silberionen, p-Mercuribenzoesäure oder mit ELLMANS Reagens (5,5'-Dithio-bis-(2-nitrobenzoesäure)) erfaßt.

ELLMAN's-Reagens

Mit konzentrierter Salpetersäure läßt sich der phenolische Ring des *Tyrosins* nitrieren. Die damit verbundene Gelbfärbung ist als Xanthoproteinreaktion bekannt. Die MILLONsche Reaktion beruht ebenfalls auf einer Nitrierung, die mit einer Komplexbildung verbunden ist. Umsetzung mit diazotierter Sulfanilsäure liefert einen roten Farbstoff (PAULY-Reaktion).

In Gegenwart von Wasserstoffperoxid und Peroxydase können peptidisch gebundene Tyrosinreste kovalent miteinander gebunden werden und auf diese Weise unter Umständen Peptidketten vernetzen.

Alkalibehandlung führt bei *Asparagin* und *Glutamin* zu einer Desamidierung, in Proteinen damit zu einer Zunahme der negativen Nettoladung und Veränderung der ursprünglichen Struktur und Löslichkeitseigenschaften.

Die wichtigste Reaktion der ε-Aminogruppe des freien oder gebundenen *Lysins* ist die Umsetzung mit den Carbonylgruppen von Zuckermolekülen oder Oxydationsprodukten von Lipiden.

Die 1912 von L. C. MAILLARD beschriebene Reaktion hat eine besonders große Bedeutung für die Produktion und Vorratshaltung von Lebensmitteln. Ihre Auswirkungen können sowohl negativer wie auch positiver Art sein. Die Reaktion wird auch als „nichtenzymatische Bräunung" bezeichnet, da sie ohne Enzyme zur Bildung tiefbrauner Stoffe führt, die zum Unterschied von den durch Polyphenoloxydasen gebildeten Melaninen Melanoidine genannt werden.

Die MAILLARD-Reaktion erfordert die Gegenwart freier primärer Aminogruppen (Eiweißkörper, Aminosäuren usw.) und bestimmter Carbonyle. Eingeleitet wird die hier am Beispiel der Glucose (1) gezeigte Reaktion (Abb. 2.3) mit der Bildung von N-Glycosiden (3). Welche der vielen potentiellen Folgereaktionen sich anschließen, ist u. a. abhängig von der Art und der Struktur der Reaktionspartner und den äußeren Reaktionsbedingungen.

Charakteristisch ist die säure- und basenkatalysierte AMADORI-Umlagerung des N-Glycosids, bei der zunächst der Lactol-Ring geöffnet wird. Die Mesomeren (4) gehen dann unter Protonenablösung in das Enaminol (5) über, das im Gleichgewicht mit den 1-Amino-1-desoxyketosen (6) steht. Diese AMADORI-Produkte sind thermodynamisch relativ stabil.

Ketosen, z. B. Fructose, als Reaktanten unterliegen demgegenüber der HEYNS-Umlagerung und bilden die den AMADORI-Verbindungen entsprechenden 2-Amino-2-desoxyaldosen. Die Umlagerungsprodukte unterliegen in einer zweiten Reaktionsphase, vor allem beim Erhitzen, weiteren komplexen Umsetzungen (u. a. Dehydratisierung, Aminabspaltung, Fragmentierung, Cyclisierung) und bilden letztendlich Aroma- und mehr oder weniger hochmolekulare Farbstoffe (Melanoidine).

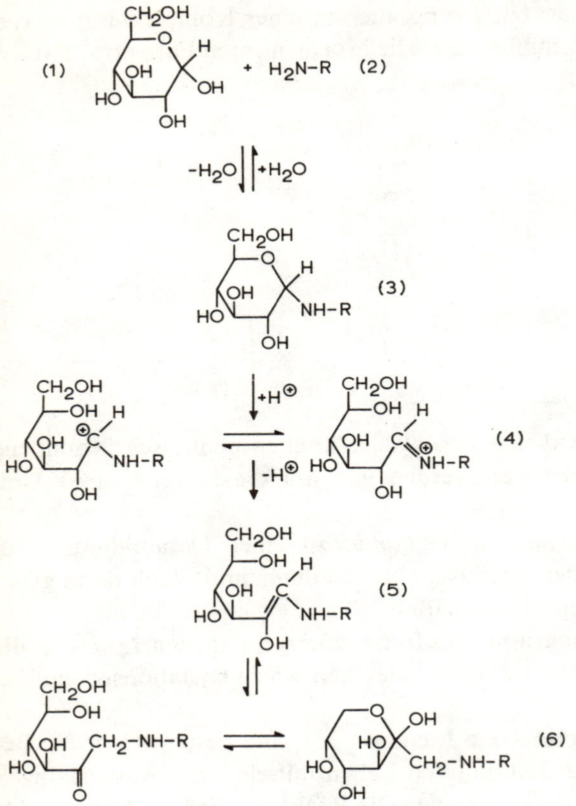

Abb. 2.3. Maillard-Reaktion

Neben dem hier vorgestellten ionischen Reaktionsmechanismus spielt sehr wahrscheinlich auch ein Radikalmechanismus eine Rolle. Die Dehydratisierungsreaktionen der zweiten Reaktionsphase laufen sowohl unter Erhaltung des kovalent gebundenen Stickstoffes (z. B. über α,β-ungesättigte Aldimine) als auch unter seiner Eliminierung (z. B. über Hydroxy-oxo-verbindungen, Alkdienale) ab. Unter den stickstoffhaltigen Reaktionsendprodukten finden sich neben den Melanoidinen u. a. Pyrrolaldehyde, Alkylpyrazine und Imidazole.

Einflüsse der ursprünglichen Konfiguration des Zuckers und der reaktiven Zwischenprodukte machen die Umsetzungen außerordentlich kompliziert. Auch Konzentrationsverhältnisse und Reaktionstemperatur wirken sich aus. Eine Behandlung mit Schwefeldioxid, die für Früchte und Gemüse z. T. üblich ist, hemmt durch Blockierung der Carbonylgruppe die Bräunungsreaktion.

Die Braunfärbung kann positiv zu bewerten sein, wie für Malz, Brotkruste oder Gebäck. Negativ wirkt sie dagegen in Eipulver, Fleisch oder Trockenfrüchten.

AMINOSÄUREN

Da die Reaktion vor allem die ε-Aminogruppen des Lysins erfaßt (außer den relativ seltenen kopfständigen Aminogruppen und der ernährungsphysiologisch weniger wichtigen Guanidinogruppe des Arginins), kann eine erhebliche Verminderung des ernährungsphysiologischen Wertes eintreten. Das substituierte Lysin ist enzymatisch nicht angreifbar und daher für die Resorption nicht mehr „verfügbar". Die analytische Bestimmung des „verfügbaren" Lysins ist ein wichtiges Kriterium der Qualität. Die Lysinverluste können durch unsachgemäße Erhitzung beim Autoklavieren oder veraltete Technologien bei der Herstellung von Walzenmilch bis zu 40% erreichen. Auch beim Brotbacken entstehen Verluste von etwa 15% des Lysins. Da dieses in pflanzlichen Eiweißkörpern oft nur in geringer Menge vorhanden ist, muß eine weitere Verminderung nach Möglichkeit verhütet werden.

Die MAILLARD-Reaktion tritt auch bei niedriger Temperatur ein und spielt deshalb auch bei der Vorratshaltung eine Rolle. Da sie unter Wasserabspaltung verläuft, wird sie durch Trocknungsprozesse begünstigt, so daß ihr Optimum bei etwa 1,5 ... 6% Feuchtigkeit (Maximum bei 8%) erreicht wird. Zur Verhinderung der Reaktion wäre deshalb ein sehr rasches Trocknen auf <5% Feuchtigkeit erforderlich, besser noch auf <3%. Dies ist bei eiweißreichen Lebensmitteln aber nur schwer zu erreichen.

Analytisch lassen sich Lysinveränderungen der ersten Reaktionsphase im Aminosäurechromatogramm eines Proteins erkennen. Der Ermittlung des Ausmaßes einer durch Glucose oder Lactose verursachten Lysinblockierung dient die Bestimmung von Furosin und Pyridosin nach saurer Hydrolyse.

Furosin

Pyridosin

Die Arylierung der ε-Aminogruppe z. B. mit TNBS oder die Guanidierung mit O-Methylisoharnstoff ermöglicht Aussagen über die chemische Verfügbarkeit des Lysins in einem Protein. Durch Verarbeitung und Zubereitung kann es in proteinreichen Lebensmitteln zur irreversiblen Blockierung der für den essentiellen Charakter erforderlichen ε-Aminogruppe und damit zur Senkung des biologischen Wertes eines Proteins (vgl. I; 2.4.9.) kommen.

Acylierung mit Carbonsäureanhydriden dient der gezielten chemischen Modifizierung des Lysins in Proteinen. Mit Acetanhydrid entsteht aus der basischen Gruppe eine neutrale, bei Verwendung von Succinanhydrid eine saure Gruppe. Diese Modifizierung der ursprünglichen Nettoladung eines Proteins führt zu Strukturveränderungen, zur Verschiebung des isoelektrischen Punktes und damit zu veränderten Löslichkeitseigenschaften.

Der Guanidylrest von *Arginin* reagiert mit α-Naphthol in Gegenwart von Hypohalogenit zu einem roten Farbstoff (SAKAGUCHI-Reaktion).

Mit diazotierter Sulfanilsäure bildet *Histidin* einen roten Farbstoff (PAULY-Reaktion).

2.2.4.4. Nachweisreaktionen, Bestimmungen

Die bekannteste Nachweisreaktion auf Aminosäuren, die auch auf Peptide und Proteine anspricht, ist die Ninhydrin-Reaktion. Obwohl diese Umsetzung mit dem Triketohydrindenhydrat unspezifisch ist (positiv reagieren auch Amine, Ammoniak und Harnstoffderivate, nicht aber Harnstoff selbst), wird sie wegen ihrer hohen Empfindlichkeit sehr häufig angewandt; sie ist auch für die quantitative Erfassung von Aminosäuren nach ionenaustauschchromatographischer Trennung brauchbar. Das Absorptionsmaximum des blauvioletten Farbstoffes liegt bei 570 nm. Prolin liefert unter den gleichen Reaktionsbedingungen ein gelb gefärbtes Reaktionsprodukt.

Die Bestimmung der Aminosäuren erfolgt nach ionenaustauschchromatographischer Trennung an Analysenautomaten oder derivatisiert mittels Gaschromatographie. Die Bausteinanalyse eines Proteins erfordert eine vorherige Hydrolyse; dabei treten Verluste von Aminosäuren, vor allem von Threonin, Serin, Tryptophan und Cystein auf. Die Säureamide Asparagin und Glutamin werden in die Säuren übergeführt. Um anzudeuten, daß keine Aussagen über den originären Zustand möglich sind, werden die Symbole AsX bzw. GlX verwendet. Ferner ist darauf zu achten, daß die Stabilität der Peptidbindungen nicht gleich, sondern abhängig von den daran beteiligten Aminosäuren ist.

Tabelle 2.4. Farbreaktionen einiger Aminosäuren

Name	Reagens	Spezifisch für	Farbe
SAKAGUCHI-Reaktion	α-Naphthol + Natriumhypochlorit	Arg	rot
FOLIN-CIOCALTEU-Reaktion (quantitativ n. LOWRY)	Phosphomolybdatowolframat (mit Spur Cu^{2+})	Tyr	blau
MILLONS-Reaktion	$HgNO_3$ + HNO_3 + HNO_2 (Spur)	Tyr	rot
Xanthoprotein-Reaktion	konz. HNO_3	Tyr, Trp	gelb
PAULY-Reaktion	diazotierte Sulfanilsäure	Tyr, His	rot
SULLIVAN-Reaktion	1,2-Naphthochinon-4-sulfonsäure (Na-Salz) + $NaHSO_3$	Cys	rot
Nitroprussid-Reaktion	Natriumnitrosopentacyanoferrat(III) + verd. Ammoniaklsg.	Cys	rot
ADAMKIEWICZ-HOPKINS-Reaktion	Glyoxylsäure in konz. H_2SO_4	Trp	violett
EHRLICHS-Reaktion	p-Dimethylaminobenzaldehyd	Trp	blau

Farbreaktionen der Aminosäuren werden häufig zum Nachweis für die Anwesenheit von Eiweißkörpern verwendet und daher auch als „*Eiweißreaktionen*" bezeichnet. Sie beruhen jedoch auf bestimmten Aminosäuren. Da aber die Proteine — bis auf wenige Ausnahmen — alle Aminosäuren enthalten, kann eine positive Reaktion auch als Eiweißnachweis gelten. Beim Ausbleiben der Reaktion sind jedoch weitere Prüfungen erforderlich. Einige der wichtigsten Farbreaktionen sind in Tab. 2.4 zusammengestellt.

Die meisten L-Aminosäuren schmecken bitter, nur wenige süß (Gly, Ala) oder süß mit bitterem Beigeschmack (Ser, Thr, Pro). Im Gegensatz dazu besitzen die meisten D-Aminosäuren einen süßen Geschmack. Obwohl freie Aminosäuren meist nur in geringen Mengen in Lebensmitteln auftreten, können sie doch zum arteigenen Geschmack beitragen.

2.2.5. Natürliche nichtproteinogene Aminosäuren

Die nichtproteinogenen Aminosäuren finden sich vor allem in Pflanzen, aber auch als Stoffwechselzwischenprodukte (z. B. Dopa, Ornithin) oder als Bestandteil stoffwechselaktiver Verbindungen (z. B. β-Alanin, gebildet aus Asparaginsäure, in Coenzym A) in Säugetier und Mensch. Der Gehalt solcher Aminosäuren in Pflanzen kann bis zu mehreren Prozent in der Trockenmasse betragen.

Nichtproteinogene Aminosäuren sind zum Teil Analoga der proteinogenen Verbindungen, anderseits weisen sie eine große Strukturvielfalt auf. Neben Ethen- und sogar Ethingruppierungen treten alicyclische und vor allem heterocyclische Ringe auf. Die nichtproteinogenen Aminosäuren besitzen meist L-Konfiguration (s. Tab. 2.5).

Einzelne Vertreter, z. B. durch Selen substituierte Cysteinderivate, Nitrilgruppen enthaltende oder bestimmte Homologe proteinogenen Aminosäuren, z. B. Canavalin, sind giftig oder physiologisch bedenklich, da sie Enzyme in ihrer Wirkung beeinträchtigen. Die Unbekömmlichkeit mancher pflanzlicher Lebensmittel ist auf derartige Aminosäuren zurückzuführen.

2.2.6. Biogene Amine

Biogene Amine entstehen überwiegend durch Decarboxylierung aus Aminosäuren (Ausnahme: Betaine), sind weit verbreitet (vgl. II; 4.2.2. und 10.1.2.) und als Vorstufe von Hormonen, Alkaloiden, als Neurotransmitter oder als Baustein von Phosphatiden und Vitaminen physiologisch aktiv (s. Tab. 2.6).

Von Tyrosin leiten sich beispielsweise die Hormone *Adrenalin* und *Noradrenalin* ab. *Serotonin*, ein Tryptophan-Abkömmling, regelt die Motorik des Darms durch seine Wirkung auf die glatte Muskulatur und wirkt als Neurotransmitter. Eine Hemmung des Serotoninabbaus im Gehirn bewirkt eine physische Stimulierung. Hierauf beruht die Wirkung antidepressiver Medikamente. Tranquilizer verursachen dagegen einen beschleunigten Abbau dieses biogenen Amins.

Tabelle 2.5. Einige nicht-proteinogene Aminosäuren

Trivialname	Systematischer Name	Formel
L-Ornithin	α,δ-Diaminopentansäure	
L-Dopa, Dihydroxyphenylalanin	2-Amino-3-(3,4-dihydroxyphenyl)-propansäure	
L-β-Alanin	3-Amino-propansäure	
(Lys-Homologes)	2,3-Diamino-propansäure	
(Lys-Homologes)	2,4-Diamino-butansäure	
L-Canavanin	2-Amino-4-guanidooxybutansäure	
—	1-Amino-cyclopropan-1-carbonsäure	
(Pro-Homologes)	Azetidin-2-carbonsäure	
Pipecolinsäure, (Pro-Homologes)	Piperidin-2-carbonsäure	
Methylselenocystein	2-Amino-3-methylselenopropansäure	
Cyanoalanin	2-Amino-3-cyanopropansäure	
—	3-N-Oxalyl-2,3-diaminopropansäure	

Das aus Histidin gebildete *Histamin* ist im menschlichen Körper ein Gewebshormon, das z. B. bei Entzündungen, Verbrennungen oder allergischen Zuständen freigesetzt wird. Seine Wirkung ist sehr vielseitig und äußert sich u. a. in Gefäßerweiterung (Blutdrucksenkung), Aktivierung der Peristaltik, Anregung der Magensaftbildung usw. Histamin ist z. B. in Käse, Schokolade, Rotwein vorhanden. Bei empfindlichen Personen können einzelne

Tabelle 2.6. Biogene Amine

Trivialname	Systematischer Name	Formel	Herkunft
Cholin	1-Hydroxy-2-trimethyl-ammonium-ethan	HO–CH$_2$–CH$_2$–N$^+$(CH$_3$)$_3$	Serin
Putrescin	Tetramethylendiamin	H$_2$N–(CH$_2$)$_4$–NH$_2$	Ornithin
Cadaverin	Pentamethylendiamin	H$_2$N–(CH$_2$)$_5$–NH$_2$	Lysin
Histamin	1-Amino-2-(5-imidazolyl)-ethan	(Imidazol–CH$_2$–CH$_2$–NH$_2$)	Histidin
Tyramin	1-Amino-2-(4-hydroxyphenyl)-ethan	(HO–C$_6$H$_4$–CH$_2$–CH$_2$–NH$_2$)	Tyrosin
Tryptamin	1-Amino-2-(3-indolyl)-ethan	(Indol–CH$_2$–CH$_2$–NH$_2$)	Tryptophan
Serotonin	1-Amino-2-(3-(5-hydroxy)-indolyl)-ethan	(5-HO-Indol–CH$_2$–CH$_2$–NH$_2$)	Tryptophan
Carnitin	4-N-Trimethylammonium-2-hydroxy-butansäure	(H$_3$C)$_3$N$^+$–CH$_2$–CH(OH)–CH$_2$–COOH	—

Lebensmittel auf Grund ihres Gehaltes an biogenen Aminen zu mehr oder weniger starken Störungen des Wohlbefindens führen (Lebensmittelüberempfindlichkeit und Lebensmittelallergie).

Die Aminbildung durch Decarboxylierung kann durch Bakterien, die vielfach über eine hohe Decarboxylaseaktivität verfügen, verstärkt werden. Während Lebensmittel i. a. nicht mehr als 20 ... 40 mg biogene Amine pro kg enthalten, kann der Gehalt bei mikrobiellem Verderb stark ansteigen (in Fischen bis 4000 mg Histamin/kg). Die meist chromatographisch geführte Erfassung biogener Amine ist deshalb als Verderbskriterium von Interesse. Manche biogenen Amine rufen Halluzinationen hervor (Psilocin, Bufotenin, Mescalin).

Psilocin   Bufotenin   Mescalin

2.2.7. Aminosäureschädigungen

Aminosäuren können in freier aber auch in peptidisch gebundener Form bei der Bearbeitung und Zubereitung von Lebensmitteln oder Lebensmittelrohstoffen durch Umsetzung vor allem mit reduzierenden Zuckern, durch Einwirkung von Alkalien oder durch starke Erhitzung geschädigt werden.

Der Untersuchung der solchen Schädigungen zugrunde liegenden Reaktionsmechanismen ist eine gesteigerte Aufmerksamkeit zuteil geworden, seit beobachtet wurde, daß Reaktionsprodukte geschädigter Aminosäuren und Proteine histopathologische Veränderungen an Versuchstieren bzw. Mutationen an bestimmten Salmonellen-Mutanten (AMES-Test) auszulösen vermögen. Die Bewertung dieser Bearbeitungs- und Zubereitungsschäden ist zur Zeit noch durch viele Unsicherheiten belastet, eine Bedeutung für den Menschen bisher nur in wenigen Fällen gesichert.

Die MAILLARD-Reaktion (s. I; 2.2.4.3.) führt zu einer meist irreversiblen Schädigung der essentiellen Aminosäure Lysin. Für Verbindungen der zweiten Reaktionsphase aus gebratenen, gekochten oder gebackenen Lebensmitteln ist mutagene Wirkung im AMES-Test und anderen Tests nachgewiesen worden. Die Menge der mutagenen Produkte nimmt mit steigender Temperatur und Erhitzungszeit zu.

In Abwesenheit von Carbonylverbindungen kann das Erhitzen proteinreicher Lebensmittel zur Bildung von Isopeptidbindungen zwischen Lysin und Asparagin oder Glutamin (mindestens 388 K (115 °C)), zur Bildung von Lysinoalanin (LAL) und analogen unnatürlichen Aminosäuren sowie zu pyrolytischem Abbau führen.

Die hitzeinduzierte Bildung von Lysinoalanin und Lanthionin ist nur in Lebensmitteln mit cystinreichen Proteinen (Eiklar, Milch) zu erwarten, da die mit der Spaltung der Disulfidbrücke einhergehende Dehydroalaninbildung die Voraussetzung zur Entstehung der neuen Verbindungen ist.

Pyrolyseprodukte, die beim Erhitzen von Aminosäuren oder Protein auf über 400 °C entstehen, zeigen im AMES-Test mit Stoffwechselaktivierung mutagene Wirkung. Besonders hohe Mutationsraten weisen die aus Tryptophan entstandenen Verbindungen Trp-P-1 (3-Amino-1,4-dimethyl-4H-pyrido-(4,3-b)indol) und Trp-P-2 (3-Amino-1-methyl-5H-pyrido-(4,3-b)indol) auf.

	R
Trp-P-1	CH_3
Trp-P-2	H

Alkalibehandlung (pH ≳ 10) führt zur Racemisierung und besonders bei Cystein, O-substituierten Serin- und Threoninresten durch β-Eliminierung zur Dehydroalanin- bzw. β-Methyldehydroalaninbildung mit nachfolgender Addition von z. B. Lysin, Cystein oder Ammoniak, wodurch ebenfalls Lysinoalanin, Lanthionin bzw. β-Aminoalanin entstehen. Peptidketten werden durch diese Reaktion vernetzt, d. h., daß Proteine neben vermindertem Nährwert eine schlechtere enzymatische Angreifbarkeit zeigen.

2.3. Peptide

2.3.1. Aufbau, Nomenklatur

Durch eine Kondensationsreaktion zwischen der Carboxylgruppe einer Aminosäure und der Aminogruppe einer zweiten Aminosäure lassen sich Aminosäuren chemisch oder enzymatisch miteinander verknüpfen. Die neue Bindung -CO-NH- wird Peptidbindung genannt, das Produkt Peptid.

Peptidbildung

Peptide können linear oder cyclisch aufgebaut sein. Im ersteren Falle besitzen sie eine freie (N-terminale) Aminogruppe an der „kopfständigen" Aminosäure, die vereinbarungsgemäß links geschrieben wird, und eine freie (C-terminale) Carboxylgruppe am anderen Kettenende. Nahrungsproteine bestehen aus linearen Peptidketten.

Für die rationelle Bezeichnung der Peptide erhalten alle Aminosäuren, deren Carboxylgruppen Peptidbindungen eingegangen sind, die Endsilbe „-yl", während der Baustein mit freier Carboxylgruppe den unveränderten Namen trägt. Für eine verkürzte Schreibweise werden die aus drei oder einem Buchstaben bestehenden Symbole der Aminosäuren, die über eine Peptidbindung miteinander verknüpft sind, durch waagerechte Striche verbunden. Beteiligen sich funktionelle Gruppen der Aminosäureseitenketten an einer Bindung, wird dies durch einen senkrecht vom Aminosäuresymbol nach oben oder unten abgehenden Bindungsstrich angegeben.

```
Glu
└─Cys-Gly
Kurzschreibweibweise
(Glutathion)
```

Bei cyclischen Peptiden zeigt ein Pfeil die Richtung der Peptidbindung an (—CO → NH—). Ionisierungszustände werden bei dieser Schreibweise nicht berücksichtigt.

Als *Oligopeptide* werden nach der Zahl ihrer Bausteine Di-, Tri- usw. bis Decapeptide bezeichnet. Bei Peptiden mit mehr als 10 Aminosäuren bis zu etwa 100 Aminosäuren (entsprechend einer Molmasse von etwa 10000) spricht man definitionsgemäß von *Polypeptiden*. Verbindungen mit mehr als hundert Aminosäuren, also auch höheren Molmassen, rechnet man zu den *Makropeptiden* oder *Proteinen*.

Zahlreiche natürliche Peptide enthalten nur proteinogene Aminosäuren; das Vorkommen anderer Aminosäuren ist jedoch nicht selten.

2.3.2. Physikalisch-chemische Eigenschaften

Die prinzipiellen physikalisch-chemischen Eigenschaften von Peptiden sind denen der Aminosäuren analog. Wesentlich für die individuellen Peptideigenschaften ist die Art der am Aufbau beteiligten Aminosäuren.

Oligopeptide nehmen zwischen Aminosäuren und Polypeptiden eine Mittelstellung ein. Sie sind amphotere Elektrolyte, aber da die Protonierung der Aminogruppe infolge der räumlichen Entfernung von der Carboxylgruppe erschwert ist, ist bei ihnen der Säurecharakter stärker als bei den Aminosäuren ausgeprägt. Sie lassen sich bereits in 50%igem Ethanol mit Lauge titrieren, während bei Aminosäuren die Unterdrückung des Zwitterionencharakters erst bei 90% Ethanolgehalt erfolgt. Oligopeptide bilden im Gegensatz zu Proteinen noch keine kolloidalen Lösungen und lassen sich demzufolge auch nicht ausfällen.

2.3.3. Chemische Reaktionen

Die chemische Verhaltensweise von Peptiden ist analog der der Aminosäuren, jedoch treten mit zunehmender Länge der Peptidkette die Reaktionen von Seitenketten gegenüber denen der terminalen Amino- und Carboxylfunktion in den Vordergrund.

Peptide mit drei oder mehr Bausteinen, die also zwei oder mehr Peptidbindungen enthalten, geben mit Kupfer(II)-ionen in stark alkalischer Lösung eine violette Färbung (Biuret-Reaktion), Proteine reagieren auch positiv. Bei ihnen ist die Färbung mehr nach blau, bei Peptiden mehr nach rot verschoben.

Biuretbildung

Biuret-Kupfer(II)-Komplex mit Peptid bzw. Protein

2.3.4. Vorkommen, Bedeutung

Peptide sind sehr verbreitet, kommen meist nur in geringen Mengen vor und sind (außer Stoffwechsel-Zwischenprodukten) häufig physiologisch aktiv. Auf die große Bedeutung der Peptidhormone (z. B. Insulin) und Peptidalkaloide (Mutterkorn) sei hier nur hingewiesen. Starke Giftwirkung zeigen die cyclischen Heptapeptide des Knollenblätterpilzes (Phalloidin, Amanitine u. a.; vgl. II; 10.2.), die zur Gruppe der Peptidtoxine zu rechnen sind. Andere cyclische Peptide besitzen antibiotische Wirkung (z. B. die beiden Decapeptide Gramicidin S, Tyrocidin A, sowie Nisin).

Aus Proteinen durch partielle Hydrolyse gewonnene Peptidgemische werden als Diät für spezielle Ernährungsformen verwendet.

Plasteine sind enzymatisch modifizierte Peptidgemische. Sie entstehen aus relativ konzentrierten Proteinpartialhydrolysaten, indem durch die Wirkung einer Protease, vermutlich im wesentlichen über Transpeptidierungsmechanismen, ein begrenzter Umbau der originären Aminosäurereihenfolge (Sequenz vgl. I; 2.4.2.2.) der Ausgangspeptide erfolgt. Dabei kommt es neben weiterer Proteolyse zu einer Anreicherung besonders hydrophober Peptide, die dem Endprodukt Plastein trotz seiner geringen durchschnittlichen Molmasse gewisse Proteineigenschaften verleihen (wasserunlöslich oder gelbildend). Diese Transpeptidierungsreaktion erlaubt auch die stereospezifische peptidische Anknüpfung z. B. zugesetzter limitierender Aminosäuren an die Peptidkette.

Carnosin und *Anserin* sind Dipeptide, die als Bestandteil des Muskels von Wirbeltieren (etwa bis 0,5%) bekannt sind.

Glutathion (γ-Glutaminyl-cysteinyl-glycin) spielt wegen der reversiblen Redoxreaktion eine biochemisch wichtige Rolle in den Zellen und wirkt als Coenzym (vgl. I; 8.2.) für mehrere Enzyme.

Anserin: R = –CH₃
Carnosin: R = –H

Glutathion

Bemerkenswert ist, daß die Peptidbindung nicht von der α-, sondern von der γ-Carboxylgruppe der Glutaminsäure ausgeht. Von Glutathion sind mehrere natürlich vorkommende Analoga bekannt. In der Zwiebel und im Schnittlauch treten ebenfalls γ-Glutamylpeptide auf, die alle Cystein als typischen Baustein enthalten und für den Geruch und Geschmack wesentlich sind.

$$2\ R\text{-}SH \rightleftharpoons R\text{-}S\text{-}S\text{-}R + 2H$$
Redox - Reaktion von Glutathion

Viele Peptide schmecken bitter. Diese Eigenschaft ist für Lebensmittel oft ungünstig, da sie wie z. B. bei der Reifung von Käse zu unangenehmen Geschmacksnuancen führen kann. Auch im Fleisch oder Bier kann der Geschmack durch bittere Peptide beeinträchtigt werden. Die Intensität des Bittergeschmackes wird durch die Art und Zahl der hydrophoben Seitenketten der im Peptid vertretenen Aminosäuren bedingt; die Reihenfolge der Bausteine ist dagegen offenbar von geringerem Einfluß. Der Grad der Hydrophobie an der Moleküloberfläche läßt sich experimentell durch die Wechselwirkung der hydrophoben Bereiche der Peptide bzw. Proteine mit analytisch leicht faßbaren hydropoben Aliphaten oder Aromaten ermitteln.

Bittere Peptide entstehen häufig bei der enzymatischen Gewinnung von Partialhydrolysaten und beeinträchtigen deren Verwendbarkeit. In gewissem Umfang läßt sich der Bittergeschmack vermindern, indem durch chemische Modifizierung (vgl. I; 2.2.4.3.) ionisierte Gruppen eingeführt werden und dadurch die Hydrophobie abnimmt.

Süß schmeckende Peptide gewinnen trotz begrenzter Einsetzbarkeit (hydrolytischer Abbau) zunehmendes Interesse als Süßstoffe wie z. B. Asparagyl-phenylalaninmethylester (Aspartam) (vgl. I; 15.2.2.). Dipeptide aus L-Ornithin und β-Hydroxyalanin bzw. Taurin schmecken salzig.

2.4. Proteine

2.4.1. Allgemeines

Proteine sind die Stoffe, die neben Wasser am häufigsten in Zellen vorkommen. Sie sind aber nicht nur wegen ihrer Menge bedeutsam, sondern vor allem funktionell für die

Tab. 2.7. Proteinfunktionen

Funktion	Typisches Protein
Enzym	Pepsin
Strukturelement	Kollagen
Transport	
in Körperflüssigkeiten	Hämoglobin
in Membranen	K^+Na^+-ATPase
Speicher	Ferritin
Bewegung/Motorik	Actin, Myosin
Abwehr	Immunglobuline
Informationsüberträger	Insulin
Gift	Botulinustoxin

Aufrechterhaltung des Lebens unverzichtbar (Tab. 2.7). Das bringt der von MULDE 1839 geprägte Name Protein (griech.: proteios = der Erste) zum Ausdruck.

Nahrungsproteine werden aus etwa 20 Aminosäuren aufgebaut, die in ihnen in unterschiedlichen Mengenverhältnissen vorliegen und in unterschiedlicher Reihenfolge angeordnet sind. Bei 20 verschiedenen Bausteinen und 100 und mehr Aminosäuren pro Proteinmolekül ist die Zahl der Kombinationsmöglichkeiten praktisch unbegrenzt. Jede Spezies verfügt deshalb über ihr arteigenes Protein; selbst das Eiweiß von Individuen oder Organen kann spezifische Merkmale aufweisen.

Die Molmassen von Proteinen liegen etwa zwischen 10000 und einigen Millionen (Komplex aus mehreren Monomeren). Proteine sind demzufolge Makromoleküle und zeigen ein dementsprechendes Verhalten.

2.4.2. Proteinstrukturen

Die Vielfalt der Proteinfunktionen bei so ähnlicher Zusammensetzung ist nur verständlich bei der Annahme, daß diese Spezifität mit einer hochorganisierten Molekülstruktur erreicht wird.

Zum Verständnis des Verhaltens und der Wirkungsweise von Proteinen genügt es folglich nicht, nur die Aminosäurezusammensetzung zu kennen. Es sind darüber hinaus Informationen über ihre Sequenz und die Konformation der Peptidkette bzw. -ketten notwendig.

Nach LINDERSTRÖM-LANG beschreibt die *Primärstruktur* die Aminosäurereihenfolge, die *Sekundärstruktur* die reguläre Anordnung der Peptidkette, die *Tertiärstruktur* die räumliche Anordnung globulärer Proteine und die *Quartärstruktur* die komplexe Anordnung mehrerer globulärer Peptidketten. Weiterhin bedeuten die Supersekundärstrukturen physikalisch bevorzugte Bereiche der Sekundärstruktur und die Domänen räumlich abgegrenzte globuläre Molekülbereiche. Sekundär- und Tertiärstrukturen werden auch unter dem Oberbegriff Kettenkonformation zusammengefaßt.

2.4.2.1. Proteinzusammensetzung

Zur Bestimmung der an ihrem Aufbau beteiligten Aminosäuren werden Proteine meist sauer hydrolysiert und das gebildete Aminosäuregemisch mit Hilfe automatischer Aminosäureanalysatoren ionenaustausch-chromatographisch getrennt. Dabei werden gleichzeitig die einzelnen Aminosäuren quantitativ erfaßt.

2.4.2.2. Primärstruktur

Die Primärstruktur oder Sequenz gibt die Zahl und die Reihenfolge der Aminosäuren in einer Peptidkette an. Sie kann nach EDMAN (vgl. I; 2.2.4.1.) ermittelt werden.
 Eine andere Möglichkeit die Sequenz festzulegen, bietet sich bei Kenntnis der das Protein kodierenden DNA.

2.4.2.3. Sekundärstrukturen

Sekundärstrukturen sind regelmäßige Anordnungen des Rückgrates der Peptidkette. Von größter Bedeutung ist dabei die Ausbildung von Wasserstoffbrücken zwischen den stereotyp wiederkehrenden Gruppierungen =CO und =NH der Peptidbindungen. Grundlegend ist ferner die Spezifik der Peptidbindung.

Grenzstrukturen der Peptidbindung

Auf PAULING geht die Erkenntnis zurück, daß wegen der Resonanz zwischen den beiden Grenzstrukturen die Bindungsabstände zwischen dem C- und N-Atom kürzer (nur 0,13 nm anstatt 0,14 nm), die zwischen C- und O-Atom etwas länger sind als im Normalfall. Die Resonanzenergie beträgt etwa 83 kJ/mol.

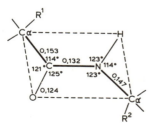

Atomabstände (nm) und Valenzwinkel einer Peptidbindung

Die Grenzstruktur I (Anteil 60%) hat in der C—N-Bindung nur achsial-symmetrische σ-Elektronen, die Grenzstruktur II (Anteil etwa 40%) dagegen σ- und π-Elektronen. Da sie demzufolge planar ist, besitzt auch die Hybridstruktur diese Eigenschaft. Die Peptidbindung weist einen partiellen Doppelbindungscharakter auf und die Drehbarkeit beschränkt sich auf die Einfachbindungen an den C_α-Atomen.

Die freie Drehbarkeit wird ferner durch die aus dem „Peptidrückgrat" herausragenden Seitenketten (vor allem Valin, Leucin) stark eingeschränkt. Auch Prolin bewirkt eine erhebliche Restriktion der Beweglichkeit und außerdem eine Wendung in der Peptidkette.

Die beiden C_α-Atome liegen in trans-Position zur Peptidbindung. Cis-Positionen sind bisher nur an Peptidbindungen beobachtet worden, an denen Prolin beteiligt ist.

Auf Grund der Gegebenheit der Primärstruktur, der Besonderheiten der Peptidbindung und der Bedingung der maximalen Ausbildung von Wasserstoffbrücken zwischen den NH- und CO-Gruppen von Peptidbindungen sind als reguläre Elemente schraubenförmig (helix) und faltblattartige (pleated sheet) Sekundärstrukturen besonders bevorzugt.

Die Wasserstoffbrückenbindungen bedingen durch die regelmäßige Wiederkehr eine erhebliche Stabilität. Es kann bei senkrechter Zuordnung der beteiligten Gruppen eine Anziehung des Protons durch das elektronegative O-Atom erfolgen. Diese Wechselwirkung überbrückt einen Abstand von 0,24 bis 0,29 nm (Hauptvalenzbindung 0,16 ... 0,11 nm). Ihr Energiegehalt ist mit ca. 21 kJ/mol relativ gering, aber ihre große Zahl gibt bei etwa 100 Peptidbindungen trotzdem eine relativ starke Verfestigung des Moleküls.

Helix-Strukturen

Helicale Strukturen lassen sich charakterisieren durch ihre Steigung (d) pro Aminosäure, die Zahl (n) der Bausteine pro Windung und den Abstand (r) des C_α-Atoms von der Helixachse.

In Proteinen kommt die von PAULING und COREY 1951 vorausgesagte rechtsgängige α-Helix vor. Nach bisher vorliegenden Strukturuntersuchungen globulärer Proteine beträgt die durchschnittliche Länge von α-Helices etwa 1,7 nm, d. h. 11 Aminosäurereste oder 3 Windungen.

Die Aufeinanderfolge von gleichartigen Aminosäuren mit geladenen (Abstoßung) oder wie bei Isoleucin großen (sterische Hinderung) Seitenketten verhindert eine Helixbildung. Glycin wirkt auf Grund der großen Drehbarkeit seiner Bindung (R=H) am C_α-Atom ebenfalls destabilisierend.

Tabelle 2.8. Helixabmessungen (+ rechtsgängig, —linksgängig)

Helixform	n	d (nm)	r (nm)
α-Helix	+3,6	0,15	0,23
Kollagenhelix	−3,3	0,29	0,16

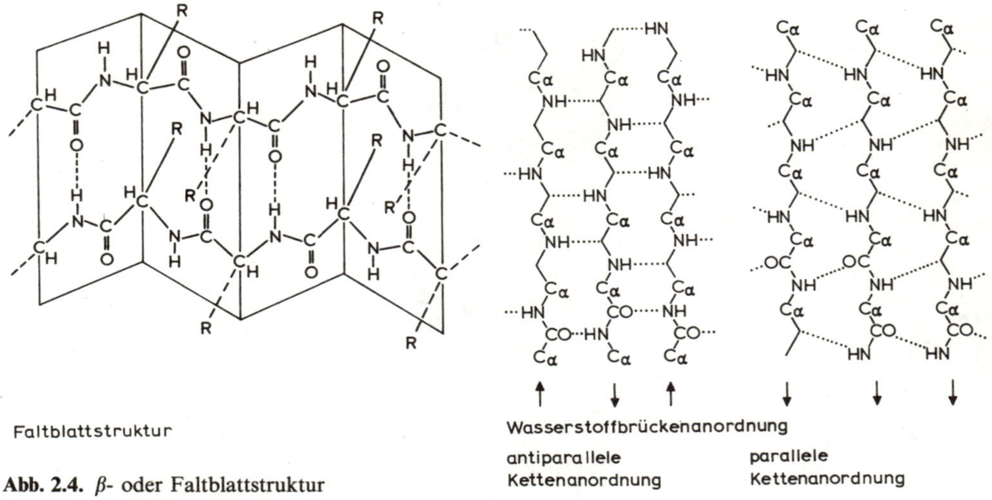

Abb. 2.4. β- oder Faltblattstruktur
a) Faltblattstruktur
b) Wasserstoffbrückenbindung bei antiparalleler Kettenanordnung,
c) Wasserstoffbrückenbindung bei paralleler Kettenanordnung

Kollagen, das häufigste Körperprotein, besitzt eine für dieses Protein typische rechtsgängige Tripelhelix, die aus drei linksgängigen parallelen Helices gebildet wird. Grundelement der Primärstruktur ist ein Aminosäuretriplett Gly-X-Y; die Position X wird häufig von Prolin, Y von 4-Hydroxyprolin besetzt.

Faltblattstrukturen

Durch Wasserstoffbrücken stabilisierte Faltblatt- oder β-Strukturen entstehen bei paralleler (Richtung von N- zum C-terminalen Ende gleichlaufend) oder antiparalleler (gegenläufige Richtung) Anordnung zweier oder mehrerer Peptidketten bzw. Bereiche von Ketten. Die Ketten sind am C_α-Atom gewinkelt („gefaltet").

Gegenüber planaren β-Strukturen sind „twisted sheet"-Anordnungen energetisch begünstigt und deshalb häufiger; sie sind meist linksgängig (Abb. 2.6).

Peptidketten — Wendung (reverse turn)

Peptidketten ändern in globulären Proteinen oft ihre Richtung, deshalb sind turn-Elemente sehr verbreitet. Die meisten befinden sich an der Proteinoberfläche. Ihre Stabilität ist gering. Abhängig von der Art der beteiligten Aminosäuren (oft Glycin und/oder Prolin) und ihrer Anordnung ist die Lage der Wasserstoffbrückenbindungen verschieden und damit auch der turn-Typ.

Ungeordnete Bereiche

In globulären Proteinen kommen nicht nur die hochgeordneten Bereiche der Sekundärstrukturen vor, sondern auch wenig oder nicht geordnete, die keinem der vorgestellten Strukturmodelle entsprechen.

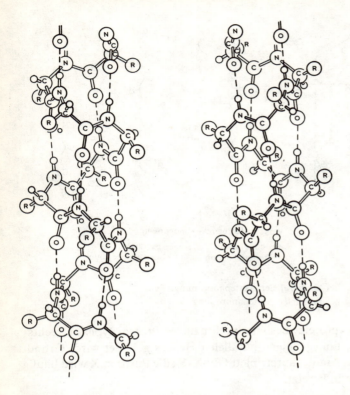

Abb. 2.5. Links- bzw. rechtsgängige α-Helix (n. PAULING)

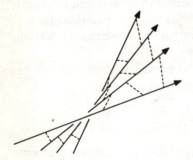

Abb. 2.6. Schema von lingsgängig verdrehten parallelen β-Strukturanordnungen (n. SCHULZ und SCHIRMER)

2.4.2.4. Supersekundärstrukturen

Eine reguläre Anordnung mehrerer Sekundärstruktur-Elemente liefert Supersekundärstrukturen. In Proteinmolekülen finden sich Kombinationen von α-Helices (coiled-coiled α-Helix), parallele oder antiparallele β-Strukturen und abwechselnd α-Helices mit β-Strukturen. Für vereinfachte Modelle werden Helixbereiche der Ketten als Zylinder, Faltblattstrukturen als Pfeile dargestellt.

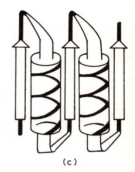

Abb. 2.7. Supersekundärstrukturen
a) Coiled-coiled-α-Helix
b) Faltblattanordnungen
c) β-α-β-α-β-Anordnung

2.4.2.5. Strukturdomänen

Als Domänen werden Bereiche von Peptidketten betrachtet, die sich unabhängig voneinander falten. Größere Proteine besitzen meist mehrere Strukturdomänen mit jeweils etwa 100 ... 150 Aminosäuren. Gewöhnlich sind am Aufbau des Wirkungszentrums eines Enzyms alle Domänen des Moleküls beteiligt. Entsprechend den in einer Domäne vorhandenen Sekundärstrukturen unterscheidet man folgende Typen: Domänen, die nur aus α-Helices oder fast ausschließlich aus β-Strukturen bestehen, die α- und β-Strukturen getrennt voneinander aufweisen, oder α- und β-Strukturen alternierend enthalten, sowie solche ohne α- oder β-Struktur.

2.4.2.6. Tertiär- und Quartärstrukturen

Durch die Gesamtheit der Bindungskräfte ergeben sich auf der Grundlage der Primärstruktur bevorzugte Anordnungen der Peptidkette und damit eine für ein bestimmtes Protein spezifische, nur begrenzt flexible Raumstruktur oder Konformation. Diese durch die Kombination kovalenter und nichtkovalenter Bindungen bedingte Konformation bestimmt weitgehend die physikalisch-chemischen und biologischen Eigenschaften.

Grundlage der Strukturaufklärung vieler Proteine war die dreidimensionale röntgenographische Untersuchung feuchter Kristalle. Übereinstimmend zeigte sie, daß in der Tertiär-

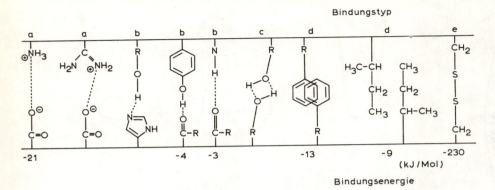

Abb. 2.8. Bindungen und Wechselwirkungsarten zur Stabilisierung der Proteinkonformation
a) Elektrostatische Wechselwirkung, b) Wasserstoffbrückenbindung, c) Dipol-Dipol-Wechselwirkung, d) Hydrophobe Wechselwirkung, e) Disulfidbrückenbindung

struktur die polaren Gruppen überwiegend an der Moleküloberfläche liegen. Sie binden umgebendes Wasser zu einer Hydrathülle. Ebenso treten sie mit den Ionen gelöster Salze in eine Wechselwirkung; das hat einen stabilisierenden Effekt bzw. beeinflußt die Löslichkeit des Proteins. Hydrophobe Gruppen liegen dagegen vorwiegend im Inneren des Moleküls und bilden damit einen das Wasser abweisenden hydrophoben Kern. Nach ihrer Molekülform unterscheidet man globuläre und fibrilläre Proteine.

Die für die Kettenkonformation wichtigen Formen der Wechselwirkungen können auch intermolekular wirksam werden und so verschiedene Peptidketten miteinander koordinieren. Hierdurch entstehen Quartärstrukturen, die sich leicht wieder in die Untereinheiten zerlegen lassen. Eine biologische Wirksamkeit von Proteinen ist häufig nur für die Quartärstruktur gegeben. Ein Beispiel ist Hämoglobin, das aus vier Untereinheiten besteht, die einzeln wirkungslos sind (s. I; 8.2.).

Denatuierung

Denaturierung ist der Verlust der nativen Konformation. Sie tritt ein, wenn die die Struktur stabilisierenden Bindungen aufgehoben werden, beispielsweise durch Harnstoff, grenzflächenaktive Verbindungen, organische Lösungsmittel, Zufuhr thermischer oder mechanischer Energie oder Strahlung. Mit der Denaturierung verbunden ist eine Auffaltung geordneter Strukturbereiche. Dadurch werden Aminosäureseitenketten für Umsetzungen und Peptidbindungen für einen chemischen oder enzymatischen Angriff besser zugänglich. Letzteres ist eine Ursache für die verbesserte Verdaulichkeit der Proteine in zubereiteten Lebensmitteln.

Die Denaturierung ist von großer technologischer Bedeutung. Die Wasserbindung denaturierter Proteine ist gegenüber der des nativen Zustandes stark verändert (vgl. I; 2.4.3.). Enzyme verlieren durch Denaturierung ihre biokatalytischen Fähigkeiten; Inaktivierung durch Erhitzen wirkt deshalb konservierend. Ebenso geht bei Antigenen das Vermögen zur Bildung von Antikörpern verloren (vgl. I; 2.4.4.).

Offenbar aus Gründen der Molekülsymmetrie und damit der Stabilität sind für Quartärstrukturen paarige Zahlen von Untereinheiten bevorzugt (2-4-8-12). Selten treten Strukturen mit 3 oder 5 „sub-units" auf.

2.4.3. Physikalisch-chemische Eigenschaften

Die physikalisch-chemischen Eigenschaften der Proteine leiten sich ab von den Eigenschaften der sie aufbauenden Aminosäuren und den für Makromoleküle spezifischen Verhaltensweisen. So bilden Proteine in wäßrigen Systemen kolloidale Lösungen.

Proteine dissoziieren in wäßrigen Lösungen wie Aminosäuren. Da jede Peptidkette nur über jeweils eine N- und eine C-terminale dissoziierbare Gruppe verfügt, bestimmen demzufolge die geladenen Aminosäureseitenketten wesentlich den Ladungscharakter und die Ladungsdichte.

Proteine besitzen einen von der individuellen Zusammensetzung abhängigen und unter definierten Bedingungen charakteristischen isoelektrischen Punkt, dessen elektrophoretische Ermittlung (z. B. durch Isoelektrofokussierung) zur Identifizierung von Proteinspezies analytisch wertvoll ist. Am pI ist die Gesamtladung am größten (vollständige Dissoziation), die Nettoladung jedoch Null (nach außen Ausgleich der negativen und positiven Ladungen). Deshalb wandern Proteine am pI in einem elektrischen Feld nicht und die Löslichkeit ist bei diesem pH-Wert am geringsten. Bei den meisten globulären Proteinen liegt der pI-Wert im schwach sauren Gebiet, d. h., die Aminosäuren mit negativ geladenen Seitenketten überwiegen im Molekül.

Auf Grund ihres Zwitterionencharakters wirken Proteine als Puffersubstanzen. Das ist für die Erhaltung eines stabilen pH-Wertes im Organismus von außerordentlicher Bedeutung.

Bei globulären Proteinen finden sich geladene und polare Aminosäureseitenketten bevorzugt an der Moleküloberfläche. Dadurch, z. T. vielleicht auch durch die Peptidbindung selbst, können Proteine eine erhebliche Menge Wasser (20 ... 30 g/100 g) fest binden sowie Sole oder Gele bilden. Viele proteinreiche Lebensmittel sind gelartiger

Tabelle 2.9. Isoelektrische Punkte von Proteinen

Albumine	Ovalbumin	4,59
	Serumalbumin	4,7 ... 4,9
Globuline	Myosin A	5,2 ... 5,5
Skleroproteine	Keratine	3,7 ... 5,0
	Kollagen	6,6 ... 6,8
Phosphoproteine	α-Casein	4,0 ... 4,1
	β-Casein	4,5
Chromoproteine	Myoglobin	6,99
	Haemoglobin (Mensch)	7,07
Protamine	Clupein	12,1

Natur. Ein Teil des gebundenen Wassers geht auch bei tiefen Temperaturen nicht in Eis über. Im Gegensatz zum fest gebundenen Wasser läßt sich weniger fest gebundenes oder freies Wasser durch Abpressen oder Zentrifugieren entfernen. Das „Wasserbindungsvermögen" von Proteinen stellt eine summarische, aber für die Qualität wichtige Kenngröße dar.

Wegen der Wechselwirkungen von Ionen mit polaren Gruppen der Proteine üben Salze einen starken Einfluß auf die Hydrathülle der Proteine aus. Durch hohe Salzkonzentrationen werden gelöste Proteine „ausgesalzen". Dieser Fällungsvorgang ist weitgehend reversibel. Der Entzug der Hydrathülle des Proteins zugunsten der stark solvatisierten Ionen kann für Konservierungszwecke nutzbar gemacht werden (Salzen, Pökeln).

Da in protonischen Lösungsmitteln die Anionen des Salzes über Ionen-Dipol-Wechselwirkungen und durch starke Wasserstoffbrücken solvatisiert werden, ist die aussalzende Wirkung um so stärker, je kleiner und elektronegativer das Ion ist. Auch die Kationen lassen sich nach ihrem Aussalzeffekt in eine analoge Reihe einordnen (HOFMEISTERsche lyotrope Reihe).

Die Ausfällung aus kolloidaler Lösung ist für Proteine charakteristisch und wird in der Analytik, z. B. bei den Fällungs- oder Trübungsreaktionen mit Säuren (Trichloressigsäure, Sulfosalicylsäure, Heteropolysäuren) oder Schwermetallsalzen (Quecksilber(II)-chlorid u. a.), bzw. industriell bei Klärung bzw. Schönung von Flüssigkeiten mit Komplexen oder Hydroxyphenolsäuren genutzt.

Für die technologische Verarbeitung proteinreicher Lebensmittel ist die Denaturierung von größter Bedeutung, da sie mit erheblichen Veränderungen der Wasserbindung, Quellbarkeit und Löslichkeit einhergeht.

Als kolloidal gelöste Makromoleküle sedimentieren Proteine in ausreichend großen Schwerefeldern (etwa $10^3 \ldots 3 \times 10^5$ g). Mit einer Ultrazentrifuge (SVEDBERG 1925) lassen sich die Sedimentationskoeffizienten bzw. -konstanten bestimmen und daraus zusammen mit anderen Daten die scheinbaren Molmassen von Proteinen errechnen.

Feinporige Membranen sind für die kolloidal gelösten Proteinmoleküle nicht passierbar. Sie können deshalb von niedermolekularen Bestandteilen getrennt werden (Dialyse). Dieses Prinzip hat als Ultrafiltration technische Bedeutung z. B. für die Gewinnung von Molkenproteinen erlangt.

Zur optischen Aktivität von Proteinen tragen sowohl die Aminosäuren als auch Strukturelemente bei. Deshalb können aus derartigen Daten (z. B. ORD, CD) Informationen über die Anteile an Sekundärstrukturen im Molekül gewonnen werden.

Proteine absorbieren auf Grund ihres Gehaltes an benzoiden Aminosäuren sowie der Peptidbindung Strahlung im ultravioletten Bereich. Diese UV-Absorption bei 280 nm und 254 nm bzw. bei 206 ... 210 nm findet Anwendung zur spektrophotometrischen Proteinbestimmung bzw. zum Nachweis in chromatographischen Eluaten.

Unpolare (hydrophobe) Molekülbereiche können, vermutlich sogar unter Beeinflussung der nativen Feinstruktur, zu aliphatischen oder benzoiden Strukturen anderer Lebensmittelinhaltsstoffe sogenannte hydrophobe Wechselwirkungen eingehen (vgl. I; 2.4.2.6.). Diese Fähigkeit ist u. a. sehr wichtig für die Entstehung von (z. B. Lipid-Protein-)Komplexen und die Bildung und Stabilität von proteinhaltigen Emulsionen.

2.4.4. Chemische Reaktionen

Die chemische Reaktivität von Proteinen beruht auf den funktionellen Gruppierungen der konstituierenden Aminosäuren und auf den Peptidbindungen. Bei vielen Nachweis- und Bestimmungsmethoden für Proteine geht den Umsetzungen deshalb eine Abtrennung von Aminosäuren, Peptiden und anderen niedermolekularen Begleitstoffen voran. Dafür werden vielfach die kolloidchemischen Eigenschaften der Proteine genutzt.

Die quantitative Erfassung erfolgt überwiegend nach dem KJELDAHL-Verfahren und nutzt den Stickstoffgehalt der Proteine, der im Durchschnitt etwa 16% beträgt. Deshalb ist der ermittelte Stickstoffwert mit dem Faktor 6,25 zu multiplizieren, um auf „Rohprotein" umzurechnen. Dieser Faktor kann sich bei den Proteinen spürbar ändern, deren Stickstoffgehalt auf Grund der Aminosäurezusammensetzung stark vom Durchschnitt abweicht.

Bei definierten Proteinen oder Proteingemischen (z. B. Milch) können spezifische Aminosäuren-Seitenketten-Reaktionen nach Eichung auch zur Proteinbestimmung herangezogen werden. Auf einem solchen Prinzip beruhen die Proteinbestimmung nach LOWRY oder die Farbstoffbindemethoden.

Eine hohe Spezifität und Empfindlichkeit sowohl zum Nachweis wie zur Bestimmung von Proteinen besitzen immunchemische Methoden. Proteine wirken als Antigene, d. h. sie rufen im Organismus die Bildung spezifisch gegen sie geprägter Antikörper hervor. Die Antikörper erkennen „ihr" Protein an charakteristischen Strukturmerkmalen. Ähnliches vollzieht sich bei der Erkennung des Substrates durch ein Enzym. Antigen und Antikörper präzipitieren; das wird analytisch genutzt, beispielsweise zum Nachweis vom Fremdeiweiß in Lebensmitteln. Durch Kombination mit der Gelelektrophorese wird eine Erkennung und Differenzierung der Komponenten in komplexen Proteingemischen erreicht. Eine wesentliche Erhöhung der Spezifität ist durch die Verwendung monoklonaler Antikörper zu erzielen.

2.4.5. Proteingruppen, individuelle Proteine

Bisher existieren keine allgemein gültigen Kriterien für eine Einteilung von Proteinen. Deshalb werden noch immer Merkmale wie Löslichkeit, Zusammensetzung oder der Funktion herangezogen.

Das Vorhandensein einer nicht proteinartigen „prosthetischen" Gruppe dient zur Unterscheidung zwischen einfachen und zusammengesetzten Proteinen; letztere wurden früher oft als Proteide bezeichnet. Die Abgrenzung ist oft schwierig bzw. willkürlich.

2.4.5.1. Einfache Proteine

Albumine

Die klassische Unterteilung der löslichen Proteine in Albumine und Globuline beruht auf der Aussalzung. Proteine, die beim Zusatz des gleichen Volumens einer gesättigten Ammoniumsulfatlösung zur Proteinlösung ausgeflockt werden, gehören zu den Glo-

Tabelle 2.10. Einteilung der Proteine

Proteinart	Löslich in	Vorkommen	Vertreter	Biol. Wert	Prosthet. Gruppe
Einfache Proteine					
Albumine	dest. Wasser	Ei	Ovalbumin	hoch	—
		Blut	Serumalbumine		
		Milch	Lactalbumin		
		Weizen	Leucosin		
		Leguminosen	Legumelin		
Globuline	Gegenwart von Neutralsalzen	Weizen	Edestin	i. a. hoch	—
		Soja	Glycinin 11 S		
			Glycinin 7 S		
		Blut	Fibrinogen		
		Muskel	Actin, Myosin		
Prolamine	70% wäßr. Ethanol	Weizen	Gliadine	mäßig (35...40% Glx, 15...20% Pro)	—
		Roggen	Secaline		
		Gerste	Hordeine		
		Mais	Zeine		
Gluteline	alkal. Milieu z. T. mit Redukt.-mitteln	Weizen	Glutenine	mäßig	—
		Roggen	Secalinine		
		Gerste	Hordenine		
Histone, Protamine	Verd. Säuren	Zellkerne	5 Histongruppen entspr. Lys- u. Arg-Gehalt	mäßig (hoher Lys- u. Arg-Anteil)	(—)
Skleroproteine	wäßr. Medien nach Abbau	Tiere	Keratine (Haare, Federn, Schuppen, Horn)	wertlos	—
			Kollagene (Bindegewebe)	mäßig (etwa 35% Gly, 12% Pro, 11% Ala)	
			Elastine		
Zusammengesetzte Proteine					
Nucleoproteine		Zellkerne	Histone		DNS, RNS
Phosphoproteine		Milch	α_s-Caseine		Phosphat
			β-Caseine		Phosphat
			$\varkappa$-Caseine		Phosphat, Kohlenhydrat
		Eidotter	Vitelline		Phosphat, Lipide
			Phosvitine		Phosphat, Kohlenhydrat
Chromoproteine		Muskel	Myoglobin		Häm
		Blut	Hämoglobin		Häm
		Chloroplast	Chlorophyllproteine		Chlorophylle

Tab. 2.10. (Fortsetzung)

Proteinart	Löslich in	Vorkommen	Vertreter	Biol. Wert	Prosthet. Gruppe
Glycoproteine		Zellhüllen Schleim Pflanzen	Mucine Lectine		Kohlenhydrat
Lipoproteine		Blut u. and. Organe	Chylomikronen HDL, LDL, VLDL		Lipide

bulinen. Die hydrophileren Albumine bleiben dabei gelöst. Andererseits lösen sich Albumine in destilliertem Wasser, während Globuline erst durch eine geringe Menge von Salz in Lösung zu bringen sind (Einsalzung). Albumine sind besonders in tierischem, Globuline in pflanzlichem Material verbreitet.

Das bekannteste Albumin ist das *Ovalbumin*; es enthält etwa 3% Kohlenhydrate, wird aber trotzdem nicht zu den zusammengesetzten Proteinen gerechnet.

Das *Ricin* der Rizinusbohne wird als „Toxalbumin" bezeichnet und gehört zu den äußerst giftigen Phytotoxinen. Die tödliche Dosis für den Menschen wird mit 280 µg angegeben. Noch giftiger ist das Botulinustoxin, ein gegen die Verdauungsenzyme und Säuren resistentes Albumin. Die letale Dosis beträgt etwa 0,1 µg. Durch 30 min Erhitzen auf 353 K (80 °C) erfolgt Inaktivierung. Die durch *Clostridium botulinum* unter anaeroben Bedingungen ausgelöste Toxinbildung gefährdet besonders Fische, seltener Fleischwaren.

Globuline

Pflanzliche Globuline kennzeichnet man häufig nach ihren Sedimentationskonstanten als 11 S- und 7 S-Globuline.

Prolamine, Gluteline

Die bisher gebräuchliche, auf Löslichkeit und Reduktion beruhende Differenzierung ist nur noch bedingt sinnvoll, zumal der molekulare Aufbau viele Gemeinsamkeiten zeigt. Für die Konformation sind intra- und intermolekulare Disulfidbrücken von großer Bedeutung.

Die Prolamine und Gluteline des Weizens sind als *Gluten* bestimmend für die gute Backfähigkeit des Weizenmehles. Cerealien ohne Gluten, z. B. Reis, Mais, können nicht ohne weiteres zu Brot verbacken werden.

Histone, Protamine

Diese Unterscheidung ist lediglich historisch begründet. Besonderheiten der Histone sind der stark basische pI-Wert, die kleinen Molmassen (10 ... 20000) und das Ausbleiben der Denaturierung beim Erhitzen. Typisch ist ihre Bindung an Nucleinsäuren (vgl. I; 2.4.5.2.).

Tabelle 2.11. Prolamin-Gruppen in Weizen und Roggen

	$\bar{M}$ Ultrazentrifuge	$\bar{M}$ SDS-PAGE
Hochmolekulare Prolamine	50 000	90 000
Schwefelarme Prolamine		48 ... 53 000
Schwefelreiche Prolamine	33 000*)	40 000*)
	54 000*)	75 000*)

*) Roggen

Skleroproteine

Auf Grund ihres spezifischen, der biologischen Funktion bestens angepaßten Aufbaues sind diese Proteine erst durch einen tiefgreifenden Abbau ihrer Struktur (Hydrolyse, Reduktion) in Lösung zu bringen, die nativen Formen einer Untersuchung also nur selten zugänglich.

Kollagen bildet das Bindegewebe, das Stroma der Muskelfasern, andere Fasern, Sehnen und Häute. Es ist das häufigste Protein höherer Vertebraten. Kollagene bestehen aus drei gleichartigen oder unterschiedlichen α-helicalen Peptidketten, die als Sekundärstruktur eine linksgängige Tripelhelix bilden. Die Grundeinheiten sind stäbchenförmig (etwa 300 × 1,5 nm) und untereinander kovalent verbunden. Kollagene enthalten Kohlenhydrat (Gal, Glc). Säugetierkollagen schrumpft beim Erhitzen auf etwa 60 ... 65 °C auf rund ein Drittel; bei höheren Temperaturen wird es durch Desaggregierung und Helix-Entfaltung in die wasserlösliche Gelatine umgewandelt.

Elastin ist Hauptbestandteil der gelblichen „elastischen Fasern" in Sehnen, Bindegewebe und Gefäßen. Aminosäurezusammensetzung und Struktur weichen von der des Kollagens ab.

2.4.5.2. Zusammengesetzte Proteine (Proteide)

Nucleoproteine

Das Auftreten dieser stark basischen, an die sauren Nucleinsäuren des Zellkernes gebundenen Proteine kennzeichnen ihre Bedeutung bei der Informationsübertragung. In der Ernährung spielen die Nucleoproteine bei der Gicht, einer Störung des Purinstoffwechsels, eine Rolle. Das Endprodukt des Abbaues der Purinderivate ist die Harnsäure, die bei der Gicht vor allem in Gelenken abgelagert wird. Lebensmittel mit hohem Gehalt an Zellkernen und damit an Nucleoproteinen sind Leber, Niere u. ä.

Phosphoproteine

Phosphoproteine dienen der Entwicklung und Ernährung junger Tiere. Das Eidotter ist reich daran, und in der Milch der Säugetiere ist das Casein der wohl bekannteste Vertreter dieser Gruppe.

Die prosthetische Gruppe ist die Orthophosphorsäure, die schon durch 1%ige Natronlauge oder durch Esterasen abgespalten wird. Im Phosphoprotein erfolgt die Bindung überwiegend über die Hydroxylgruppe des Serins. Zur Herstellung der Elektroneutralität enthält das Casein stets Calcium (s. II; 6.2.).

Das *Ovovitellin* des Eidotters besitzt einen Phosphorgehalt von etwa 1%. Wie im Casein erfolgt die Bindung esterartig über Serinreste des Proteins. Vom begleitenden Lecithin ist es nur schwer abzutrennen. Ferner enthält der Eidotter noch *Phosvitin* mit einer relativen Molekülmasse von 21000 und einem Phosphorgehalt von 10%. Die Bindung vermitteln hier Serin- und Threoninreste.

Chromoproteine

Chromoproteine stellen stark gefärbte Verbindungen dar, in denen wiederum die prosthetische Gruppe interessanter als die Eiweißkomponente ist. Für die Farbigkeit sind als prosthetische Gruppe *Carotenoidderivate* (s. I; 3.6. und 9.3.) oder Hämverbindungen (s. I; 9.2.1.) verantwortlich.

In den Lebensmitteln besitzen vor allem das *Myoglobin*, das den Muskeln die rote Färbung verleiht und das durch das Pökeln des Fleisches beständig wird, sowie der rote Farbstoff des Blutes (*Hämoglobin*) Bedeutung. Ferner gehören zu den Chromoproteinen die *Cytochrome* (Zellhäme), die ebenfalls den eisenhaltigen Protoporphyrinkomplex enthalten. Wegen ihres Eisengehaltes fördern diese Stoffe die Autoxydation der polyolefinischen Fettsäuren (s. I; 3.6.) sie sind also „Prooxydantien".

Auch die Enzyme Peroxydase und Katalase enthalten Häm als prosthetische Gruppe (s. I; 7.2.).

Das *Myoglobin* gehört zu den am besten aufgeklärten Eiweißkörpern. Es besteht aus einer einzigen Polypeptidkette mit 153 Aminosäureresten und einer relativen Molekülmasse von 17816. Seine prosthetische Gruppe (Häm) ist in die stark gefaltete Polypeptidkette eingebettet. Im Myoglobin wird der molekulare Sauerstoff an die prosthetische Gruppe gebunden. Reich an Myoglobin sind insbesondere die lange tauchenden Seetiere wie Robben sowie Wale und auch Muskelpartien mit starker Arbeitsleistung.

Im Gegensatz zum Myoglobin erhält das *Hämoglobin* erst als Tetrameres (Quartärstruktur) seine Fähigkeit, den molekularen Sauerstoff reversibel zu binden. Auch das Hämoglobin ist seit langem intensiv untersucht worden. Das aus 4 Untereinheiten bestehende Molekül enthält zwei α- und zwei β-Ketten mit jeweils 141 und 146 Aminosäureresten.

Zu den Chromoproteinen gehört ferner auch der Blattfarbstoff *Chlorophyll* (s. I; 9.2.3.).

Glyco- und Lipoproteine

Glyco- und Lipoproteine sind lebensmittelchemisch von untergeordneter Bedeutung. Als *Mucine* werden schleimartige Glycoproteine bezeichnet, während *Mucoide* nicht schleimig sind. Der kovalent gebundene Kohlenhydratanteil kann bis zu 80% betragen (Proteoglycan). Liegt der Gehalt unter 4%, gilt die Verbindung als Protein und nicht als Glycoprotein.

Lipoproteine, die große biologische bzw. medizinische Bedeutung besitzen, sind u. a. wichtig für den Lipidtransport im Organismus. Sie enthalten je nach biochemischer Funktion unterschiedliche Proteine sowie variierende Mengen an Phospholipiden, freiem und verestertem Cholesterol und Triglyceride. Von großer Bedeutung sind nichtkovalente Wechselwirkungen zwischen den Bestandteilen. Da die Partikeldichte vom Lipid-Protein-Verhältnis abhängt, werden die Lipoproteine häufig nach dieser physikalischen Eigenschaft klassifiziert und präpariert (z. B. HDL: high density lipoproteins, LDL: low density lipoproteins, VLDL: very low density lipoproteins). Die Lipoproteine und die ihnen zugrundeliegenden Apolipoproteine erlangen zunehmende Bedeutung für die Diagnose von Lipidstoffwechelstörungen.

2.4.6. Proteinveränderungen in Lebensmitteln

Die Hydrathülle von Proteinen wird bei Trocknungsprozessen je nach deren Intensität mehr oder weniger stark reduziert. Damit werden intermolekulare Wechselwirkungen (z. B. MAILLARD-Reaktion, Oxydation, Aggregation) begünstigt. Um irreversible Veränderungen zu vermeiden, d. h. um ein „rekonstituierbares" Produkt zu erhalten, muß das Trocknen proteinreicher Lebensmittel sehr schonend erfolgen.

Da das Proteinmolekül eine gewisse Menge Wasser als „Konstitutionswasser" benötigt, ist eine Trocknung bis zur absoluten Wasserfreiheit nicht möglich. Vor allem darf die Tertiärstruktur beim Trocknen oder analog beim Wasserentzug durch Frosten oder Lyophilisieren möglichst wenig in Mitleidenschaft gezogen werden. Im Falle einer Denaturierung ist die normale Fixierung des gebundenen Wassers (vgl. I; 5.) und damit die ursprüngliche Beschaffenheit eines Proteins nicht wieder zu erreichen. Bei zu langsamen Gefrieren von Lebensmitteln wird eine Anreicherung der Salze im noch flüssigen Wasser verursacht. Diese hohe Ionenstärke kann irreversible Veränderungen auslösen und die Aggregation von Proteinmolekülen verstärken.

Durch Erhitzen werden Proteine denaturiert. Daran schließen sich Folgereaktionen an, in deren Verlauf lösliche Proteine koagulieren (Milchhaut, Kochschaum von Fleisch, Gemüse) oder aus dem Solzustand in den Gelzustand übergehen (Fleischproteine). Längeres Erhitzen von Fleisch bewirkt nicht nur durch die Denaturierung, sondern auch durch den Kollagenabbau im Bindegewebe und die damit verbundene Gewebelockerung eine bessere Verdaulichkeit.

2.4.7. Proteinmodifizierung

Ihre Bedeutung als Bestandteil von Lebensmitteln gewinnen Proteine durch ihre ernährungsphysiologischen und durch ihre technisch-funktionellen Eigenschaften. Der Verbesserung technologisch-funktioneller Proteineigenschaften dienen viele klassische Verarbeitungsprozesse sowie neuerdings die gezielte chemische oder enzymatische Modifizierung, da sich durch diese über die Veränderung molekularer und/oder struktureller Parameter die funktionellen Eigenschaften variieren lassen.

Tabelle 2.12. Technologisch bedeutsame funktionelle Eigenschaften von Proteinen in Lebensmitteln

Löslichkeit	Emulgierbarkeit	Verschäumbarkeit	Teigbildung
Viscosität	Emulsionsstabilität	Schaumstabilität	Strukturierbarkeit
Wasserbindung		Filmbildung	
Quellbarkeit			
Gelbildung			

Die chemische Modifizierung ermöglicht beispielsweise, ionisierbare Gruppen zu blokkieren (z. B. Acetylierung von Lysin; vgl. I; 2.2.4.3.), in ihrem Charakter umzuwandeln (Succinylierung von Lysin; vgl. I; 2.2.4.3.) oder zu bilden (Desamidierung von Glutamin und Asparagin; vgl. I; 2.2.4.3.), Disulfidbrücken reduktiv zu lösen oder oxydativ aus Sulfhydrylgruppen zu erzeugen. Durch Phosphorylierung kann die Wasserbindefähigkeit z. T. erheblich gesteigert werden.

Funktionelle Eigenschaften ändern sich auch, wenn Proteine durch Proteaseeinwirkung partiell abgebaut werden (verbesserte Löslichkeit, verminderte Zähigkeit), oder wenn aus zusammengesetzten Proteinen die nichtproteinogenen Gruppen enzymatisch abgespalten werden (z. B. Dephosphorylierung von Casein). Tyrosinreiche Proteine lassen sich enzymatisch kovalent vernetzen (vgl. I; 2.2.4.3.). Eine enzymatische Modifizierung von Proteinen stellt auch die Plasteinreaktion dar (vgl. I; 2.3.5.).

2.4.8. Unkonventionelle Proteine (neue Proteinquellen)

Vorwiegend aus Soja, in zunehmendem Maße aber auch aus unkonventionellen tierischen, pflanzlichen sowie mikrobiellen Quellen (z. B. Fisch, Blut, Bohnen, Sonnenblumen-, Rapssamen, Hefen, Algen) werden proteinreiche Präparate wie *Proteinkonzentrate* (60 ... 70% i. T. Protein) oder *Proteinisolate* (ca. 90% i. T. Protein) gewonnen. Dazu werden die Rohstoffe meist mit Salzlösungen, verdünnten Säuren oder verdünnten Laugen extrahiert. Es ist darauf zu achten, daß eine Schädigung von Aminosäuren weitgehend vermieden wird und daß ernährungsphysiologisch unerwünschte Verbindungen wie Enzyminhibitoren, Lectine, Saponine, Glucosinolate, Nucleinsäuren u. a. entfernt oder inaktiviert werden. Derartige Präparate werden zur Erzeugung neuartiger Lebensmittel oder zur Proteinanreicherung der traditionellen Nahrung genutzt.

Proteinkonzentrate und -isolate bzw. ihre Lösungen lassen sich auf unterschiedliche Weise strukturieren (extrudieren, verspinnen, gelieren). Bekannt geworden sind besonders Fleisch-, Fisch- und Kaviarsimulate.

Proteinpräparate werden in Ländern mit sonst unzureichender Proteinversorgung angeboten, aber auch in Ländern mit gesicherter Versorgung aus unterschiedlichen Gründen traditionellen Lebensmitteln zugesetzt.

2.4.9. Biologischer Wert von Proteinen

Aus der Vielfalt und der Bedeutung der Proteinfunktionen ist ersichtlich, daß Proteine an allen fundamentalen Lebensvorgängen beteiligt sind. Die intensive Teilnahme am Stoffwechsel bewirkt einen fortwährenden Verbrauch an Körperprotein. Proteine sind also keine stabilen Bauelemente, sondern befinden sich in einem dynamischen Zustand, d. h. sie unterliegen einem ständigen Abbau und einer Erneuerung. Das bedeutet jedoch für den Organismus, daß er für die optimale Aufrechterhaltung der Lebensfunktionen ständig über ein Angebot aller Aminosäuren im erforderlichen Mengenverhältnis verfügen muß (Aminosäure-Pool). Diese Forderung haben die mit der Nahrung zugeführten Proteine zu sichern; denn sie werden nicht direkt verwertet, sondern zu Aminosäuren abgebaut. Besondere Bedeutung hat dabei die Zufuhr an essentiellen Aminosäuren, die vom Körper nicht selbst synthetisiert werden können. Sind essentielle Aminosäuren in einem Nahrungsprotein nicht oder in ungenügender Menge vorhanden, limitieren sie dessen biologischen Wert. Arginin und Histidin sind bedingt essentiell, da sie nur vom wachsenden Organismus benötigt werden.

Nahrungsproteine sind für den Organismus nur dann vollwertig, wenn ihre Aminosäurezusammensetzung dem Bedarf des Organismus weitgehend entspricht. Auf Grund ihrer Zusammensetzung sind nicht alle Proteine für diesen Zweck gleich gut geeignet. Dieser Qualitätsunterschied wird als *„biologischer Wert"* (BW) eines Nahrungsproteins zum Ausdruck gebracht. Der BW ist nach THOMAS die Menge Körperprotein, die durch 100 g Nahrungsprotein ersetzt werden kann:

$$BW = \frac{\text{retinierter N}}{\text{absorbierter N}} \times 100 \, .$$

Unzureichender Gehalt oder Fehlen von essentiellen Aminosäuren senken den BW ebenso wie das extreme Überwiegen einzelner Aminosäuren, z. B. in Kollagen (*Aminosäure-Imbalanz*). Auch übergroße Mengen an essentiellen Aminosäuren wirken schädlich.

Hochwertiges tierisches Protein kommt in seiner Aminosäurezusammensetzung dem Bedarf des menschlichen Organismus am nächsten und ist deshalb besonders wertvoll. Volleiprotein wird vielfach als Standard zu Vergleichen herangezogen.

Pflanzliche Proteine sind auf Grund abweichender Aminosäurezusammensetzung i. a. weniger wertvoll als tierische. Praktisch bedeutet das, daß von ihnen größere Mengen verzehrt werden müßten, um den Bedarf der limitierenden Aminosäuren zu sichern. Eine Steigerung des BW solcher mäßig wertvollen Proteine läßt sich erzielen, wenn durch Mischen ein dem Bedarf nahe kommendes Aminosäurespektrum erreicht werden kann. So ergibt die Kombination der für sich minderwertigen Mais- und Bohnenproteine im Stickstoff-Verhältnis 49 % zu 51 % einen BW von 100.

Proteinmangelernährung tritt vor allem dort auf, wo der Bedarf nur aus einer einzigen pflanzliche Proteinquelle, z. B. Reis oder Mais, gedeckt werden kann.

Für die Ausnutzung eines Proteins ist nicht nur dessen Verdaulichkeit, sondern auch die Absorbierbarkeit der Aminosäuren bestimmend. In-vitro-Techniken zur Ermittlung der Verdaulichkeit allein sind deshalb in ihrer Aussagekraft begrenzt.

Moderne Verfahren zur Bestimmung des biologischen Wertes im Tierversuch stellen die „protein efficiency ratio" (PER) oder die „net protein utilization" (NPU) dar. Die PER gibt die Massezunahme eines wachsenden Tieres durch 1 g Nahrungsprotein an. Bei NPU werden von zwei Tiergruppen eine proteinfrei, die andere mit dem zu testenden Protein ernährt und nach einiger Zeit beide Gruppen auf ihren Proteingehalt analysiert.

$$\mathrm{NPU} = \frac{\text{Proteingehalt mit Testprotein} - \text{Proteingehalt proteinfrei}}{\text{verzehrte Proteinmenge}} \times 100$$

Auf der Grundlage des chemisch bestimmten Aminosäurespektrums läßt sich der Ernährungswert auch durch empirische Formeln berechnen.

Tabelle 2.13. Richtwerte für den Proteinbedarf (nach KETZ und MÖHR)

Gruppe	Alter (Jahre)	Bedarf/Tag (g/kg Körpergewicht)
Kinder	1	1,7
	10	1,2
Jugendliche	15	0,95
	18	0,9
Erwachsene	18 ... 60	
leichte		0,8
mittlere Arbeit		0,9
schwere		1,0

Für den Erwachsenen müssen etwa 15% des N-Bedarfes in Form essentieller Aminosäuren zugeführt werden, während das Kind etwa 38% benötigt. Deshalb wirkt sich ein Mangel in der Proteinqualität und/oder -quantität für das Kind wesentlich stärker als für den Erwachsenen aus. Die wünschenswerte tägliche Proteinzufuhr ist vom Alter, Geschlecht und Arbeitsleistung abhängig. Allgemein gelten die Richtwerte der Tab. 2.13. Starke Belastung (zweite Schwangerschaftshälfte, Stillzeit) erhöht den Bedarf. Für junge Männer wurden 0,3 ... 0,7 g Protein/kg Körpergewicht pro Tag als Mindestbedarf ermittelt. Der durchschnittliche Minimalbedarf liegt demnach etwa bei täglich 0,5 g Protein/kg Körpergewicht. Eine um das dreifache höhere Zufuhr ließ keine Schäden erkennen.

3. LIPIDE UND DEREN BAUSTEINE

3.1. Allgemeines

Unter dem Begriff *Lipide* (mitunter auch als *Lipoide* bezeichnet) versteht man eine Anzahl chemisch recht unterschiedlich aufgebauter hydrophober Substanzen, die in polaren Lösungsmitteln, wie z. B. Wasser, praktisch unlöslich sind, sich aber gut in unpolaren Lösungsmitteln, wie den sogenannten Fettlösungsmitteln (Benzen, Chloroform, Diethylether, Hexan usw.) lösen.

Zur Isolierung bzw. quantitativen Erfassung werden die Lipide aus Lebensmitteln meist direkt mit einem der vorgenannten Lösungsmittel — mitunter aber auch mit einem Gemisch von Lösungsmitteln unterschiedlicher Polarität (z. B. Mischung von Chloroform mit Methanol) — extrahiert. Sind die Lipide jedoch nicht direkt zugängig (z. B. durch

Einteilung und Zusammensetzung der wichtigsten Lipide

Einfache Lipide
    Fette (Fettsäuren, Glycerol)
    Wachse (Fettsäuren, Fettalkohole)
    Sterolester (Fettsäuren, Sterole)

Phospholipide
  Glycerophosphatide
    Esterphosphatide
      Phosphatidylethanolamine (Fettsäuren, Glycerol, Phosphorsäure Colamin)
      Phosphatidylcholine (Fettsäuren, Glycerol, Phosphorsäure, Cholin)
      Phosphatidylserine (Fettsäuren, Glycerol, Phosphorsäure, Serin)
      Phosphatidylinositole (Fettsäuren, Glycerol, Phosphorsäure, Inositol)
    Acetalphosphatide (Fettsäuren, Fettaldehyde, Glycerol, Phosphorsäure, Cholin bzw. Colamin oder Serin)
  Sphingophosphatide (Fettsäuren, Sphingosin, Phosphorsäure, Cholin)

Glycolipide
  Glyceroglycolipide (Fettsäuren, Kohlenhydrat, Glycerol, evtl. Schwefelsäure)
  Sphingoglycolipide (Fettsäuren, Kohlenhydrat, Sphingosin, evtl. Schwefelsäure)
  Sterylglycolipide (Fettsäuren, Kohlenhydrat, Sterol)

Fettbegleitstoffe
  Fettsäuren
  Fettalkohole
  Kohlenwasserstoffe
  Lipochrome
  Lipovitamine
  Sterole

Einschluß in intakte Zellen) oder fest an andere Stoffe (z. B. Eiweiß) gebunden bzw. davon umhüllt (z. B. bei Milchfett), ist vor der Extraktion mit dem Fettlösungsmittel ein Aufschluß (meist mit Säure) der betreffenden Probe erforderlich, dem sich dann erst die Extraktion mit einem Lösungsmittel anschließt. Hierbei ist aber zu beachten, daß durch einen derartigen Aufschluß u. U. Veränderungen an den nativen Lipiden (z. B. Hydrolyse, Oxydation usw.) eintreten, die bei Nachfolgeuntersuchungen der extrahierten Lipide zu berücksichtigen sind.

Man kann eine Einteilung auch in Acyllipide — hierunter sind alle Lipide zusammengefaßt, die bei der Hydrolyse Fettsäuren liefern — und nicht verseifbare Lipide vornehmen.

Ordnet man die Lipide nach steigender Polarität, erhält man folgende Reihe:

— Kohlenwasserstoffe
— Sterolester
— Wachsester
— Triglyceride
— Fettsäuren
— Fettalkohole
— Diglyceride
— Sterole
— Monoglyceride
— Phospholipide
— Glycolipide

Im Hinblick auf das Auftreten der einzelnen Klassen in natürlichen Nahrungsfetten überwiegen die nur aus Glycerol und Fettsäuren aufgebauten Fette (Neutralfette); sie machen dort meist 98% der Gesamtlipide aus.

Durch dünnschicht- und säulenchromatographische Methoden gelingt die Auftrennung von Lipiden auf Grund ihrer unterschiedlichen Polarität in einzelne Klassen im allgemeinen recht gut.

Lipide kommen praktisch in allen pflanzlichen und tierischen Zellen vor, besonders reichlich in Pflanzensamen und subkutanen tierischen Fettgeweben.

Die ernährungsphysiologische Bedeutung der Lipide liegt darin, den menschlichen Organismus mit einer ausreichenden Menge an essentiellen Fettsäuren (s. I; 3.2.1.1.) sowie mit fettlöslichen Vitaminen bzw. Provitaminen zu versorgen. Darüber hinaus sind Fette auf Grund ihres hohen physiologischen Brennwertes (1 g Fett = 39 kJ) ein wichtiger Energielieferant. Bestimmte Lipide sind auch als Vorläufer für Aromastoffe von Bedeutung.

3.2. Einfache Lipide

3.2.1. Fette

Fette sind Ester des dreiwertigen Alkohols Glycerol (Propan-1,2,3-triol) mit Fettsäuren. Da das physikalische, chemische und ernährungsphysiologische Verhalten eines

Fettes primär von Art und Menge der konstituierenden Fettsäuren abhängt, sollen hier zunächst die Fettsäuren besprochen werden.

3.2.1.1. Fettsäuren

Fettsäuren liegen in Lipiden überwiegend in gebundener Form (Ester) vor. Der Anteil an freien Fettsäuren ist bei frischen natürlichen Fetten meist sehr gering ($<1\%$), kann aber bei ungünstiger Lagerung auf 10% und mehr ansteigen; Mikrobenfette enthalten mitunter größere Mengen (bis 80%). Der Anteil an freien Fettsäuren läßt sich mit ausreichender Genauigkeit acidimetrisch (Säurezahl) ermitteln.

Die in den Nahrungsfetten vorkommenden Fettsäuren sind fast ausschließlich einbasige, geradzahlige, unverzweigte, aliphatische Monocarbonsäuren unterschiedlichen Sättigungsgrades mit 2 ... 26 Kohlenstoffatomen, wobei die Vertreter mit 16 und 18 Kohlenstoffatomen überwiegen. Ungeradzahlige, verzweigte, substituierte und alicyclische Säuren treten — von wenigen, gesondert zu betrachtenden Ausnahmen abgesehen — nur in wenigen Fetten und dort häufig auch nur in Spuren auf. Etwa 250 natürliche Fettsäuren sind heute bekannt, von denen etwa die Hälfte ungesättigt ist.

Einteilung der Fettsäuren
Gesättigte Fettsäuren (Alkansäuren)
Ungesättigte Fettsäuren
    Alkensäuren (Monoensäuren)
    Polyalkensäuren (Polyensäuren)
    — Isolensäuren
    — Konjuensäuren
    Alkinsäuren
Substituierte Fettsäuren
    Hydroxysäuren
    Oxosäuren
    Verzweigte Säuren
    Alicyclische Säuren

Die chemischen Eigenschaften der Monocarbonsäuren (Fettsäuren) sind primär durch die elektronische Struktur der Carboxylgruppe determiniert, die durch folgende mesomere Grenzstrukturen beschrieben werden kann:

$$R-C\overset{O}{\underset{\bar{O}H}{\diagup}} \longleftrightarrow R-C\overset{\bar{O}^{\ominus}}{\underset{\bar{O}H}{\diagup}}^{\oplus} \longleftrightarrow R-C\overset{\oplus\bar{O}^{\ominus}}{\underset{\bar{O}H}{\diagup}}$$

Eine Spaltung der a priori polaren O—H-Bindung kann leicht erfolgen, da das O-Atom der OH-Gruppe positiviert ist. Der elektrophile Charakter des C-Atoms der

Carboxylgruppe ist wesentlich schwächer als der des Carbonyl-C-Atoms eines Ketons oder Aldehyds, so daß Reaktionen mit Nucleophilen im allgemeinen nur bei Anwesenheit starker Säuren ablaufen, da die Elektrophilie des Carboxyl-C-Atoms durch Protonierung des Carbonyl-O-Atoms erhöht wird.

Typische Beispiele für den Umsatz von Carbonsäuren mit Nucleophilen sind die Veresterung und die Darstellung von Acylhalogeniden (z. B. Acylchlorid).

Durch Basen können Reaktionen von Carbonsäuren mit Nucleophilen nicht katalysiert werden, da das Carboxylation keine Carbonylaktivität zeigt.

Fettsäuren reagieren mit Basen sowie elektropositiven Metallen unter Salzbildung (Seifen).

Die Alkaliseifen sind im allgemeinen gut wasserlöslich, die Erdalkali- und Schwermetallseifen hingegen nicht.

Bei der Bestimmung der Fettsäurezusammensetzung von Lipiden hat sich die Gaschromatographie als Analysenverfahren bewährt.

Gesättigte Fettsäuren

Die natürlichen gesättigten Fettsäuren Alkansäuren mit der allgemeinen Formel $CH_3(CH_2)_nCOOH$ sind fast ausschließlich geradzahlig, da sie biosynthetisch aus „C_2-Bruchstücken" (Acetat-Regel) aufgebaut werden.

Die vor allem in Wiederkäuerfetten (Milch- und Körperfett) in geringen Mengen (etwa 1%) nachgewiesenen ungeradzahligen Verbindungen sind vermutlich im Pansen dieser Tiere durch mikrobiell ausgelöste Desaminierungsprozesse aus entsprechenden Aminosäuren bzw. durch Umsatz von Kohlenhydraten entstanden. Diese niedermolekularen, ungeradzahligen Fettsäuren sind dann im Stoffwechsel zu höhermolekularen ungeradzahligen Fettsäuren aufgebaut worden. In Bakterienfetten hat man bis zu 30% an ungeradzahligen Fettsäuren nachgewiesen.

Tabelle 3.1. Natürliche geradzahlige gesättigte Fettsäuren

Systematischer Name	Trivialname	Summenformel	Säurezahl	Fp. (K)	Fp. (°C)
Ethansäure	Essigsäure	$C_2H_4O_2$	934,5	289,8	16,6
Butansäure	Buttersäure	$C_4H_8O_2$	636,8	268,5	−4,7
Hexansäure	Capronsäure	$C_6H_{12}O_2$	483,0	269,3	−3,9
Octansäure	Caprylsäure	$C_8H_{16}O_2$	389,0	289,5	16,3
Decansäure	Caprinsäure	$C_{10}H_{20}O_2$	325,7	304,7	31,5
Dodecansäure	Laurinsäure	$C_{12}H_{24}O_2$	280,1	316,7	43,5
Tetradecansäure	Myristinsäure	$C_{14}H_{28}O_2$	245,7	327,0	53,8
Hexadecansäure	Palmitinsäure	$C_{16}H_{32}O_2$	218,8	335,9	62,7
Octadecansäure	Stearinsäure	$C_{18}H_{36}O_2$	197,2	342,6	69,4
Eicosansäure	Arachinsäure	$C_{20}H_{40}O_2$	179,5	348,6	75,4
Docosansäure	Behensäure	$C_{22}H_{44}O_2$	164,7	353,1	79,9
Tetracosansäure	Lignocerinsäure	$C_{24}H_{48}O_2$	152,2	357,4	84,2
Hexacosansäure	Cerotinsäure	$C_{26}H_{52}O_2$	141,4	360,9	87,7

Auf Grund ihres gesättigten Charakters sind diese Fettsäuren relativ oxydationsstabil, bei höheren Temperaturen werden sie aber auch oxydiert. Durch bestimmte Mikroorganismen werden gesättigte Fettsäuren mit einer Kettenlänge bis zu 12 Kohlenstoffatomen zu den entsprechenden Alkan-2-onen(Methylketone) abgebaut (vgl. I; 3.6.4.).

Die Vertreter mit 4 ... 8 Kohlenstoffatomen haben einen unangenehmen Geruch und sind mit Wasserdampf flüchtig. Schmelz- und Siedepunkte, Lichtbrechung und Viskosität der gesättigten Fettsäuren zeigen mit zunehmender relativer Molekülmasse eine steigende Tendenz.

Ernährungsphysiologisch bedeutungsvoll sind die sogenannten *mittelkettigen Fettsäuren* (C_8 ... C_{10}), da sie in Form ihrer Triglyceride, im Gegensatz zu den langkettigen Triglyceriden, selbst dann noch resorbiert werden, wenn Gallensalze und/oder Lipasen fehlen bzw. die Lymphwege für den Transport blockiert sind. Aus diesem besonderen Transport- und Resorptionsmechanismus ergeben sich zahlreiche diätetische und therapeutische Anwendungsmöglichkeiten.

Mengenmäßig überwiegen bei den gesättigten Fettsäuren in natürlichen Fetten die *Palmitin-* und *Stearinsäure* (s. Tab. 3.2).

Tabelle 3.2. Durchschnittliches Vorkommen gesättigter Fettsäuren in natürlichen Nahrungsfetten (m-%)

Fett	C-Atomzahl der Fettsäuren											
	4	6	8	10	12	14	16	18	20	22	24	~Summe
Baumwollsaatöl	—	—	—	—	—	2	22	2	Sp	Sp	Sp	25
Butter	3	1,5	1,5	2,5	4	12	25	9	Sp	Sp	—	60
Cocosfett	—	1	8	7	46	17	9	2	—	—	—	90
Erdnußöl	—	—	—	—	—	—	10	4	2	2	2	20
Heringsöl	—	—	—	—	Sp	14	2	—	—	—	—	15
Kakaobutter	—	—	—	—	—	Sp	27	33	Sp	Sp	Sp	60
Leinöl	—	—	—	—	—	—	7	4	Sp	Sp	Sp	10
Olivenöl	—	—	—	—	—	—	14	2	—	—	—	15
Palmkernfett	—	0,5	4	4	48	16	8	2	—	—	—	80
Palmöl	—	—	—	—	—	1,5	40	5	—	—	—	45
Rapsöl	—	—	—	—	—	—	4	2	Sp	Sp	Sp	5
Rindertalg	—	—	—	—	Sp	4	30	22	Sp	—	—	60
Schweineschmalz	—	—	—	—	0,5	1	30	12	Sp	—	—	45
Sojaöl	—	—	—	—	—	—	10	4	Sp	Sp	—	15
Sonnenblumenöl	—	—	—	—	—	—	6	4	Sp	Sp	Sp	10
Walöl	—	—	—	—	Sp	14	2	—	—	—	—	15

Sp = Spur

Ungesättigte Fettsäuren

Ungesättigte Fettsäuren enthalten in ihrer Kohlenstoffkette eine oder mehrere Doppelbindungen (Alken- bzw. Polyalkensäuren) bzw. Dreifachbindungen (Alkinsäuren); sie sind damit wesentlich reaktionsfähiger (Oxydation, Polymerisation, Hydrierung, Halogenanlagerung) als Alkansäuren. Die Halogenanlagerung kann analytisch zur summarischen Erfassung der Doppelbindungen herangezogen werden (Iodzahl).

Die in Nahrungsfetten vorkommenden Fettsäuren haben maximal 3 Doppelbindungen, in Ausnahmefällen (insbes. bei Fischölen) sogar bis 6, wobei parallel mit der Zunahme der Doppelbindungen ihre Umsatzbereitschaft steigt. Grundsätzlich kann bei Alken- und Polyalkensäuren wie bei allen Strukturen mit Doppelbindungen neben Stellungsisomerie π-Diastereomerie auftreten, d. h. es können cis- und trans-isomere Verbindungen vorliegen, wobei eine Epimerisierung nur nach Lösen einer π-Bindung möglich ist. Die natürlichen Fettsäuren besitzen fast ausschließlich cis-Konfiguration.

Alkensäuren (Monoensäuren)

In natürlichen Nahrungsfetten liegt bei den nativen Monoenfettsäuren (Summenformel $C_nH_{2n-2}O_2$) die Doppelbindung bevorzugt zwischen den C-Atomen 9 und 10.

$$CH_3-(CH_2)_x-\underset{10\ \ 9}{CH=CH}-(CH_2)_7-\underset{1}{COOH}$$

Für die Bezeichnungen cis- und trans-Fettsäuren werden häufiger heute die Symbole Z (= zusammen) bzw. E (= entgegen) verwendet.

Ölsäure
(cis-9-Octadecensäure)
(Octadec-9(Z)-ensäure)

Elaidinsäure
(trans-9-Octadecensäure)
(Octadec-9(E)-ensäure)

Die Monoensäuren mit 5 ... 14 Kohlenstoffatomen werden in Nahrungsfetten in zu vernachlässigenden Mengen angetroffen. *Caproleinsäure* (Dec-9(Z)-ensäure) kommt in geringer Menge in Wiederkäuermilchfetten, *Myristoleinsäure* (Tetradec-9(Z)-ensäure in Fischölen vor.

Palmitoleinsäure (Hexadec-9(Z)-ensäure) ist besonders in Fischölen, Mikrobenfetten und Warmblüterfetten in Mengen von 3 bis 50% vorhanden.

Ölsäure (Octadec-9(Z)-ensäure) ist die weitest verbreitete Fettsäure überhaupt. Sie kommt praktisch in allen Nahrungsfetten vor. Eine natürliche positionsisomere Verbindung der Ölsäure ist die *Petroselinsäure* (Octadec-6(Z)-ensäure), die in nennenswerten Mengen (bis 75%) in Umbelliferen, wie z. B. Petersilie und Coriander, anzutreffen ist. Das trans-Isomere der Ölsäure (*Elaidinsäure*), das thermodynamisch stabiler ist, kann als Nebenprodukt gleich anderen trans-Fettsäuren — ebenso wie Stellungsisomere — bei der katalytischen Fetthydrierung gebildet werden. Elaidinsäure (Octadec-9(E)-ensäure) und *Vaccensäure* (Octadec-11(E)-ensäure) sind in Mengen von etwa 10 bzw. 5% in Wiederkäuerfetten neben anderen trans-Fettsäuren nachgewiesen worden. Das Vorkommen in Wiederkäuerfetten ist vermutlich auf die Tätigkeit bestimmter Pansenbakterien zurückzuführen.

Nachweis und Bestimmung von trans-Fettsäuren erfolgen heute zumeist IR-spektralanalytisch. Trans-Fettsäuren haben stets einen höheren Schmelzpunkt als die entsprechenden cis-Verbindungen.

Eicos-11(Z)-ensäure ist in Mengen von etwa 8% in erucasäurereichen Rapsölen vertreten. Sie entsteht in der Pflanze — genau wie Erucasäure — durch Kettenverlängerung der Ölsäure.

Erucasäure

Erucasäure (Docos-13(Z)-ensäure) ist Hauptbestandteil (40 ... 50%) des Rapsöles sowie des Senföles. Da größere Mengen an Erucasäure bei der Verfütterung an Tiere u. a. eine wachstumsverzögernde Wirkung nach sich ziehen — beim Menschen konnten bisher erucasäureinduzierte Schäden nicht nachgewiesen werden — hat man erucasäurearme bzw. -freie Rapsarten gezüchtet, die zunehmend die erucasäurereichen Sorten verdrängen.

EINFACHE LIPIDE

Tabelle 3.3. Die wichtigsten Alken- und Polyalkenfettsäuren

Systematischer Name	Trivialname	Summen-formel	Säure-zahl	Iod-zahl	Fp. (K)	Fp. (°C)
Hexadec-9(Z)-ensäure	Palmitoleinsäure	$C_{16}H_{30}O_2$	220,5	99,77	275	2
Octadec-6(Z)-ensäure	Petroselinsäure	$C_{18}H_{34}O_2$	198,6	89,96	305	32
Octadec-9(Z)-ensäure	Ölsäure	$C_{18}H_{34}O_2$	198,6	89,96	287	14
Octadec-9(E)-ensäure	Elaidinsäure	$C_{18}H_{34}O_2$	198,6	89,96	317	44,5
Octadec-11(E)-ensäure	Vaccensäure	$C_{18}H_{34}O_2$	198,6	89,96	312	39
Eicos-11(Z)-ensäure	—	$C_{20}H_{38}O_2$	180,7	81,74	293	20
Docos-13(Z)-ensäure	Erucasäure	$C_{22}H_{42}O_2$	165,7	75,05	307	33,5
Octadeca-9(Z),12(Z)-diensäure	Linolsäure	$C_{18}H_{32}O_2$	200,1	181,2	268	—5
Octadeca-9(Z),12(Z),15(Z)-triensäure	Linolensäure	$C_{18}H_{30}O_2$	201,5	273,8	262	—11
Eicosa-5(Z),8(Z),11(Z),14(Z)-tetraensäure	Arachidonsäure	$C_{20}H_{32}O_2$	184,3	333,5	224	—49,5
Eicosa-5(Z),8(Z),11(Z),14(Z),17(Z)-pentaensäure	Timnodonsäure	$C_{20}H_{30}O_2$	185,4	420	—	—
Docosa-4(Z),7(Z),10(Z),13(Z),16(Z),19(Z)-hexaensäure	Clupanodonsäure	$C_{22}H_{32}O_2$	170,8	463	195	—78

Polyalkensäuren (Polyensäuren)

Bei Polyensäuren enthält das Fettsäuremolekül zwei oder mehrere Doppelbindungen. Wenn sich zwischen den Doppelbindungen wenigstens ein sp^3-hybridisiertes C-Atom befindet, spricht man von isolierten Systemen (1,4-Pentadiensystem) und nennt die entsprechenden Fettsäuren *Isolensäuren*. Wenn 2 C-Atome, von denen Doppelbindungen ausgehen, durch eine σ-Bindung gekoppelt sind, spricht man von konjugierten Systemen bzw. *Konjuensäuren*.

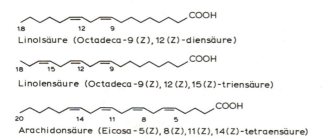

Linolsäure (Octadeca-9(Z),12(Z)-diensäure)

Linolensäure (Octadeca-9(Z),12(Z),15(Z)-triensäure)

Arachidonsäure (Eicosa-5(Z),8(Z),11(Z),14(Z)-tetraensäure)

Bei den gebräuchlichen Nahrungsfetten sind praktisch nur die 3 vorstehenden Polyalkensäuren, bei denen die Doppelbindungen durch jeweils eine CH_2-Gruppe getrennt ist, von Bedeutung; es sind *Isolensäuren*.

Linol- und *Arachidonsäure* gelten als essentielle Fettsäuren (früher als Vitamin F bezeichnet). Arachidonsäure ist nur in Tierfetten und dort auch meist nur in geringen Mengen (<1%) vorhanden, so daß Linolsäure, die man in vielen Pflanzenfetten in relativ hohen Konzentrationen antrifft, die Hauptquelle für die Versorgung mit essentiellen Fettsäuren darstellt. Der Bedarf liegt bei etwa 7 g Linolsäure/Tag für den Erwachsenen, eine Menge, die im allgemeinen erreicht wird. Linolsäure kann im menschlichen Organismus zu Arachidonsäure aufgebaut werden. Bei Mangel an essentiellen Fettsäuren treten Veränderungen im Fettsäurestoffwechsel und der Fettsäurezusammensetzung der Gewebe, Strukturveränderungen der Mitochondrien usw. ein. Eine weitere wichtige Funktion der essentiellen Fettsäuren ist die indirekte Versorgung des Körpers mit den verschiedenen *Prostaglandinen*, wozu z. B. die Arachidonsäure direkt durch ein in den Mikrosomen lokalisiertes Enzymsystem oxydiert werden kann:

Arachidonsäure

Prostaglandin E$_2$

Prostaglandine kommen in allen tierischen Geweben (etwa 1 µg/g) vor und sind biologisch hochaktive Verbindungen. Sie senken u. a. den Blutdruck, hemmen die Magensaftsekretion und sind am Fettstoffwechsel beteiligt.

Arachidonsäure ist weiterhin Ausgangssubstanz für die ebenfalls biologisch hochaktiven *Thromboxane*, *Leucotriene* und *Prostacyclin*. Die vorgenannten Oxydationsprodukte der Arachidonsäure werden zusammen als *Eicosanoide* bezeichnet.

Thromboxan B$_2$

Leucotrien A$_4$

Prostacyclin

Fisch- bzw. Seetieröle enthalten z. T. größere Mengen an ungesättigten Fettsäuren mit 4 ... 6 Doppelbindungen, die für den unangenehmen (tranigen) Geruch von Fischölen mitverantwortlich gemacht werden. Besondere Bedeutung haben hierbei die zu den ω3-Fettsäuren zählenden Timnodonsäure ($C_{20}H_{30}O_2$) und Clupanodonsäure ($C_{22}H_{32}O_2$) erlangt, da sie im Serum eine triglycerid- und cholesterolsenkende Wirkung haben. Durch fraktionierte Kristallisation von Fischölen kann man Produkte gewinnen, die bis zu 30% solcher Fettsäuren enthalten; noch höhere Anreicherungen sind durch Extraktion bzw. Destillation möglich. Solche Konzentrate sind naturgemäß sehr oxydationsanfällig.

Konjuenfettsäuren finden sich in geringen Konzentrationen (<1%) in fast allen natürlichen Fetten. Nennenswerte Mengen treten nur in ungenießbaren Fetten auf, so z. B. im chinesischen Holzöl (Tungöl) etwa 80% *Elaeostearinsäuren* (Octadeca-9,11,13-triensäuren) sowie im Oiticicaöl (Samenfett einer in Brasilien heimischen Baumart) etwa 70% *Licansäuren* (4-Oxo-octadeca-9,11,13-triensäure) und in bestimmten Impatiensarten (Balsaminaceen) Parinarsäuren (Octadeca-9,11,13,15-tetraensäure). Konjuensäuren zeigen auf Grund ihrer als Chromophor wirkenden konjugierten Doppelbindungen in Abhängigkeit von der Zahl der Doppelbindungen im UV-Spektralbereich eine selektive Lichtabsorption, die zum Nachweis und zur Bestimmung herangezogen werden kann. Holz- und Oiticicaöl sind in der Lack- und Farbenindustrie sowie in der Mikroelektronik geschätzte Rohstoffe.

Tabelle 3.4. Durchschnittliches Vorkommen ungesättigter Fettsäuren in natürlichen Nahrungsfetten (m-%)

Fett	C-Atomzahl der Fettsäuren									
	16:1	18:1	18:2	18:3	20:1	20:5	22:1	22:5	22:6	∼Summe
Baumwollsaatöl	Sp	23	50	1	Sp	—	—	—	—	75
Butter	4	30	3	Sp	—	—	—	—	—	40
Cocosfett	Sp	7	2	—	—	—	—	—	—	10
Erdnußöl	Sp	48	30	2	1	—	—	—	—	80
Heringsöl	7	20	3	—	14	8	15	3	7	80
Kakaobutter	Sp	36	3	Sp	—	—	—	—	—	40
Leinöl	Sp	18	19	51	Sp	—	—	—	—	90
Olivenöl	1	75	10	Sp	—	—	—	—	—	85
Palmkernfett	Sp	16	2	—	—	—	—	—	—	20
Palmöl	Sp	45	10	Sp	—	—	—	—	—	55
Rapsöl	2	15	18	8	8	—	42	—	—	95
Rapsöl, erucasäurefrei	2	60	25	10	—	—	—	—	—	95
Rindertalg	2	35	2	Sp	—	—	—	—	—	40
Schweineschmalz	1	48	7	Sp	—	—	—	—	—	55
Sojaöl	Sp	25	53	7	Sp	—	—	—	—	85
Sonnenblumenöl	—	25	62	Sp	—	—	—	—	—	90
Walöl	12	30	2	—	15	3	13	2	3	80

Sp = Spur

Alkinsäuren

Alkinsäuren (Acetylenfettsäuren) und Polyalkinsäuren kommen in Nahrungsfetten kaum vor. Sie sind aber in einigen Pflanzensamen vorhanden, so z. B. die *Taririnsäure* (Octadec-6-insäure) und die *Isansäure* (Octadec-17-en-9,11-diinsäure).

Isansäure ist im Bolekoöl (Isanoöl) vorhanden, das beim Erhitzen zu einer dunklen gummiartigen Masse polymerisiert.

Substitutierte Fettsäuren

Hydroxy- und Oxosäuren

Die bekannteste Hydroxysäure ist die im Ricinusöl in Mengen bis zu 90% vorkommende *Ricinolsäure* (12-Hydroxy-octadec-9(Z)-ensäure). Auch in Gehirnlipiden kommen Hydroxysäuren, wie z. B. *Hydroxynervonsäure* (2-Hydroxy-tetracos-15-ensäure) vor. Für manche Mikrobenfette (Bakterien) ist das Vorkommen größerer Mengen (25% und mehr) an Hydroxysäuren typisch; dort treten auch 3-Hydroxyfettsäuren auf, die am C-Atom 2 verzweigt sind (*Mycolsäuren*). Hydroxyfettsäuren sind polarer als die entsprechenden nichtsubstituierten Fettsäuren, was man zur Abtrennung und für technische Zwecke (Emulgatorherstellung) ausnutzt.

Ricinolsäure   2-Hydroxy-tetracos-15-ensäure

Im Milchfett sind Spuren (< 1%) von Oxosäuren, u. a. auch 3-Oxosäuren (β-Ketosäuren) nachgewiesen worden. Die letztgenannten Verbindungen werden unter bestimmten Umständen durch Decarboxylierung zu den entsprechenden Alkan-2-onen (Methylketonen) umgesetzt.

Licansäure ist ebenfalls eine Oxosäure. Hydroxy-, Oxo- sowie Epoxysäuren entstehen auch bei der Fettautoxydation (vgl. I; 3.6.2.). Für den Nachweis und die Bestimmung solcher Verbindungen werden bevorzugt chromatographische und spektralanalytische Verfahren herangezogen.

Verzweigte Fettsäuren

Alkylverzweigte Fettsäuren finden sich bei handelsüblichen Nahrungsfetten in nennenswerter Menge nur in Wiederkäuerfetten (etwa 3%) als Stoffwechselprodukte von bestimmten Pansenbakterien (Desaminierung von verzweigten Aminosäuren und Kettenverlängerung). Überwiegend handelt es sich um die sogenannten iso- und ante-iso-Säuren. In bestimmten Fisch- und Seetierfetten (z. B. Delphinöl) kommen *Isovaleriansäure* bzw. auch andere verzweigte Fettsäuren vor. Größere Mengen an verzweigten Fettsäuren finden sich im Wollfett und Bürzeldrüsenfett von Wasservögeln.

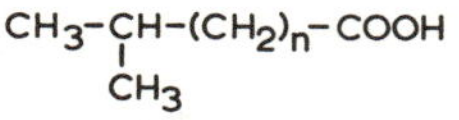

CH$_3$-CH-(CH$_2$)$_n$-COOH
　　|
　　CH$_3$
iso-Säure

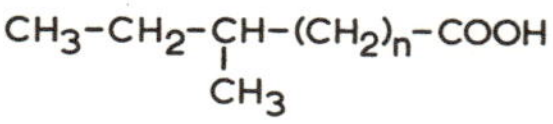

CH$_3$-CH$_2$-CH-(CH$_2$)$_n$-COOH
　　　　　|
　　　　　CH$_3$
ante-iso-Säure

In Mikrobenfetten (insbesondere Bakterien) können bis zu 80% verzweigte Fettsäuren auftreten. Durch Kombination chromatographischer Verfahren mit der Massenspektrometrie werden solche Verbindungen analytisch erfaßt.

Alicyclische Fettsäuren

Tropische Pflanzen der Gattung Hydnocarpus enthalten im Samenöl Fettsäuren, die endständig einen Cyclopent-2-enring besitzen.

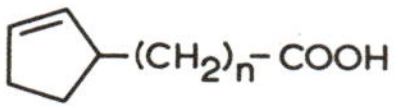

[Strukturformel: Cyclopent-2-en-(CH$_2$)$_n$-COOH]

Bekannteste Vertreter sind die *Chaulmoograsäure* (n = 12) und die *Hydnocarpussäure* (n = 10). Die Hydnocarpusfette sind ungenießbar. Sie wurden aber früher zur lokalen Leprabekämpfung (Antilepraöl) eingesetzt. Auf Grund ihres Chiralitätszentrums sind sie im Gegensatz zu anderen Fettsäuren optisch aktiv und können so erkannt werden.

Cyclopropan- und Cyclopropensäuren sind in einigen Pflanzenfetten und Bakterienlipiden (bis 30%) vorhanden. Bei Bakterien spielt die *Lactobacillussäure* (11-Methylenoctadecansäure) eine Rolle. In rohem Baumwollsaatöl ist etwa 1% *Malvaliasäure*, eine Cyclopropensäure, vorhanden.

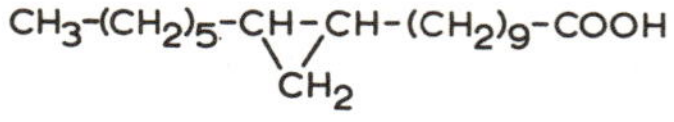

CH$_3$-(CH$_2$)$_5$-CH-CH-(CH$_2$)$_9$-COOH
　　　　　　　　\ /
　　　　　　　　CH$_2$
Lactobacillussäure

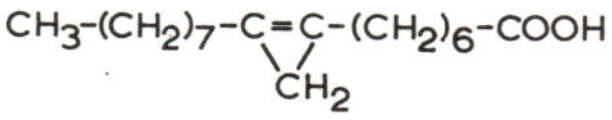

CH$_3$-(CH$_2$)$_7$-C=C-(CH$_2$)$_6$-COOH
　　　　　　　\ /
　　　　　　　CH$_2$
Malvaliasäure

In einigen Fischlipiden (z. B. beim Hecht) sind verschiedene Fettsäuren, die einen Furanring enthalten, nachgewiesen worden.

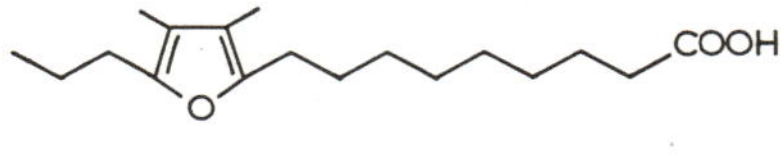

[Strukturformel: Furanring mit Seitenketten und COOH]

Die in natürlichen Fetten mengenmäßig dominierenden Fettsäuren sind fast alle Anfang schon bis Mitte des vorigen Jahrhunderts entdeckt worden.

3.2.1.2. Glycerol

Glycerol ist nicht nur Bestandteil der Neutralfette, sondern auch in bestimmten Phospho- und Glycolipiden enthalten. Bei der totalen Esterspaltung von solchen Fetten (z. B. Triglyceriden) entsteht Glycerol (Propan-1,2,3-triol).

Triglycerid + 3 H$_2$O → Glycerol + 3 RCOOH (Fettsäure)

Die Esterspaltung — mit dem Ziel der Glycerol- bzw. Fettsäuregewinnung — läßt sich technisch mit reinem Wasser unter hohem Druck, mit Alkalien, aber auch mit Säuren oder Enzymen durchführen. Bei der alkoholischen Gärung entsteht als Nebenprodukt (etwa 3%) Glycerol. Chemosynthetisch wird Glycerol meist durch Chlorierung von Propen und anschließende Hydrolyse gewonnen.

Durch Erhitzen von Glycerol in Gegenwart alkalischer Katalysatoren entstehen *Polyglycerole* unterschiedlichen Kondensationsgrades, die u. a. als Ausgangsmaterial für bestimmte Emulgatoren (Polyglycerolfettsäureester) von Bedeutung sind.

Polyglycerol (Schema)

Glycerol ist eine zähflüssige, süß schmeckende, stark hygroskopische Flüssigkeit, die u. a. zur Feuchthaltung von Lebensmitteln (z. B. Tabak), bei der Herstellung von Salben, Seifen, Crems usw., sowie als Frostschutzmittel eingesetzt wird.

3.2.1.3. Aufbau der Fette

Die Fette — oft auch als Neutralfette bezeichnet — kann man in Mono-, Di- und Triglyceride unterteilen, wobei in natürlichen Fetten die Triglyceride eindeutig dominieren.

Mono- und Diglyceride

Monoglyceride können in 2 isomeren Formen auftreten (1- bzw. 2-Monoglycerid). Sie kommen in natürlichen Fetten nur in Spuren (<1%) vor.

1-Monoglycerid **2-Monoglycerid**

Auf Grund des Vorliegens hydrophiler (OH-Gruppen) und lipophiler (Fettsäurerest) sind Monoglyceride gute Emulgatoren und werden als solche auch hergestellt und eingesetzt (vgl. I; 15.2.3.2.).

Auch *Diglyceride* existieren in 2 isomeren Formen und finden sich ebenfalls nur in geringen Mengen (<3%) in natürlichen Fetten. Das Vorkommen größerer Mengen an Mono- bzw. Diglyceriden in Fetten läßt auf eine enzymatisch oder anderweitig katalysierte Hydrolyse schließen.

Triglyceride

Bei den Triglyceriden unterscheidet man zwischen ein-, zwei- und dreisäurigen Verbindungen, je nachdem, ob das Glycerid aus ein, zwei oder drei verschiedenen Fettsäuren aufgebaut ist.

einsäuriges Triglycerid   **zweisäuriges Triglycerid**   **dreisäuriges Triglycerid**

Über die Verteilung der Fettsäuren in natürlichen Glyceriden existieren fünf Theorien:

1. Gleichverteilung (even distribution)
2. Minimalverteilung (minimum distribution)
3. Statistische Verteilung (random distribution)
4. Eingeschränkte statistische Verteilung (restricted random distribution)
5. Statistische 1,3- bzw. 2-Verteilung (Positionstheorie)

Die Bedingungen der *Gleichverteilung* sind etwa folgendermaßen zu definieren:
Wenn der Anteil einer Fettsäure bis zu $33^1/_3$ mol-% der Gesamtfettsäuren beträgt, so wird diese Komponente höchstens einmal in jedem Triglycerid vorkommen. Liegt der Gehalt zwischen $33^1/_3$ und $66^2/_3$ mol-%, so wird sie mindestens einmal, höchstens aber zweimal in jedem Fettmolekül vorhanden sein. Übersteigt der Anteil $66^2/_3$ mol-%, so wird sie mindestens zweimal in jedem Triglycerid vertreten sein. Erst von dieser Menge an aufwärts ist die Möglichkeit des Auftretens einsäuriger Triglyceride gegeben.

Bei der *Minimalverteilung* werden sämtliche Fettsäuren zum Aufbau einsäuriger Triglyceride herangezogen. Gemischtsäurige treten dabei praktisch nicht auf.

Im Fall der *statistischen Verteilung* sind die Fettsäuren nach den Gesetzen der Wahrscheinlichkeit angeordnet.

Bei der *eingeschränkten statistischen Verteilung* gilt — stark vereinfacht —, daß die ungesättigten Fettsäuren vollständig, die gesättigten Fettsäuren dagegen nur anteilweise in statistischer Verteilung vorliegen, da nur soviel gesättigte Triglyceride in Tier und Pflanze gebildet werden können, wie sie in flüssiger Form zu halten sind.

Fette, auf die die Minimalverteilung bzw. reine statistische Verteilung zutrifft, sind bisher in der Natur nicht gefunden worden. Auf Grund neuer experimenteller Befunde, die auch die Verteilung der Fettsäuren innerhalb eines Fettsäuremoleküls berücksichtigt, ist die Theorie der statistischen Verteilung auf die 1,3- bzw. 2-Position (*Positionstheorie*) entwickelt worden, die einer statistischen Verteilung der Fettsäuren auf die 1,3-Position und einer spezifischen Fettsäurezusammensetzung in der 2-Position der Triglyceride entspricht und von 2 verschiedenen Fettsäurepools für die Biosynthese der Acyllipide ausgeht. Diese Positionstheorie ist durch zahlreiche Untersuchungen belegt und wird heute allgemein akzeptiert.

Die meisten natürlichen Fette zeigen eine Fettsäureverteilung, die zwischen der rein statischen und der 1,3- bzw. 2-Verteilung liegt, wobei sich ungesättigte Fettsäuren bevorzugt in Position 2 befinden.

Die theoretisch mögliche Zahl der Triglyceride (z) läßt sich aus der Zahl der vorhandenen Fettsäuren (n) berechnen.

$$z = \frac{n^3 + n^2}{2}$$

Diese Formel berücksichtigt allerdings auch die Positionsisomeren. Sollen diese nicht einbezogen werden, gilt die Formel:

$$z = \frac{n^3 + 3n^2 + 2n}{6}$$

Die Neutralfette sind polymorph und kristallisieren daher in verschiedenen Modifikationen, die mit γ, α, β' und β bezeichnet werden und in dieser Reihenfolge steigende Schmelzpunkte aufweisen. Die meisten natürlichen Fette liegen in β'- bzw. β-Form vor.

Die Aufklärung der Fettsäureverteilung (Glyceridstruktur) durch Einsatz positionsspezifischer Lipasen in Kombination mit verschiedenen chromatographischen Verfahren bereitet heute keine Schwierigkeiten.

3.2.2. Wachse

Wachse im engeren Sinne sind Ester aus hochmolekularen aliphatischen Alkoholen und hochmolekularen Fettsäuren (Wachsester).

$$R^1OH + R^2COOH \longleftrightarrow R^1OCOR^2 + H_2O$$

In der Technik werden aber auch Stoffe mit wachsähnlichen Eigenschaften (Schmelzpunkt über 313 K (40 °C), bei 293 K (20 °C) knetbar, durchscheinend bis opak, unter leichtem Druck polierbar usw.) als Wachse bezeichnet.

Die natürlichen in Lebensmitteln vorkommenden Wachse werden eingeteilt in *Pflanzenwachse* (z. B. Carnauba-, Palm-, Zuckerrohrwachs) und *tierische Wachse* (z. B. Bienen-, Schellackwachs, Walrat). Darüber hinaus gibt es Mineralwachse (z. B. Montanwachs, Ozokerit), *halb-* und *vollsynthetische Wachse* (z. B. Polyethylenwachse).

Die von Pflanze und Tier produzierten Wachse sind meist auf der Oberfläche lokalisiert und dienen als Schutz gegen Benetzung, Quellung sowie Austrocknung bzw. als Baustoff (Bienenwabe); zuweilen trifft man sie auch als Depotfett (Walrat) an.

Die konstituierenden Fettsäuren und Alkohole sind überwiegend hochmolekular (bis C_{38}) und gesättigt. Es treten aber auch ungesättigte Alkohole und Fettsäuren (insbesondere bei Seetieren), Hydroxy- und verzweigte Fettsäuren (speziell in Wollwachs) auf. Häufig sind Kettenlänge des Alkohols und der Säure identisch, so daß man eine Bildung durch Dismutation im Sinne einer Umlagerung nach CANNIZZARO aus einem hochmolekularen Fettaldehyd vermuten kann. In einigen Wachsen hat man neben den in der Regel überwiegend vorkommenden einwertigen Alkoholen auch langkettige Diole nachgewiesen. Wachse sind schwerer verseifbar als Triglyceride.

Natürliche Wachse enthalten als Begleitstoffe hochmolekulare Fettsäuren, Kohlenwasserstoffe, Lactone, Estolide (Polyester von hochmolekularen Hydroxysäuren, die untereinander verknüpft sind) und Fettalkohole.

Auf Grund ihrer relativ geringen Oxydationsanfälligkeit und ihres hohen Schmelzpunktes werden Wachse u. a. als Überzugsmittel und zur Imprägnierung von Verpackungsmaterial in der Lebensmittelindustrie eingesetzt. Der Wachsanteil in Lebensmitteln selbst ist mengenmäßig aber ohne Bedeutung ($< 1\%$).

Carotenwachse (mit Fettsäuren veresterte Terpenalkohle) zählen im weiteren Sinne ebenfalls zu den Wachsen wie auch die Sterolester, die aber separat behandelt werden sollen.

3.2.3. Sterolester

Sterolester (Ester von Sterolen mit Fettsäuren) sowie freie Sterole (früher: *Sterine*) sind in den meisten natürlichen Nahrungsfetten nur in geringen Mengen (0,2 ... 1,5%) vorhanden, wobei die freien Sterole meist überwiegen. Umgeesterte Fette (s. II; 7.7.2.) enthalten demgegenüber praktisch nur Sterolester.

Auf Grund ihres Vorkommens werden unterschieden:

— Zoosterole
— Phytosterole
— Mycosterole

Diese Einteilung ist zwar allgemein üblich, aber nicht ganz exakt, da z. B. das typische Zoosterol Cholesterol auch in einigen Pflanzen (z. B. Palmöl, Kakaobutter, Rapsöl) sowie Mikroorganismen auftritt und Ergosterol — als typisches Mycosterol — u. a. in Butter und Eigelb vorkommt.

80 LIPIDE UND DEREN BAUSTEINE

Die Sterole sind polycyclische Alkohole und leiten sich vom Steran (Gonan, Perhydrocyclopenta(a)phenanthren) ab. Charakteristisch ist die Hydroxylgruppe am C-Atom 3 sowie die Methylgruppen an C_{10} und C_{13}. Die einzelnen Sterole unterscheiden sich insbesondere noch durch das Auftreten von Doppelbindungen sowie die Konstitution der obligatorischen Seitenkette an C_{17}. In einigen Pflanzen kommen neben Desmethyl- auch 4-Methyl- sowie 4,4-Dimethylsterole vor.

3.2.3.1. Zoosterole

Cholesterol findet sich als Hauptsterol (meist um 90% der Gesamtsterole) sowohl in freier als auch in veresterter Form in allen tierischen Zellen und wird mit der Nahrung in Mengen von ca. 0,5 g/Tag aufgenommen. Die endogene Synthese liefert etwa 1 g/Tag. Das Cholesterol spielt bei der Arteriosklerose eine wichtige, allerdings noch nicht völlig geklärte Rolle.

Dehydrocholesterol kommt in Spuren zusammen mit Cholesterol vor. In der Tier- und Menschenhaut finden sich größere Mengen an *7-Dehydrocholesterol*, das bei UV-Bestrahlung zu Vitamin D_3 umgesetzt wird.

3.2.3.2. Phytosterole

Die Phytosterole sind Bestandteil aller Pflanzenzellen; sie kommen dort im Fett in Mengen von 0,2 bis 1,5% vor. Wichtigste Vertreter sind *Stigmasterol*, *Campesterol* und das in mehreren isomeren Formen als Hauptsterol (meist 50 ... 90% der Gesamtsterole) auftretende *Sitosterol* (überwiegend β-Sitosterol). *Brassicasterol* ist im Rapsöl vorhanden.

Tabelle 3.5. Durchschnittlicher Cholesterolgehalt (m-%) tierischer Lebensmittel

Hirn	2,5
Eigelb	1,5
Ganzei	0,5
Lebertran	0,5
Leber	0,4
Niere	0,4
Butter	0,25
Hartkäse	0,1
Schlagsahne	0,1
Rindertalg	0,1
Schmalz	0,1
Fleisch	0,07
Fisch	0,05
Milch	0,01

3.2.3.3. Mycosterole

Das in Hefefett in größerer Menge (etwa 8%), aber u. a. auch in Milch, Butter und Eigelb vorkommende *Ergosterol* ist das bekannteste Mycosterol. Durch Bestrahlung mit UV-Licht erfolgt eine Fotoisomerisierung zu Vitamin D_2.

Ergosterol → UV → Vitamin D_2 Fucosterol

Das charakteristische Sterol der Meeresalgen ist *Fucosterol*, ein Isomeres des Stigmasterols. Die Sterole finden sich bei der Aufarbeitung von Lipiden meist als Hauptbestandteil im sogenannten „*Unverseifbaren*" und können daraus als Digitonid gefällt werden. Für die Trennung und Einzelbestimmung werden überwiegend chromatographische Verfahren eingesetzt, die in bestimmten Fällen eine Identifizierung von Fetten zulassen.

Bei der technischen Raffination (s. II; 7.4.4.) werden die Sterole partiell (15 ... 45%) entfernt und finden sich in den Brüdenkondensaten bzw. in den benutzten Bleichmitteln. Raffinate enthalten meist 0,1 ... 0,5% Sterole.

3.3. Phospholipide

Phospholipide (Phosphatide) sind Verbindungen, die als strukturbestimmendes Merkmal in jedem Fall Phosphorsäure neben Fettsäuren bzw. Fettaldehyden enthalten. Sie kommen ubiquitär in Tieren, Pflanzen sowie Mikroorganismen vor und bilden zusammen mit den Sterolen den Hauptteil der sogenannten Zellipide. Sie sind Grundgerüst der biologischen Membran, die u. a. zusätzlich noch Glycolipide, Cholesterol und insbesonders Proteine enthält.

Besonders hohe Phosphatidmengen liegen u. a. im Ei (etwa 10%), im Knochenmark (etwa 7%), im Gehirn (etwa 5%) sowie in Herz und Leber (etwa 3%) vor. Bei Pflanzen findet man sie in den fetthaltigen Samen in Mengen von 0,1 bis 3% (bezogen auf Gesamtlipide), wobei Sojaöl mit etwa 3% an der Spitze steht.

Auf Grund ihrer molekularen Zusammensetzung werden die Phospholipide in Glycerophospholipide (Glycerophosphatide) und Sphingophospholipide (Sphingophosphatide) unterteilt.

3.3.1. Glycerophospholipide

Glycerophospholipide treten in der Natur als Esterphosphatide oder Acetalphosphatide auf.

Bei den *Esterphosphatiden* unterscheidet man je nachdem, ob als stickstoffhaltige Substanz (A) die Aminoalkohole Cholin ((2-Hydroxyethyl)-trimethylammoniumhydroxid) bzw. Colamin (2-Aminoethanol) oder die Aminocarbonsäure Serin vorliegt, zwischen:
— *Phosphatidylcholinen* (Lecithine)
— *Phosphatidylethanolaminen* (Colaminkephaline)
— *Phosphatidylserinen* (Serinkephaline)

Phosphatidylinositole (Inositolphosphatide) zählen ebenfalls zu den Esterphosphatiden. Sie enthalten aber statt der stickstoffhaltigen Verbindungen (A) den 6-wertigen Cycloalkohol myo-Inositol (Cyclohexan-1,2,3,4,5,6-hexol). Diese Verbindungen sind im Pflanzenreich weit verbreitet.

Acetalphosphatide (Plasmalogene) sind analog den Esterphosphatiden aufgebaut, nur ist bei ihnen die Fettsäure in Position 1 durch einen höheren Fettaldehyd (z. B. Hexadecanal) ersetzt, der in Enolform etherartig an die Hydroxylgruppe gebunden ist. Derartige Verbindungen finden sich in allen tierischen Geweben, besonders reichlich im Gehirn.

Glycerophosphatide sind auf Grund ihres amphoteren Charakters, der durch die lipophilen Fettsäurereste, die hydrophilen Gruppen der Phosphorsäure und basischen Substanzen bzw. des Inositols bedingt ist, grenzflächenaktiv und werden daher als Emulgatoren in der Lebensmittelindustrie eingesetzt. Glycerophosphatide sind im Gegensatz zu den Neutralfetten in Aceton unlöslich; das wird auch praktisch für die Abtrennung von Neutralfetten bzw. Bestimmung von Phosphatiden ausgenutzt.

Handelsübliche Phosphatide — überwiegend aus rohem Sojaöl gewonnen —, die als Lebensmittelzusatzstoffe verwendet werden, enthalten meist etwa neben 50% Neutralfett bereits Lysophosphatide, die durch hydrolytische Abspaltung einer Fettsäure entstanden sind, sowie Phosphatidsäuren (Diacylglycerophosphate).

Lysophosphatid   Phosphatidsäure

Phosphatide haben wachsähnliche Konsistenz und sind leicht hydratisierbar, worauf auch ihre Abtrennung aus Rohölen beruht. Da die Fettsäuren der Phospholipide überwiegend ungesättigt sind, unterliegen sie leicht oxydativen Veränderungen.

3.3.2. Sphingophospholipide

Sphingophospholipide enthalten in der Regel 4-Sphingenin (Sphingosin), einen zweiwertigen ungesättigten (trans) Aminoalkohol (2-Amino-octadec-4-en-1,3-diol) oder einen ähnlichen Aminoalkohol.

Über die Aminogruppe ist eine Fettsäure amidartig verknüpft (derartige Verbindungen werden als *Ceramid* bezeichnet) und über die primäre alkoholische Gruppe Phosphorsäure, die ihrerseits mit Cholin — seltener mit Ethanolamin — verestert ist. Diese Verbindungen (*Sphingomyeline*) kommen in größeren Mengen im Gehirn und Blutplasma (bis 15% der Gesamtlipide) vor, sind aber als Lebensmittelbestandteil ohne wesentliche Bedeutung.

3.4. Glycolipide, Lipopolysaccharide

Unter dem Begriff Glycolipide werden eine große Anzahl chemisch recht unterschiedlich zusammengesetzter niedermolekularer Stoffe verstanden, die neben lipophilen Komponenten (Fettsäuren) als typischen Bestandteil Kohlenhydrat (überwiegend Mono- oder Disaccharide) sowie einen Alkohol enthalten und in unpolaren Lösungsmitteln meist nur mäßig gut löslich sind.

Die Lipopolysaccharide sind demgegenüber höhermolekularer und wasserlöslich.

Glycolipide kommen mit den Phospholipiden in Zellmembranen vergesellschaftet vor. Der lipophile Molekülteil ist mit der Saccharidkomponente glycosidisch verbunden. Der Glycosylteil besteht häufig aus ein oder zwei Monosaccharideinheiten, kann aber auch ein komplex zusammengesetzter Oligosaccharidrest aus Monosacchariden, Hexosaminen, L-Fucose und Sialinsäure sein, wie z. B. bei bestimmten Sphingoglycolipiden.

Für gram-positive Bakterien sollen die Glycolipide spezifisch sein, wobei nur jeweils ein bestimmter Typ vorkommt, der bei zum gleichen Genus gehörenden Spezies identisch ist.

Anstelle von Glycolipid in gram-negativen Bakterien werden Lipopolysaccharide (1 bis 5% i. T.) in gram-positiven Bakterien als Plasmamembrankomponente gefunden, die mit Protein vergesellschaftet ist. Extrahierbare Proteinkomplexe zeigen ausgesprochene, vom Lipopolysaccharidanteil abhängige antigene Wirkung.

Die Lipidkomponente, ein Phospholipid spezieller Struktur („Lipid A"), ist mit der Hauptkette des betreffenden Polysaccharides verbunden, die bei naheverwandten Spezies (z. B. Salmonella) identisch oder sehr ähnlich ist. Die Polysaccharid-Seitenketten sind als eigentliche Träger der serologischen Spezifität unterschiedlich. In derartigen Lipoglycanen konnten bisher über 30 verschiedene, z. T. bis dahin unbekannte Monosaccharide neben einigen Aminozuckern und Uronsäuren als Bausteine identifiziert werden.

Möglicherweise sind Lipopolysaccharide auch in weiteren Organismen (z. B. Pflanzen), in denen ihre Existenz durch andere Polysaccharide überdeckt sein kann, funktionell wichtige Membrankonstituenten.

Die Glycolipide werden unterteilt in Glyceroglycolipide, Sphingoglycolipide und Sterylglycolipide.

3.4.1. Glyceroglycolipide

Glyceroglycolipide (Glycosyldiglyceride) kommen vorzugsweise in Pflanzen (besonders in Chloroplasten) sowie Mikroorganismen vor und haben dort auf Grund ihrer Oberflächenaktivität bestimmte biologische Funktionen.

Wichtigste Vertreter sind *Mono-* und *Digalactosyldiacylglyceride* (MGDG und DGDG). Teilweise ist das Saccharid auch noch mit Schwefelsäure verestert (*sulfatierte Glyceroglycolipide, Sulfolipide, Sulfatide*), wie z. B. ein aus Grünalgen isoliertes, stark saures Sulfolipid, das als Kohlenhydrat die Chinovose enthält und das wasserlöslich ist.

MGDG   DGDG   Sulfolipid

3.4.2. Sphingoglycolipide

Sphingoglycolipide (*Cerebroside*) bestehen in der Regel nur aus 4-Sphingenin (Sphingosin) bzw. ähnlichen Aminoalkoholen (Phytosphingosinen), langkettigen Fettsäuren und Kohlenhydraten, wobei die primäre OH-Gruppe mit dem Kohlenhydrat und die NH_2-Gruppe mit der Fettsäure verbunden sind.

Sphingenin   Phytosphingosine

Bei dem Kohlenhydrat handelt es sich meist um Glucose (*Cerebroglucoside*) bzw. Galactose (*Cerebrogalactoside*), die teilweise zusätzlich mit Schwefelsäure verestert sind (Sulfoglycosylsphingolipide, Sulfatide, sulfatierte Sphingoglycolipide). Sphingoglycolipide kommen in größeren Mengen im Gehirn und Rückenmark, aber auch in Pflanzen (besonders Cerealien und Leguminosen) vor.

3.4.3. Sterylglycolipide

Sterylglycoside und Sterylglycolipide (veresterte Sterylglycoside) finden sich insbesondere in Pflanzen und Mikroorganismen. Sie enthalten ein Sterol (z. B. Sitosterol oder Ergosterol), das glycosidisch mit einem mit Fettsäuren veresterten Kohlenhydrat (meist Glucose, aber auch andere Mono- bzw. Oligosaccharide) verbunden ist.

Glycolipide und Lipopolysaccharide sind bisher noch wenig erforscht, besonders was Vorkommen und Wirkung in Lebensmitteln betrifft. Dennoch gibt es Hinweise, daß z. B. der Gehalt von Backmehlen an solchen Stoffen für die Erzielung einer optimalen Teig- und Gebäckqualität von Bedeutung sein kann.

3.5. Fettbegleitstoffe

Zu den Fettbegleitstoffen rechnet man einige chemisch recht unterschiedlich aufgebaute Verbindungen, die mit den bisher besprochenen Lipiden meist vergesellschaftet vorkommen und in den typischen Fettlösungsmitteln löslich sind.

3.5.1. Kohlenwasserstoffe

Kohlenwasserstoffe (Alkane, Alkene, Polyalkene) kommen als geradzahlige, ungeradzahlige, verzweigte und cyclische Verbindungen in den meisten Nahrungsfetten nur in Spuren (0,05 ... 0,5%) vor, lediglich in bestimmten Seetier- bzw. Fischfetten sind größere Mengen (bis 90%) enthalten.

Wichtigster Kohlenwasserstoff ist das *Squalen* ($C_{30}H_{50}$), das zuerst in Fischleberölen — u. a. neben *Pristan* (2,6,10,14-Tetramethylpentadecan) und *Phytan* (3,7,11,15-Tetramethylhexadecan) — entdeckt, später aber auch in anderen Fetten (z. B. Weizenkeimöl 0,3%, Olivenöl 0,5%, Hefefett bis 16%) nachgewiesen worden ist.

Squalen

Squalen ist ein acyclischer Triterpenkohlenwasserstoff und gilt als Ausgangsstoff für die Biosynthese von Steroiden, wie Sterole, Gallensäuren usw.

Höhere ungesättigte Kohlenwasserstoffe und insbesondere deren Oxydationsprodukte sind häufig mitverantwortlich für den unangenehmen Geruch und Geschmack von natürlichen Fetten. Polycyclische benzoide Kohlenwasserstoffe (*Benzpyrene*, *Phenanthrene* usw.) sind in jüngster Zeit auch in Fetten nachgewiesen worden, wobei aber noch nicht eindeutig geklärt ist, ob es sich nur um eine Kontamination handelt, oder ob solche Verbindungen originär vorhanden sind. Bei der Raffination werden sie weitgehend entfernt.

3.5.2. Lipochrome

Unter dem Sammelbegriff Lipochrome (s. I; 9.3.) werden alle fettlöslichen Farbstoffe verstanden, von denen an dieser Stelle aber nur die wichtigsten der in natürlichen Fetten vorkommenden aufgeführt werden sollen: α-, β- und γ-*Caroten* sowie *Chlorophyllfarbstoffe*.

Die Carotene sind sehr oxydationslabil und werden unter Sauerstoffeinfluß bzw. durch Enzyme (Lipoxydasen) abgebaut, was sich in einer Farbaufhellung bemerkbar macht. Relativ große Mengen an Caroten findet man im rohen Palmöl (etwa 0,25%), während die meisten anderen pflanzlichen Rohöle weniger als 50 mg/kg enthalten.

In einigen natürlichen Pflanzenfetten (Olivenöl, Rapsöl usw.) treten Chlorophyll bzw. seine magnesiumfreien Abbau- und Umwandlungsprodukte (Phäophytin, Phäophorbid, Chlorophyllid, Chlorin usw.) auf. Lipochrome lassen sich auf Grund ihrer Eigenfarbe relativ einfach photometrisch bestimmen.

3.5.3. Lipovitamine

Da die Vitamine an anderer Stelle (s. I; 7.) besprochen werden, sei hier nur erwähnt, daß man zu den Lipovitaminen folgende Verbindungen zählt:

— Vitamin A (Retinol)
— Vitamin D_2 (Ergocalciferol)
— Vitamin D_3 (Cholecalciferol)
— Vitamin E (Tocopherole)
— Vitamin K (Naphthochinone)

3.5.4. Weitere Fettbegleitstoffe

Zu den weiteren Fettbegleitstoffen sind freie Fettsäuren und Sterole sowie aliphatische *Fettalkohole* (in Nahrungsfetten etwa 0,005 ... 0,02%) und Terpen-, insbesondere *Triterpenalkohole* (in Nahrungsfetten etwa 0,02 ... 0,2%), zu zählen, über die bereits in anderem Zusammenhang berichtet wurde (s. I; 3.2.1. bis 3.2.3.). Im Hinblick auf Geruchs- und Geschmacksstoffe sowie natürliche Antioxidantien, die in Lipiden vorkommen, sei auf spätere Ausführungen (s. I; 14. und 15.2.4.2.) verwiesen.

In natürlichen Fetten sind auch *Glycerolether* mit höheren Fettalkoholen wie Cetyl-, Stearyl- und Oleylalkohol sowie *Alkylacylglyceride* (Alkoxylipide) nachgewiesen worden, ebenso wie *Diollipide*, die sich von Ethan-, Propan-, Butan- und Pentandiolen ableiten. Mengenmäßig liegen die vorgenannten Verbindungen in Nahrungsfetten fast immer weit unter 1%.

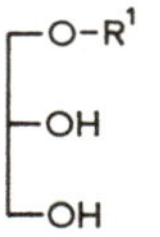

Alkylglycerolether 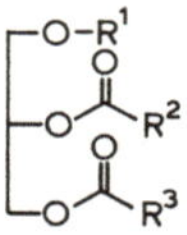   Alkyldiacylglyerid 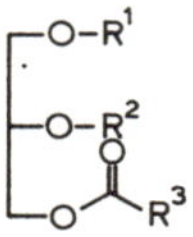   Dialkylacylglycerid

3.6. Lipidveränderungen

Unter dem Einfluß von Licht, Sauerstoff, höheren Temperaturen, bestimmten Enzymen und Mikroorganismen sowie der An- bzw. Abwesenheit von oxydationsfördernden (prooxydativen) oder oxydationshemmenden (antioxydativen) Stoffen können an allen Lipiden mehr oder minder starke Veränderungen eintreten. Diese Veränderungen führen zu sensorischen und biologischen Wertminderungen sowie u. U. zur Entstehung von toxischen

Stoffen (z. B. mutagen wirkende Epoxide, Malondialdehyd, Oxydationsprodukte des Cholesterols).

Die *sensorische Wertminderung* wird in erster Linie durch das Auftreten von Carbonylverbindungen sowie niedermolekularen freien Fettsäuren bedingt, die sich auf Grund ihrer niedrigen Schwellenwerte (s. I; 15.1.) durch ihren unangenehmen Geruch und Geschmack negativ bemerkbar machen. Allerdings können solche Verbindungen im Bereich unterhalb des off-flavours auch Bestandteil des Aromas von Lebensmitteln (z. B. bei Obst und Gemüse) sein.

Biologische Wertminderungen treten ein durch Isomerisierungs-, Oxydations-, Polymerisationsreaktionen usw., die sich an essentiellen Fettsäuren und fettlöslichen Vitaminen bzw. Provitaminen abspielen. Hinzu kommt, daß Carbonylverbindungen mit Eiweiß im Sinne von MAILLARD-Reaktionen reagieren können bzw. bei Dicarbonylen (z. B. Malondialdehyd) Vernetzungen von Eiweiß auftreten. Proteinvernetzungen können aber auch aus Umsetzungen von Radikalen, die bei der Lipidperoxydation entstanden sind, resultieren, wenn diese Radikale mit Proteinen unter Bildung von Proteinradikalen reagieren, die dann dimerisieren.

Bei der Produktion, Verarbeitung, Lagerhaltung usw. von Fetten sowie fetthaltigen Lebensmitteln muß daher versucht werden, durch geeignete Maßnahmen unerwünschte Lipidveränderungen weitgehend zu verhindern.

Bevorzugte Angriffspunkte für unerwünschte Lipidveränderungen sind die Esterbindungen sowie die ungesättigten Systeme. Im wesentlichen sind es drei Grundreaktionen, die in Betracht kommen, sich in der Praxis aber auch überlagern können:

— *Hydrolyse*
— *Oxydation*
— *Polymerisation*

3.6.1. Hydrolyse

3.6.1.1. Chemische Hydrolyse

Bei der rein chemischen Esterspaltung unterscheidet man zwischen alkalischer und säurekatalysierter Spaltung, wobei die letztgenannte zusätzlich die Anwesenheit von Wasser erfordert.

Die *alkalische Hydrolyse* (Verseifung) ist bei Lebensmitteln ohne Bedeutung, da alkalische Milieubedingungen normalerweise nie vorliegen. Eine autokatalytische *Säurehydrolyse* kann aber bei solchen Fetten eintreten, die geringe Mengen Wasser und freie Fettsäuren enthalten, wobei ungünstige (hohe) Temperaturen diesen Prozeß noch fördern. Verseifungen laufen grundsätzlich schneller als säurekatalysierte Hydrolysen ab, weil die Nucleophilie der Hydroxylionen größer ist als die der Wassermoleküle.

3.6.1.2. Enzymatische Hydrolyse

Die enzymatische Hydrolyse von Acyllipiden in Lebensmitteln kann in der Praxis sowohl durch zelleigene Enzyme (Lipasen *E.C. 3.1.1.3.*) als auch durch Fremdlipasen (z. B.

durch Befall mit Mikroorganismen) ausgelöst werden. Die dabei als Reaktionsprodukte auftretenden freien Fettsäuren können einerseits z. T. schon selbst die sensorische Qualität negativ (Ranzidität) beeinflussen (gilt insbesondere für Fettsäuren $< C_{10}$) und anderseits auch autoxydativ zu unerwünschten Geruchs- und Geschmacksstoffen umgesetzt werden.

Die *Lipasen* wirken an der Grenzfläche Wasser/Fett. Sie hydrolysieren nur emulgierte Acyllipide. Man kann in der Praxis hinsichtlich der Wirkung (unspezifisch, positions- und substratspezifisch) unterscheiden zwischen:

— Lipasen, die aus Position 1, 2 und 3 die Fettsäurereste abspalten (z. B. Ricinuslipase)
— Lipasen, die bevorzugt in Position 1 und 3 die Fettsäurereste abspalten (z. B. Pancreaslipase)
— Lipasen, die bevorzugt Öl- und Linolsäure abspalten (z. B. Lipase von Geotrichum candidum)

Die *Phospholipasen* (A_1, A_2, B, C und D) spalten spezifisch Phosphatide wie hier am Beispiel des Lecithins gezeigt ist.

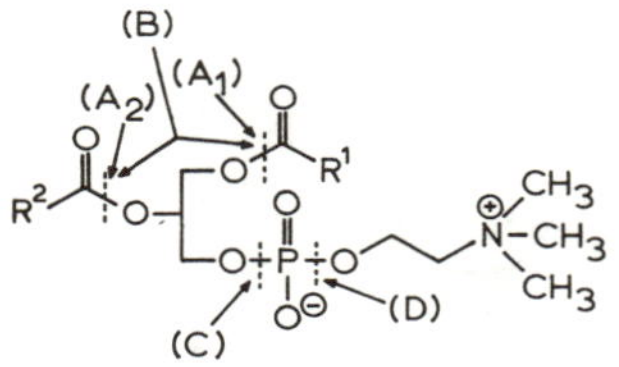

Lipasen werden heute nicht nur in der Analytik zur Bestimmung der Glyceridstruktur von Fetten eingesetzt, sondern auch in der Technik z. B. zur Fettspaltung in der Lebensmittelindustrie (Aromastoffherstellung) sowie bei der Lederproduktion. Darüber hinaus sollen sie potentiell als Hilfsmittel für die schonende Gewinnung von Fettsäuren bzw. Partialglyceriden aus Fetten, die Synthese von Glyceriden aus Glycerol und Fettsäuren sowie für die gelenkte Umesterung von Fetten bzw. Fetten mit Fettsäuren zur Herstellung sogenannter „tailor-made-fats" genutzt werden.

3.6.2. Oxydation

3.6.2.1. Primäre Oxydationsprodukte

Bei den Oxydationsreaktionen an Lipiden ist die Peroxydation von ungesättigten Fettsäuren zu Hydroperoxiden durch Autoxydation einschließlich der enzymatisch katalysierten Peroxydation durch Lipoxygenasen zweifellos dominierend. Die dabei primär gebildeten Monohydroperoxide können in vielfältiger Weise sekundär unter Molekülaufbau bzw. -abbau weiter reagieren, so daß letztendlich eine unüberschaubare Zahl von Verbindungen dabei resultiert. Während die Monohydroperoxide sensorisch nahezu indifferent sind, bedingen deren Abbauprodukte (Aldehyde, Ketone, Kohlenwasserstoffe usw.) die sensorische Wertminderung von Lipiden bzw. lipidhaltigen Lebensmitteln.

Autoxydation, Fotooxydation

Die *Peroxydation* ist, zumindest was die Anfangsphase betrifft, an Alken- und Polyalkenfettsäuren eingehend untersucht und stellt danach einen Radikalkettenmechanismus dar, der sich hinsichtlich der Hydroperoxidbildung vereinfacht für Öl- bzw. Linolsäure wie folgt formulieren läßt:

Primäre Autoxydationsprodukte der Ölsäure

Primäre Hauptautoxydationsprodukte der Linolsäure

Für die Bildung von Fettsäureradikalen (R) werden bevorzugt α-Methylenprotonen aus ungesättigten Fettsäuren abgespalten, wobei die hierzu erforderliche Energie stark vom Sättigungsgrad der Fettsäure abhängt (s. Tab. 3.6). So wird z. B. das H-Atom aus der mittelständigen Methylengruppe bei einem 1,4-Pentadiensystem (z. B. bei Linolsäure), das durch die beiden benachbarten Doppelbindungen besonders aktiviert ist, wesentlich leichter abstrahiert als aus einer α-Methylengruppe einer Monoenfettsäure (z. B. Ölsäure) bzw. einer der außenständigen α-Methylengruppen bei Linolsäure (Position 8 bzw. 14). Das erklärt auch, warum bei der Autoxydation von Linolsäure die entsprechenden 8-, 10-, 12- und 14-Hydroperoxide jeweils nur in Spuren (0,5 ... 1,5%) auftreten, während die 9- und 13-Hydroperoxide zusammen etwa 95% ausmachen.

Tabelle 3.6. Dissoziationsenergien (D) von CH-Bindungen und relative Oxydationsgeschwindigkeiten (V_R) von Fettsäuren

Säure	Zahl der Doppelbindungen	D (kJ/mol)	V_R	Position der dissoziierenden CH-Gruppe
Stearinsäure	0	414	1	10
Ölsäure	1	334	100	11
Linolsäure	2	289	1200	11
Linolensäure	3	167	2500	11

Im Rahmen der Radikalkette sind folgende Reaktionen, die zum Wachstum, zur Verzweigung oder zum Abbruch der Kette führen, möglich:

Kettenstart	RH	$\longrightarrow$	R• + H•	(1)
Kettenwachstum	R• + O_2	$\longrightarrow$	ROO•	(2)
Kettenwachstum	ROO• + RH	$\longrightarrow$	ROOH + R•	(3)
Kettenverzweigung	ROOH	$\longrightarrow$	RO• + HO•	(4)
Kettenverzweigung	2 ROOH	$\longrightarrow$	ROO• + RO• + H_2O	(5)
Kettenabbruch	R• + R•	$\longrightarrow$	RR	(6)
Kettenabbruch	RO• + R•	$\longrightarrow$	ROR	(7)
Kettenabbruch	ROO• + R•	$\longrightarrow$	ROOR	(8)
Kettenabbruch	ROO• + ROO•	$\longrightarrow$	ROOR + O_2	(9)

Die Reaktion 2 läuft sehr rasch ab, da der Sauerstoff im Grundzustand ein Triplett ($^3O_2$) ist, das leicht 1-Elektronenreaktionen mit Radikalen eingeht.

Die Reaktion 3 ist nur dann schnell, wenn die bei der Hydroperoxidbildung frei werdende Energie (etwa 375 kJ/mol) erheblich größer ist als diejenige, die zur H-Ablösung aus einer Fettsäure aufgebracht werden muß.

Die Kettenverzweigungen (Reaktion 4 und 5) resultieren aus homolytischen bzw. katalytischen Spaltungen der Hydroperoxide, die zu Startradikalen wie ROO•, RO• oder

HO• führen. Kupfer- und Eisenionen haben sich als Sekundärkatalysatoren besonders wirksam erwiesen. Solche Schwermetallionen sind bereits in geringen Konzentrationen (<1mg/kg Fett) prooxydativ.

$$Cu^{2+} + ROOH \longrightarrow Cu^+ + ROO^• + H^+$$
$$Cu^+ + ROOH \longrightarrow Cu^{2+} + RO^• + OH^-$$

Bei den Kettenabbruchreaktionen dürfte — wenn nicht Sauerstoffverarmung im System vorliegt — Reaktion 9 überwiegen. Die beim Kettenabbruch (Reaktion 6 bis 9) entstehenden Polymeren (s. I; 3.6.3.) weisen eine abnehmende Stabilität in der Reihenfolge Dialkyl-, Ether-, Peroxiverbindung auf.

Die Bildung der ersten Radikale bzw. Hydroperoxide ist bis heute nicht restlos geklärt; sie ist sicher im Zusammenhang mit einer thermischen Aktivierung, Aktivierung durch UV-Licht sowie Aktivierung mittels Sensibilisatoren (Fotooxydation) und der enzymatischen Oxygenierung zu sehen. Neuerdings hält man einen Kettenstart auch durch Reaktion der ungesättigten Lipide mit Luftbestandteilen bzw. -verunreinigungen wie SO_2, NO_2 und O_3 für möglich.

Bei der *Fotooxydation* reagiert — vereinfacht ausgedrückt — der durch Licht aktivierte Sensibilisator (Sen*) entweder direkt mit dem Substrat unter Radikalbildung (Typ 1) oder der aktivierte Sensibilisator reagiert mit dem Triplettsauerstoff der Luft, wobei kurzlebiger Singulettsauerstoff entsteht (Typ 2). Singulettsauerstoff besitzt eine wesentlich höhere Reaktivität gegenüber ungesättigten Fettsäuren; er reagiert mit olefinischen Substraten etwa 1500mal schneller als Sauerstoff im Grundzustand.

$$Sen + h\nu \longrightarrow Sen^*$$
$$Sen^* + RH \longrightarrow R^• + Sen \quad (Typ\,1)$$
$$Sen^* + {}^3O_2 \longrightarrow {}^1O_2 + Sen \quad (Typ\,2)$$

Der Singulettsauerstoff setzt sich über einen Cycloadditionsmechanismus direkt mit dem ungesättigten Lipid zu einem Monohydroperoxid um, wobei die Zahl der entstehenden Monohydroperoxide immer doppelt so groß wie die Zahl der Allylgruppen ist.

Da diese Art der Hydroperoxidentstehung mit Singulettsauerstoff eine Radikalbildung nicht voraussetzt, ist dieser Prozeß auch nicht durch die üblichen Antioxydantien, die als Radikalfänger wirken, hemmbar. Inhibiert wird diese Reaktion aber durch die sogenannten

Quencher (s. I; 3.6.2.3.), die angeregte Zustände von Sensibilisatoren bzw. Sauerstoff desaktivieren, wie z. B. bestimmte Carotenoide und Tocopherole. Typische Sensibilisatoren für die Fotooxydation hingegen sind z. B. Chlorophylle, Phaeophytine, einige Protoporphyrine und Riboflavin.

Fotooxydation von Ölsäure   Fotooxydation von Linolsäure

Die bei der Fotooxygenierung gebildeten Hydroperoxide bzw. Radikale können sekundär in den Radikalkettenmechanismus der Autoxydation mit einbezogen werden.

Enzymatische Oxydation

Die in Sojabohnen, aber auch in zahlreichen anderen Pflanzen sowie in Erythrocyten und Leucocyten in größerer Menge vorkommende *Lipoxygenase* (auch als *Lipoxydase* bzw. *Linolsäuresauerstoffoxydoreduktase*, E.C. 1.13.1.13. bezeichnet) ist ein Enzym, das die Peroxydation von Polyalkenfettsäuren, die cis,cis-1,4-Pentadiensysteme enthalten, zu den entsprechenden Monohydroperoxiden katalysiert. Die Lipoxygenase oxidiert demnach natürliche Linol-, Linolen- und Arachidonsäure. Hauptprodukt der Oxydation von Linolsäure ist ein cis,trans konjugiertes Hydroperoxid, das eine selektive Lichtabsorption (etwa bei 233 nm) aufweist, was zur quantitativen Erfassung der essentiellen Linolsäure ausgenutzt wird.

Man unterscheidet hinsichtlich der Wirkung Lipoxygenasen vom Typ 1 und Typ 2. Solche vom Typ 1 reagieren bei hoher Spezifität bevorzugt mit freien Fettsäuren, die in wäßriger Phase emulgiert sind. Lipoxygenasen vom Typ 2 oxidieren auch veresterte Fettsäuren, besitzen eine geringere Spezifität und können leichter andere Substanzen (z. B. Carotenoide) co-oxidieren. Die Lipoxygenasewirkung kann durch phenolische Antioxydantien inhibiert werden. Lipoxygenasen sind aber ebenso wie Lipasen auch noch bei tiefen Temperaturen wirksam, was bei der Gefrierlagerung von Lebensmitteln zu berücksichtigen ist, wenn nicht vorher eine Enzyminaktivierung (z. B. durch Erhitzen) erfolgt ist.

3.6.2.2. Sekundäre Oxydationsprodukte

Zu den Sekundärprodukten der Peroxydation zählen zunächst die aus den Monohydroperoxiden praktisch ohne Molekülabbau bzw. -aufbau in geringen Mengen erhaltenen Verbindungen, wie z. B. *Di-* und *Trihydroperoxide, Hydroperoxi-epidioxide, Endoperoxide, Hydroxiepoxide, Hydroxi-, Epoxi-, Oxofettsäuren* usw. Von wesentlicher Bedeutung sind aber die zahlreichen Carbonylverbindungen, die durch Fragmentierung von Hydroperoxiden und anderen Oxydationsprodukten, z. B. nach folgendem Schema entstehen können:

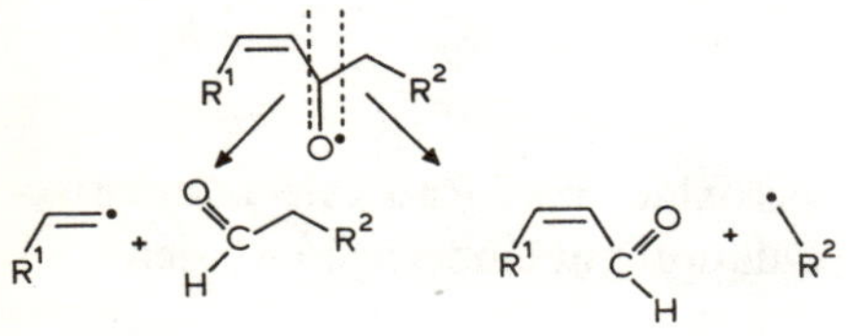

Die bei solchen Fragmentierungen gebildeten Aldehyde können ihrerseits weiter umgesetzt werden, z. B. durch Oxydation zu den entsprechenden Fettsäuren bzw. durch oxydative Spaltung der Doppelbindungen.

3.6.2.3. Oxydationsfördernde und -hemmende Faktoren

Oxydationsfördernd wirken sich Temperatur, Sauerstoffangebot, Sensibilisatoren und bestimmte Metallionen aus.

Als oxydationshemmende Faktoren sind zunächst zu nennen die *Antioxydantien* sowie die eigentlichen *Synergisten* (z. B. Citronensäure), die dazu in der Lage sind, verbrauchte Antioxydantien zu regenerieren. Bei den in der Praxis eingesetzten Antioxydantien (AH) handelt es sich überwiegend um Verbindungen, die wenigstens eine phenolische OH-Gruppe enthalten und die dazu in der Lage sind, Acyl-, Oxi- und Peroxiradikale unter Bildung relativ stabiler Endprodukte abzufangen. Das Antioxydansradikal (A•) selbst muß aber so stabil sein, daß es ein H-Atom aus einer Fettsäure nicht abspalten kann.

```
R•   + AH  ⟶  RH   + A•      R•   + A•  ⟶  RA
RO•  + AH  ⟶  ROH  + A•      RO•  + A•  ⟶  ROA
ROO• + AH  ⟶  ROOH + A•      ROO• + A•  ⟶  ROOA
```

Stoffe, die prooxydative Metallionen komplexieren können, werden als *Metallfänger* (metal-scavanger) bezeichnet (z. B. o-Phosphorsäure). *Quencher* sind Verbindungen, die angeregte Sensibilisatoren bzw. angeregten Sauerstoff wieder desaktivieren können und somit die Fotooxygenierung inhibieren. Durch Sauerstoffänger, wie z. B. Ascorbinsäure, wird der Sauerstoff unter Oxydation des Fängers gebunden (Co-Oxydation) und somit die Lipidoxydation verhindert. Teilweise zeigen bestimmte Hydroxysäuren auch mehrere der vorgenannten Wirkungen, wie z. B. die Ascorbinsäure.

Autoxydationsprozesse spielen sich nicht nur an reinen Lipiden ab, sondern generell an allen fetthaltigen Lebensmitteln. Unerwünschte sensorische Veränderungen an scheinbar fettfreien Lebensmitteln (z. B. Gemüse- und Fruchtsäfte) können ursächlich mit oxydativen Lipidveränderungen im Zusammenhang stehen.

Hydroperoxide werden vorwiegend iodometrisch (Peroxidzahl) bestimmt, während Carbonylverbindungen wie Aldehyde und Ketone zumeist in Form ihrer 2,4-Dinitrophenylhydrazone fotometrisch erfaßt werden.

3.6.3. Polymerisation

Bei rein thermischen sowie thermisch oxydativen Belastungen von Lipiden kann es leicht zur Bildung polymerer Verbindungen kommen. Wenn Sauerstoff an der Polymerisation beteiligt ist, spricht man vereinfacht von Oxypolymerisation (Oxypolymere), sonst von einfacher Polymerisation (thermische Polymere). In Abhängigkeit von Art und Grad der Polymerisation kann bei den entsprechenden Produkten mit Erhöhung des Siedepunktes und der Viskosität sowie Veränderung der sensorischen Eigenschaften und der biologischen Abbaubarkeit gerechnet werden.

3.6.3.1. Thermische Polymerisation

Eine merkliche Polymerisation ungesättigter Fette tritt erst bei Temperaturen von über 473 K (200 °C) auf. Grundsätzlich sind hierbei C—C-Verknüpfungen auf zwei Wegen möglich. Entweder es reagieren zwei Fettsäuren innerhalb eines Moleküls (intramolekular) oder die Reaktion findet zwischen zwei Fettsäuren statt, die jeweils einem anderen Glyceridmolekül angehören (intermolekular). Schematisch ergibt sich folgendes Bild:

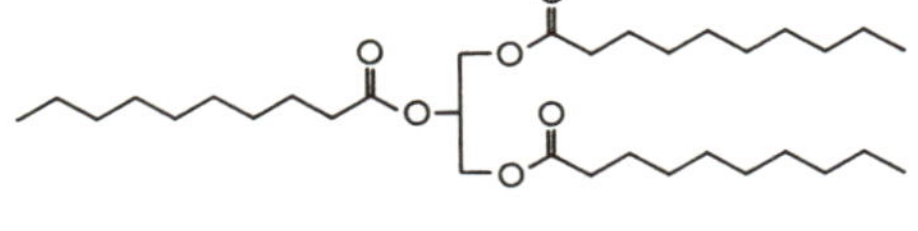

intaktes Glyceridmolekül

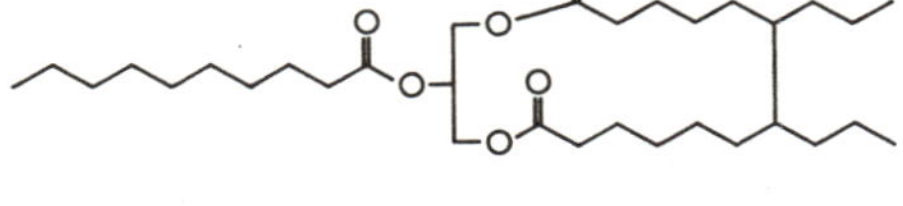

intramolekulare Bindung

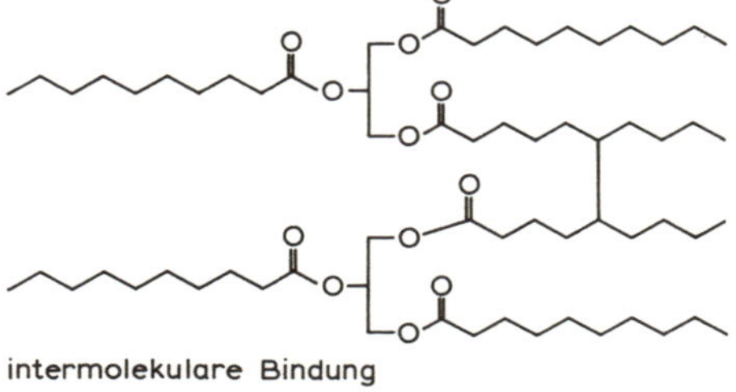

intermolekulare Bindung

LIPIDE UND DEREN BAUSTEINE

Die thermische Polymerisation spielt bei der Desodorierung von Pflanzenfetten eine Rolle (s. II; 7.4.4.), wobei überwiegend Dimere gebildet werden, der Gehalt bei Fettraffinaten liegt bei max. 0,5%. Eine Molekülvergrößerung tritt nur bei intermolekularer Reaktion auf.

Die Bildung von Polymeren aus mehrfach ungesättigten Fettsäuren verläuft überwiegend im Sinne einer DIELS-ALDER-Synthese ab, wobei primär durch thermische Isomerisierung die 1,4-Pentadiensysteme in die erforderlichen 1,3-Systeme (Dienkomponente) umgelagert werden, die dann mit einem Dienophil reagieren.

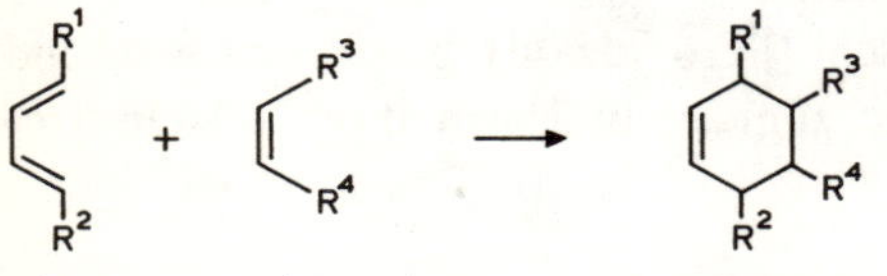

Dien   Dienophil   Dimeres Produkt

Weiterhin laufen indirekte substituierende Additionen ab.

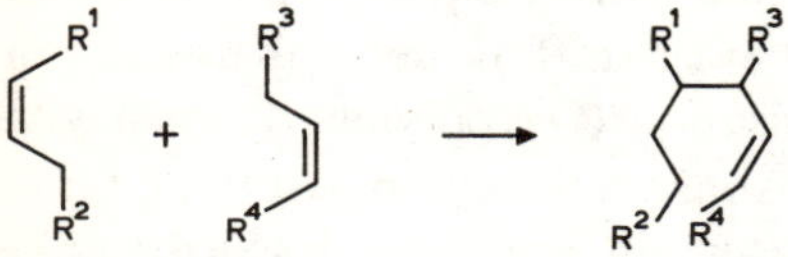

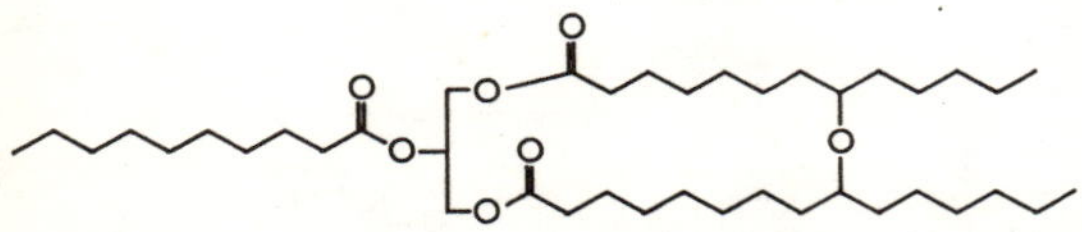

intramolekulares Produkt

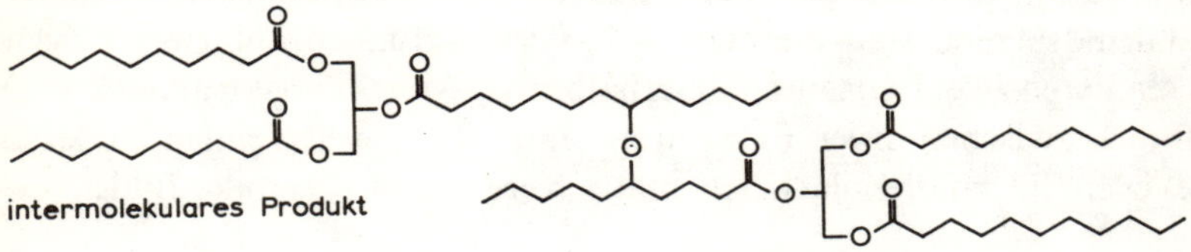

intermolekulares Produkt

Hydroperoxid

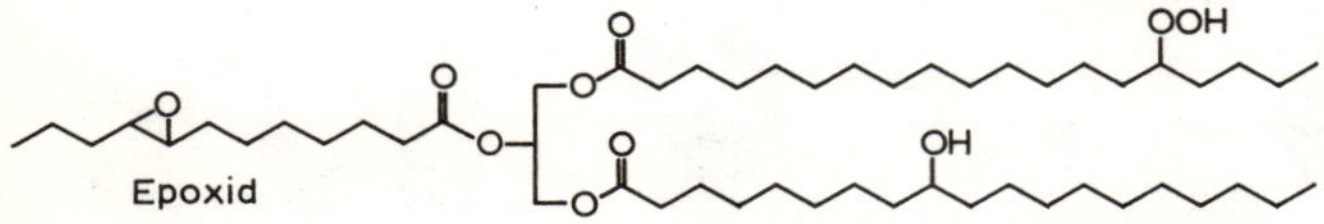

Epoxid

Hydroxyverbindung

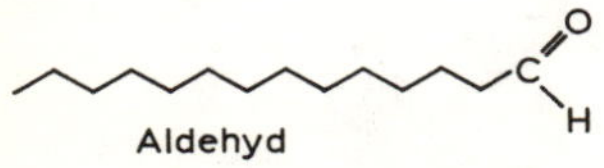

Aldehyd 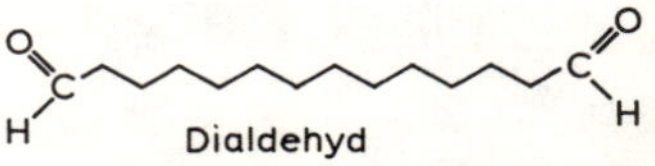   Dialdehyd

Kohlenwasserstoff 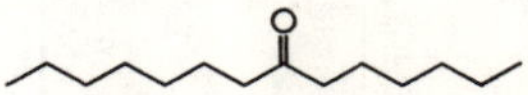   Keton

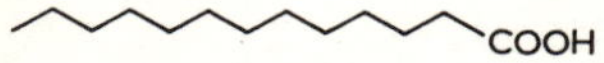

Fettsäure

3.6.3.2. Oxypolymerisation

Oxypolymere entstehen in größeren Mengen, wenn Fette unter Lufteinfluß auf hohe Temperaturen (z.B. beim Braten oder Fritieren) über längere Zeiten erhitzt werden. Hierbei können inter- und intramolekulare Bindungen durch —O— bzw. —O—O-Brücken auftreten. Parallel dazu ist mit primären und sekundären Autoxydationsprodukten zu rechnen, so daß eine Vielzahl verschiedener Substanzen entstehen kann, deren Hauptvertreter nachstehend schematisch aufgeführt sind (s. S. 96).

3.6.4. Mikrobiell bedingte Methylketonbildung

Ein Sonderfall des enzymatischen Fettabbaus ist die Methylketonbildung (*Parfümranzigkeit*), die — ausgelöst durch bestimmte Mikroorganismen — in der Weise abläuft, daß nach lipolytischer Freisetzung von Fettsäuren durch Lipasen aus Acyllipiden ein desmolytischer Abbau speziell der gesättigten Fettsäuren bis C_{12} gemäß dem nachfolgenden Schema abläuft:

Methylketonbildung aus Fettsäuren

Reaktion	Formel
—	R—CH$_2$—CH$_2$—COOH
$-H_2$	R—CH=CH—COOH
$+H_2O$	R—CH(OH)—CH$_2$—COOH
$-H_2$	R—CO—CH$_2$—COOH
$-CO_2$	R—CO—CH$_3$

Diese Reaktion spielt sich insbesondere bei bestimmten wasserhaltigen Fetten, wie z. B. Butter sowie Margarinesorten, die Cocos- bzw. Palmkernfett enthalten, und der mikrobiellen Käsereifung (z. B. Roquefort) ab.

Die Methylketone sind aber nicht Endprodukt des Abbaus, sondern setzen sich langsam zu den entsprechenden Alkan-2-olen um. Die Methylketone sind äußerst geruchs- und geschmacksintensive Verbindungen, deren Auftreten in Butter und Margarine als wertmindernd, in bestimmten Käsesorten hingegen als erwünscht angesehen wird.

4. KOHLENHYDRATE

4.1. Allgemeines

Kohlenhydrate ist der von C. SCHMIDT 1844 geprägte und noch heute verwendete Sammelbegriff für Zucker und ihnen in Aufbau und Reaktionsverhalten nahestehende Substanzen. Die meisten ihrer Vertreter sind Polyhydroxycarbonylverbindungen, die übrigen leiten sich von diesen unmittelbar ab.

Kohlenhydrate sind in jeder lebenden Zelle vorhanden. Trotzdem ist ihr Vorkommen quantitativ und qualitativ z. T. recht unterschiedlich.

In Pflanzen finden sich Kohlenhydrate in großen Mengen (50 ... 80%, bezogen auf Trockensubstanz), vor allem als typische Gerüststoffe (z. B. Cellulose, Hemicellulosen, Pectinstoffe) und Reservestoffe (z. B. Stärke); der tierische bzw. menschliche Organismus enthält nur wenig Kohlenhydrate (meist unter 2% bzw. etwa 0,6%). Sie werden von ihm hauptsächlich zur Gewinnung von Energie und von C-Atomen für Biosynthesen genutzt und nur in geringem Maße gespeichert (Glycogen). Als Gerüstsubstanz spielen bei einigen Invertebraten Chitin, bei Menschen und höheren Tieren Mucopolysaccharide (u. a. Bestandteil von Knorpeln, Sehnen und Bindegewebe) eine Rolle. Gerüststoffe sind von höheren Organismen (außer Pflanzenfresser) praktisch nicht verwertbar, wirken aber als sogenannte Ballaststoffe in der Nahrung in Mengen von 2 bis 5% verdauungsfördernd. Sie werden in den unteren Darmabschnitten bakteriell z. T. abgebaut.

Obwohl die Kohlenhydrate nicht zu den essentiellen Nahrungsbestandteilen gerechnet werden, müssen einem Erwachsenen als Durchschnitt über einen längeren Zeitraum mindestens 100 g täglich zugeführt werden, um Stoffwechselstörungen zu vermeiden. Empirisch wird empfohlen, 45 ... 60% (mindestens 10%) der Nahrungsenergiezufuhr durch Kohlenhydrate zu decken. Dabei sollte der Anteil an langsam gegenüber schnell verdaulichen bzw. absorbierbaren Kohlenhydraten (Stärke-Zucker-Verhältnis) nicht zu gering sein. 1 g Kohlenhydrat liefert 17 kJ (4,1 kcal).

Man ordnet die Kohlenhydrate in drei Hauptgruppen:
— Monosaccharide (Einfachzucker)
— Oligosaccharide (Mehrfachzucker aus 2 bis 10 Monosaccharideinheiten)
— Polysaccharide (Vielfachzucker, Biopolymere aus über 10, meist wenigstens 100 Monosaccharideinheiten)

Die einzelnen Vertreter werden im allgemeinen mit Trivialnamen oder mit davon abgeleiteten systematischen Namen bezeichnet, die das Suffix-„ose" tragen (Mono- und Oligosaccharide, z. T. auch Polysaccharide).

4.2. Monosaccharide

Vergleichsweise geringe Mengen Monosaccharide, im wesentlichen Stoffwechselmetabolite, kommen in der Natur monomer und ungebunden vor. Der Hauptanteil findet sich als Strukturelement zusammengesetzter, vor allem wasserunlöslicher polymerer Kohlenhydrate. Nach Zahl und Menge dominieren die Hexosen und Pentosen bei weitem, auch als Lebensmittelbestandteile.

Höhere Monosaccharide treten vereinzelt in Pflanzen auf, z. B. D-Sedoheptulose in Sedumarten, D-Glycero-manno-octulose sowie D-Erythro-L-gluco-nonulose in Avocadobirnen.

Einige weitere „Nicht"-Hexosen und -Pentosen sind in Form energiereicher Kohlenhydrat-Phosphor-Verbindungen des Zellstoffwechsels biochemisch außerordentlich wichtig. Das gilt z. B. für Glyceraldehyd (und Dihydroxyaceton) bei der Glycolyse und Gärung (EMDEN-MEYERHOF-Schema) und für Glyceraldehyd, Erythrose und Sedoheptulose in den Pentosephosphatcyclen. Hier betrifft es sowohl die reversible Umwandlung von Hexosen in Pentosen und die direkte Glucoseoxydation unter NADPH-Gewinnung in Mensch und Tier (WARBURG-DICKENS-HORECKER-Schema) als auch die Regenerierung des CO_2-Acceptors Ribulose-1,5-biphosphat im Photosyntheseprozeß grüner Pflanzen (CALVIN-Cyclus).

4.2.1. Struktur

4.2.1.1. Konstitution

Die Monosaccharide sind Polyhydroxyaldehyde (Aldosen) oder -ketone (Ketosen) mit mindestens drei C-Atome umfassender, meist unverzweigter Kohlenstoffkette. Der Stammname eines Monosaccharids leitet sich von der Anzahl der C-Atome (n) im Grundgerüst ab, die im allgemeinen mit derjenigen der O-Atome übereinstimmt (Ausnahme: z. B. Desoxyzucker). Demgemäß unterteilt man die Monosaccharide in Triosen (n = 3), Tetrosen (n = 4), Pentosen (n = 5), Hexosen (n = 6), Heptosen (n = 7) usw.

Diese Bezeichnungen (Stammnamen) gelten im engeren Sinn für Aldosen (früher: Aldo-Triosen usw.), während man Ketosen durch das Suffix -ulose kenntlich macht (z. B. Pentulose statt früher Keto-Pentose).

Die Symbole für einzelne Monosaccharide sind aus den ersten drei Buchstaben ihrer Trivialnamen zu bilden (z. B. Fructose = Fru, Galactose = Gal); eine Ausnahme stellt Glc für Glucose dar.

Die systematischen Namen der Monosaccharide werden aus einem Konfigurationspräfix, das sich von den entsprechenden Aldosetrivialnamen ableitet und dem Stammnamen gebildet (D-Glucose = D-gluco-Hexose, D-Fructose = D-arabino-2-Hexulose).

Im Gegensatz zu anderen Carbonylverbindungen bilden die Monosaccharide (außer 3-C-Verbindungen und Tetrulose) reversibel unter Energiegewinn cyclische Halbacetale in Form 5-gliedriger Furanringe oder 6-gliedriger Pyranringe. Die Tendenz hierzu ist so groß, daß die Lösung der acyclischen Formen meist nur in sehr geringer Konzentration existieren (z. B. in wäßriger Glucoselösung $2{,}6 \times 10^{-3}\%$), und daß kristallin alle freien Monosaccharide (außer Erythrose) als cyclische Halbacetale vorliegen. Diese Tatsache erklärt z. B. die Nichtaddition von Hydrogensulfitverbindungen durch Zucker und das Ausbleiben der Aldehydreaktion mit fuchsinschwefliger Säure bei Aldosen.

Die Cycloform eines Monosaccharides wird mit dem Suffix „-ofuranose" bzw. „-opyranose" (Kürzel: f bzw. p) anstelle von -ose im Namen der Oxoform gekennzeichnet (z. B. Glucopyranose = Glcp). Hexosen stabilisieren sich zumeist in der Pyranose-, Pentosen häufig in der Furanoseform.

Weitere Veränderungen der Konstitution sind durch die Einführung zusätzlicher Atomarten (z. B. von N bei Aminozuckern) und eine Verzweigung der C-Kette gegeben.

4.2.1.2. Stereoisomerie

Auf der Grundlage der Symmetrieeigenschaften lassen sich Stereoisomere klassifizieren. Mit ihren Spiegelbildern nicht kongruente Moleküle nennt man chiral (händig), kongruente dagegen achiral. Bild-Spiegelbild-Isomere werden als Enantiomere, alle anderen Stereoisomeren als Diastereomere bezeichnet. Chiralität und optische Aktivität bedingen einander. Die spezifische Drehung Enantiomerer ist im Betrag gleich, in der Richtung entgegengesetzt. D- bzw. L-Glyceraldehyd und D- bzw. L-Tetrulose sind die Grundformen der Monosaccharide der D- bzw. L-Reihe. In jeder Reihe existieren dabei wie in einem Stammbaum Familien von Diasteromeren (vgl. Abb. 4.1). Da Aldosen jeweils ein dissymmetrisches (früher: asymmetrisch) C-Atom mehr als die entsprechenden Ketosen besitzen, sind z. B. bei den Hexosen (n = 6) mit n − 2 Chiralitätszentren $2^{n-2} = 16$ Stereoisomere (8 diastereomere Enantiomerenpaare) und bei den Hexulosen $2^{n-3} = 8$ Stereoisomere (4 diastereomere Enantiomerenpaare) theoretisch möglich und experimentell nachgewiesen. Diasteromere, die durch Austausch zweier Liganden an einem dissymmetrischen C-Atom bestimmter Position der Monosaccharidkette (Epimerisierung) entstehen können, werden Epimere genannt; z. B. sind D-Glucose und D-Mannose 2-Epimere, D-Glucose und D-Galactose 4-Epimere.

Die Bildung intramolekularer Halbacetale durch Cyclo-Oxo-Tautomerie bedingt bei den Monosacchariden den Übergang des Carbonyl-C-Atoms in ein dissymmetrisches C-Atom (anomeres C-Atom). Die hierdurch entstehenden, z. B. durch Polarimetrie oder NMR-Spektroskopie zu unterscheidenden zwei Diasteromeren werden als Ano-

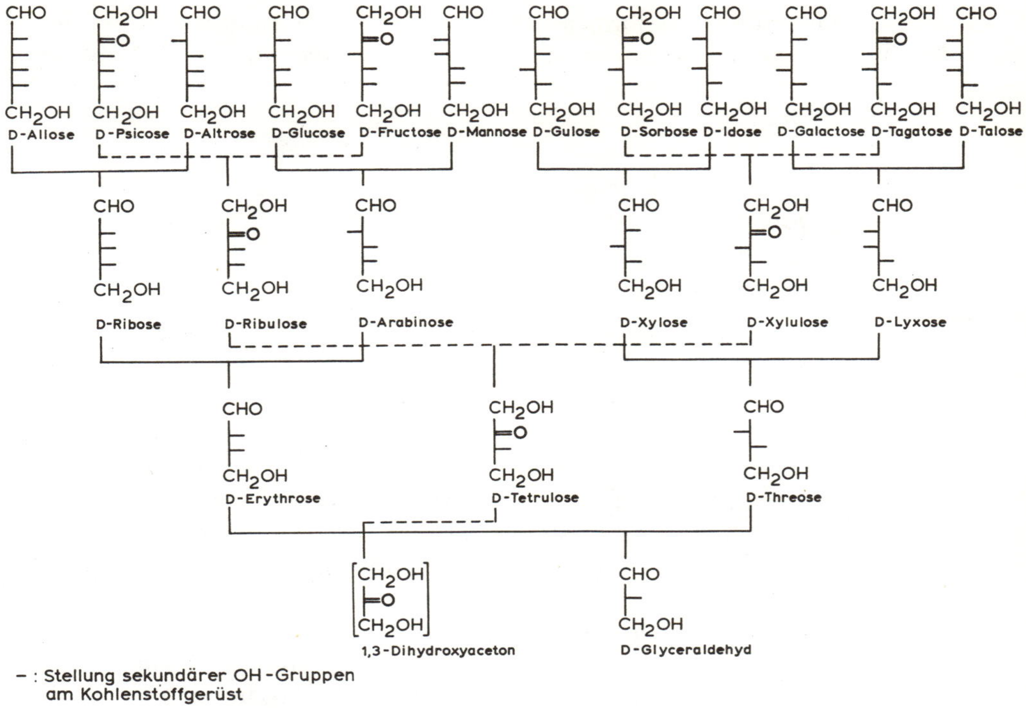

Abb. 4.1. Stammbaum der Zucker (D-Reihe, bis Hexosen)

mere und, je nach Stellung ihrer glycosidischen Hydroxylgruppe (historisch: Lactolgruppe), mit α- oder β- bezeichnet. In Lösung stehen die Anomeren, deren spezifisches optisches Drehvermögen nicht identisch ist, über die Oxoform miteinander im Gleichgewicht. Bis zur endgültigen Gleichgewichtseinstellung ist Mutarotation (zeitabhängige Drehwertänderung) zu beobachten.

Bestimmte Monosaccharide (z. B. Glucose, Mannose, Xylose) und Oligosaccharide, die diese als reduzierenden Molekülteil enthalten, zeigen einfache Mutarotation (Reaktion 1. Ordnung), andere (z.B. Galactose, Arabinose, Ribose), bei denen außer Pyranose- nennenswerte Mengen Furanoseformen am Gleichgewicht beteiligt sind, komplexe Mutarotation.

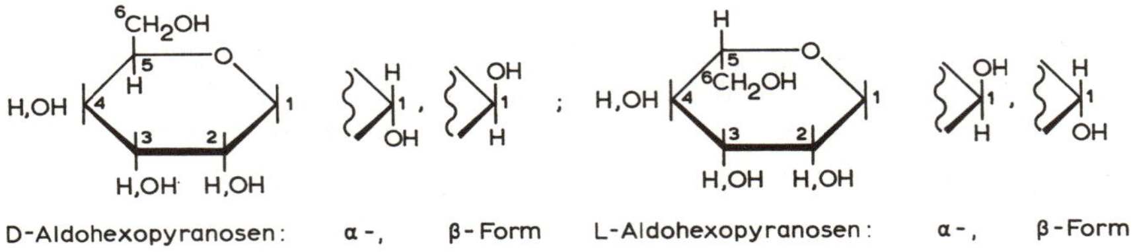

(Vereinfachte Formeln (ohne Wasserstoffbindungen) gewinnen noch zusätzlich an Übersichtlichkeit.)

Bei den D-Aldohexopyranoseformen befindet sich C-6 stets oberhalb der Ringebene, bei D-Aldohexofuranoseformen ist dies von der Konfiguration an C-4 abhängig.

Aldohexofuranosen: α-D- β-D- oder β-L- α-L- Form ; α-D-Glucofuranose ; α-D-Galactofuranose

Die dominierenden Konformationen einer konstitutionell und konfigurativ definierten Verbindung ergeben sich vor allem aus sterischen (VAN DER WAALS-) und elektrostatischen Wechselwirkungen ihrer Atome und Atomgruppen und bestimmen maßgeblich besondere physikalische Eigenschaften (z. B. spektroskopische Daten, Dipolmomente) und das chemische Reaktionsverhalten.

Bei Verbindungen mit linearem Kohlenstoffgerüst, u. a. Polyolen (Zuckeralkoholen), nimmt die C-Kette eine weitgehend planare „Zickzack"-Konformation ein. Mitunter, bei relativ starken syn-Wechselwirkungen zwischen 1,3-Hydroxygruppen, erfolgt jedoch durch Rotation um die $C_{(3)}-C_{(4)}$-Bindung Übergang in die thermodynamisch stabilere „Sichel"-Konformation (z. B. bei Glucose- und Xylose-, aber nicht bei Mannose- und Galactosederivaten).

"Zick-Zack" ≡ "Sichel"
D-Glucitol (D-Sorbitol)

Pentosen, Hexosen, Hexulosen und längerkettige Monosaccharide sind ungebunden in Pyranoseform besonders stabil.

Da heute als bewiesen gilt, daß beim Tetrahydropyran wie beim Cyclohexan die starre Sessel-Konformation (C-Konformation, chair = Sessel) prinzipiell am energieärmsten ist, darf eine solche Konformation auch für die meisten Pyranosen als Vorzugskonformation angesehen werden. Axiale (a) und äquatoriale (e) Bindungen können durch Konformationsänderung des Kohlenstoffskeletts ineinander umgewandelt werden. Die beiden Konformeren sind aber nur dann gleich, wenn sich die Ringglieder und alle Substituenten, wie beim Cyclohexan, nicht unterscheiden. Deshalb sind bei den Pyranosen die beiden C-Konformationen nicht äquivalent, sondern diastereomer.

Sessel-Form   Sessel-Konformationen von Pyranosen

Die HAWORTH-Projektionsformel ist leicht in eine $^4C_1$-Konformationsdarstellung (Kurzbezeichnung: Cl) übertragbar, indem man erst den Ring zeichnet, dann die Bindungen anbringt und anschließend die Substituenten, der HAWORTH-Projektion gemäß, nach oben oder nach unten einzeichnet.

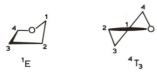

β-D-Glucopyranose (β-D-Glcp, β-D-Glucose(1,5))

Aus verschiedenen Gründen wird eine Hexopyranose im allgemeinen eine Konformation bevorzugt, die eine äquatoriale Stellung der Hydroxymethylgruppe erlaubt; in der D-Reihe ist das die $^4C_1$-Konformation. Im Gegensatz zum Sechsring existiert beim Fünfring (Cyclopentan) die starre Sessel-Konformation nicht, er ist flexibel. Begünstigt ist hier die Ausbildung der E- (envelope = Briefumschlag) und der T-Konformation (twisted = verdreht), deren freie Energiegehalte fast gleich sind.

Furanose-Konformationen

Die Konformation von Furanosederivaten in Lösung ist nicht eindeutig festzulegen. Man wird stets ein Gemisch von energetisch fast gleichwertigen Konformationen annehmen müssen, die sich rasch ineinander umwandeln (Pseudorotation).

4.2.2.   Pentosen, Hexosen

Pentosen

Pentosen sind in der Natur hauptsächlich als pflanzliche Polysaccharide (Pentosane, Hemicellulosen), aber auch als Kohlenhydratkomponente u. a. von Nucleinstoffen,

Glycosiden und Coenzymen anzutreffen. Im Gegensatz zu Hexosen werden sie durch gewöhnliche Hefen nicht vergoren, wohl aber von bestimmten Torulastämmen (*Torula utilis*), Fusariumarten und Mycelpilzen als Nährsubstrat genutzt.

Als Hauptvertreter sind D-(+)-Xylose, L-(+)-Arabinose und D-(+)-Ribose zu nennen.

D-*Ribose* (D-ribo-Pentose) ist als N-Glycosid in Nucleosiden, Nucleotiden und Nucleinsäuren, in Vitamin B_{12} sowie als Bestandteil von Codehydrasen außerordentlich weit verbreitet.

D-*Xylose* (D-xylo-Pentose) und L-*Arabinose* (L-arabino-Pentose) sind die monomeren Bausteine von Xylan („Holzgummi": Stützsubstanz pflanzlicher Gewebe wie Holz, Stroh, Fruchtschalen usw.) und Araban (z. B. in Kirsch-, Pflaumen-, Hefegummi, Holundermark und Pectinstoffen).

Als verzweigte Pentose ist D-*Apiose*, die biosynthetisch aus G-Glucuronsäure entsteht, Bestandteil in Glycosiden (u. a. des Apiins in Petersilie) und einigen Polysacchariden.

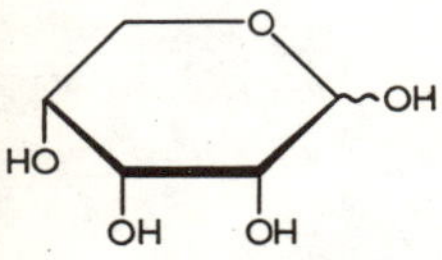

D-Ribose-(1,5) 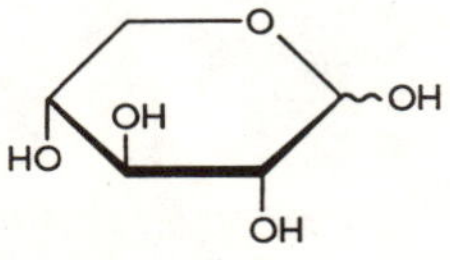   D-Xylose-(1,5) 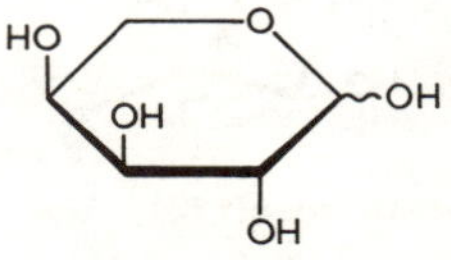   D-Arabinose-(1,5) 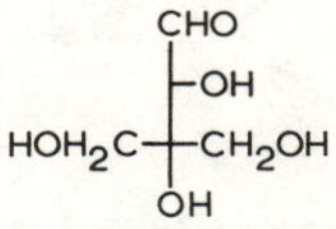   D-Apiose

Hexosen

Die Hauptmenge natürlicher Hexosen ist in zahlreichen Oligo- und Polysacchariden gebunden. Hexosen sind aber auch frei in überaus vielen tierischen und pflanzlichen Produkten in z. T. beachtlichen Konzentrationen anzutreffen (Honig, süße Früchte).

Lebensmittelchemisch (und ernährungsphysiologisch) sind als D-Hexosen Glucose, Galactose, Mannose und als Hexulosen D-Fructose und L-Sorbose wichtig. (Die Angabe unter den Formeln bezieht sich auf das Gleichgewicht in wäßriger Lösung.)

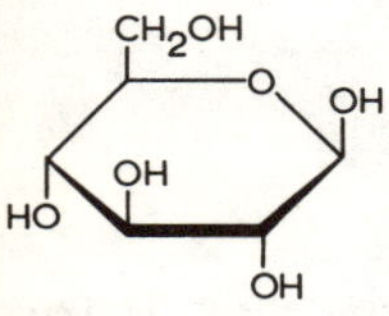

β-D-Glucose-(1,5)
(ca. 64% β- und
36% α-Pyranose)

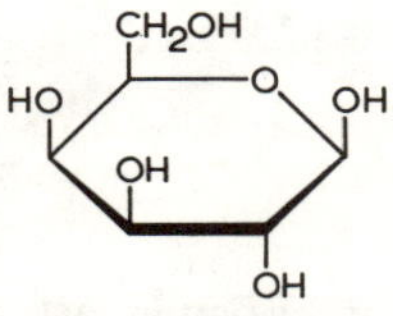

β-D-Galactose-(1,5)
(ca. 73% β- und
27% α-Pyranose)

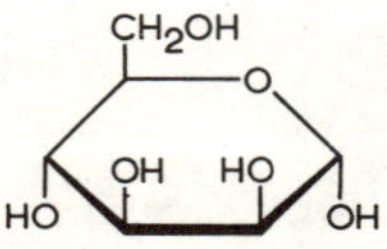

α-D-Mannose-(1,5)
(ca. 67% α- und
33% β-Pyranose)

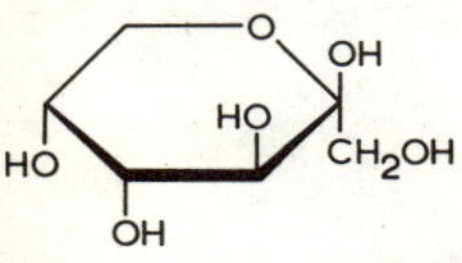

β-D-Fructose-(2,6)
(ca. 70% β-Pyranose-(2,6)
und 30% β-Furanose-(2,5))

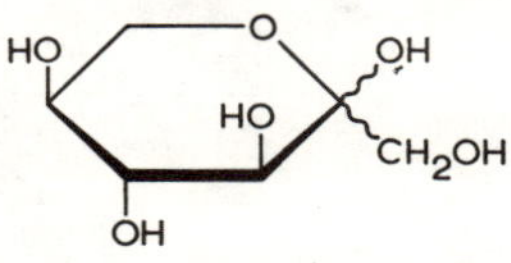

L-Sorbose-(2,6)

Technologisch besonders bedeutsam ist ihre Spaltbarkeit durch mikrobielle Enzyme. Der anaerobe Abbau von Glucose, Fructose (und Mannose) zu Ethanol (alkoholische Gärung) wird in großem Umfang genutzt; Galactose ist nur mit adaptierten Heferassen, Sorbose gar nicht vergärbar.

Anaerob verlaufen auch die Milchsäure-, Propionsäure- und die Butanol-Aceton-Gärung, aerob z. B. die Essigsäure-, Fumarsäure- und die Citronensäuregärung.

Bestimmte Hexosen stehen miteinander in einem direkten reaktiven Gleichgewicht, so z. B. Glucose, Mannose und Fructose über eine gemeinsame 1,2-Endiolform in alkalischer Lösung (LOBRY DE BRUYN-VAN EKENSTEIN-Umlagerung).

D-*Glucose* (Traubenzucker, Dextrose: $[\alpha]_D^{20} \rightarrow +52,7°$), unentbehrlicher Primärnährstoff des tierischen Organismus (60 ... 100 mg/100 ml im Blut des Menschen), ist in Form von Derivaten und Polymeren das am häufigsten vorkommende Kohlenhydrat. Technisch wird Glucose durch saure und enzymatische Hydrolyse aus Stärkearten und Cellulose (Holzverzuckerung) gewonnen.

D-*Galactose* (Cerebrose, $[\alpha]_D^{20} \rightarrow +80,2°$) kommt besonders als Baustein in Oligosacchariden (u. a. Lactose, Raffinose, Stachyose), in Polysacchariden (Galactane, verschiedene Heteroglycane), aber auch in Cerebrosiden, Gangliosiden und in Chondroitinschwefelsäure vor. Die Gewinnung erfolgt aus Milchzucker. L-Galactose ist ebenfalls in weiteren Naturprodukten zu finden, u. a. in Agar-Agar.

D-*Mannose* (Carubinose, Seminose, $[\alpha]_D^{20} \rightarrow +14,5°$) ist Strukturelement der polymeren Mannane (in Nadelhölzern, Dattelkernen, Johannisbrot, Orangenschalen, Hefegummi u. a.), von Glycosiden und Proteinen (Ovomucoid des Eiklars, Blutgruppensubstanzen).

D-*Fructose* (Fruchtzucker, Lävulose, $[\alpha]_D^{20} \rightarrow -92,4°$) findet sich frei bevorzugt in der Pyranoseform, meist gemeinsam mit Glucose (äquimolar als Invertzucker). Furanoid gebunden ist sie in Oligosacchariden (Saccharose, Raffinose, Melecitose, Stachyose u. a.), Fructosanen (z. B. Inulin) sowie in manchen Phosphorsäureestern anzutreffen.

Technisch wird Fructose durch schonende Hydrolyse von Fructosanen, besonders Inulin, neuerdings aber besser enzymatisch aus Glucose mittels immobilisierter Glucoseisomerase gewonnen.

L-*Sorbose* (Sorbinose, $[\alpha]_D^{20} = -42,9°$) kommt z. B. in den Beeren der Eberesche (Vogelbeeren) vor. Sie ist bei großtechnischer Synthese von L-Ascorbinsäure ein wichtiges Zwischenprodukt, das aus D-Glucose durch katalytische Hydrierung zu D-Glucitol (D-Sorbitol) und dessen spezifische Dehydrierung mittels *Bacterium suboxydans* oder *Bacterium xylinum* gewonnen wird (s. I; 4.2.3.7.).

4.2.3. Derivate von Monosacchariden

4.2.3.1. Glycoside

Unter Glycosiden versteht man eine besonders im Pflanzenbereich in verwirrender Vielfalt weit verbreitete Stoffklasse, bei der die Lactolgruppe (glycosidische Hydroxylgruppe) eines mono- oder oligomeren Kohlenhydrates mit einem Alkohol, Phenol (Substitution von O durch S oder Se ist möglich) oder Amin kondensiert ist. Nach dem Brückenatom, das die Zuckerkomponente (Glycon) mit der Nichtzuckerkomponente (Aglycon, Genin) verknüpft, unterscheidet man als Hauptgruppen die O-, N- und S-Glycoside. Diese werden im allgemeinen nach der chemischen Natur des Aglycons weiter unterteilt.

Die systematische Bezeichnung der Glycoside folgt den Regeln der Saccharid-Nomenklatur, wobei der Saccharidname ein Präfix erhält, in dem das Aglycon und erforderlichenfalls die Position seines bindenden Atoms genannt werden, und das Suffix „-ose" durch „-osid" ersetzt wird (z. B. Methyl-α-D-glucopyranosid, 2-O-Gyceryl-α-D-galactopyranosid).

Bei Tier und Mensch sind, abgesehen von den Glucuronosiden und den Sphingosinglycolipiden, fast nur N-Glycoside von Bedeutung.

In der Natur sind meist in den β-Glycosiden Zucker der D-Reihe, in den α-Glycosiden Zucker der L-Reihe zu finden. Beide Verbindungstypen sind recht stabil. Viele seltene Zucker sind nur in den Glycosiden gefunden worden; trotzdem kommt D-Glucose am häufigsten vor. Die Saccharidkomponenten sind bevorzugt pyranosidisch gebunden. Fructose sowie Ribose und Desoxyribose (in Nucleosiden) treten als Furanoside auf, von L-Arabinosiden sind Pyranoside und Furanoside bekannt.

Glycoside werden durch spezifische α- und β-Glycosidasen relativ leicht in Glycon und Aglycon gespalten. Das hat z. B. für die Teefermentation, die Speisenherstellung und bei Gewürzen (Vanille) Bedeutung.

O-Glycoside einfacher Alkohole, z. B. Methylglycoside, kommen in der Natur kaum vor. Sehr verbreitet sind Flavonoidglycoside (s. I; 11.4.). Relativ seltene Zucker sind z. B. im Apigenin-7-apiosido-glycosid (Petersilie, Sellerie), im Quercetin-3-rutinosid (Kapern) und im Cyanidinchlorid-3-rhamno-glucosid (Farbstoff der Kirsche) enthalten. Zu den Phenylglucosiden zählt das Glucovanillin (Vanillin-β-D-glucopyranosid) in unreifen Vanillefrüchten und in Hafer. Ein Enolglycosid ist Gentiopikrin (Gentiopikrosid), der Bitterstoff der Enzianwurzel (s. I; 14.3.4.). Bei den stark grenzflächenaktiven Saponinen (z. B. in Zuckerrüben) gehören die Aglycone dem Steroid- oder Triterpentyp an.

Als weitere Untergruppe sind die *cyanogenen Glycoside* (Blausäureglycoside) zu erwähnen. Besonders bekannt ist das Amygdalin, das mit dem Prunasin (diastereomer mit Sambunigrin) in den Samen von Steinobstarten vorkommt. Durch das darin ebenfalls enthaltene Enzymsystem Emulsin erfolgt die Spaltung unter Freisetzung von Blausäure (s. I; 10.2.5.).

Im Vicianin (in Leguminosen, bes. Wicken) ist D-Mandelsäurenitril mit Vicianose und im Sambunigrin (in Holunder) mit D-Glucose verbunden.

N-Glycoside spielen bei zahlreichen Reaktionen von Kohlenhydraten mit primären und sekundären Aminen, Aminosäuren, Peptiden und Proteinen eine Rolle (s. I; 4.6.). Biologisch für alle Organismen äußerst wichtig sind die Nucleoside aus Purin- oder Pyrimidinbasen mit D-Ribose bzw. D-2-Desoxyribose (s. I; 14.1.).

Zu den *S-Glycosiden* gehören die in den Samen, Wurzeln und Zwiebeln von Brassica-Arten (Knoblauch, Kohlarten, Kresse, Meerrettich, Senf) enthaltenen Senföl-glucoside mit Isothiocyanverbindungen als Aglycon (s. I; 10.2.5.).

Bei den sogenannten *Glycosylverbindungen* (fälschlich als C-Glycoside bezeichnet) liegt zwischen Zucker und Aglycon eine C—C-Bindung vor, wie z. B. bei dem ubiquitären Vitexin und dem Aloin (Hauptinhaltsstoff der Aloe). Diese können im Unterschied zu den Glycosiden durch Enzyme bzw. Säuren hydrolytisch nicht gespalten werden.

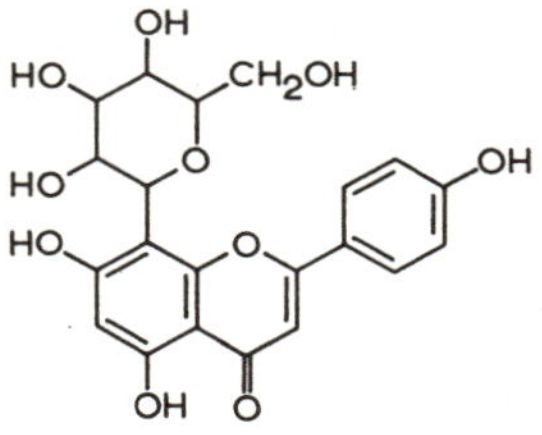

Vitexin

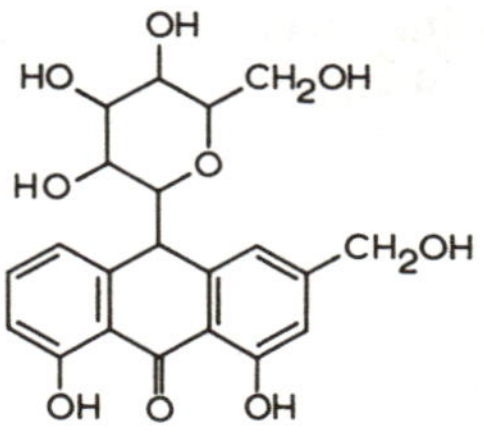

Aloin

4.2.3.2. Zuckeranhydride, Anhydrozucker

Intramolekulare Saccharidanhydride werden mit den Stellungszahlen der Hydroxylgruppen, die miteinander reagierten, und mit dem Präfix „Anhydro" bezeichnet. War die anomere Hydroxylgruppe an der Reaktion beteiligt, so spricht man von Zuckeranhydriden oder -osanen (innere Glycoside), ansonsten von Anhydrozuckern (innere Ether).

Das bekannteste Zuckeranhydrid ist die sehr beständige 1,6-Anhydro-β-D-glucopyranose (β-Glucosan, Lävoglucosan), die weder von Emulsion angegriffen, noch von Hefe vergoren wird. Sie entsteht bei der thermischen Zersetzung von Zuckern und Polysacchariden, bei der Glucosereversion und der alkalischen Glucosidhydrolyse.

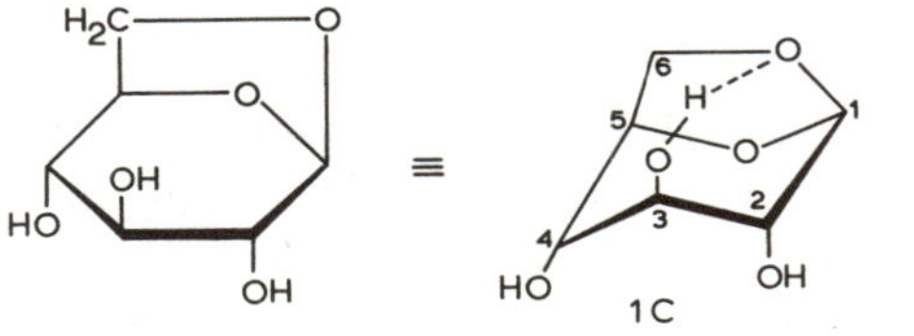

β-Glucosan

Während die Ringe der Zuckeranhydride generell hydrolysierbar sind, lassen sich bei den Anhydrozuckern nur 3-gliedrige Ethylenoxidringe ohne weitere Veränderung des Moleküls öffnen. 3,6-Anhydro-D-galactopyranose ist z. B. als Baustein in Agar-Agar und Alginaten zu finden.

4.2.3.3. Acetale, Dithioacetale, Ketale

Aus Sacchariden entstehen mit Aldehyden und Ketonen unter Wasserabspaltung cyclische Vollacetale, die alkalibeständig, aber durch Säuren leicht spaltbar sind. Ketone liefern in der Regel 5-gliedrige, Aldehyde dagegen 6-gliedrige Verbindungen. Acetale sind z. B. in Edelbränden für Aroma und Geschmack wesentliche Inhaltsstoffe.

Der Umsatz mit Aceton und Benzaldehyd bewirkt die präparativ genutzte Einführung von Isopropyliden- bzw. Benzyliden-Schutzgruppen in das Saccharidmolekül.

Mit Thioalkoholen bilden die Monosaccharide Dithioacetale, die sich ausschließlich von der Oxoform ableiten. Diethyldithioacetale(-mercaptale) sind Zwischenprodukte des modernen stufenweisen Saccharidabbaus über die Sulfone.

4.2.3.4. Zuckerether

Partielle O-Methylether von Kohlenhydraten treten in der Natur nicht selten auf (u. a. in Pectinen, Hemicellulosen), werden allerdings im menschlichen Organismus nicht gespalten. Lebensmittelchemisch und -technologisch sind verschiedene Celluloseether als unverdauliche Ballaststoffe, quellbare (wasserlösliche) Emulgier- und Dickungsmittel von Interesse, zumal sie mikrobiologisch sehr resistent sind.

Die große Stabilität der O-Methylether nichtglycosidischer Hydroxylgruppen wird bei der Strukturanalyse (Ringgröße und Verknüpfungsstellen) von Kohlenhydraten durch Permethylierung mit anschließender Hydrolyse des Methylderivates genutzt.

Die O-Trimethylsilyl-Derivate haben wegen ihrer hohen Thermostabilität und Flüchtigkeit für die Saccharidtrennung auf gaschromatographischem und destillativem Wege besondere Bedeutung.

4.2.3.5. Zuckerester

Unter den Estern organischer Säuren haben die zum Schutz von Hydroxylgruppen geeigneten acetylierten, acetohalogenierten und benzoylierten Verbindungen in der Kohlenhydratchemie generell, Tosyl- und Mesylester für Synthesen Bedeutung erlangt.

In der Natur sind partiell acetylierte und benzoylierte Zucker (z. B. 6-Benzoyl-D-glucose = Vaccinin in Preiselbeeren), aber auch Gallussäureester der Glucose (Tanningerbstoffe) zu finden. Zuckerpartialester mit langkettigen Fettsäuren (z. B. 3-Stearoyl-D-glucose und Sorbitan-Fettsäureester) haben als Emulgatoren besonders für Pharmaca Interesse. Von den Estern anorganischer Säuren nehmen die energiereichen Phosphorsäureester der Kohlenhydratmetabolite eine herausragende Stellung ein. Daneben sind auch Sulfatester, z. B. als Bausteine in den Mucopolysacchariden, wichtig.

4.2.3.6. Desoxy- und Aminozucker

Saccharide, in denen mindestens eine Hydroxygruppe durch Wasserstoff ersetzt ist, führen das Präfix „Desoxy" mit Angabe der Position des betreffenden C-Atoms. Steht an Stelle dieses Wasserstoffes eine Aminogruppe, dann erhalten diese Saccharide das Präfix „Amino-desoxy".

Abgesehen von der als Bestandteil in Desoxyribonucleinsäuren so überaus wichtigen Desoxyribose (β-2-Desoxy-D-ribose-(1,4)) sind in der Natur die Desoxyhexosen, vor allem als 6-Desoxy- (früher: Methylpentosen) und 2,6-Didesoxyverbindungen, und die 2-Amino-2-desoxyhexosen (Aminozucker) weit verbreitet.

Desoxyribose   L-Rhamnose   α-L-Fucose

Als *Desoxyhexosen* treten besonders die L-Rhamnose (6-Desoxy-L-mannose-(1,5)) in Pflanzengummi, -schleimen und Glycosiden und die α-L-Fucose (6-Desoxy-L-galactose(1,5)) in Pflanzengummi, -glycosiden, Tabak, Algen und Seetang, Polysacchariden, Milch-Oligosacchariden und Blutgruppensubstanzen auf. Das polymere Fucoidin der Braunalgen ist ausschließlich aus L-Fucose-Einheiten aufgebaut.

Aminozucker entstehen formal durch Ersatz mindestens einer Hydroxylgruppe durch die Aminogruppe im Saccharidmolekül. In der Natur kommen sie nur gebunden und überwiegend N-substituiert vor. Die insbesondere für den tierischen Organismus wichtigsten Aminozucker sind D-Glucosamin, D-Galactosamin, D-Mannosamin und die 2-Amino-2-desoxyderivate der namengebenden Monosaccharide. Sie sind vielfach mit diesen und/oder Uronsäuren verbunden. Meist ist die Aminogruppe acetyliert.

D-*Glucosamin* (Chitosamin, D-GlcN) ist z. B. N-acetyliert (D-GlcNAc) ein Baustein in Hyaluronsäure, Blutgruppensubstanzen, Glycolipiden, Milch- Oligosacchariden. Chitin ist ausschließlich aus N-Acetylglucosamin aufgebaut. Als N-Schwefelsäurederivat ist D-Glucosamin in Mucoitinschwefelsäure und in Heparin gebunden.

D-*Galactosamin* (Chondrosamin, D-GalN) kommt u. a. als Bestandteil von Chondroitinsulfaten in Knorpeln, Sehnen und Bindegewebe, in Blutgruppensubstanzen, Glycolipiden und bakteriellen Immunopolysacchariden vor.

D-*Mannosamin* ist z. B. in Form seiner N-Acetyl-Verbindung (D-ManNAc) Bestandteil der Acylneuraminsäuren (Sialinsäuren), in membranbildenden Glycolipiden, in Blutgruppensubstanzen und in vielen Glycoproteiden.

4.2.3.7. Zuckeralkohole

Die Zuckeralkohole sind Reduktionsprodukte der Zucker, aus denen sie in der Natur mittels Reduktase und NADH bzw. NADPH entstehen, und aus denen sie sich auch chemisch-präparativ (am besten mit Alkaliborhydriden) bzw. großtechnisch (durch katalytische Hydrierung) leicht herstellen lassen. Ihre Namen leiten sich von den entsprechenden Aldosacchariden ab, wobei das Suffix -ose durch -itol (früher: -it) ersetzt wird.

Während aus einer Aldose nur jeweils ein Alditol gebildet wird, enthält man aus einer Ketose 2 diastereomere Verbindungen, z. B. aus D-Fructose sowohl D-Glucitol als auch D-Mannitol.

Über die Alkohole ist eine gegenseitige Umwandlung von Zuckern der D- und L-Reihe prinzipiell möglich und wird z. B. im Verlaufe der Vitamin-C-Synthese bei der mikrobiellen Oxydation des aus D-Glucose erhaltenen Hexitols zur L-Sorbose praktisch realisiert.

D-Glucose → (Hydrierung, Cu-Cr-Kat.) → D-Glucitol ≡ L-Gulitol → (Oxydation, Bact. suboxydans) → L-Sorbose

Das mikrobielle Enzym weist eine Spezifität für neben einer Hydroxymethylgruppe befindliche erythro-Hydroxygruppen auf. Lebensmittelchemisch interessieren Xylitol, D-Glucitol, D-Mannitol und Galactitol besonders.

Xylitol, D-Mannitol, Galactitol

Es sind farblose, von Hefe nicht vergärbare, hygroskopische, aber gut kristallisierende Verbindungen, die süß schmecken, in ihrer Löslichkeit den Monosacchariden entsprechen und dosisabhängig mehr oder weniger laxierend wirken. Von ihnen werden vor allem D-Glucitol (wird in der Leber zu Fructose dehydriert) und Xylitol (geht in den Pentosephosphatcyclus ein) als Zuckeraustauschstoffe in Diabetikerlebensmitteln eingesetzt. Sie sind in kontrollierten Mengen insulinunabhängig, bei der Verarbeitung thermostabil, an MAILLARD-Reaktionen nicht beteiligt und wirken u. a. als Feuchthaltemittel und Weichmacher. Die gleichfalls süßen Cyclitole ($C_6H_{12}O_6$) sind keine Kohlenhydrate, sondern carbocyclische Homologe des Glycerols.

D-*Glucitol* (D-Sorbitol, $[\alpha]_D^{20} = -1{,}98°$) ist der in der Natur am weitesten verbreitete Zuckeralkohol. Er wurde zuerst aus Vogelbeeren (*Sorbus aucuparia*) dargestellt, findet sich aber in vielen Früchten, besonders reichlich in denen der Rosaceen (oft 5 ... 10%). Der hierauf beruhende Verfälschungsnachweis von Traubenwein oder -most mit Obstwein oder anderen Mosten (besonders aus Kernobst) wurde ursprünglich über das mit 2-Chlorbenzaldehyd entstehende Tri(2-chlor-)benzalglucitol geführt.

D-*Mannitol* ($[\alpha]_D^{20} = -2{,}1°$) entsteht bei der sogenannten Mannitolgärung (bis 35 g/l in bakteriell infizierten Weinen), findet sich in vielen Pflanzenschleimen, vor allem im Saft der Mannaesche (zu etwa 75%), in Oliven, Sellerie, Cichorie, Champignons, Algen, Aspergillus- und Penicilliumarten.

Galactitol (Dulcitol, Melampyritol) ist als meso-Form optisch inaktiv, kommt in Rotalgen, Pilzen, Hefen (*Torula utilis*) und in Saft und Rinde verschiedener Bäume vor.

4.2.3.8. Glyconsäuren, Glycuronsäuren, Glycarsäuren

Monosaccharide sind als Polyolderivate zu zahlreichen Verbindungen oxidierbar. Von ihnen seien hier nur einige wichtige Aldosederivate erwähnt, in denen die Saccharidkohlenstoffkette erhalten geblieben ist.

Glyconsäuren (Aldonsäuren)

Bei der Halogenoxydation von Aldosen in neutral gepufferter oder basischer Lösung wird nur die Carbonyl- bzw. Lactolgruppe oxydiert; es entstehen die Aldonsäuren oder die entsprechenden Lactone.

Dies gilt als präparativ beste Darstellungsmethode, wird großtechnisch bei der Vitamin-C-Synthese angewendet und liegt der analytischen Bestimmung von Aldosen nach WILLSTÄTTER und SCHUDEL zugrunde. Ketosen reagieren unter diesen milden Bedingungen nicht.

Aldonsäuren sind vorwiegend in Mikroorganismen gefunden worden, D-Mannonsäure auch in Sulfitablauge.

Das Flavinenzym Glucoseoxydase katalysiert hochspezifisch den Umsatz von β-D-Glucose mit Luftsauerstoff zu D-Glucono-1,5-lacton(-δ-lacton) und Wasserstoffperoxid. Die Reaktion wird analytisch und lebensmitteltechnologisch genutzt. D-Glucono-1,5-lacton selbst beschleunigt und verbessert die Umrötung (Pökeln), die Reifung und Schnittfestigkeit von Rohwurst.

Glycuronsäuren (Uronsäuren)

Bei weitergehender Oxydation (z. B. mit Pt/O_2 in basischer Lösung) werden auch primäre Hydroxygruppen oxydiert, sekundäre sind im allgemeinen viel resistenter. Ist das anomere C-Atom blockiert (z. B. mit der oxydationsstabilen Isopropyliden-Schutzgruppe), so entstehen aus Aldosen die biologisch wichtigen Uronsäuren. Sonst bilden sich die Zuckerdicarbonsäuren (Glycarsäuren).

D-Glucopyranuronsäure (D-GlcpA)

Die Uronsäuren (Kürzel: „A" von acid) kommen in der Natur als Bestandteil von Glycosiden, Pflanzengummi und -schleimen, Mucopolysacchariden und besonders von Polyuroniden (Pectine, Alginate) vor, aus denen sie z. T. auch enzymatisch (hydrolytisch) gewonnen werden. Sie geben die typischen Zuckerreaktionen. Am häufigsten werden die Uronsäuren von D-Glucose (D-GlcA), D-Galactose (D-GalA), D-Mannose (D-ManA) gefunden. Sie bilden bevorzugt γ-Lactone und liefern bei der Decarboxylierung Pentosen. D-Glucuronsäure entsteht im menschlichen und tierischen Stoffwechsel aus D-Glucose und ist ein wichtiger Konjugationspartner für körpereigene (Bilirubin, Hormone u. a.) und körperfremde Stoffe (Arzneimittel, Gifte), die in hydroxylierter Form als Glucuronide ausgeschieden werden. D-Glucuronsäure ist bei vielen Tierarten die Ausgangssubstanz für die L-Ascorbinsäure-Synthese.

Glycarsäuren (Zuckerdicarbonsäuren)

Stärkere Oxydationsmittel (Salpetersäure) bewirken, daß nicht nur freie, sondern auch glycosidisch gebundene Monosaccharide und Zuckeralkohole in die entsprechenden Glycarsäuren übergehen; bei Ketosen wird die Kohlenstoffkette dabei am Carbonyl-C-

Atom gespalten. Salpetersäureoxydation führt aber zu Nebenprodukten, da die Kohlenstoffkette weiter angegriffen werden kann.

Der bekannteste Vertreter ist die schwerlösliche, besonders früher zur Identifizierung von Galactose herangezogene Galactarsäure (Schleimsäure). Sie findet sich z. B. in Früchten und Meeresalgen und mitunter im Bodensatz von Weinen. Die leichtlösliche Glucarsäure („Zuckersäure") wird z. B. von *Aspergillus niger* aus D-Glucose synthetisiert. Die Glycarsäuren können je nach den sterischen Gegebenheiten unterschiedlich Lactone und Dilactone bilden. Glycarsäuren reduzieren generell ammoniakalische Silbernitratlösung, außer den Dilactonen der Mannar- und Glucarsäure aber FEHLINGsche Lösung nicht.

4.3. Oligosaccharide

Da jeder Zucker mit freier glycosidischer Hydroxygruppe mit beliebigen Alkoholen zu Glycosiden kondensieren kann, so ist ihm das auch mit den Hydroxygruppen eines zweiten Saccharidmoleküls möglich. Alle nichtmonomeren Kohlenhydrate sind demnach als α- oder β-O-Glycoside zu betrachten, in denen beide Bindungspartner Saccharide darstellen. Sind die Monosaccharideinheiten gleich, so spricht man von Homosacchariden, ansonsten von Heterosacchariden.

Oligo- und Polysaccharide werden im allgemeinen durch ihre Trivialnamen bezeichnet. Bei der vereinfachten Benennung werden für die konstituierenden Monosaccharide die Kurzbezeichnungen aus Konfigurationssymbol, Trivialnamen und Cycloform verwendet (*Beispiel*: α-D-Glucose-(1,5) = α-D-Glucopyranose = α-D-Glcp).

4.3.1. Disaccharide

Die glycosidische Verknüpfung von zwei Monosacchariden kann entweder zwischen ihren beiden anomeren Hydroxygruppen oder zwischen der anomeren Hydroxygruppe des einen Saccharids und einer beliebigen nichtanomeren Hydroxygruppe des anderen Saccharids erfolgen. Im ersten Fall bilden sich Glycosyl-Glycoside (Zucker vom Trehalose-Typ), im zweiten Fall Glycosyl-Glycosen (Zucker vom Maltose-Typ).

Im Gegensatz zu den Glycosyl-Glycosiden (blockierte anomere Hydroxygruppe) reagieren Glycosyl-Glycosen wie Monosaccharide. Sie zeigen Reduktionsvermögen, Mutarotation, bilden Oxime sowie Osazone und besitzen die Fähigkeit, Reaktionspartner glycosidisch zu binden (Prinzip des Saccharidaufbaus bis zu den Polysacchariden). Andererseits sind Glycosyl-Glycoside als Vollacetale gegenüber verdünnten Alkali- und Erdalkalilösungen verhältnismäßig beständig. Sie bilden als schwache Säuren ($K \simeq 10^{-13}$) die entsprechenden Saccharate. Das hat für die Reinigung von Rohsäften bei der Saccharosegewinnung (Bildung des mit Kohlensäure wieder leicht spaltbaren Tricalciumsaccharates) technologische Bedeutung und hat auch analytisch im sogenannten Kalkverfahren zur Zerstörung von reduzierenden Zuckern in saccharosehaltigen Lösungen Anwendung gefunden.

4.3.1.1. Nichtreduzierende Disaccharide

Hier sind die Trehalosen (α,α'-Trehalose = Trehalose; α,β-Trehalose = Neotrehalose; β,β'-Trehalose = Isotrehalose) und besonders die Saccharose (O-β-D-Fructofuranosyl-α-D-glucopyranosid, *nicht*: O-α-D-Glucopyranosyl-β-D-fructofuranosid) zu nennen. (Der systematische Name nichtreduzierender Disaccharide richtet sich nach der alphabetischen Reihenfolge der Monosaccharidreste.)

α,α'-Trehalose
(O-α-D-Glcp-(1→1')-α-D-Glcp)

Saccharose
(O-β-D-Fruf-(2→1')-α-D-Glcp)

Saccharose (Rohr- oder Rübenzucker), die wirtschaftlich bedeutendste Zuckerart, ist ein wichtiges Stoffwechselprodukt aller chlorophyllhaltigen Pflanzen und die Transportform der Kohlenhydrate innerhalb ihrer Leitgewebe. Der tierische Organismus ist nicht zu ihrer Synthese befähigt.

Besonders reichlich ist das Vorkommen in Zuckerrohr (12 ... 26%) und Zuckerrübe (12 ... 20%), aus denen bevorzugt die Gewinnung erfolgt, aber auch in Zuckerhirse, -mais (je 10 ... 18%) u. a.

Bemerkenswert ist, daß Saccharose den Fructoserest in der wenig beständigen furanoiden Form gebunden enthält. Die glycosidische Bindung kann deshalb schon mit schwachen Säuren (z. B. Citronensäure) oder enzymatisch leicht gespalten werden.

Die Bezeichnung Inversion geht auf die bei dieser Hydrolyse von Saccharose ($[\alpha]_D^{20} = +66{,}5°$) zu Glucose und Fructose (Invertzucker, $[\alpha]_D^{20} = -20{,}5°$) beobachtete Richtungsänderung der optischen Drehung zurück.

Die u. a. im Enzymkomplex der Hefe enthaltene Invertase spaltet die Saccharose vor der Vergärung. Auch Schimmelpilze und Bakterien verfügen über entsprechende Enzyme. Ihrer Struktur gemäß wird Saccharose ebenfalls durch α-, nicht aber durch β-Glucosidase invertiert.

Trehalose (Mycose) kommt vor allem in zahlreichen Pilzarten (z. B. Steinpilz, Fliegenpilz, Aspergillus) vor und wird durch Pilzenzyme in D-Mannitol umgewandelt. Trehalose ist auch in Hefe vorhanden und kann durch einzelne Hefearten bzw. -stämme vergoren werden. Trehalose ist der „Blutzucker" der Insekten. Neotrehalose ist im Koji-Extrakt gefunden worden (nach dem Dämpfen proteolytisch mit *Aspergillus oryzae* abgebauter Reis). Isotrehalose tritt neben den genannten anderen zwei Trehalose-Diasteromeren als Glucose-Reversionsprodukt auf.

4.3.1.2. Reduzierende Disaccharide

In den natürlichen Disacchariden, von denen nur wenige frei auftreten, liegt fast immer (1 → 4)- oder (1 → 6)-glycosidische Bindung vor. Unter diesen sind insbesondere Maltose und Lactose von Interesse.

β-Maltose
(O-α-D-Glcp-(1→4)-β-D-Glcp)

Lactose
(O-β-D-Galp)-(1→4)-D-Glcp)

Maltose (Malzzucker, Maltobiose, $[\alpha]_D^{20} \rightarrow +137°$) findet sich ungebunden in höheren Pflanzen als wasserlösliches Zwischenprodukt des Kohlenhydratstoffwechsels bzw. im Keimstadium und gebunden in Form der Stärke und des Glycogens. Sie läßt sich daraus durch α-(1 → 4)-Bindungen spaltende Amylasen (Diastasen), wie die pflanzliche „β"-Amylase (eine Exoamylase), die in Pflanze und Tier enthaltene α-Amylase (eine Endoamylase) oder durch Säurehydrolyse (weniger spezifisch) freisetzen. Maltose selbst wird durch die im keimenden Samen (Malz) oder in Hefe und tierischen Verdauungssäften vorkommende α-Glucosidase (Maltase) oder durch verdünnte Mineralsäuren weiter zu Glucose abgebaut.

Die enzymatische Stärkehydrolyse zu Maltose und Glucose (z. T. werden heute mikrobielle Amylasen eingesetzt) liefert die Substrate für die Bier-, Branntwein- und Gärungsalkoholproduktion. Bei Erhitzung unterliegt Maltose wie Saccharose der Caramelisierung (Caramel-Farbmalze).

Lactose (Milchzucker, $[\alpha]_D^{20} \rightarrow +55,3°$) ist in der Milch von Säugern als Hauptkohlenhydrat vorhanden. In der Kuhmilch ist sie (α-Lactose : β-Lactose = 1:1,55) zu 4,5 bis 5,5%, in Frauenmilch zu 5,5 ... 8,5% enthalten. Ihre Existenz in Pflanzen als Glycosidkomponente (Früchte und Pollen) wurde erst in neuerer Zeit festgestellt. Die technische Gewinnung von Lactose erfolgt bevorzugt aus Süßmolke der Labkäserei. Unterhalb 366 K (93 °C) kristallisiert wenig süßes, schlecht wasserlösliches α-Lactosemonohydrat (Sandzucker, allgemeine Handelsform) aus, oberhalb dieser Temperatur die besser lösliche und süßere wasserfreie β-Form. Lactose ist schon in 50%igem Ethanol fast unlöslich; dies nutzt man zu ihrer analytischen Abtrennung z. B. aus entsprechenden (Kinder-)Nährmitteln. Durch β-Galactosidase (Lactase) bzw. Mineralsäuren wird Lactose gespalten. Die Vergärung ist nur solchen Mikroorganismen möglich, die über β-Galactosidase verfügen. Spezielle Heferassen, z. B. in der Mikroflora von Kefir und Kumys, vergären zu Ethanol, Milchsäurebakterien zu Milchsäure (Milchsäuerung).

Bei übermäßig hoher Milcherhitzung bildet Lactose mit Aminoverbindungen braune MAILLARD-Produkte; außerdem ist u. a. Lactulose (O-β-D-Galp-(→ 4)-D-Fruf) nachweisbar.

Isomaltose (O-α-D-Glcp-(1 → 6)-D-Glcp) ist Strukturelement in bakteriellen Dextranen, Amylopektin und Glycogen. Sie findet sich in deren Partialhydrolysaten, aber auch als Glucose-Reversions- und enzymatisches Maltose-Transglucosidierungsprodukt.

4.3.2. Trisaccharide, höhere Oligosaccharide

4.3.2.1. Nichtreduzierende Verbindungen (Glycosyl-Glycoside)

Das wichtigste Trisaccharid ist die sich bei der Rübenzuckergewinnung zu 1,4 ... 4% in der Melasse anreichernde, nicht süß schmeckende *Raffinose* (O-α-D-Galp (1 → 6)-O-α-D-Glcp-(1—2)-β-D-Fruf). Raffinose ($[\alpha]_D^{20}$ = +150°) ist der nach Saccharose in Blütenpflanzen am häufigsten frei vorkommende Zucker; Zuckerrüben enthalten etwa 0,05%, Baumwollsamen bis zu 8%. Invertase spaltet in Fructose und Melibiose, Galactosidase in Saccharose und Galactose.

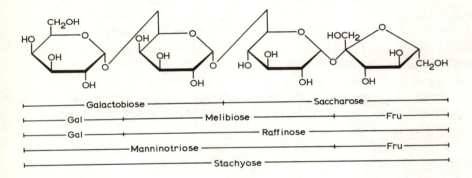

Sukzessive Verlängerung der Raffinosekette mit α-(1 → 6)-D-Galactose-Einheiten führt zu *Stachyose* (u. a. in Erbsen-, Linsen- und Sojasamen), *Verbascose*, *Ajugose* und weiteren in Pflanzen aufgefundenen Verbindungen der sogenannten „Raffinose-Familie".

Melecitose (O-α-D-Glcp(1 → 3)-O-β-D-Fruf-(2 — 1)-D-Glcp; $[\alpha]_D^{20}$ = +91,7°) ist u. a. in Mannarten (besonders von Lärche: frz. = mélèze), im Honigtau der Linden (bis zu 40%) und Nadelbäumen reichlich enthalten und hat deshalb für den Ursprungsnachweis von Honigen Bedeutung.

Gentianose (O-β-D-Glcp(1 → 6)-O-D-Glcp(1 → 2)-β-D-Fruf) kommt in den Wurzeln vieler Enzianarten vor. Invertase und verdünnte Säuren spalten in Gentiobiose und Fructose, Emulsin und Enzymextrakte von *Aspergillus niger* in Glucose und Saccharose. Gentianose ($[\alpha]_D^{20}$ = +33,4°, Smp. 482 K = 209 °C) schmeckt kaum süß.

|—— Turanose ——|—— Glc ——|
|— Glc —|—— Saccharose ——|
|———— Melecitose ————|

|———— Gentiobiose ————|— Fru —|
|— Glc —|—— Saccharose ——|
|———— Gentianose ————|

4.3.2.2. Reduzierende Verbindungen (Glycosyl-Glycosen)

Höhere reduzierende Oligosaccharide treten besonders als Abbauprodukte entsprechender Glycane auf, z. B. die Reihe der Malto-Oligosaccharide mit α-(1 → 4)-glucosidischer Bindung beim Stärkeabbau, die der Cello-Oligosaccharide mit β-(1 → 4)-glucosidischer Bindung beim Celluloseabbau.

Ein als „Gynolactose" bezeichnetes Gemisch von Oligosacchariden, die jeweils als reduzierendes Molekülende einen Lactoserest aufweisen, ist Bestandteil der Frauenmilch (etwa 0,3%). Außer Glucose und Galactose wurden als Bausteine der isolierten Tri- bis Hexasaccharide N-Acetyl-glucosamin, eine Sialinsäure (N-Acetyl-neuraminsäure) und L-Fucose isoliert. Die Bedeutung dieser Verbindungen wird darin gesehen, daß sie Wuchsstoffe für bestimmte Stämme von *Bifidobacterium bifidum* darstellen, die in der Darmflora von Säuglingen vorkommen, und daß einige von ihnen sich serologisch wie Blutgruppensubstanzen verhalten.

4.4. Polysaccharide (Glycane)

Die Polysaccharide sind als Lebensmittelkonstituenten vor allem in Cerealien, Leguminosen sowie einigen Meerespflanzen, weniger in Gemüse und Obst enthalten. Sie werden mit diesen verzehrt oder — auch in Form daraus gewonnenener Fraktionen (Müllerei), Isolate (Stärke, Agar-Agar), Hydrolysate (Stärkesirup, Glucose) usw. — zu anderen Lebensmitteln (Backwaren, Nährmittel und Speisen) weiterverarbeitet bzw. diesen zugesetzt (Dickungs-, Geliermittel). Darüber hinaus ist man heute bemüht, über mikrobielle Synthesen spezielle Polysaccharide mit hydrokolloiden, texturbildenden Eigenschaften industriell zu erzeugen, von denen einige (z. B. Xanthane) als Lebensmittelzusatzstoffe interessieren.

Für Ernährungsregimes von Bedeutung ist u. a. die Langzeitwirkung verdaulicher Polysaccharide (z. B. Stärke, Inulin) infolge der langsam erfolgenden Hydrolyse zu absorbierbaren Monosacchariden. Die stofflichen Eigenschaften der Glycane sind von der Struktur und dem Polymerisationsgrad (M : etwa $10^3 \ldots 10^8$ Dalton) abhängig.

Die makromolekularen Ketten sind linear bzw. mehr oder weniger verzweigt und liegen — abhängig vom chemischen Bau und Milieu — in gestreckter bis stark verknäuelter Form vor. Starke Verzweigung (oder Raumvernetzung) führt zu Kugelmolekülen (Sphärokolloide, z. B. Glycogen).

Polysaccharide sind im allgemeinen amorph, z. T. mikrokristallin und ohne Süßgeschmack. Bis auf einige Übergangsglieder (höhere Glycosyl-Glycosen) handelt es sich um nicht reduzierende Substanzen. Daraus resultiert u. a. ihre weitgehende Alkaliresistenz. Wasserlösliche Glycane ergeben kolloidale Lösungen, die optisch aktiv sind.

Wie andere Kohlenhydrate lassen sich Polysaccharide verestern, verethern und chemisch oder enzymatisch in ihre monomeren Grundeinheiten spalten.

Infolge der engen Beziehungen zwischen Struktur und Funktion besitzt die Strukturaufklärung von Polysacchariden großes theoretisches und praktisches Interesse. Zum Beispiel ist mit wachsendem Verzweigungsgrad der Makromoleküle (Sperrigkeit) eine Abnahme der Viskosität und des Gelbildungsvermögens verbunden. Die Struktur von Substanzen mit hochspezialisierter biologischer Funktion muß besonders differenziert ausgeprägt sein, z. B. bei Glycanen, die in Immunoglobulinklassen (A- und M-Klassen) die Mikroheterogenität der Verbindungen bedingen, weniger dagegen bei den Reserve- und Gerüstkohlenhydraten.

Für das aktuelle Reaktionsverhalten ist die Konformation (Gestalt), die das Makromolekül auf Grund seiner Feinstruktur unter bestimmten Bedingungen annimmt, maßgebend. Wegen ihrer Fähigkeit, mit Wasser bei sehr niedriger Stoffkonzentration

a) linear
(z.B. Amylose, Cellulose)

b) einstufige Verzweigung
(z.B. Guaran, mit kurzgliedrigen Seitenketten)

c) mehrstufige Verzweigung
(z.B. Amylopectin, Glycogen)

■ Baustein mit reduzierender Endgruppe
● Baustein mit nichtreduzierender Endgruppe
× Baustein mit Verzweigungsstelle

Abb. 4.2. Strukturtypen von Polysaccharidmolekülen (schematisch)

hochviskose Lösungen oder Gele zu bilden (bei Agar-Agar schon ab 0,04%), faßt man eine Vielzahl natürlicher Polysaccharide verschiedenster Herkunft (u. a. von Meerespflanzen, Pflanzensamen und -säften, Mikroorganismen), aber auch künstliche Derivate (u. a. von Cellulose, Stärke) unter dem Begriff „Gummi" zusammen. Sie finden in der Lebensmittelindustrie breite Anwendung, zumal sie mit anderen Stoffen Coacervate bilden können. Die besonderen Eigenschaften der einzelnen Typen werden wesentlich von der Molekülstruktur bestimmt. So sind lineare gegenüber stark verzweigten Verbindungen z. B. viskoser, gelieren schwerer und geben nicht-klebrige, für Überzüge („Coatings") geeignete Lösungen, da sich beim Trocknen zusammenhängende Filme bilden. Die Eigenschaften von Polysacchariden mit langen geraden Haupt- und vielen kurzen Seitenketten (z. B. Johannisbrotkernmehl und Guargummi) liegen zwischen denen linearer und stark verzweigter Verbindungen.

Das Verhalten der neutralen Glycane wird, anders als das der polyelektrolytischen, durch pH-Änderungen und niedrige Salzkonzentrationen wenig beeinflußt; hohe Salzkonzentrationen können über die Dehydratisierung eine Ausfällung bewirken.

Gummi mit hohen Carboxylgehalten (niedrigveresterte Pectine, Alginate) werden, wenn die Carboxylgruppen ungebunden vorliegen (pH <3), aus Lösungen präzipitiert. Bei höheren pH-Werten sind die Lösungen stabil, da die stark dissoziierten Alkalisalze dieser Verbindungen in gestreckter Form und weitgehend hydratisiert vorliegen.

Meist über mehrvalente Kationen wie Ca^{2+} werden benachbarte Moleküle zu Gelen vernetzt; zu hohe Kationenkonzentrationen ergeben Präzipitate.

Gummi mit starken Säuregruppen (z. B. Carrageenan, Furcellaran mit Schwefelsäurehalbestergruppen) sind auch bei niedrigen pH-Werten in Lösung stabil.

Die chemische Modifizierung durch Einführung neutraler oder ionischer Substituenten selbst in geringer Menge (0,01 ... 0,04%) in das Molekül ändert die Eigenschaften besonders neutraler Polysaccharide oft entscheidend. Methyl-, Ethyl- und Hydroxymethylgruppen als Substituenten können z. B. die Viskosität und Lösungsstabilität linearer Polysaccharide erhöhen, stark ionisierte Säuregruppen die Schleimbildung ermöglichen.

4.4.1. Homopolysaccharide (Homoglycane)

4.4.1.1. Monosaccharid-Homoglycane

Als Bestandteil von Lebensmitteln sind vor allem Glucane (besonders Stärke, Glycogen, Cellulose), Fructane der Inulin- und Phleingruppe sowie einige Mannane und Galactane von Interesse.

Glucane

Stärke (Amylum, $[\alpha]_D \simeq +190°$) deckt als Reservestoff höherer Pflanzen direkt und über Hydrolyseprodukte den Hauptanteil unseres Nahrungskohlenhydratbedarfes. Sie besteht im allgemeinen aus einem Gemisch von Amylose (15 ... 30%) und Amylopectin und ist in stärkebildenden Organellen nichtgrüner Zellen (Amyloplaste) unter- und oberirdischer Pflanzenteile, wie Sproß-(Kartoffel) und Wurzelknollen (Batate, krautiger Maniok), Rhizomen (Pfeilwurz), Früchten (Cerealien, Leguminosen, Bananen) oder dem Mark von Stämmen (Palmen), in Form von Stärkekörnern gespeichert. Die Stärkekörner sogenannter „wachsartiger" Varietäten von Cerealien (z. B. Wachsmais, -reis, -hirse) enthalten fast ausschließlich Amylopectin, die bestimmter anderer Cerealien- und Leguminosenvarietäten (z. B. Zuckermais, Runzelerbsen) zu etwa 50 ... 80% Amylose.

Das linearkettige Makromolekül ist über Wasserstoffbrückenbindungen als α-Helix (6 ... 8 Glucoseeinheiten je Windung) stabilisiert und kann deshalb geometrisch passende Fremdmoleküle aufnehmen. Besonders bekannt ist die Einlagerung von Iod in Amylose und -abbauprodukte (Dextrine), wobei sich infolge induzierter Dipoleffekte und Resonanz entlang der Helix eine Braun- (n = 12 ... 15), Rot- (n = 20 ... 30), Violett- (n = 35 ... 40) oder Blaufärbung (n > 45) ergibt.

Amylopectin ist ein in Wasser quellbares α-(1 → 4,6 ← 1-α)-Glucan mit n = 10^3 bis 10^6 und einem (1 → 6)-Bindungsanteil von etwa 5%. Neuere Untersuchungen haben bewiesen, daß Amylopectin nicht eine sphärische, sondern eine langgestreckte Molekülgestalt aufweist; der Hauptstrang trägt Seitenketten aus etwa 10 ... 20 Glucoseeinheiten (Rotfärbung mit Iod).

Die Amyloseketten assoziieren über Wasserstoffbrückenbindungen mit den linearen Kettenenden der Amylopectinmoleküle. Dadurch entstehen optisch doppelbrechende mikrokristalline Micellen.

Native Stärken enthalten an Nichtkohlenhydraten z. B. bis zu 1% Mineralstoffe, darunter bis zu 0,4% Phosphorsäure, verestert als Glucose-6-phosphat (Kartoffelstärke) oder in Form von Phosphatiden (Weizenstärke), Lipide (bis 0,8%) und Rohprotein (bis zu 0,08% N).

Modifizierte Stärken stellen in ihrer Struktur abgewandelte Stärken dar, die auf dem Lebensmittelgebiet als Dickungsmittel und Gelbildner von Interesse sind. Hinzu gehören u. a. Quellstärken, dünnkochende (lösliche), oxydativ partiell abgebaute, chemisch vernetzte Stärken sowie Stärkepartialester anorganischer und organischer Säuren.

Dextrine sind amorphe, optisch stark rechtsdrehende Gemische von (Zwischen-)Produkten vorwiegend der sauren, aber auch der enzymatischen (Amylase) oder mechanochemischen (Schwingmahlung) Stärkedepolymerisierung. Sie bilden mit Wasser hochviskose kolloidale Lösungen, sind ethanolunlöslich, schmecken nicht süß und werden von Hefe nicht vergoren. Nach der unterschiedlichen Anfärbung mit Iod, entsprechend steigenden Abbaugrad (relative Molekülmasse, Reduktionsvermögen), unterscheidet man Amylo- (blau), Erythro- (rot) und Achroodextrine (farblos).

Dextrine sind wesentliche Bestandteile von Produkten der partiellen Stärkehydrolyse, wie Maltodextrinpräparaten, von Stärkesirupen, -zuckern und Malzextrakten; Grenzdextrine des β-Amylaseabbaus von Stärke spielen im Bier, Röstdextrine z. B. bei Backwaren (Krustenbildung von Brotgebäcken) eine Rolle.

Außerdem sind Cyclodextrine (SCHARDINGER-Dextrine) bekannt, die sich als cyclische α-(1 → 4)-Glucosane aus 6 ... 8 Glucoseeinheiten (α-, β-, γ-Dextrin) in ihren Eigenschaften von den acyclischen Dextrinen z. B. dadurch unterscheiden, daß sie kristallin, nichtreduzierend, wesentlich säurestabiler und alkaliresistent sind. Cyclodextrine entstehen als Transglucosidierungsprodukte bei der Hydrolyse von Stärke oder Glycogen durch *Bac. macerans*; sie bilden Einschlußverbindungen, u. a. mit Aromastoffen, was lebensmitteltechnologisch interessant ist.

Glycogen („tierische Stärke", $[\alpha]_D = +198 \ldots 200°$), Reservekohlenhydrat von Warmblütern (etwa 3 ... 10% in der Leber, 1% in Muskeln) und Kaltblütern (u. a. Fische, Schnecken, Muscheln), weist mit 8 ... 10% α-(1 → 6)-Bindungen (= 99% aller Verzweigungen) gegenüber dem strukturverwandten, langgestreckten Amylopectinmolekül einen doppelt so hohen Verzweigungsgrad und eine sphärische Gestalt aus. Es wird ähnlich wie dieses mittels Q-Enzym, einer Transglucosidase, durch periodische Verzweigung der im Aufbau befindlichen α-(1 → 4)-Glucankette gebildet. Verbindungen gleichen Typs sind auch in vielen Pilzen, Algen, Hefen und vereinzelt in höheren Pflanzen zu finden.

Glycogen ist in Wasser in der Kälte mit charakteristischer Opaleszenz, in der Wärme ohne Kleisterbildung löslich. Seine Alkaliresistenz ermöglicht die Isolierung aus tierischem Gewebe. Glycogene verschiedener Herkunft unterscheiden sich z. B. durch relative Molekülmasse (Muskel-: 10^6, Hefe-: 2×10^6, Leberglycogen: 16×10^6), Verzweigungsgrad und Phosphorsäuregehalt. Wasserunlösliche Glycogene sind noch höher polymerisiert und an Protein gebunden.

Im Fleisch ist wenig Glycogen vorhanden, im allgemeinen nur 0,15 ... 0,18% (Ausnahme Pferdefleisch: 0,9%), da es dort während der Fleischreifung weitgehend zu Milchsäure abgebaut wird.

Cellulose, die wasserunlösliche Gerüstsubstanz pflanzlicher Zellen und der mengenmäßig bedeutendste organische Stoff (Biosynthese etwa 10^{12} t/Jahr), ist ein Gemisch homologer β-(1 → 4)-Glucane mit einer ungefähren relativen Molekülmasse von durchschnittlich 5×10^5 und maximal $2 \ldots 2,5 \times 10^6$ im nativen Zustand. Cellulose wird vorzugsweise von höheren Pflanzen, aber auch u. a. von Algen, Flechten und einigen Mikroorganismen (z. B. extrazellulär von *Acetobacter xylinum*) gebildet. In der Nahrung des Menschen und höherer Tiere ist Cellulose ein Ballaststoff, es sei denn, sie wird, wie bei den Wiederkäuern und einigen Nagetieren, durch symbiotisch im Verdauungssystem befindliche Bakterien (und Protozoen) hydrolysiert.

Native Cellulose weist Bündelstruktur auf. Je nachdem, wie streng parallel die „Fadenmoleküle" geordnet sind, ergeben sich mehr oder weniger kristallgitterähnliche („kristalline") Bereiche (Micellen, Kristallite), die gegenüber amorphen dichtere Struktur besitzen, weit weniger Wasser aufnehmen sowie enzymatisch und chemisch widerstandsfähiger sind.

Andererseits können amorphe Gelbezirke zunehmend kristallin werden, wenn Feuchtigkeit entfernt wird. Sowohl Trocknen als auch Austrocknen cellulosehaltiger Nahrungsmittel (z. B. Karotten) kann so zu verstärkter Zähigkeit mit verminderter Plastizität, Quellfähigkeit und Verdaulichkeit führen.

In enge Intermicellarspalte (etwa 1 nm Durchmesser) können kleine Moleküle (H_2O, I_2) einwandern. Interfibrilläre Kapillarräume (etwa 10 nm Durchmesser) enthalten in wechselnder Menge inkrustierte Begleitsubstanzen (Pectinstoffe, Hemicellulosen, Lignin usw.).

Auch für die Lebensmittelindustrie gewinnen Celluloseether (z. B. Methyl-, Ethyl-, Hydroxypropyl-, Carboxymethylcellulose (CMC) und gemischte Ether), die in Abhängigkeit vom Veretherungsgrad wasserlöslich bis -unlöslich sind, als mikrobiell recht resistente Binde-, Verdickungs-, Klebe-, Stabilisierungs- und Überzugsmittel zunehmend an Bedeutung. Die Viskosität von Carboxymethylcellulose ändert sich invers mit der Temperatur; Methyl- und Hydroxypropylmethylcellulose zeigen den Effekt der Thermogelierung. Die Verzuckerung billiger Celluloserohstoffe (z. B. Holz) durch Säurehydrolyse ist wegen des hohen technischen Aufwandes, der Korrosions- und Abwasserfragen problematisch, mittels Enzymen wohl noch großtechnisch ungelöst.

Einige weitere Glucane sollen hier genannt werden, obwohl sie für den Menschen unverdaulich sind:

Dextran (M: bis 10^8 und 10^9) ist das einzige bekannte Polysaccharid, das anaerobbakteriell gebildet wird. Die α-(1 → 6)-glucosidische Kette trägt in Abhängigkeit vom Dextranbildner mehr oder weniger α-(1 → 3)- und α-(1 → 4)-gebundene, meist nur eine Glucoseeinheit lange Seitenketten. Die gelenkte exogene Biosynthese, u. a. von klinisch einsetzbarem Dextran als Blutplasmaersatz (M: etwa 75000, maximal 5% verzweigt), wird besonders mittels *Leuconostoc mesenteroides* (NRRL-B 512) bzw. *Leuconostoc dextranicum* in saccharosehaltigen Nährlösungen durchgeführt.

Fructane

Fructane zählt man zu den Homoglycanen, obwohl zumindest einige (z. B. Inuline, Getreide-Fructane und Lävane) auch Glucose enthalten. Diese dürfte in den Fructanketten bevorzugt an das reduzierende Ende glycosyl-glycosidisch, wie in Saccharose, gebunden sein. Die Fructofuranosid-Einheiten sind in der Hauptkette über (2 → 1)-Inulintyp) oder (2 → 6)-Bindungen (Phleintyp) wohl generell β-glycosidisch miteinander verknüpft.

Inulin ($[\alpha]_D = -31 \ldots -40°$, je nach Herkunft), mikrokristallines Reservekohlenhydrat, besonders von Compositen (Artischocke, Topinambur, Cichorie, Inula-Arten) mit einem Polymerisationsgrad n = 30 ... 35, ist ein weder reduzierendes noch mit Iod anfärbbares weißes Pulver, das sich in Wasser kolloidal ohne Kleisterbildung löst. Bei der Hydrolyse entsteht neben Fructose 1,5 ... 7% D-Glucose, beim Erhitzen tritt Caramelisierung und Röstaromabildung ein (Verwendung als Kaffee-Ersatz- und -zusatzstoff).

Lävane, bakterielle Syntheseprodukte (z. B. von *Bacillus subtilis*) aus Oligosacchariden mit endständigem Fructoserest (Saccharose, Raffinose), gehören als β-(2 → 6,1 ← 2β)-Fructane dem Phleintyp an. Bei der Zuckerfabrikation ist die Bildung von Lävanen und Dextranen gefürchtet („schleimige Gärung").

Von anderen Monosaccharid-Homoglycanen sei das z. B. in den Pectinstoffen mit Polygalacturonsäure und L-Araban vergesellschaftet auftretende β-(1 → 4)-D-Galactan (n = 100 ... 120) erwähnt.

4.4.1.2. Aminozucker-Homoglycane

Hier ist das z. B. in allen höheren und vielen niederen Pilzen, in einigen Flechten- und Algenarten (Braunalgen), in Bakterienzellwänden und wirbellosen Tieren (besonders Gliederfüßlern) vorkommende *Chitin* (M : 210 000) zu nennen. Es besteht aus β-(1 $\rightarrow$ 4)-kondensierten N-Acetyl-D-glucosamin-Einheiten.

4.4.1.3. Uronsäure-Homoglycane

Pectine (M: einige Tausend bis > 10^5, $[\alpha]_D^{20} = +170 \ldots +230°$), Polymerhomologengemische aus α-(1 $\rightarrow$ 4)-verbundenen D-Galacturonsäure-Einheiten (Pectinsäuren) mit unterschiedlichem Methoxygruppengehalt (maximal 7% bei nieder-, 9 ... 12% = 55 ... 75%ige Veresterung bei hochveresterten Pectinen), der ihre Wasserlöslichkeit bedingt, sind im Zellsaft vieler, besonders junger Früchte enthalten. Lebensmitteltechnologisch wichtig ist ihre Fähigkeit zur Bildung fester, säurestabiler Gele, von denen die „Nebenvalenzgele" (aus hochveresterten Pectinen mit Zucker und Säure) thermoreversibel, die „Hauptvalenzgele" (aus niederveresterten Pectinen und mehrvalenten Kationen wie Ca^{2+}) teils thermoreversibel und teils thermoirreversibel sind.

Hochveresterte Pectine werden vor allem zur Herstellung streichfähiger Obsterzeugnisse, von Guß- und Schaummassen, Dauerbackwaren (als Feuchthaltemittel), Emulsionen wie Mayonnaisen usw. verwendet. Niederveresterte Pectine und Pectinsäure dienen bevorzugt zur Herstellung zuckerarmer und -freier Gele und Überzüge.

4.4.2. Heteropolysaccharide (Heteroglycane)

4.4.2.1. Monosaccharid-Heteroglycane

Mannoglycane

Hiervon seien die in Samen vorkommenden neutralen Pflanzengummi Carubin (carob bean gum, Johannisbrotkernmehl) und Guaran (Samenendosperm der Guranpflanze) erwähnt.

Bei *Carubin* (M: etwa 3×10^5) und *Guaran* (M: 22×10^4) handelt es sich um D-Galacto-D-mannane; die linearen β-(1 $\rightarrow$ 4)-Mannanketten tragen beim Carubin an jeder 4. bis 5., beim Guaran an jeder 2. Mannopyranose-Einheit einen α-(1 $\rightarrow$ 6)-gebundenen D-Galactopyranosylrest. Carubin und Guaran bilden zähe, geschmeidige Filme und in Kombination mit Agar-Agar, Carrageen oder Xanthan ausgezeichnete Gele, obwohl sie allein nicht gelieren.

Hemicellulosen und Pentosane

In den Zellwänden von Landpflanzen sind die Cellulosemikrofibrillen über besondere Brückenpolysaccharide (mit relativ hohem Anteil an Pentose-Einheiten) verbunden. In dieses „Kettengewebe" sind zu etwa 10% noch weitgehend unbekannte Eiweiße integriert, die z. T. Enzymcharakter besitzen und eventuell als Glycoproteine gebunden sind.

Chemisch nicht ganz korrekt werden derartige Nicht-Stärke-Polysaccharide, falls sie wasserlöslich sind, zu den Pentosanen gezählt, sonst als Hemicellulosen (alkalilöslich) bezeichnet, obwohl zur Cellulose weder strukturell noch biosynthetisch eine Verwandtschaft besteht. Einige sind ausschließlich aus Pentose- und/oder Hexose-Einheiten aufgebaut. Andere, vor allem solche in sauren Hemicellulosefraktionen, enthalten zusätzlich Polyhexuronsäuren und wären deshalb bei Monosaccharid-Uronsäure-Heteroglycanen einzuordnen. Die Uronsäuresequenz ist z. T. durch L-Rhamnose-Einheiten unterbrochen (Rhamnogalacturonan).

Uronsäure-Heteroglycane

Alginsäure (M: 0,32 ... 2×10^5), ein Hetero-(1 → 4)-polyuronid, das aus β-D-Mannuronsäure und der ihr C-5-epimeren α-L-Guluronsäure in variablem Verhältnis besteht, ist die charakteristische Schleimsubstanz der Braunalgen. Sie liegt als Mischsalz (Calcium- und Alkalialginat) in den Mittellamellen und Primärwänden vor, z. B. in *Macrocystis pyrifera* und *Laminaria digittata* zu etwa 15 ... 40%, bezogen auf Trockensubstanz. Aus diesen wird sie vorwiegend durch Natriumcarbonat- oder -phosphatlösungen unter Bildung wasserlöslicher Salze (Alkali-, Ammoniumsalze) extrahiert. Freie Alginsäure und die Alginate mehrwertiger Kationen (außer Magnesium) sind wasserunlöslich und zur Gel-, Faser- sowie Filmbildung befähigt.

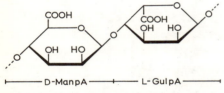

Struktureinheit aus der Alginsäurekette

In der unverzweigten Alginsäurekette wechseln Sequenzen einheitlicher Bausteine (homopolymere Blöcke) mit solchen ab, in denen die epimeren Struktureinheiten alternieren.

Das quantitative Verhältnis der Epimeren und ihre Sequenz variiert mit Typ, Alter und Wachstumsbedingungen der Algen. Alginsäure und -derivate können bis zum 300fachen ihrer Eigenmasse Wasser binden und stellen für Lebensmittel ausgezeichnete, texturbildende Dickungs-, Stabilisierungs- und Überzugsstoffe dar.

4.4.2.2. Monosaccharid-Uronsäure-Heteroglycane

Uronsäurehaltige Gummi von Landpflanzen

Diese Heteroglycangemische werden, verunreinigt mit anderen Stoffen (u. a. Proteine, phenolische Substanzen), von tropischen Gehölzen gesammelt, denen sie als Wundverschluß dienen. Sie unterscheiden sich von den neutralen Samengummi durch die

Tabelle 4.1. Uronsäurehaltige Gummi von Landpflanzen

Name (Herkunft)	Relative Viskosität (cP)	Konstituierende Saccharideinheiten
Gummi arabicum (*Acacias enegalica, A. arabica*)	5...7	D-GlcA, L-Ara, L-Rha, D-Gal (1 + 3 + 1 + 3)
Gummi Ghatti (*Anogeissus latifolia*)	~100	D-GlcA, L-Ara, D-Gal, D-Man, D-Xyl (2 + 10 + 6 + 2 + 1)
Karaya-Gummi (*Sterculia setigera, S. urens*)	~45000	D-GalA (ca. 37%), D-Gal, L-Rha, D-Tag
Tragant oder Tragacanth (*Astragalusarten, z. B. A. gummifer*)	~100000	neutrale (Arabinogalactan) u. saure Fraktion (D-GalA + D-Xyl + L-Fuc + D-Gal = 4,3 + 4 + 1 + 0,7)

z. T. sehr hohen Acidität ihrer freien Säuren (Gummi arabicum- und Gummi-Ghatti-Säure sind diesbezüglich der Milchsäure vergleichbar), die in nativen Präparaten mit Ca^{2+}, Mg^{2+}, K^+ neutralisiert sind, und durch die größere Vielfalt der Monosaccharidbausteine.

Am bekanntesten sind Gummi arabicum (M: 2,5 ... 10×10^5), Gummi-Ghatti, Karayagummi (M: $9,5 \times 10^5$) und Tragant, die als Klebe- und Verdickungsmittel (u. a. für Süßwaren) Anwendung finden. Besonderheiten in der Zusammensetzung bedingen z. T. sehr große Löslichkeits- und Viskositätsunterschiede. Die Viskositäten ändern sich mit der Hydratationszeit und der Temperatur, wahrscheinlich auch deshalb, weil in der Wärme Autohydrolyse stattfindet. (Die in Tab. 4.1 angegebenen relativen Viskositäten beziehen sich auf 5%ige Lösungen bei 298 K = 25 °C.)

Mikrobielle Gummi

Als mikrobielles Heteroglycan hat bisher *Xanthan* (Polysaccharid B-1459; M: > 10^6) als Lebensmittelzusatzstoff Bedeutung erlangt. Es wird von *Xanthomonas campestris* bei anaerober Kultivierung in Lösung ausgeschieden. Die Sequenzperioden bestehen aus jeweils 13β-(1 → 4)-verknüpften D-Glcp-, D-Manp- und D-GlcpA-Einheiten (Molverhältnis 2,8:2:2) sowie 3 an Glucosereste α-(1 → 2,3)-gebundene Manp-Seitenketten. Einige Saccharidreste liegen acetyliert, einige als Pyruvat-Ketale (1-Carboxyethyliden-DGlcp) vor.

Seine funktionellen Eigenschaften als Dickungs- und Stabilisierungsmittel (Wirksamkeit ab 0,25% Zusatz) sind ausgezeichnet. Besonders hervorzuheben ist die weitgehende Thermo-(283 ... 373 K = 10 ... 100 °C) und pH-Stabilität (pH = 6 ... 9) der Viskosität selbst in Gegenwart von Salzen (Calciumsalze fällen erst bei pH >10). Die Viskosität, die auch durch Entacetylierung des Moleküls kaum beeinträchtigt wird, nimmt aber bei Scherkrafteinwirkung, wenn man mit der anderer Gummi vergleicht, am schnellsten ab.

4.4.2.3. Heteroglycane mit Anhydrozucker-Struktureinheiten

Hier sind partiell sulfatierte Glycane zu nennen, die in Meeres-, aber nicht in Landpflanzen vorkommen. Sie können als weitere Bausteine neben Monosaccharid- auch Uronsäure-Einheiten enthalten (Agar-Agar).

In Irischem Moos und Riesentang (Rot- und Braunalgen) sind uronsäurefreie β-D- und α-L-Galactane mit Sulfathalbestergruppen anzutreffen, die durch Kationen des Meereswassers neutralisiert sind. Es handelt sich um Copolymerisate kondensierter α- oder β-D-Galactosemoleküle mit kondensierten 3,6-Anhydro-α-L-(oder -β-D-)-galactosemolekülen, die in C-2-, C-4-, C-6-Position mit Schwefelsäure z. T. verestert sind. Einzelne Typen und Fraktionen, deren Bausteine Sulfatgruppen in unterschiedlicher Menge und Position enthalten, zeigen voneinander abweichende Sol- und Geleigenschaften.

Carrageenan (M: 1 ... 8×10^5) liegt als Calcium-/Alkalisalz-Gemisch hochsulfatierter, linearer Galactane (etwa 1 Mol -SO_3H/mol Hexose) in Rotalgenarten vor. Es wird besonders aus Chondrus crispus (Irisches Moos) und Gigartina mamillosa gewonnen.

Aus Carrageenan wurden u. a. eine ϰ-, λ- und L-Fraktion isoliert. Alle enthalten (1 → 3)-gebundene α-D-Galactopyranose-Einheiten, die bei λ-Carrageenan in 2-Stellung, bei den anderen in 4-Stellung sulfatiert sein können. Außerdem wurden hauptsächlich α-(1 → 4)-D-Galactopyranose-2,6-bissulfat- (λ-Fraktion) und α-(1 → 4)-D-3,6-Anhydrogalactopyranose-2-sulfat-Einheiten (ϰ- und L-Fraktion) nachgewiesen, die besonders bei der ϰ-Fraktion zusätzlich in 6-Stellung sulfatiert sein können.

Agar-Agar (Agar, M: bis etwa 10×10^4) ist ein kalt unlösliches, aber durch Heißwasserextraktion mit anschließender Gefrier-Tau-Behandlung und Trocknung aus der Wandsubstanz von Rotalgen (besonders pazifische Gelidium-Arten) gewinnbares Gemisch sulfatierter Galactane. Es liegt im wesentlichen als Calciumsalz vor und ist aus mindestens zwei, im Relativanteil stark wechselnden Fraktionen, dem neutralen Agaran (Agarose) und dem sauren Agaropectin (mit 5 ... 10% Sulfathalbestergruppen), zusammengesetzt.

Agaran-Struktureinheit

Agaran stellt eine lineare Kette alternierend miteinander verbundener β-(1 → 4)-D-Galactopyranose- und α-(1 → 3)-3,6-Anhydro-L-galactopyranose-Einheiten dar, die am C-6 der Galactose-Einheiten nur wenig oder gar nicht sulfatiert ist.

Agaropectin enthält demgegenüber stark sulfatiertes Agaran, D-Glucuronsäure und geringe Mengen Pyruvat als Ketal (4,6-(1-Carboxyethyliden)-GaL) gebunden.

4.4.2.4. Heteroglycane mit Aminozucker-Struktureneinheiten

Mucopolysaccharide

In den meisten Mucopolysacchariden liegen jeweils gleiche dimere Einheiten aus einer β-(1 → 4) mit N-Acetylhexosamin verknüpften Uronsäure vor, die ihrerseits β-(1 → 4)-glycosidisch zur polymeren Kette verbunden sind. Die Acidität saurer Mucopolysaccharide ist mitunter durch Sulfathalbestergruppen noch erhöht. An Mucopolysacchariden wurden u. a. aus Säugetierbindegewebe Hyaluronsäure (bis zu 5%, bezogen auf Trockensubstanz), Chondroitin-4- und -6-sulfat, Dermatan- und Keratosulfat, aus dem Blut und einigen inneren Organen Heparin und Heparitinsulfat isoliert.

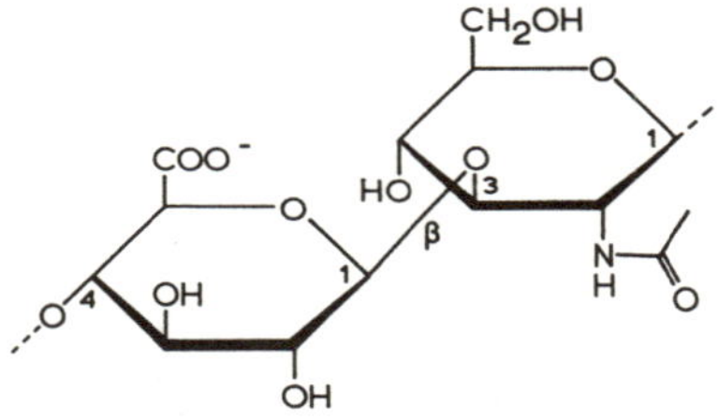

Hyaluronsäure-Struktureinheit 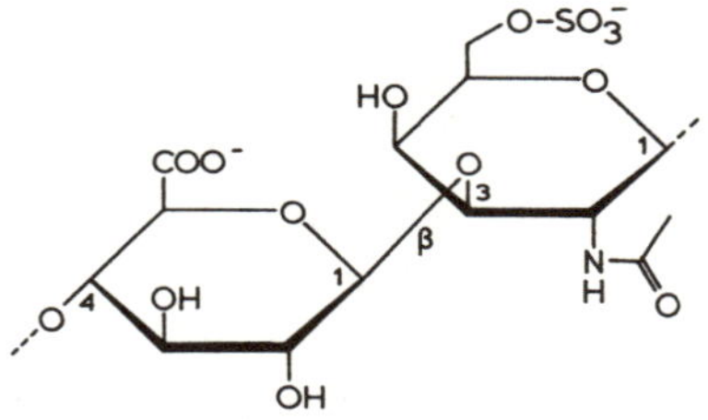   Chondroitinsulfat C-Struktureinheit

Im Heparinsulfat ist gegenüber Heparin jede zweite N-Sulfatgruppe durch eine N-Acetylgruppe ausgetauscht.

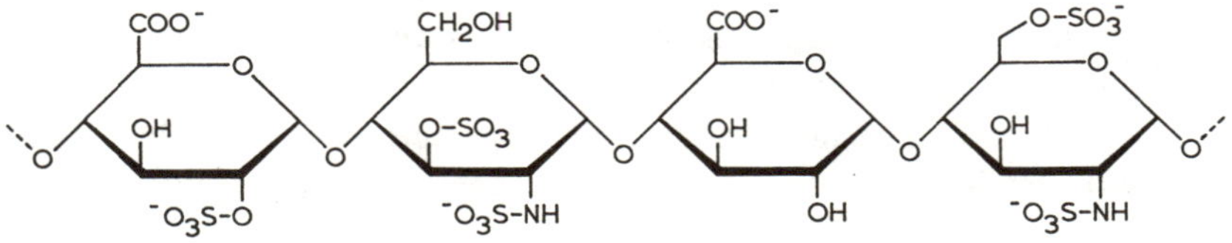

Heparin

4.5. Saccharid-Protein-Verbindungen

In Tier und Pflanze liegen Saccharide, Proteine und Lipide häufig eng vergesellschaftet vor, wobei der Bindungsgrad zwischen ihnen sehr unterschiedlich sein kann. Einige „Komplexe", die sich physikalisch nicht in ihre Komponenten trennen lassen, seien erwähnt (vgl. I; 3.4.).

128 KOHLENHYDRATE

Bei hochmolekularen Saccharid-Protein-Verbindungen unterscheidet man sogenannte Glycoproteine („Oligosaccharid-Proteine" mit etwa 3 ... 50% Saccharidanteil) und Proteoglycane (Polysaccharid-Proteine).

In den *Glycoproteiden* tragen die Polypeptidketten Seitenketten aus (Hetero-)Oligosacchariden, die meist O-, N- oder esterglycosidisch mit OH-Gruppen von Aminosäuren verbunden sind.

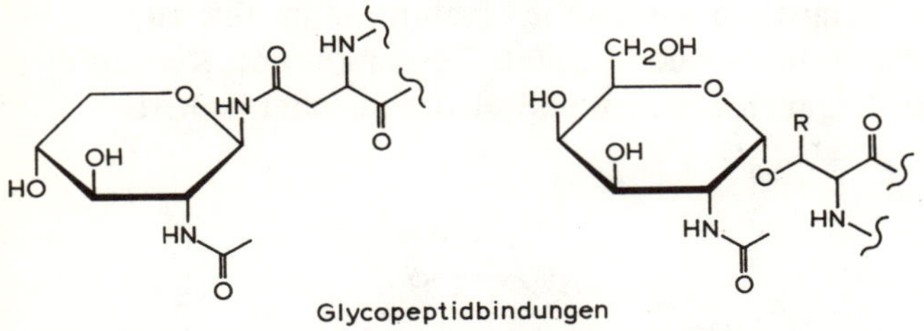

Serin   (R:-H)
Threonin (R:-CH$_3$)

Glycopeptidbindungen

alkalistabil
(Glc NAc-Asp(NH$_2$))

alkalilabil
(Gal NAc-Ser(-Thr))

Die prosthetische Kohlenhydratgruppierung enthält fast immer N-Acetylhexosamine, Hexosen und als Kettenglieder Sialinsäure oder L-Fucose. Unter anderem weiß man heute, daß die Antigenspezifität der Blutgruppensubstanzen auf bestimmte Oligosaccharid-Endgruppen zurückzuführen ist.

Der Einfluß der Glycoproteide von Cerealien, Leguminosen, Milch, Eiklar usw. auf die Eigenschaften von Lebensmitteln und entsprechenden Lebensmittelrohstoffen ist noch unklar.

Proteoglycane sind besonders als Bestandteile tierischer Strukturgewebe (z. B. Bindegewebe), Gelenkflüssigkeiten und Schleime bekannt. Ihre aus unverzweigten Mucopolysaccharid-Ketten bestehenden prosthetischen Gruppen haben hohe relative Molekülmassen (M: 2 ... 3 × 10^4) und sind meist über eine Di-galacto-Xylose O-glycosidisch mit Protein kondensiert. In den Geweben sind die Proteoglycane über Glycoproteine nicht-kovalent zu Riesenmolekülen ($\dot{s}_w$ = 70 S und 600 S) assoziiert.

4.6. Chemische Saccharidveränderungen

4.6.1. Hydrolyse, Reversion

4.6.1.1. Hydrolyse

Verbindungen vom Glycosid-Typ sind als Acetale in sauren wäßrigen Medien unbeständig. Stabilitätsunterschiede ergeben sich einerseits aus der Struktur des glycosidisch gebundenen Molekülteils und seiner Position am anomeren C-Atom, andererseits aus der Konfiguration und Konformation der bindenden Glycosylkomponente. Die Hydrolyseprodukte unterliegen sekundär weiteren Umsetzungen.

Die Hydrolyse läuft in drei Reaktionsschritten ab:

— Glycosidprotonierung,
— Bildung eines kationischen Zwischenproduktes mit Spaltung der glycosidischen Bindung (geschwindigkeitsbestimmend) und
— Heterolyse eines Wassermoleküls durch das Intermediärprodukt

Das Ausmaß der rasch erfolgenden Protonierung ist von äußeren (z. B. Säurestärke und Protonenverteilung zwischen Lösungsmittel und Glycosid) und inneren Faktoren abhängig. So können Substituenten induktiv die Elektronendichte am glycosidischen Brückenatom ändern oder sterisch den Protonenzugang behindern. Die Bildung eines cyclischen Carboxoniumions aus der konjugierten Säure ist für die Mehrzahl der Fälle bewiesen; die Resonanzstabilisierung, die den Übergang der tetraedrischen in eine planare (Halbsessel-)Konformation voraussetzt, erleichtert die Hydrolyse (b_1). Wenn die Substituenten so groß sind, daß die Konformationsänderung behindert wird, und/oder die Rotation dazu führt, daß sie sich gegenseitig abschirmen (in Opposition stehen), wird die Hydrolysegeschwindigkeit dadurch unmittelbar herabgesetzt.

Ist, wie meistens, das Glycosyl- stärker als das Glyconylkation, so wird die Bindung zwischen dem anomeren C-Atom und dem Brückenatom (III_1), sonst zwischen dem Brückenatom und dem Aglycon (IV) gespalten. (Ein offenkettiges Carbeniumion (III_3) als Zwischenprodukt, das bei der Methanolyse dominiert, tritt in geringem Maße eventuell zusätzlich auf.)

Bei den Oligosacchariden und Homoglycanen werden im allgemeinen α- leichter als β-D-glycosidische Bindungen hydrolysiert. Die prinzipiell höhere Hydrolyseempfindlichkeit von Ketosiden im Vergleich zu Aldosiden erklärt sich daraus, daß sekundäre C-Atome stabilere Carbeniumionen als primäre bilden. Der größere Energiegehalt ge-

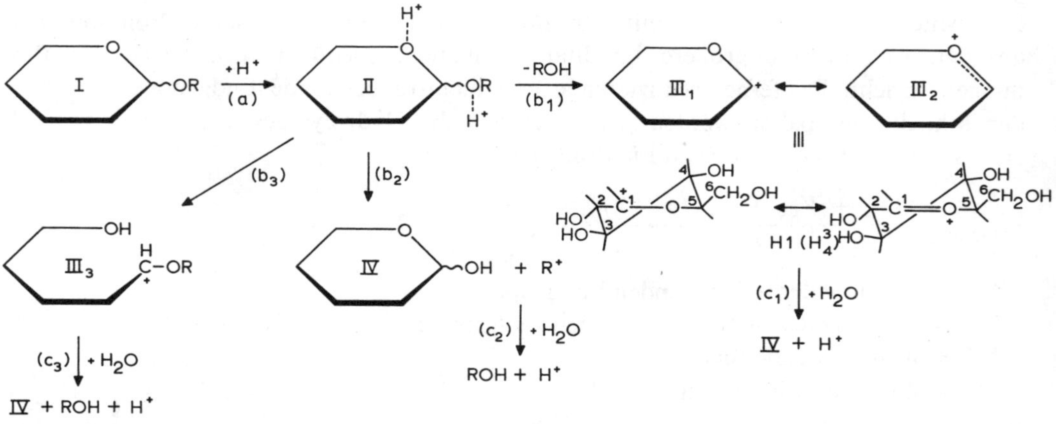

Abb. 4.3. Reaktionsschema der Glycosidhydrolyse

spannter Ringe führt dazu, daß Furanoside und Septanoside (5- bzw. 7-gliedrig) bis 500fach schneller als die entsprechenden Pyranoside hydrolysiert werden. Aryl-O-glycoside lassen sich etwa 350fach schneller als vergleichbare Thioglycoside, Desoxyriboside von Purinbasen bis etwa 2000fach rascher als die von Pyrimidinbasen spalten. Die größere konformative Instabilität ist für die leichtere Spaltbarkeit von Galactosiden gegenüber Glucosiden verantwortlich zu machen.

Im Saccharosemolekül ist das Brückensauerstoffatom mit zwei Glycosylresten verbunden. Bei der Hydrolyse wird einleitend wahrscheinlich das Furanosylsauerstoffatom protoniert, worauf ohne konformative Hemmung die Bildung eines sehr stabilen tertiären Carbeniumkations erfolgen kann, da der Furanosering schon nahezu planare Struktur aufweist.

Sind mehrere Glycosidbindungen im Molekül vorhanden, dann werden diese im allgemeinen unterschiedlich leicht hydrolysiert. Im Heterosaccharid Raffinose wird die Bindung von Glucose mit Fructose etwa 1000mal schneller als diejenige mit Galactose gelöst. Bei den Cello- und Malto-Oligosacchariden zeigt sich, daß die Hydrolysegeschwindigkeit 1. Ordnung mit abnehmendem Polymerisationsgrad kontinuierlich ansteigt, was für die größere Labilität terminaler gegenüber nicht-terminalen Bindungen spricht. Da ferner reduzierende und nicht-reduzierende Endgruppen verschieden schnell abgespalten werden, errechnet sich die Hydrolysegeschwindigkeit (V) solcher Saccharide bei $n \geq 4$ nach FREUDENBERG wie folgt:

$$V_{Gesamt} = \frac{V_{ER} + V_{EN} + V_{NT}(n-2)}{n}$$

ER = Bindung der reduzierenden Endgruppe
EN = Bindung der nichtreduzierenden Endgruppe
NT = nichtterminale Bindung
n = Zahl aller Bindungen

Die Zusammensetzung der Hydrolysate hängt also nicht nur von der Reaktionszeit, sondern z. B. auch von der Temperatur und der Art der Katalysatoren ab.

Bei Polysacchariden beeinflussen, besonders zu Reaktionsbeginn, zusätzliche Faktoren, wie Löslichkeit, Mikrokristallinität, Konformation und „Lockerstellen" der makromolekularen Bindungsstruktur, die durchschnittliche Hydrolysegeschwindigkeit. In Cellulose z. B., bei der amorphe Bereiche prinzipiell leichter angegriffen werden als mikrokristalline, sind Bindungen mit chemisch veränderten Baueinheiten und an Verzweigungspunkten der isotaktischen Kette wesentlich säureempfindlicher als die übrigen β-$(1 \rightarrow 4)$-Bindungen.

Vom Amylosemolekül ist bekannt, daß es in Lösung als Spiralsegmentknäuel vorliegt, wobei die durchschnittliche Segmentlänge mit dem pH-Wert variiert und entspiralisierte Bereiche leichter hydrolysiert werden.

Alles trägt zur Erklärung bei, warum die Molmassenverteilung und damit die physikalischen und chemischen Eigenschaften saurer Polysaccharid-Partialhydrolysate auch bei gleichem Durchschnittshydrolysegrad unterschiedlich sein können.

Saure Polysaccharide werden im Gegensatz zu neutralen bei niedrigeren pH-Werten langsamer, bei höheren pH-Werten schneller gespalten.

Die alkalische Glycosidhydrolyse ist von untergeordneter Bedeutung; im allgemeinen unterliegen ihr nur Glycoside mit stark elektronenanziehendem Aglycon. Die meist erforderlichen drastischen Reaktionsbedingungen führen zu Zersetzungsprodukten; im günstigsten Fall ergeben sich aus Hexopyranosiden die 1,6-Anhydroverbindungen. In Nachbarstellung zur anomeren Hydroxygruppe methylierte Saccharide sind im Alkalischen hydrolyseresistent.

4.6.1.2. Reversion

Die Hydrolyse von Kohlenhydraten in saurer Lösung ist ein Gleichgewichtsprozeß, wobei ab 1% Saccharidkonzentration mit einer zunehmenden Rekondensation („Reversion") der Hydrolyseprodukte zu rechnen ist:

$$[C_6H_{12}O_6 - (n-1) H_2O]_n + (n-1) H_2O \underset{}{\overset{H^+}{\rightleftharpoons}} n\, C_6H_{12}O_6$$

Mengenmäßig steht die Bildung von Disacchariden im Vordergrund.

Bei den Aldohexosen dominiert die $(1 \rightarrow 6)$-Verknüpfung; entsprechend revertiert Glucose bevorzugt zu Isomaltose (68 ... 70%) und Gentiobiose (17 ... 18%).

Ketohexosen (Fructose, Sorbose) bilden nichtreduzierende dimolekulare Dianhydride bereits in rein wäßrigen Lösungen bei Erwärmung.

Unterschiedliche Monosaccharide können gemeinsam zu Heterosacchariden revertieren. Monosaccharideinheiten werden auch an größere Oligosaccharide gebunden

(^{14}C-Versuche), und unter sonst gleichen Bedingungen bildet sich eine größere Menge Reversionsprodukte, wenn sich neben Monomeren auch Oligomere im Hydrolysat befinden.

Als Begleitreaktion findet intramolekulare Kondensation statt; aus Hexopyranosen entstehen 1,6-Anhydroderivate.

Reversionsprodukte treten z. B. im Kunsthonig (bis zu 6%), in Marmeladen und Stärkehydrolysaten auf. Sie schmecken bitter, sind nicht vergärbar und hindern in den Hydrolysaten etwa die doppelte Menge Glucose am Auskristallisieren („Hydrol"-Bildung). Hydrolysiert man bei niedrigeren Temperaturen, so wird die eine höhere Aktivierungsenergie erfordernde Reversion zurückgedrängt.

Auch bei enzymatischen Hydrolysen ist mit Rekondensationsreaktionen zu rechnen. Die z. B. durch alle Glucoamylasen bewirkte „back polymerization" ist konzentrationsabhängig und diesbezüglich der Säurereversion vergleichbar, während die durch Transglycosidasen katalysierte Transglycosidierung konzentrationsunabhängig verläuft, Oligosaccharide als Substrate benötigt und zu anderen Produkten führt.

4.6.2. Mutarotation, Endiolbildung und Isomerisierung

Wird ein reduzierendes (Mono-)Saccharid in Lösung gebracht (amphoteres Lösungsmittel, pH = 3 ... 7), so bildet sich über die Oxoform ein Gleichgewicht zwischen dieser und maximal vier cyclischen Anomeren (α- und β- der pyranoiden und furanoiden Ringform) aus (vgl. I; 4.2.1.2.). Erfolgt Erhitzung oder wird dieser pH-Bereich nicht eingehalten, so ist mit Enolisierung der Oxoform zu rechnen. Für beide Vorgänge sind Basen gegenüber Säuren die stärkeren Katalysatoren. Entsprechend verläuft auch die gegenseitige Umwandlung von Zucker über ihre hypothetischen Endiole (LOBRY DE BRUYN-VAN EKENSTEIN-Umlagerung) in schwach alkalischer Lösung schneller als in mehr oder weniger neutral gepufferten sauren Medien (pH = 6,9 ... 2,2), wo bei höheren Temperaturen (373 K = 100 °C), die Anionen organischer Säuren und die Hydroxylionen des Wassers selbst in niedrigen Konzentrationen noch katalysatorwirksam sind. Unter diesen Umständen sollten die Protonierung der Carbonylgruppe und die Eliminierung des schwach sauren Wasserstoffatoms durch Anionen gemeinsam die Enolisierung bewirken.

Ausgehend vom Carbonyl-C-Atom ist Endiolbildung mit abgeschwächter Tendenz über die gesamte C-Kette anzunehmen; u. a. ist die Bildung von D-Psicose aus D-Glucose über ein 2,3-Endiol erklärbar.

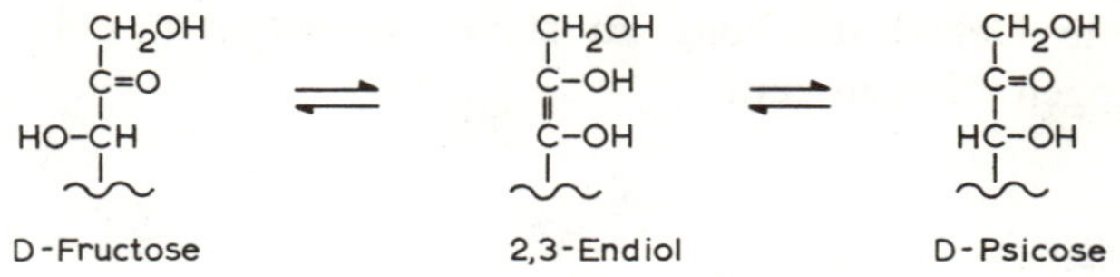

CHEMISCHE SACCHARIDVERÄNDERUNGEN

$$\text{D-Fructose} \rightleftharpoons \text{2,3-Endiol} \rightleftharpoons \text{D-Psicose}$$

In stärker basischen Lösungen (z. B. schon in 1 ... 5%igen Erdalkalilösungen in der Kälte) kommt es zur Bildung der mit den Zuckern isomeren Saccharin-, Isosaccharin- oder Metasaccharinsäuren. Formal handelt es sich dabei um intramolekulare Disproportionierung nach Art einer Benzilsäureumlagerung.

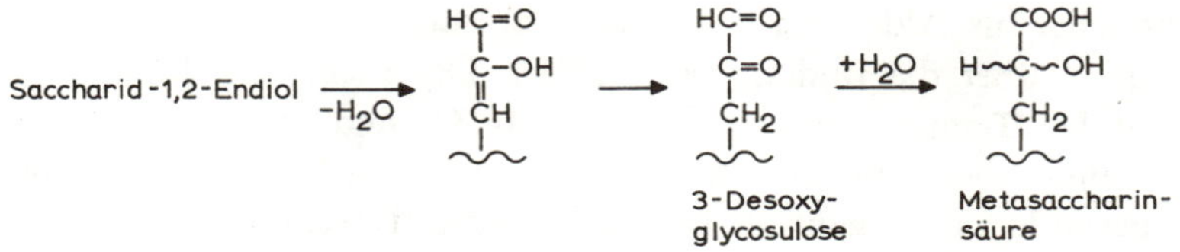

$$\text{Saccharid-1,2-Endiol} \xrightarrow{-H_2O} \longrightarrow \xrightarrow{+H_2O} \text{Metasaccharinsäure}$$

(über 3-Desoxyglycosulose)

4.6.3. Dehydratisierung und Desmolyse

Bei drastischeren Reaktionsbedingungen (Erhöhung von Umsatztemperatur, -zeit und Säure- bzw. Basekonzentration) bleibt es nicht bei Isomerisierungs-, Hydrolyse- und Kondensationsreaktionen. Zunehmend treten Sacchariddehydratisierung (Wasserabspaltung unter Bildung ungesättigter, hochaktiver Derivate) und -desmolyse (Abbau unter Spaltung der C-Kette) auf. Die Dehydratisierung erfolgt hauptsächlich durch β-Eliminierung, beginnt in Nachbarschaft zur Carbonylfunktion und kann sich entlang der Saccharidkette fortsetzen.

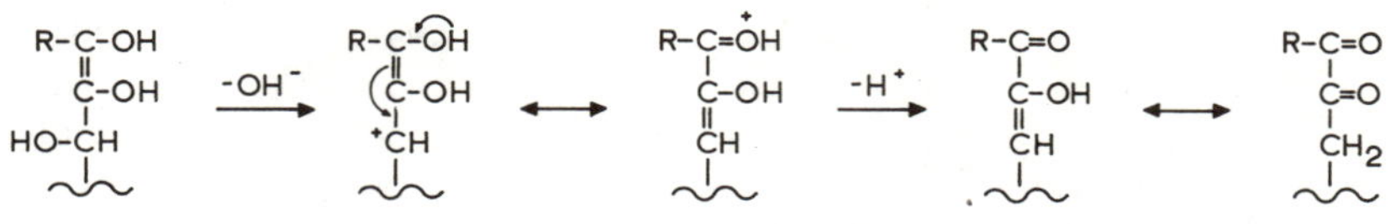

Abb. 4.4. β-Eliminierung bei der Sacchariddehydratisierung am Beispiel der Bildung von 3-Desoxyosonen (R = H)

4.6.3.1. Saure Medien

Bei Protonenkatalyse verläuft die Dehydratisierung im Gegensatz zur Enolisierung schnell und wird im allgemeinen durch Luftsauerstoff kaum beeinflußt; Desmolyseprodukte entstehen normalerweise wenig. Charakteristisch ist das Auftreten von Furfur-2-alen in einer Nebenreaktion infolge Ringbildung nach β-Eliminierung von 2 Molen Wasser, obwohl auch komplette Dehydratisierung zu stark ungesättigten polymerisierbaren α-Dicarbonylverbindungen erfolgen kann.

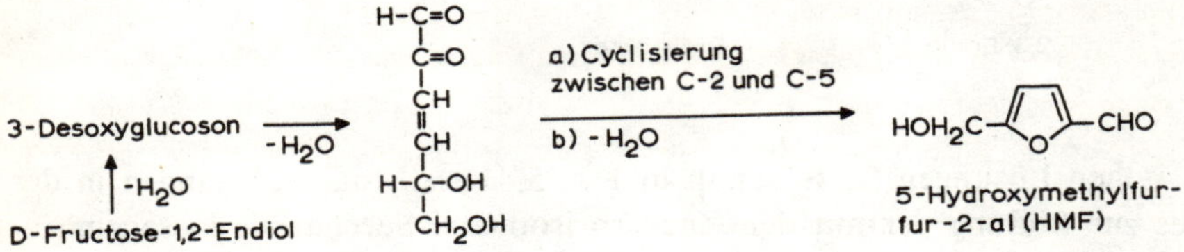

$$\text{3-Desoxyglucoson} \xrightarrow{-H_2O} \begin{array}{c} H-C=O \\ C=O \\ CH \\ \| \\ CH \\ H-C-OH \\ CH_2OH \end{array} \xrightarrow[\text{b) } -H_2O]{\text{a) Cyclisierung zwischen C-2 und C-5}} \text{5-Hydroxymethylfur-2-al (HMF)}$$

$$\text{D-Fructose-1,2-Endiol} \xrightarrow{-H_2O} \uparrow$$

Einige Kohlenhydratderivate, z. B. Uronsäuren, zersetzen sich eher als Monosaccharide, bei denen mit der Molekülsymmetrie auch die Stabilität der Ringform abnimmt (D-Glucose > D-Galactose > L-Arabinose > D-Xylose > D-Fructose).

Ketosen sind empfindlicher als Aldosen (Nachweis einer stattgefundenen Erhitzung von z. B. Honig und Säften über die Bildung von HMF). Das nicht sehr beständige HMF entsteht bevorzugt bei Temperaturen >473 K (200 °C) und reagiert in komplexer Reaktion zu Lävulin- und Ameisensäure (besonders in stark saurer Lösung) bzw. zu Huminstoffen (besonders in Gegenwart von Luftsauerstoff) weiter.

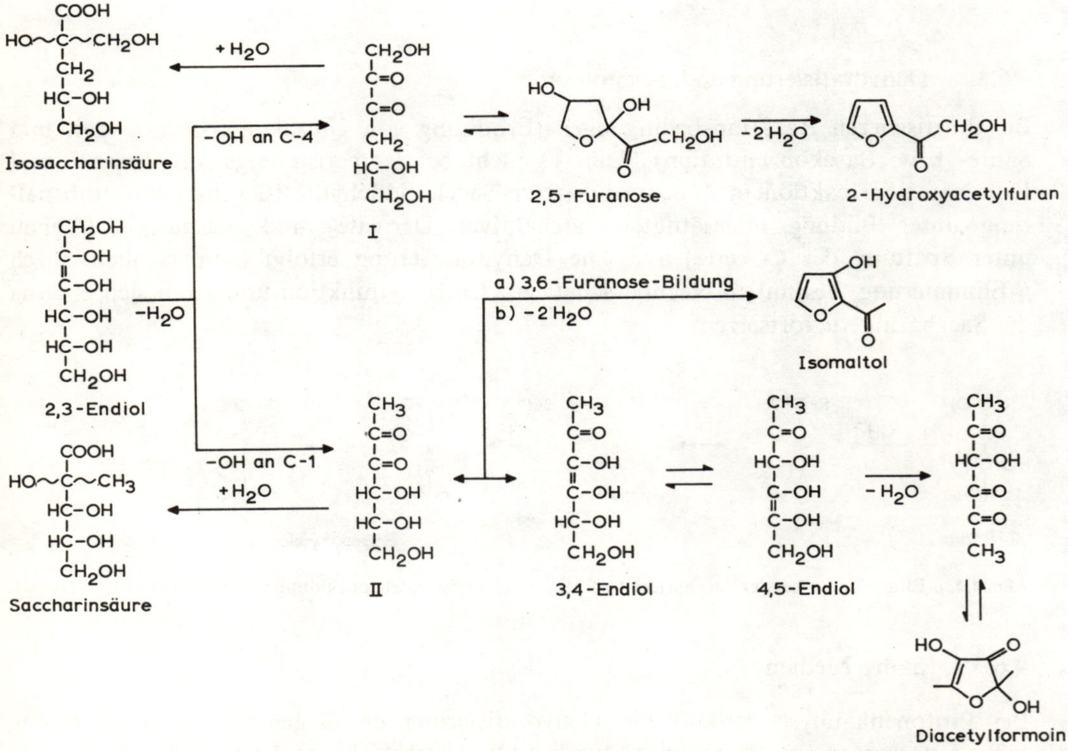

Abb. 4.5. Bildungsweg von 2-Hydroxyacetylfuran, Isomaltol, Diacetylformoin (und Saccharinsäuren) durch Dehydratisierung einer 2-Ketose

Farbige Kopplungsprodukte zwischen Furfuralen und Phenolen oder benzoiden Aminen werden für den analytischen Zuckernachweis genutzt. Die Bildung von Furfur-2-al aus Pentosen bzw. die der entsprechenden 5-Methyl- und 5-Hydroxymethylverbindungen aus Methylpentosen bzw. Hexosen ist spezifisch.

Neben diesen können bei der Dehydratisierung zahlreiche weitere Produkte in kleineren Mengen nachgewiesen werden, z. B. die sich vom 2,3-Endiol einer Ketose ableitenden Furanderivate 2-Hydroxyacetylfuran, Isomaltol und Diacetylformoin.

4.6.3.2. Alkalische Medien

Im stark Alkalischen stehen Saccharinsäurebildung und insbesondere desmolytische Vorgänge im Vordergrund, die gegebenenfalls mit Oxydationsprozessen verbunden sind; Furfur-2-ale treten nur in Spuren auf. Primäre Desmolyseprodukte sind vor allem Hydroxycarbonylverbindungen mit 2 ... 4 C-Atomen. Aldolkondensationsreaktionen führen zur (Re-)Kombination von Bruchstücken, bei Cyclisierung z. B. auch zu Methylcyclopentenolonen (Caramelaroma). Diese und CANNIZARRO-Reaktionen stören die Aufklärung der Desmolysemechanismen.

Aus Hexosen entstehen als Spaltprodukte zunächst bevorzugt Glyceraldehyd und Dihydroxyaceton, das z. B. zu Methylglyoxal und Milchsäure reagieren kann. Am häufigsten werden Acetol, Acetoin, Diacetyl, 1- und 4-Hydroxybutan-2-one, γ-Butyrolacton sowie Milch-, Brenztrauben-, Propion- und Essigsäure gefunden. Der Nachweis von Methyl- und Acetylradikalen im Desmolyseprozeß läßt auf die Bildung von α-Dicarbonyl-Zwischenprodukten schließen (Abb. 4.5, I und II). Diese können cyclisieren oder durch weitere Dehydratisierung auch alkalilabile Reduktionstrukturen ergeben (vgl. Diacetylformoin, $R^1 \triangleq R^2 \triangleq CH_3CO$), die sich entsprechend zersetzen würden. Die funktionelle Reduktiongruppe in ihrer einfachsten Form wird durch $R^1-C(OH)=C(OH)-C(O)-R^2$ repräsentiert, wobei R^1 und R^2 Alkyl- bzw. Arylreste oder die Enden eines cyclisierenden Biradikals darstellen können. Auch Trioseredukton als einfachstes Redukton ($R^1 \triangleq R^2 \triangleq H$), das sich in Lösung mit α-Hydroxymalondialdehyd im Gleichgewicht befindet, entsteht bei der alkalischen Hexosespaltung. Da sein Redoxpotential mit dem von L-Ascorbinsäure übereinstimmt, ist sein möglicher störender Einfluß bei Vitamin C-Bestimmungen zu berücksichtigen.

4.6.4. Bräunung

4.6.4.1. Bräunungsreaktionen außer Caramelisierung

Auf Grund der in den Anfangsstadien ablaufenden Prozesse kann man oxydative und nichtoxydative Bräunung unterscheiden; an beiden sind gegebenenfalls Enzyme katalytisch beteiligt.

Oxydativer Bräunungstyp

Enzyme (Ascorbat-, Catechol-, Lipoxydasen) katalysieren nur die Startreaktion, d. h. die Umwandlung von Endiol-, Phenol- oder konjugierten Dien- in reaktive Carbonylgruppen, dagegen ultraviolette und ionisierende Strahlung auch die weitere Oxydation, den Molekülzerfall und die Polymerisation. Alditole werden z. B. über Aldosen, Osone und Aldonsäuren zu 2-Ketoaldonsäuren oxydiert, die zu Ascorbinsäuren enolisieren. Dehydroascorbinsäure kann mit Aminosäuren zu rot- und braungefärbten Polymeren reagieren. Die Einführung von Carbonylgruppen in Polysaccharide führt zu deren Abbau durch β-Eliminierung.

Nichtoxydativer Bräunungstyp (einschl. MAILLARD-*Reaktion)*

Die erste Reaktionsstufe nichoxydativer Bräunungen stellt die enzymatische oder nichtenzymatische Freisetzung reduzierender Zucker aus ihren Verbindungen dar. Diese bilden unter Enolisierung, Isomerisierung, Dehydratisierung und Desmolyse nach den beschriebenen Mechanismen (vgl. I; 4.6.2. und 4.6.3.) Hydroxycarbonyl-, α-Dicarbonyl- und α,β-ungesättigte Carbonyl-Zwischenprodukte, die zu braunen flavourintensiven und polymeren Verbindungen weiter reagieren. Diese Bräunung (im Unterschied zur Caramelisierung) wird durch Carbonylamino-(MAILLARD)-Reaktionen außerordentlich beschleunigt. Dabei kondensieren freie Aminogruppen von Aminosäuren, Peptiden, Proteinen und Aminen mit reduzierendem Zucker und autokatalysieren die anschließenden Enolisierungs- und Dehydratisierungsreaktionen.

4.6.4.2. Caramelisierung

Wenn Zucker in kristallinem Zustand oder in wäßriger Lösung intensiv erhitzt werden, ist — besonders bei Temperaturen über 403 K (130 °C) — deutliche Bräunung zu beobachten. Das Ausmaß dieser sogenannten Caramelisierung (andere Bräunungen sind schon bei üblichen Lagertemperaturen von Lebensmitteln möglich!) ist von der Temperatur, Zeit, Konzentration, Gegenwart fremder Stoffe und sehr stark vom pH-Wert abhängig. Die Anfangsreaktionen laufen bei der Caramelisierung in ähnlicher Reihenfolge wie bei den anderen Bräunungen ab; es spielen Prozesse wie die Saccharoseinversion, die Oxo-Cyclo-Tautomerie, die intra- (Glycosan- und Difructosedianhydridbildung) als auch die intermolekulare Kondensation (Reversion), die Aldose-Ketose-Isomerisierung, die Dehydratisierung und die Desmolyse eine Rolle. Im Reaktionsverlauf werden immer mehr Wassermoleküle abgespalten; die Bräunung schreitet mit der Bildung ungesättigter Polymere voran.

Bei den angewandten hohen Temperaturen genügen bereits geringe Katalysatormengen, wie sie als Salze in Sirupen und Säften natürlicherwiese schon vorhanden sind. Zur Caramelherstellung zugesetzte Säuren oder saure Salze begünstigen unter Geringhaltung der Desmolyserate die Bildung von Furanderivaten und Glycosanen und damit die Farbtiefe der Produkte („Farbcaramel") während basische Salze die Bildung aromatischer Spaltprodukte (cyclische Alkylenolone) fördern und diejenige der sauer-astringierend wirkenden Huminstoffe einschränken (Caramel für Aromatisierungszwecke). Die Caramelstoffe (mit Carbonyl- und Acetylgruppen) haben ein hohes Reduktionsvermögen. Neutrale und alkalische Lösungen sind homogen und völlig transparant. Angesäuerte Lösungen werden infolge Teilchenvergrößerung trübe; dem kann aber z. B. durch Einführung von Sulfonsäuregruppen bei der Caramelbildung entgegengewirkt werden.

5. WASSER

5.1. Allgemeines

Wasser ist ein lebensnotwendiger Bestandteil der Nahrung. Es ist in lebenden pflanzlichen sowie tierischen Zellen im allgemeinen als Hauptkomponente (meist über 70%) vorhanden und hat im Organismus folgende wichtige Aufgaben zu erfüllen:

— *Lösungsmittel* für organische und anorganische Stoffe
— *Transportmittel* für Nährstoffe und Produkte des Stoffwechsels
— *Baustein* (Quellungswasser)
— *Reaktionspartner* im Stoffwechsel, z. B. bei der Hydrolyse von Peptiden, Polysacchariden, Fetten usw.
— *Regulator* für den Wärmehaushalt

Neben dem mit der Nahrung direkt aufgenommenen Wasser werden nicht unwesentliche Mengen als Endprodukt der biologischen Oxydation aus den dem tierischen bzw. menschlichen Organismus zugeführten energiereichen Nährstoffen gebildet. 1 g Eiweiß liefert dabei etwa 0,40 ml, 1 g Kohlenhydrat etwa 0,56 ml und 1 g Fett etwa 1,1 ml Wasser. Beim Menschen beträgt die Menge des auf diese Weise gebildeten Wassers (Oxydationswasser) etwa 300 ... 440 ml/Tag, das sind etwa 15 ... 20% des normalen Wasserbedarfes. Bei Wüstentieren kann das Oxydationswasser sogar den gesamten Bedarf über längere Zeiträume decken.

Tabelle 5.1. Täglicher Wasserumsatz eines erwachsenen Menschen

Zufuhr	ml	Ausscheidung	ml
Flüssigkeit	1000 ... 1500	Niere	1000 ... 1500
„feste" Nahrung	700 ... 1000	Haut	450 ... 550
Oxydationswasser	300 ... 400	Lunge	350 ... 450
		Darm	100 ... 200

Ein Mensch benötigt etwa 2 ... 3 l Wasser/Tag. Rund die Hälfte dieser Menge wird in Form von Getränken und etwa 30 ... 35% durch die feste Nahrung aufgenommen. Der Rest entfällt auf das Oxydationswasser. Bei der in Pflanzen ablaufenden Photosynthese wird in einer „Lichtreaktion" Wasser unter Bildung von NADPH verbraucht.

5.2. Wassergehalt von Lebensmitteln

Der Wassergehalt der einzelnen Lebensmittel ist unterschiedlich; so enthalten z. B. pflanzliche Öle, Tierkörperfette, Zucker und Salz nur Spuren (<0,5%), während Gemüse und Obst im allgemeinen zu über 85% aus Wasser bestehen.

In Fleisch bewegt sich der Wassergehalt innerhalb relativ enger Grenzen, wenn er auf die fettfreie Substanz bezogen wird; mit steigendem Fettgehalt sinkt korrespondierend der Wassergehalt. Der Wassergehalt ist weiterhin abhängig vom Alter der Tiere (Quellungsvermögen der Eiweiße). Die höchsten Werte weisen die Körpermassen junger Tiere auf.

Tabelle 5.2. Durchschnittlicher Wassergehalt (m-%) einiger Lebensmittel

Kuhmilch	86 ... 89
Bier, Wein	85 ... 90
Gemüse	85 ... 90
Obst	80 ... 90
Fisch	75 ... 85
Kartoffel	70 ... 80
Fleisch	70 ... 75
Brot, Gebäck	35 ... 45
Marmelade	35 ... 40
Mehl, Getreide	10 ... 15
Kochsalz	<0,5
Zucker	<0,5
Öl, Schmalz	<0,5

Bei vielen Lebensmitteln ist der Wassergehalt aber durch technologische Verarbeitungsmaßnahmen bzw. -möglichkeiten, Haltbarkeitsanforderungen, Verpackungsfragen, gesetzliche Festlegungen u. a. m. bestimmt.

5.3. Bedeutung des Wassers für Lebensmittel

Das Verhalten des Wassers als Lebensmittelbestandteil ist letzten Endes auf die Struktur des Wassermoleküls zurückzuführen.

Die drei Atome des Wassermoleküles sind bekanntlich in Form eines gleichschenkligen Dreieckes so angeordnet, daß die beiden Wasserstoffatome mit dem Mittelpunkt des Sauerstoffatoms einen Winkel von 104° bilden. Infolge dieser Anordnung fallen die Schwerpunkte der beiden negativen und positiven elektrischen Ladungen nicht zusammen. Das bedeutet, daß das Wassermolekül polar ist und einen permanenten Dipol bildet.

Die Fähigkeit, mit Ionen von Salzen sowie auch mit solchen Lebensmittelinhaltsstoffen, die permanente Dipole sind, Additionsverbindungen einzugehen, resultiert zwangsläufig aus dem Dipolcharakter des Wassermoleküles. Auch mit sich selbst kann das Wasser Assoziate bilden.

Bei Lebensmitteln unterscheidet man daher formal stark vereinfacht zwischen dem sogenannten „fest gebundenen" Wasser, das eine relativ hohe Bindungsenergie hat, und dem praktisch ohne wesentliche Bindungsenergie festgehaltenen Rest, dem sogenannten „frei verfügbaren" Wasser.

Da das Wachstum der meisten Mikroorganismen sowie der Ablauf vieler unerwünschter enzymatischer und auch nichtenzymatischer Reaktionen in Lebensmitteln an die Anwesenheit einer bestimmten Mindestmenge Wasser gebunden ist, wird zur Verhinderung bzw. Abschwächung derartiger Reaktionen häufig den Lebensmitteln durch einfache Trocknung bzw. Gefriertrocknung in mehr oder minder großem Umfang Wasser entzogen, was zumeist eine nicht unwesentliche Veränderung der äußeren Beschaffenheit zur Folge hat. Bei bestimmten Lebensmitteln kommt es hierbei u. U. zu unerwünschten irreversiblen Veränderungen (Strohigwerden von Fleisch, Fisch und Gemüse).

Nach dem heutigen Stand der Kenntnisse weiß man, daß nicht der absolute Wassergehalt, sondern die Wasseraktivität in direkter Beziehung zum Lebensmittelverderb steht. Die Wasseraktivität $(a)_w$ ist der Quotient aus dem Gleichgewichtspartialdruck des Wasserdampfes über dem entsprechenden System (p) und dem Dampfdruck des reinen Wassers bei derselben Temperatur (p_0).

$$a_w = \frac{p}{p_0} \triangleq \text{relative Feuchtigkeit } (\%)$$

Die Wasseraktivität in einem hygroskopischen Stoffgemisch hängt im allgemeinen ab vom Wassergehalt und von der Temperatur. Trägt man die Wasseraktivität (bzw. die relative Luftfeuchtigkeit) bei konstanter Temperatur als Funktion des Wassergehaltes auf, so erhält man die Sorptionsisotherme, die den Zustand des Wassers in dem betreffenden System charakterisiert.

Abbildung 5.1 zeigt schematisch den Kurvenverlauf einer Sorptionsisotherme für ein getrocknetes Lebensmittel. Der untere Kurvenabschnitt (bis I) entspricht weitgehend der LANGMUIRschen Adsorptionsisotherme. Das in diesem Bereich gebundene Wasser („monomolekulare" Adsorption) wird sehr stark festgehalten und erst bei sehr

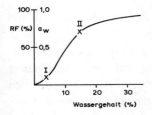

Abb. 5.1. Sorptionsisotherme für ein getrocknetes Lebensmittel (schematisch)

niedrigen Dampfdrücken abgegeben. An reinen Proteinen konnte gezeigt werden, daß die so adsorbierte Wassermenge (Hydratwasser) aber nur etwa 20% der Menge ausmacht, die notwendig ist, um das gesamte Protein mit einer monomolekularen Schicht von Wassermolekülen zu bedecken. Für den mittleren Kurvenabschnitt (I bis II) nimmt man in der Regel eine mehrschichtige Wasserauflagerung („multimolekulare" Adsorption) an. Als Hauptursache für den Verlauf des oberen Kurvenabschnittes (ab II), der durch eine starke Zunahme des Wassergehaltes bei hohen Wasseraktivitäten charakterisiert ist, darf in den meisten Fällen die Kapillarkondensation von Wasser in Lebensmitteln angesehen werden.

Für das Wachstum der verschiedenen Mikroorganismen sind (als Orientierungswerte) folgende Mindestwasseraktivitäten erforderlich:

Normale Bakterien	0,91
Normale Hefen	0,88
Normale Pilze	0,80
Xerophile Pilze	0,65
Osmophile Hefen	0,60

Als mikrobielle Verderbniserreger auf Lebensmitteln mit Wasseraktivitäten unter 0,75 (z. B. Cerealien und Marmeladen) sind daher nur xerophile Pilze und osmophile Hefen, auf solchen mit Wasseraktivitäten zwischen 0,80 und 0,88 (z. B. Käse und Brot) zusätzlich Pilze zu beachten, während bei Produkten mit Wasseraktivitäten über 0,88 (z. B. Fleisch, Eier und Milch) erst Bakterien und Hefen eine Rolle spielen.

Enzymatische Reaktionen laufen hingegen noch bei Wasseraktivitäten unterhalb der Wachstumsgrenze von Mikroorganismen ab und kommen im allgemeinen erst unter den Bedingungen der sogenannten „monomolekularen" Adsorption zum Stillstand; lipolytische Enzyme können allerdings auch dann noch aktiv sein. Nichtenzymatische Reaktionen, wie z. B. die MAILLARD-Reaktion, können schon bei sehr niedrigen Wassergehalten (etwa ab 3%) eintreten. Ihre Reaktionsgeschwindigkeit nimmt mit steigendem Wassergehalt zu, erreicht ein Maximum (meist zwischen 5 und 15%) und fällt dann wieder ab.

Zusätze von Zucker (z. B. bei Fruchtsirupen und Marmeladen) oder Salz (z. B. bei Salzfischen und Salzgemüsen) wirken in der Weise konservierend, daß sie den osmotischen Druck in wasserreichen Lebensmitteln erhöhen und Mikroorganismen das darin befindliche Wasser nicht mehr aufnehmen können.

Lebensmittel, deren Wassergehalt durch technische Verarbeitungsmaßnahmen auf Werte bon 15 bis 35% gebracht worden ist, d. h. deren Wassergehalt zwischen dem üblicherweise getrockneten und frischen Lebensmitteln liegt, werden heute international als sogenannte „intermediate moisture foods" („halbfeuchte" Lebensmittel) bezeichnet. Diese Produkte — seit altersher empirisch hergestellt — haben zumeist noch weitgehend die ursprünglichen sensorischen Eigenschaften und besitzen trotzdem eine relativ hohe Lagerstabilität. Gezielt weiter entwickelt wurden solche Erzeugnisse aber erst seitdem durch die bemannte Raumfahrt spezielle Kostformen erforderlich wurden.

Bei der Herstellung der „halbfeuchten" Lebensmittel wird entweder das Wasser adsorbiert, indem man getrocknete Lebensmittel unter Zusatz von Feuchthaltemittel

(z. B. Glycerol oder Zuckeralkohole) rehydratisiert oder indem man in frische Lebensmittel bei gesteigerter Temperatur eine Lösung mit höherem osmotischem Druck (z. B. Zucker oder Kochsalz) infundieren läßt. Die Wasseraktivitäten werden hierbei je nach Art und Verwendungszweck des Lebensmittels meist auf 0,7 ... 0,9 gebracht, wobei allerdings Werte unter 0,8 die sensorische Qualität in der Regel schon stark negativ beeinträchtigen.

Eine weitere Möglichkeit zur Unterbindung mikrobieller, enzymatischer und nichtenzymatischer Veränderungen in Lebensmitteln ist — abgesehen vom Zusatz von Konservierungsmitteln usw. — das Gefrieren.

Beim Gefrieren von Lebensmitteln ist aber mit einer Volumenvergrößerung von etwa 9% zu rechnen. Dieser Prozeß muß daher so gelenkt werden, daß durch schnelles Einfrieren die Bildung vieler kleiner Eiskristalle erfolgt, damit eine Zellschädigung durch große Eiskristalle vermieden wird. Für die Lagerung gefrorener Lebensmittel sind konstante Temperaturen erforderlich, da es sonst bei Anstieg der Temperatur — auch unterhalb des Gefrierpunktes — leicht zur Ausbildung größerer strukturschädigender Eiskristalle kommen kann.

Veränderungen des Bindungs- und Verteilungszustandes von Wasser spielen insbesondere bei solchen Lebensmitteln eine große Rolle, die in Form von Emulsionen (z. B. Margarine und Mayonnaise) vorliegen.

Bei übersättigten wäßrigen Lösungen führt eine längere Lagerung u. U. wieder zur Trennung in zwei Phasen, z. B. beim „Auszuckern" des Honigs.

Das Problem der Wechselwirkung des Wassers mit anderen Lebensmittelinhaltsstoffen bei den technologischen Be- und Verarbeitungsverfahren, bei der Lagerung sowie bei der küchenmäßigen Zubereitung ist sehr vielschichtig und kompliziert. Da fast immer mehrere Prozesse nebeneinander ablaufen, die sich mehr oder minder stark beeinflussen, sind die Mechanismen solcher Reaktionen nicht klar voneinander abzugrenzen. Untersuchungen an einfachen Modellsystemen lassen meist nur bedingte Schlußfolgerungen für Lebensmittel zu.

6. MINERALSTOFFE

6.1. Allgemeines

Anorganische Ionen werden in Lebens- und Futtermitteln zumeist unter dem Begriff „Mineralstoffe" zusammengefaßt, unabhängig davon, ob sie ursprünglich als Ionen oder an organische Substrate gebunden vorgelegen haben. So erscheint z. B. bei der allgemein üblichen summarischen Bestimmung der Mineralstoffe durch Veraschung der aus Aminosäuren stammende Schwefel als Sulfat und der aus Phosphatiden oder anderen Phosphatestern stammende Phosphor als Phosphat.

Mehr als 20 Mineralstoffe sind essentielle Nahrungsbestandteile. Zu ihnen zählen die „Mengenelemente" Calcium, Chlor, Kalium, Magnesium, Natrium, Schwefel und Phosphor. Ihre Menge macht mehr als 99% der Gesamtaufnahme an Mineralstoffen bei Tier und Mensch aus. Der Rest verteilt sich auf weitere Elemente. Sie liegen in biologischen Materialien normalerweise in Konzentrationen unter 50 mg/kg vor („Spurenelemente"). Von ihnen gelten nach heutigen Kenntnissen als essentiell: Arsen, Blei, Chrom, Cobalt, Eisen, Fluor, Iod, Kupfer, Mangan, Molybdän, Nickel, Selen, Silicium, Vanadium, Zink und Zinn. Diese Aufstellung zeigt deutlich, daß die mitunter zu findende Einteilung in essentielle und toxische Elemente nicht angebracht ist. Vielmehr gilt für Mineralstoffe ebenso wie für andere Bestandteile von Lebensmitteln die in Abb. 6.1 wiedergegebene Beziehung zwischen Konzentration und biologischer Wirkung. Allerdings besteht bei den meisten Mineralstoffen eine große Spanne zwischen der bedarfsdeckenden Konzentration in Lebensmitteln und toxisch wirkenden Konzentrationen. Bei einigen Elementen, z. B. bei Fluor, Iod oder Selen, liegen beide Bereiche

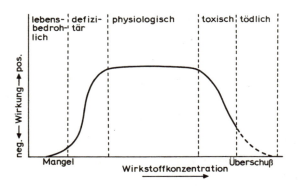

Abb. 6.1. Beziehung zwischen Konzentration und biologischer Wirkung

aber dicht nebeneinander. Deswegen ist angesichts der biologischen Variabilität in einer Population ein sicher den Bedarf deckender Zusatz, z. B. von Fluor und Iod, nicht völlig unproblematisch.

Die biologische Bedeutung einiger Elemente oder bestimmter Konzentrationsbereiche von ihnen ist noch umstritten. Die Ursachen hierfür sind einerseits analytische Probleme bei ihrer Bestimmung. Anderseits ist es mitunter außerordentlich schwierig die Entstehung chronischer Krankheiten einem Mangel oder einer toxischen Wirkung eines bestimmten Mineralstoffes zuzuordnen.

Die wichtigsten Funktionen der Mineralstoffe im Makroorganismus sind:
— Regulation des Säure-Basen-Haushaltes zur Einhaltung eines physiologischen pH-Wertes von 7,0 bis 7,8 (Na, K, P)
— Aufbau von Puffersystemen (Na, K, P)
— Bildung von Salzsäure im Magen (Cl)
— Aufrechterhaltung eines bestimmten osmotischen Druckes (Cl, K, Na)
— Schaffung günstiger Löslichkeitsbedingungen für Makromoleküle
— Baustein körpereigener Substanzen, speziell von Biokatalysatoren (Cu, Fe, Mg, Mn, Mo, Se, Zn)
— Energiespeicherung in Form energiereicher Phosphatester (P)
— Regulation von Enzymaktivitäten bzw. von Enzymsystemen (Ca, Cr, Na, Zn)
— Regulation von Hormonwirkungen (Cr, Ni)
— Beteiligung an nervalen Reizleitungen und der zellulären Signaltransduktion (Ca)
— Aufbau des Knochengerüstes (Ca, P)

Zur Gewährleistung einer ausreichenden und unbedenklichen Versorgung der Bevölkerung mit lebenswichtigen Mineralstoffen sind als Richtzahlen Mindestbedarf und empfehlenswerte Menge festgelegt worden. Die in der Literatur hierzu vorliegenden Zahlen beruhen zumeist auf Erfahrungswerten, die aus Bilanzuntersuchungen oder Ernährungsstudien abgeleitet sind. Eine durchschnittliche Resorptionsquote wird dabei berücksichtigt. Die Angaben enthalten darüber hinaus meist noch einen zusätzlichen

Tabelle 6.1. Empfehlungen für die durchschnittliche tägliche Mineralstoffaufnahme eines Erwachsenen (Angabe in mg)[1]

Chlor	4000	Zinn	3,6
Kalium	3000	Kupfer	2 ... 4
Natrium	3000	Mangan	2 ... 4
Phosphat	800	Fluor	0,5 ... 1,5
Calcium	600	Selen	0,1 ... 0,5
Magnesium	250	Iod	0,15
Zink	12	Molybdän	0,12
Eisen	10 ... 15	Cobalt	0,005

[1] Die für Chlor, Kalium, Natrium, Phosphat, Calcium, Magnesium, Eisen und Iod angegebenen Werte entsprechen wissenschaftlich begründeten Empfehlungen. Die restlichen Angaben sind als Schätzungen zu betrachten.

Sicherheitsfaktor. Als Orientierungswerte für den täglichen Bedarf können folgende Mengen gelten:

Calcium	0,8 g	Natrium	0,5 g
Chlorid	1,5 g	Phosphat	1 g
Kalium	0,8 g		

Ein Wert für Magnesium wird zur Zeit noch diskutiert. Empfehlungen für Elemente mit Konzentrationen unter 50 mg/kg Körpermasse sind meist mit einem relativ großen Unsicherheitsfaktor belastet. Für einige von ihnen können bisher Angaben über Mindestbedarf bzw. empfehlenswerte Menge noch nicht gemacht werden.

Tabelle 6.2. Durchschnittlicher Gesamtbestand und durchschnittliche Tagesaufnahme des erwachsenen Menschen an ausgewählten essentiellen Elementen

Element	Gesamtbestand (g)	Tagesaufnahme (g)
Calcium	1250	0,8
Chlor	100	7
Magnesium	20	0,4
Kalium	150	3
Natrium	100	4,5
Phosphat	700	1,5

6.2. Mineralstoffgehalt von Lebensmitteln

Mineralstoffe finden sich in unterschiedlicher Art und Menge in den Lebensmitteln. Spektrum und Konzentration sind bei pflanzlichen Nahrungsmitteln sehr von der Bodenzusammensetzung, von seiner Bearbeitung, von der Düngung, vom Eintrag aus der Luft sowie vom differenzierten Aufnahme- und Speichervermögen von Pflanze und Pflanzenteilen abhängig. Problematisch ist dabei zur Zeit die Umweltbelastung. So hat z. B. die Überdüngung mit stickstoffhaltigen Düngern in einigen Teilen Mitteleuropas dazu geführt, daß die Frage unzulässiger Nitratkonzentrationen nicht nur in Nutzpflanzen, sondern auch im Trinkwasser wieder aktuell geworden ist. Beim Tier steht die Mineralstoffzusammensetzung primär mit dem Mineralstoffgehalt des Futters in Zusammenhang. Sekundär spielt das Absorptions- und Ausscheidungsvermögen des Tieres eine Rolle, wobei die Aufnahme über die Lunge nicht zu vernachlässigen ist. Meist stellen Leber und Niere Indikatororgane für kritische Konzentrationsbereiche dar. Die in Tab. 6.3 und 6.4 angegebenen Zahlen sind als Richtwerte anzusehen. Bei Konzentrationen unter 50 mg/kg sind in pflanzlichem Material Abweichungen um Zehnerpotenzen durchaus möglich.

Tabelle 6.3. Durchschnittlicher Mineralstoffgehalt einiger Lebensmittel (ausgedrückt als m-% Asche)

Fleisch	1,0	Weizenbrot	1,3
Fisch	1,2	Teigwaren	1,1
Milch	0,7	Kartoffeln	1,0
Trockenmilch	7,0	Gemüse	0,9
Quark	0,7	Obst	0,7
Schnittkäse	4,0	Konfitüren	0,4
Eier	1,0	Pilze (frisch)	0,8
Landtierfette	<0,1	Hülsenfrüchte	3,0
Pflanzenfette	<0,1	Wein	0,3
Reis (unpoliert)	1,2	Bier	0,2
Reis (poliert)	0,5	Kaffee (geröstet)	4,0
Roggenmehl	1,0	Tee	6,0
Weizenmehl	0,4	Kakaopulver	7,0
Weizenkleie	6,5	Trinkwasser	<0,05
Roggenbrot	1,5		

Neben den in Tab. 6.4 aufgeführten Elementen sind weitere in Spuren nachgewiesen und bestimmt worden. Ihre Zahl erhöht sich ständig, besonders durch den Einsatz moderner analytischer Verfahren (z. B. Atomabsorptionsspektroskopie und Neutronenaktivierungsanalyse). Ihre Menge liegt im menschlichen Organismus im allgemeinen unter 0,1 % des Gesamtbestandes an anorganischer Substanz. Für sie gilt zwar heute noch als erwiesen, daß sie beim Menschen eine physiologische Funktion nicht zu erfüllen haben, möglicherweise sind aber doch alle in Pflanzen ursprünglich vorhandenen Elemente essentiell.

Angaben über den Gehalt einzelner Elemente in bestimmten Nahrungsmitteln liefern jedoch nur einen groben Anhaltspunkt für ihre physiologische oder toxikologische Bedeutung. Verwertung, Konzentrationsverlauf im Makroorganismus und damit ihre Wirkung sind bei einzelnen Elementen darüberhinaus abhängig von ihrer Bindung, von der Art und Menge begleitender Mineralstoffe oder von anderen in diesem Lebensmittel enthaltenden Verbindungen. Experimentelle Untersuchungen zu diesem Problem stehen noch am Anfang. Immerhin weiß man, daß Iod beispielsweise nahezu vollständig absorbiert wird. Bei Calcium rechnet man dagegen mit einer Absorptionsquote von 20 bis 40%, bei Eisen sogar nur mit einer von 10%. Wird von den in Tab. 6.1 und 6.2 wiedergegebenen Werten ausgegangen, dann dürfte die tatsächliche Aufnahme von Chlor, Kalium, Natrium und Phosphor über der empfohlenen Mindestzufuhr liegen. Mit Sicherheit ist in Industriestaaten die Zufuhr von Natrium in Form von Kochsalz zu hoch. Sie stellt wie das Übergewicht einen krankheitsverstärkenden Faktor für den Bluthochdruck dar, von dem etwa 20% der erwachsenen Bevölkerung betroffen ist. Die Reduzierung der Natriumzufuhr ist für diese Krankheitsgruppe eine der ersten und wichtigsten Therapiemaßnahmen. Auch bei Spurenelementen (Konzentrationen unter 50 mg/kg Lebensmittel) liegt im Durchschnitt die tägliche Aufnahme über der empfohlenen Menge.

Bei einseitiger Kost, bei bevorzugtem Verzehr von Lebensmitteln, die durch Verarbeitung und Zubereitung an Mineralstoffen verarmt sind, oder bei bestimmten physiologi-

Tabelle 6.4. Durchschnittlicher Gehalt ausgewählter Lebensmittel an essentiellen Elementen (mg/kg)

Lebensmittel	Calcium	Chlor	Kalium	Natrium	Magnesium	Phosphat	Chrom	Eisen	Fluor	Iod	Cobalt	Kupfer	Mangan	Nickel	Molybdän	Selen	Vanadium	Zink
Fleisch	100	500	3000	800	200	200	0,3	25	1	0,03	0,05	2	0,5	0,1	1	0,8	0,9	25
Fisch	200	1000	3000	1000	300	2200	0,2	10		0,7	0,2	2	0,4	0,5	0,2	1,4	0,1	7
Milch	1200	1000	1600	500	100	900	0,2	1	0,2	0,04		0,2	0,3	0,2	0,2	0,1	0,4	4
Ei	550	1800	1500	1400	150	2200	0,3	20		0,1	0,1	1,2	0,5	0,2	0,4	1	0,5	14
Mehl	250	3000	1550	20	250	2000	0,2	20			0,01	3	20		0,4	0,4	0,2	20
Teigwaren	200	2500	1500	20	500	2000	0,2	20			0,01	2	18					20
Kartoffel	100	450	4400	30	250	500	0,2	8	0,1	0,04	0,03	2	1,5	0,2	0,2	0,2	0,3	3
Gemüse	400	450	3000	200	200	400	0,15	9	3	0,05	0,2	1	3	0,6	0,5	0,8	0,3	2
Obst	150	40	2000	20	100	200	0,15	5	1	0,01	0,1	1	4	0,2	0,1	0,1	0,7	1
Zucker	5			3	2	3		3				0,2	0,1					0,2
Honig	50	15	500	70	50	150		10				0,1	0,3					1
Wein	80	150	900	30	100	70		6	0,3		0,02	1	1	1	0,05	0,05		1

schen Situationen kann der Bedarf ansteigen bzw. die als notwendig erkannte Zufuhr unterschritten werden. Durch eine ungenügende Zufuhr bedingte Beeinträchtigungen und Krankheiten sind für Calcium und Eisen sowie für Fluor und Iod eindeutig nachgewiesen worden. Zwar wird die bei Frauen nach den Wechseljahren gehäufte Entkalkung des Skelettes gefolgt von einer Osteoporose auf Veränderungen der hormonellen Steuerung zurückgeführt. Eine optimale Versorgung mit Calcium wird aber dennoch als erste Sicherung bei dieser Bevölkerungsgruppe angestrebt. Da die Mehrzahl unserer Lebensmittel relativ arm an Calcium ist, wird eine Anreicherung bestimmter Grundnahrungsmittel wie Mehl oder Brot mit Calcium in einigen Ländern bereits durchgeführt. Ähnliche Überlegungen gibt es auch für die Versorgung mit Fluor und Iod.

Die in einigen Gegenden übliche Trinkwasserfluoridierung hat zu einer Verminderung der Karieshäufigkeit geführt. Durch überhöhte Dosierung verursachte Knochenschädigungen (Fluorose) und Zahnveränderungen (mottled teeth) sind in diesem Zusammenhang nicht beobachtet worden (s. II; 2.2.).

In Mitteleuropa ist die Häufigkeit von Schilddrüsenvergrößerungen umgekehrt proportional zur regionalen Iodkonzentration im Wasser. Die in einigen Ländern eingeführte Verbesserung der Iodversorgung durch iodiertes Speisesalz hat zu einer Verringerung von Schilddrüsenerkrankungen geführt.

Infolge einer längeren Verweildauer im Organismus können für Tier und Mensch toxisch wirkende Konzentrationen bestimmter Schwermetalle auch bei geringer, aber kontinuierlicher Aufnahme erreicht werden. In der Regel wird dann — wie bei Blei und Cadmium — eine mit zunehmendem Alter sich erhöhende Konzentration beobachtet. Um ein unbeabsichtigtes Einschleppen in die Nahrung durch Lagerung, Verarbeitung und Zubereitung zu verhindern, ist die zulässige Abgabe solcher Metalle aus dazu benutzten Materialien und Gerätschaften sowie aus anderen Bedarfsgegenständen bereits vor etwa 100 Jahren gesetzlich begrenzt worden. Entsprechend den gewachsenen Erkenntnissen wurde jeweils eine Aktualisierung vorgenommen (s. II; 25.2.).

In den letzten Jahrzehnten sind vor allem in Industrieländern durch Versäumnisse in der Abwasserbehandlung, Überdüngung, den gestiegenen Luft- und Autoverkehr sowie andere Maßnahmen toxische Effekte von Schwermetallen, Schwefeldioxid, Stickoxiden u. a. nicht nur direkt auf forst- und landwirtschaftliche Kulturen beschränkt zu verzeichnen. Durch die zunehmende Umweltbelastung können die genannten Schadstoffe auch noch in solchen Konzentrationen in Futter- und Nahrungsmitteln vorhanden sein, daß es zu einer Gefährdung der Gesundheit und zu Erkrankungen von Tier und Mensch kommt. Aus diesen Gründen muß vor häufigem Genuß von Pilzen und Wildtieren, insbesondere deren Leber und Nieren, gewarnt werden, da sich dort bestimmte Schwermetalle besonders anreichern.

Blei: Größere Mengen dieses Schwermetalles werden bei der Kohleverbrennung und beim Betrieb von Benzinmotoren (Bleitetraethyl als Antiklopfmittel) emittiert. Dementsprechend ist der Bleigehalt von Pflanzen an Autobahnen und vielbefahrenen Straßen bis zu zehnmal höher als in verkehrs- und industriearmen Gegenden. In Mitteleuropa beträgt die durchschnittliche Aufnahme mit der Nahrung 0,2 ... 0,3 mg Pb/Tag und über die Atemluft 0,1 mg/Tag. Nur 10% des mit der Nahrung aufgenommenen, aber 40% des über die Atemluft inhalierten Bleis werden absorbiert. Die Reduktion des Bleitetraethylanteils und die Einführung von bleifreiem Benzin sind vorerst nur bescheidene Ansätze zur notwendigen Reduktion dieser Belastung.

In Lebensmitteln werden für Erwachsene 0,5 ... 1 mg Pb/kg toleriert. In für Säuglinge und Kleinkinder vorgesehenen Nahrungsmitteln soll der Bleigehalt 0,1 ... 0,5 mg/kg nicht übersteigen. Bei Getränken (z. B. Milch oder Trinkwasser) werden bis zu 0,1 mg Pb/l als noch zulässig angesehen.

Quecksilber: Abwässer der chemischen Industrie, quecksilberhaltige Saatgut- und Holzbeizen, Anstrichstoffe und Kohleverbrennung tragen zur Umweltbelastung mit diesem Element bei. Anorganische Quecksilberverbindungen werden in Sedimenten des aquatischen Systems zu sehr toxischen Alkylverbindungen, besonders zu dem im menschlichen Organismus relativ stabilen Methylquecksilber umgewandelt und vor allem in Meerestieren angereichert. Während die Absorptionsquote für anorganische Quecksilberverbindungen bei 2 ... 5% liegt, werden Alkylquecksilberverbindungen nahezu vollständig absorbiert. Wiederholt wurden schwere Massenvergiftungen nach Genuß von Speisefischen und Weichtieren mit hohem Methylquecksilbergehalt beobachtet (z. B. Minimata-Krankheit in Japan). Durch mißbräuchliche Verfütterung oder direkten Verzehr von gebeiztem Saatgetreide sind Massenerkrankungen mit Hunderten von Toten und Tausenden von Erkrankten ausgelöst worden, davon solche in Entwicklungsländern noch in jüngster Zeit.

$H_3C-Hg-CH_3$ $\quad$ $H_3C-Hg-Cl$

Dimethylquecksilber $\quad$ Methylquecksilberchlorid

In Abhängigkeit vom Lebensmittel gelten 0,01 ... 0,05 mg Gesamtquecksilber/kg, in Fischen bis 0,5 mg/kg und in Trinkwasser bis 0,001 mg/l als zulässig. Bei Menschen hält man die Aufnahme von 0,3 mg Quecksilber/Woche, davon nicht mehr als 0,2 mg als Methylquecksilber für tolerierbar.

Cadmium: Es gelangt durch Industrieabwässer, Rauchgase, Abgase von Dieselmotoren, als Verunreinigung von Mineraldünger oder als Industriekompost (Klärschlamm, Gülle) in die Umwelt. Weiter kommen als Kontaminationsquelle für Lebensmittel Lötmassen und mit Cadmium überzogene Metallgerätschaften in Betracht. Offenbar bestehen Beziehungen zwischen der Cadmiumaufnahme und cardiovaskulären Erkrankungen sowie zum Bluthochdruck. In Japan führte die Bewässerung von Reisfeldern mit Wasser, das durch Auslaugen cadmiumhaltiger Abraumhalden der Zinkgewinnung verunreinigt war, zu einer endemisch auftretenden Vergiftung, mit zahlreichen Erkrankungen und mehr als 100 Toten (Itai-Itai-Krankheit).

Cadmium wird in Leber und Niere akkumuliert. Eine Aufnahme von 0,4 bis 0,5 mg Cadmium/Woche gilt als tolerierbar. Frische Lebensmittel enthalten meist weniger als 50 µg Cadmium/kg. Außergewöhnlich hohe Mengen werden in Speisepilzen gefunden. Wegen des nur gelegentlichen Genusses werden in diesem Falle bis zu 5 mg/kg noch als zulässig angesehen. In Trinkwasser werden 0,01 mg/l geduldet. Eine Zigarette enthält

2 μg. Dementsprechend liegt die Cadmiumkonzentration im Blut bei starken Rauchern wesentlich höher als bei Nichtrauchern.

6.3. Radioaktive Mineralstoffe

Unsere Nahrung enthält von jeher bestimmte Radionuclide und besitzt damit eine geringfügige „natürliche" Radioaktivität. Ihr Hauptanteil (fast 90%) stammt aus dem Kaliumisotop ^{40}K. Es ist mit einer täglichen Aufnahme von 72 bis 144 Bq (2000 ... 4000 pCi) zu rechnen. Diese mit der Nahrung aufgenommene Radioaktivität machte bisher nur einen geringen Anteil unserer Strahlenbelastung aus (natürliche Strahlung und aus medizinischen Gründen verabreichter Anteil). In der Wirkung ist diese Strahlung aber wegen der Incorporation schwerwiegender als der von außen wirkende Anteil. So sind z. B. autoradiographische Untersuchungen der Niere mit markierten Pharmaca wegen der durch ^{40}K bedingten Schwärzung kaum auswertbar.

Bei Atombombenversuchen entstehen durch Neutronenstrahlen induziert etwa 200 verschiedene Isotope mit unterschiedlicher Strahlung und Halbwertszeit, die bei oberirdischen Zündungen bis in die Stratosphäre geschleudert werden. Isotope mit längerer Halbwertszeit gelangen als radioaktiver Niederschlag (fall-out) teilweise erst nach Jahren wieder auf die Erde und damit auf dem Wege über Wasser, Pflanze, Tier in den menschlichen Organismus.

Kritisch für Tier und Mensch können Radionuclide sein, die neben einer langen physikalischen Halbwertszeit auch eine z. T. durch selektive Speicherung im Organismus bedingte längere biologische Halbwertszeit aufweisen. Das betrifft vor allem ^{90}Sr und ^{137}Cs. Die mit der Nahrung aufgenommene, aus Atombombenversuchen stammende ^{90}Sr-Menge ist zu mehr als der Hälfte in Milch und Milchprodukten lokalisiert. ^{90}Sr (physikalische Halbwertszeit 28 Jahre) wird durch Austausch gegen Calcium in die Knochensubstanz eingebaut. ^{137}Cs (physikalische Halbwertszeit 27 Jahre) verhält sich zwar im Stoffwechsel ähnlich wie Kalium, seine biologische Halbwertszeit ist mit 110 Tagen aber doppelt so lang wie die des Kaliums.

Die Kontamination mit Radionucliden aus oberirdischen Atombombenversuchen erreichte in den Jahren 1963 und 1964 ihren Höhepunkt. Das Maximum der radioaktiven Niederschläge lag zwischen dem 30. und 60. Grad nördlicher Breite. Sie nahm nach dem Verbot von oberirdischen Atombombenversuchen in den folgenden Jahren ständig ab und stellte bis zum Reaktorunfall von Tschernobyl kein ernsthaftes Problem der Strahlenbelastung mehr dar.

Die Reaktorunfälle in jüngster Zeit haben in weiten Kreisen der Bevölkerung emotionell zu Forderungen nach einem generellen Verbot der Gewinnung von Kernenergie geführt. In der Praxis hat man sich bisher aber national mit einer Verschärfung der Sicherheitsbestimmungen sowie international mit Abkommen über die Verhinderung solcher Unfälle begnügt, da alternative Verfahren zur Energiegewinnung auch nicht frei von schädigenden Einflüssen auf die Umwelt sind.

6.4. Auswirkung von Mineralstoffen auf Lebensmittel

Abgesehen von den ernährungsphysiologischen Auswirkungen können Mineralstoffe, die aus Lebensmitteln stammen oder im Verlauf der technologischen Aufarbeitung in diese gelangen, die Qualität von Lebensmitteln beeinträchtigen. So fördern z. B. Schwermetallionen (Eisen, Kupfer) die Fettoxydation. Sie können darüber hinaus Niederschläge, Trübungen oder Verfärbungen verursachen oder den Geschmack nachteilig beeinflussen. Kupferionen katalysieren die oxydative Zerstörung des Vitamins C. Anderseits können Lebensmitteln zugesetzte Mineralstoffe auch deren Geschmack, Haltbarkeit, Konsistenz usw. verbessern, wie z. B. Kochsalz. Weitergehende Angaben hierzu finden sich bei den jeweils in Frage kommenden Kapiteln.

7. VITAMINE

7.1. Allgemeines

7.1.1. Begriffsbestimmung, Nomenklatur, Funktionen, Bedarf

Unter Vitaminen versteht man exogene organische und für den Organismus lebensnotwendige Nährstoffe, die im Stoffwechsel an katalytischen oder steuernden Funktionen beteiligt sind und nicht bzw. nicht ausreichend selbst gebildet werden können. Natürlich vorkommende Verbindungen, die im Körper auf einfache Weise in Vitamine umgewandelt werden (z. B. bestimmte Carotenoide oder 7-Dehydrocholesterol), nennt man *Provitamine*.

Zu essentiellen Nahrungsbestandteilen sind die als Vitamine bezeichneten Nährstoffe erst im Verlauf der Evolution geworden. Infolge Defektmutationen sind in der Kette ihrer Biosynthese Brüche entstanden. Vom Grad der Vollständigkeit dieser Brüche und dem Reaktionsschritt, bei dem sie eingetreten sind, hängen das Ausmaß der erforderlichen Vitaminzufuhr und die Möglichkeit der Bedarfsdeckung durch Provitamine ab. Außerdem erklärt sich damit, warum in Hinsicht auf den Vitamin- bzw. Provitamincharakter bestimmter Verbindungen Speziesunterschiede bestehen und Pflanzen sowie Mikroorganismen die vornehmlichsten Vitaminproduzenten sind. Tierische Lebensmittel stellen für den Menschen insoweit Vitaminquellen dar, als in ihnen Vitamine gespeichert (Innereien), in Enzyme eingebaut oder nach mikrobieller Synthese an Inhaltsstoffe gebunden. Die Ausnutzbarkeit mikrobiell im eigenen Darm gebildeter Vitamine ist für den Menschen erheblich eingeschränkt und besitzt bestenfalls für Biotin und das Vitamin K Bedeutung.

Chemisch gehören die Vitamine den verschiedensten Stoffgruppen an. Die Einteilung in fettlösliche und wasserlösliche Vitamine ist zunächst vom Gesichtspunkt der Lösungseigenschaften aus getroffen worden. Später hat sie insofern eine Berechtigung erfahren, als durch sie eine Reihe biologischer Vorgänge wie Absorption, Transport, Speicherung und Ausscheidung vorbestimmt ist.

Über die Nomenklatur der Vitamine, deren Funktionen sowie Richtzahlen für die tägliche Aufnahme unterrichtet Tab. 7.1.

Bei unzureichender Vitaminversorgung treten zunächst latente, vornehmlich den Zellstoffwechsel betreffende biochemische Ausfallserscheinungen ein (*Hypovitaminosen*). Sie gehen zunehmend in manifeste klinische Mangelsymptome über; diese äußern sich sowohl in generalisierten (z. B. Gewichtsabnahme) als auch in spezifischen, bestimmte Organe und Körperfunktionen befallenden Formen (*Avitaminosen*). Am Ende kommt es zu Siechtum und Tod. Überreichliche (massive) Zufuhr hingegen führt im wesentlichen nur

Tabelle 7.1. Nomenklatur, Funktion und empfohlene tägliche Aufnahme der Vitamine für mittelschwer arbeitende Erwachsene von 18 bis 35 Jahren ((+) = Äquivalente, [ ] = Schätzwerte)

IUPAC-IUB-Nomenklatur	Trivialbezeichnung	Biologische/Biochemische Funktion beim Menschen	Empfohlene tägliche Aufnahme
Retinol, Retinal Retinsäure	Vitamin A	Beteiligung am Sehvorgang, Gewährleistung der Stabilität und Permeabilität von Zellmembranen, Beeinflussung der Zelldifferenzierung	775 µg (+)
Calciferole	Vitamin D	Absorption von Calcium und Phosphor sowie deren Mobilisierung aus den Knochen, Steuerung der Knochenverkalkung	2,5 µg
Tocopherole	Vitamin E	Hemmung der Peroxydation von Polyalkensäuren, Membranstabilisierung, Beeinflussung der oxydativen Phosphorylierung	11,0 mg (+)
Naphthochinone	Vitamin K	Beteiligung an der Bildung von vier Blutgerinnungsfaktoren; über die Carboxylierung von Glutaminsäure; Einflußnahme auf die Knochenmineralisation	[50 µg]
Thiamin	Vitamin B_1	Coenzyme von Decarboxylasen und Transketolasen; einfache und oxydative Decarboxylierung von 2-Oxocarbonsäuren; Übertragung „aktivierter" Aldehyde	1,4 mg
Riboflavin	Vitamin B_2	Als Flavinmono- und Flavin-adenin-dinucleotid Wirkungsgruppenbestandteil von etwa 60 Enzymen, die Wasserstoff bzw. Elektronen in zahlreichen Stoffwechselreaktionen und der Atmungskette auf nachgeschaltete Enzymsysteme oder Sauerstoff übertragen	1,6 mg
Pyridoxin bzw. Pyridoxol, Pyridoxal, Pyridoxamin	Vitamin B_6	Coenzym von gut 100 Transaminasen, Decarboxylasen, Dehydratasen und anderen Enzymen, die nichtoxydativ Aminosäuren umsetzen	2,0 mg
Nicotinsäure, Nicotinamid	Niacin, Niacinamid	Als Nicotinamid-adenin-dinucleotid (NAD) und NAD-Phosphat Wirkungsgruppenbestandteil von etwa 200 Dehydrogenasen; Übertragung von Wasserstoff in zahlreichen Dehydrierungs- und Hydrierungsreaktionen	18,0 mg (+)
Pantothensäure	Pantothensäure	Bestandteil des Coenzyms A; Acylaktivierungen und Transacetylierungen	[8 mg]
Biotin	Biotin	Coenzym von Carboxylasen; CO_2-Transfer im Verlauf der Fettsäuresynthese und Gluconeogenese sowie beim Abbau verschiedener Aminosäuren und ungeradzahliger Fettsäuren	[0,2 mg]

Tabelle 7.1. (Fortsetzung)

IUPAC-IUB-Nomenklatur	Trivialbezeichnung	Biologische/Biochemische Funktion beim Menschen	Empfohlene tägliche Aufnahme
Folsäure	Folate	In Form der Tetrahydrofolsäure Bestandteil verschiedener Enzymsysteme des C_1-Transfers (Methyl-, Hydroxymethyl-, Formyl- und Formiminogruppen); Biosynthese von Purinen und Pyrimidinen bzw. DNS sowie von Porphyrinen	0,4 mg
Cobalamine	Vitamin B_{12}	Als Adenosyl- und Methylcobalamin Beteiligung am Propionsäureabbau und bei der Methioninsynthese; Gewährleistung des Nucleotidstoffwechsels	3,0 µg
Ascorbinsäure	Vitamin C	Als Cofaktor verschiedener Enzymsysteme Beteiligung an Hydroxylierungs- und Redoxreaktionen; Mitwirkung beim Eisentransport und -stoffwechsel sowie bei der Bildung und Stabilisierung von cAMP; Beteiligung am mikrosomalen Elektronentransport und an Entgiftungsreaktionen, Aufrechterhaltung des Redox-Status der Zellen	60 mg

bei den speicherfähigen, d. h. den fettlöslichen Vitaminen, insbesondere bei den Retinoiden und Calciferolen, zu Schädigungen (*Hypervitaminosen*).

7.1.2. Vitaminantagonisten (Antivitamine)

Vitaminantagonisten sind Verbindungen, deren chemischer Aufbau derart dem von Vitaminen gleicht, daß sie diese von ihrem Wirkungsort verdrängen und auf solche Weise (zumeist kompetitiv) hemmen können. Sie werden zur Erforschung definierter Vitaminmangelzustände und deren Abwendung eingesetzt und haben vereinzelt auch therapeutische Bedeutung erlangt (z. B. Vitamin-K-Antagonisten als Antikoagulantien und Folsäure-Antagonisten als Zytostatika).

7.1.3. Geschichte, Herstellung, Bestimmung

Der Begriff „Vitamin" ist historisch bedingt. Er geht auf Casimir FUNK zurück, der einen aus Reiskleie isolierten Anti-Beri-Beri-Faktor (Thiamin) chemisch als Amin erkannte und ihn „lebensnotwendiges Amin" (Vitamin) nannte. Die Kennzeichnung der Vitamine mit Buchstaben stammt ebenfalls aus einer Zeit, als die chemische Konstitution im einzelnen noch nicht bekannt war. Die Geschichte der Vitamine ist aus Tab. 7.2 ersichtlich. Danach sind zwischen 1931 und 1950 alle Vitamine nicht mehr nur über Lebensmittel, sondern auch über Handelspräparate zugängig geworden.

Tabelle 7.2. Geschichte der Vitamine (nach ISLER und BRUBACHER)

	Vitamine	Entdeckung	Isolierung		Struktur-aufklärung	Synthese
			Jahr	Rohstoff		
Fett-löslich	Vitamin A	1909	1931	Fischleberöl	1931	1947
	Provitamin A (β-Caroten)		1831	Rübe, Palmöl	1930	1950
	Vitamin D	1918	1932	Fischleberöl, Hefe	1936	1959
	Vitamin E	1922	1936	Weizenkeimöl	1938	1938
	Vitamin K	1929	1939	Luzerne	1939	1939
Wasser-löslich	Vitamin B_1	1897	1926	Reiskleie	1936	1936
	Vitamin B_2	1920	1933	Eialbumin	1935	1935
	Vitamin B_6	1934	1938	Reiskleie	1938	1939
	Vitamin B_{12}	1926	1948	Leber, Fermentationsansätze	1956	1972
	Nicotinsäure/-amid	1936 (1894)	1935 (1911)	Leber	1937	1894
	Folsäure	1941	1941	Leber	1946	1946
	Pantothensäure	1931	1938	Leber	1940	1940
	Biotin	1931	1935	Leber	1942	1943
	Vitamin C	1912	1928	Nebennierenrinde, Citrone	1933	1933

Technisch werden die meisten Vitamine heute totalsynthetisch hergestellt. Ausnahmen sind die Verfahren zur Gewinnung der Calciferole, die auf der Bestrahlung natürlicher Vorstufen beruhen (7-Dehydrocholesterol → Cholecalciferol, Ergosterol → Ergocalciferol), und der Vitamine B_2 und B_{12}, die biotechnologischer Natur sind. Eine Zwischenstellung nimmt die technische Ascorbinsäuresynthese ein; diese geht von der D-Glucose aus und schließt sowohl chemische als auch mikrobielle Reaktionsschritte ein. Während bislang mit Hilfe von Acetobacter suboxydans lediglich D-Glucitol (D-Sorbitol) bakteriell zu L-Sorbose (Sorbitose) oxydiert wird, ist es 1985 gelungen, das Bakterium *Erwinia herbicola* gentechnisch so zu manipulieren, daß es gleichzeitig zwei Funktionen wahrnehmen und D-Glucose direkt in 2-Oxo-L-gulonat umwandeln kann. Nur die letzten Stufen (Enolisierung, Lactonringbildung) werden noch konventionell beschritten. Damit ist die Ascorbinsäure das erste Vitamin, das in großem Maßstab gentechnologisch hergestellt werden kann (gegenwärtige Weltproduktion: 20 Mio t).

Nachweis und Bestimmung der Vitamine können biologisch oder physikalisch-chemisch erfolgen. Biologisch mißt man das Wachstum bzw. Stoffwechselprodukte von Mikroorganismen (Bakterien, Hefen, Schimmelpilze) oder die Aufhebung (kurativer Test) resp. Verhütung (prophylaktischer Test) bestimmter Mangelerscheinungen bei Versuchstieren (Küken, Meerschweinchen, Ratte, Taube) nach Zugabe der zu prüfenden Substanzen zu einer an dem jeweiligen Vitamin freien Grundnahrung. Auf solche Methoden gehen die heute durch Gewichtsangaben ersetzten Mengenfestlegungen in (Wirkungs)-„Einheiten" zurück. Physikalisch-chemische Verfahren beruhen auf der Gas- oder Hochleistungs-Flüssig-Chromatographie, der Lichtabsorption oder -emission, Farbreaktionen und anderen analytischen Prinzipien; diese setzen zumeist eine weitgehende Abtrennung der Vitamine voraus und haben oft den Nachteil, daß analytisch nicht die Atomgruppen oder die Molekülstrukturen angesprochen werden, welche die Vitaminwirksamkeit bedingen.

Soweit verschiedene Zustandsformen der Vitamine (sog. Vitamere) und ihrer Provitamine unterschiedliche relative Molekülmassen und/oder Wirkungsgrade aufweisen (z. B. Retinol, Retinal, Retinsäuren und die Carotenoide mit Viamin-A-Wirksamkeit) ermöglicht die Angabe in Gewichtsäquivalenten (z. B. in µg Retinoläquivalenten) die Berechnung und Angabe der insgesamt vitaminwirksamen Menge.

7.1.4. Bedarfsdeckung, Vitamine als Lebensmittelinhalts- und -zusatzstoffe, Verlustproblematik

Lebensmittel, die alle Vitamine und diese in einem dem Bedarf entsprechenden Mengenverhältnis enthalten, gibt es nicht. In Tab. 7.3 sind Lebensmittel aufgeführt, die als Vitaminquellen gelten können: 100 g decken mindestens 10 % des jeweiligen Tagesbedarfes. Meist sind in einem Lebensmittel zwar mehrere Vitamine vergesellschaftet, eine Deckung des Vitaminbedarfes insgesamt läßt sich aber nur durch eine vielfältig gemischte Kost gewährleisten. Dabei sind pflanzliche und tierische Lebensmittel gleichermaßen von Bedeutung. Tabelle 7.3 macht dies deutlich.

In bezug auf die Ausnutzung des Vitamingehaltes von Lebensmitteln gilt die Erfahrung, daß tierische Produkte im allgemeinen besser abschneiden als pflanzliche. Ausnutzungsbegrenzend sind bei pflanzlichen Lebensmitteln die unverdaulichen Stoffe wie die Cellulose, Hemicellulose und Lignin enthaltenden Zellmembranen (Rohfaser). Sie stehen einer Verdauung des Zellinhaltes entgegen, sofern der Zellverband nicht mechanisch zerstört oder durch eine Hitzebehandlung aufgeschlossen wird. Das Ausmaß der Vitaminabsorption kann außerdem von Begleitstoffen abhängen, wie z. B. im Fall des Retinols und in noch größerem Maße des β-Carotens von der Art und Menge des gleichzeitig verzehrten Fettes.

Unter normalen Ernährungsbedingungen treten Vitaminmangelzustände kaum auf. Vornehmliche Ursache von Hypo- und Avitaminosen ist eine einseitige Ernährung. Gefördert wird die Ausbildung ernährungsbedingter Mangelzustände durch einen erhöhten Bedarf während der Reproduktions- und Wachstumsperiode, durch Absorptionsstörungen und Stoffwechseldefekte sowie durch unbedachte Vitaminverluste auf dem Weg der Lebensmittel von der Erzeugung bis zum Verzehr. Auf Grund der Ernährungsgewohnheiten gehören in hochentwickelten Ländern zu den in Hinsicht auf eine ausreichende Versorgung kritischen Vitaminen mit großer Wahrscheinlichkeit:

— Thiamin und Folsäure bei allen Altersgruppen
— Vitamin B_6 bei Frauen, vor allem im gebärfähigen Alter sowie
— Retinol, Riboflavin und Ascorbinsäure, und zwar bei älteren Menschen

Der Vitamingehalt von Lebensmitteln hängt von biologischen, klimatischen, erzeugungs- und gewinnungsbedingten Umständen sowie den angewandten Verfahren der Be- und Verarbeitung, der Lagerung, der Konservierung und der Zubereitung ab. Angaben zum

Tabelle 7.3. Auswahl als Vitaminquellen geeigneter Lebensmittel (nach abnehmendem Vitamingehalt geordnet)

Vitamin	Gehalt in 100 g	Vitaminquellen
Vitamin A		
Retinol	1,5 g ... 48 µg	Fischleberöle, Fisch- und Säugetierlebern, Leberwurst, Innereien, Butter, Eigelb, Fettkäse, Hering
Carotene	(50) 8,0 ... 0,8 mg	(Palmöl), Möhren, Petersilie, Spinat, Grünkohl, Trockenaprikosen, Kürbis, Tomaten
Calciferole	112,0 mg ... 1,3 µg	Fischleberöle, Salzwasserfische (Fettfische), Eigelb, Pilze, Butter
Tocopherole	260,0 ... 1,7 mg	Getreidekeimöle, Leinöl, Baumwollsaatöl, Sonnenblumenöl, Rapsöl, Weizenkeime, Eigelb, Lauch, Petersilie, Schwarzwurzeln, Haferflocken, Hülsenfrüchte
Ascorbinsäure	400 ... 12 mg	Hagebutten, Sanddornbeeren, Petersilie, Paprika, schwarze Johannisbeeren, Rosenkohl, Grünkohl, Meerrettich, Blumenkohl, Zitrusfrüchte, Erdbeeren, Weißkohl, Wirsing, Stachelbeeren, Tomaten, Kartoffeln, Äpfel
Thiamin	12,0 ... 0,3 mg	Trockenhefe, Weizenkeime, Reiskleie, Fischrogen, Schweinefleisch, Nüsse, Innereien, Getreidevollkorn, Haferflocken, Hülsenfrüchte, Eigelb
Riboflavin	3,8 ... 0,18 mg	Trockenhefe, Leber, Niere, Trockenmilch, Fische, Herz, Weizenkeime, Käse, Eigelb, Nüsse, Blattgemüse, Milch
Pyridoxol (-in), -al, -amin	3,0 ... 0,2 mg	Dorschleber, Säugetierleber, Eigelb, Rindfleisch, Fisch, Weizenkeime, Getreidevollkorn, Käse, Niere, Rosenkohl, Spinat, Blumenkohl, Kartoffeln
Nicotinsäure, Nicotinamid	45,0 ... 2,4 mg	Trockenhefe, Pilze, Innereien, Trockenmilch, Röstkaffee, Geflügel, Getreidevollkorn, Rindfleisch, Fisch, Schweinefleisch, Hülsenfrüchte
Biotin	100 ... 15 µg	Leber, Niere, Hefe, Sojamehl, Eigelb, Nüsse, Getreidevollkorn, Hülsenfrüchte, Blumenkohl
Folsäure	3,1 mg ... 40,0 µg	Trockenhefe, Leber, Spargel, Spinat, Kopfsalat, Endivien, Bohnen, Rotkohl
Pantothensäure	7,2 ... 0,5 mg	Trockenhefe, Innereien, Eigelb, Reiskleie, Fleisch, Getreidevollkorn, Fisch, Weißkohl, Hülsenfrüchte, Kartoffeln
Cobalamine	65,0 ... 0,4 µg	Leber, Niere, Milz, Eigelb, Fisch, Käse, Milch

Vitamingehalt von Lebensmitteln sind demzufolge nur Anhaltswerte. Die Empfindlichkeit der Vitamine gegenüber Umwelteinwirkungen sowie die mittleren und maximalen Verluste beim Kochen, Braten und Backen gehen aus Tab. 7.4 hervor. Die angegebenen Zubereitungsverluste sind außer auf Inaktivierung durch Hitze, Sauerstoff (bzw. Peroxide), Licht und Chemikalien (z. B. Nitrit, Sulfit, Alkali) auch auf Auslaugung (Blanchieren, Kochen) zurückzuführen.

So kann es selbst bei einer nur kurzfristigen Aufbewahrung von Gemüse je nach Lagertemperatur zu erheblichen Vitaminverlusten kommen. Beispielsweise beträgt der Vitamin-C-Verlust im Spinat nach zweitägiger Lagerung bei 293 K (20 °C) 80% und bei Aufbewahrung im Kühlschrank 33%. In tiefgefrorenem Gemüse (255 K = −18 °C) hingegen muß pro Monat nur mit Vitaminverlusten von 1 bis 5% gerechnet werden. Ähnlich ist es um Sterilkonserven bestellt, die bei 285 ... 303 K (12 ... 20 °C) gelagert werden (1% Verlust pro Monat). Dabei ist allerdings zu berücksichtigen, daß der Vitamingehalt von tiefgefrorenen und sterilisierten Gemüsen infolge des Blanchierens bzw. Sterilisierens gegenüber den erntefrischen Produkten bereits um 20 ... 35% abgenommen hat.

Vitaminverluste werden weiterhin durch unsachgemäßes Waschen und Wässern verursacht (15 min Wässern je nach Gemüseart und Zerkleinerungsgrad: 2 ... 30%, 60 min Wässern: doppelt so hoch). So können die Beeinträchtigungen noch beim Endverbraucher durch gehäuftes Zusammentreffen bei der Lebensmittelzubereitung und bei Nichtverwertung des Kochwassers (Tab. 7.5) bis zum Totalverlust eines Vitamins führen. Unter den Bedingungen von Großküchen und der Gemeinschaftsverpflegung besteht diese Gefahr in noch größerem Maße als im Haushalt. Im Durchschnitt gehen bei der Zubereitung von Speisen 10 ... 50% der Vitaminaktivität verloren (vgl. I; 7.4.). Durch Anwendung schonender Garverfahren und kurzer Kochzeiten (z. B. Druckkochverfahren), Ausschluß von Licht und Sauerstoff (Bedecken der Gargefäße), Vermeidung katalytisch wirkender Metalle (Fe, Cu, Al) und andere nährwertschonende Maßnahmen lassen sich die Verluste einschränken.

Zusätze von Vitaminen zu Lebensmittel erfolgen sowohl aus technologischen als auch aus ernährungsphysiologischen Gründen. Die technologische Anwendung betrifft speziell Ascorbinsäure, α-Tocopherol, Riboflavin und β-Caroten und dient dem Zweck, unerwünschte sensorische Veränderungen zu verhindern oder zu verzögern und den Gebrauchswert von Lebensmitteln zu verbessern.

Ascorbinsäure, deren Salze (zumeist Natrium- und Calciumascorbat) und Ester (Laurat, Myristat, Palmitat, Stearat) werden z. B. zur Mehl- und Brotverbesserung, zur Farbstabilisierung und Umrötungsförderung in Fleischwaren, vor allem in gekochten Pökelerzeugnissen, zur Farb- und Aromafestigung in Obst- und Gemüsekonserven, Feinfrostprodukten und Obstsäften sowie zur synergistischen Hemmung der Autoxydation in Nahrungsfetten eingesetzt. d,l-α-Tocopherol dient als Antioxydans, und β-Caroten bietet ebenso wie Riboflavin auf Grund seiner Eigenfarbe die Möglichkeit, bei der Lebensmittelfärbung künstliche Farbstoffe zu umgehen.

Werden Vitamine als Nährstoffe zugesetzt, spricht man von Vitaminierung. Im engeren Sinne ist Vitaminierung die Zugabe zu Lebensmitteln, die das betreffende Vitamin natürlicherweise nicht oder nur geringfügig enthalten (z. B. Margarine, Säuglingsnahrung). Revitaminierung bedeutet den Ausgleich von Verarbeitungsverlusten (z. B. bei Mehl

Tabelle 7.4. Stabilität von Vitaminen

Vitamine	Wäßrige Lösungen			Luft oder Sauerstoff	Licht	Hitze	Zubereitungsverluste	
	neutral	sauer	alkalisch				maximal (%)	Durchschnitt (%)
	pH 7	<pH 7	>pH 7					
Retinol	S	(S)	S	I	I	I	40	20
Carotene	S	I	S	I	I	I	35	20
Calciferole	(S)	(S)	(S)	I	I	S	40	10
Tocopherole	S	(S)	(S)	I	I	(S)	55	25
Naphthochinone	(S)	S	I	S	I	S	10	<10
Ascorbinsäure	I	S	I	I	I	I	100	30
Thiamin	I	S	I	I	S	I	70	25
Riboflavin	S	S	I	S	I	I	75	20
Pyridoxol, -al, -amin	(S)	S	(S)	S	I	(S)	40	20
Nicotinsäure, (-amid)	S	S	S	S	S	S	25	<10
Biotin	S	(S)	(S)	S	S	S	60	20
Folsäure	S	I	S	I	I	I	100	50
Pantothensäure	S	S	I	S	S	I	50	30
Cobalamine	S	(S)	(S)	I	I	S	30	<10

S = stabil, I = instabil, (S) = stabil unter bestimmten Bedingungen

Tabelle 7.5. Veränderungen im erfaßten Vitamingehalt (%) beim Garen von Gemüse und Kartoffeln (nach BOGNÁR; $\bar{x}$ = Mittelwert, + = Zunahme, — = Abnahme)

Vitamin	Gargut (1) Garflüssigkeit (2)	Kochen/Druckkochen		Dämpfen/Druckdämpfen		Dünsten/Druckdünsten	
		$\bar{x}$	Schwankungsbreite	$\bar{x}$	Schwankungsbreite	$\bar{x}$	Schwankungsbreite
Ascorbinsäure	(1)	−45	16 ... 75	−26	7 ... 41	−23	13 ... 51
	(2)	+29	9 ... 48	+11	3 ... 29	0	—
	(1) + (2)	−16	2 ... 38	−15	8 ... 28	−23	13 ... 51
Thiamin	(1)	−40	15 ... 48	−21	6 ... 36	−14	2 ... 29
	(2)	+25	11 ... 47	+ 8	1 ... 21	0	—
	(1) + (2)	−15	1 ... 23	−13	7 ... 28	−14	2 ... 29
Riboflavin	(1)	−30	10 ... 70	−11	7 ... 26	−12	7 ... 23
	(2)	+39	9 ... 69	+10	2 ... 25	0	—
	(1) + (2)	+ 9	−10 ... +36	− 1	± 5	−12	7 ... 23

160 VITAMINE

und Brot; Tab. 7.6), und als Anreicherung bezeichnet man den Zusatz von Vitaminmengen, die über den ursprünglichen Gehalt hinausführen (z. B. bei Fruchtsäften und fruchtsafthaltigen Getränken). Die Vitaminierung von Lebensmitteln wird damit begründet, daß jahreszeitlich in der Durchschnittskost oder daß in der Kost einzelner Bevölkerungsgruppen eine Unterversorgung eintreten kann. Vor allem werden Margarine und Diätlebensmittel vitaminiert.

Tabelle 7.6. Vitaminverluste im Weizenmehl

	Gehalt (mg/100 g)				
	Thiamin	Riboflavin	B_6-Vitamere	Nicotinsäure/ -amid	Tocopherol
Vollkornmehl	0,5	0,15	0,45	5,0	1,6
Weißmehl (Ausmahlungsgrad 70%)	0,1	0,05	0,17	0,9	0,4

7.2. Fettlösliche Vitamine

7.2.1. Retinol (Vitamin A) und dessen Provitamine

Unter Vitamin A im engeren Sinne (Vitamin A_1) versteht man das Retinol, d. h. das all-trans-1,1,5-Trimethyl-6-(15-hydroxy-9,13-dimethylnonatetraen (7, 9, 11, 13)-yl)-cyclohexen-(5).

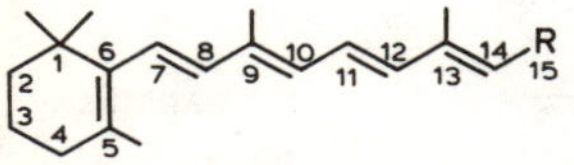

Retinol = Vitamin-A_1-Alkohol ($C_{20}H_{30}O$), R: -CH$_2$OH
Retinal = Vitamin-A_1-Aldehyd ($C_{20}H_{28}O$), R: -CHO
Retinsäure = Vitamin-A_1-Säure ($C_{20}H_{28}O_2$), R: -COOH

Außer Retinol (20%) und dessen Fettsäureestern (70%) liegen in der Leber und im Fettgewebe des Menschen noch die Oxydationsprodukte Retinal (8%) und Retinsäure (2%) vor. Die entsprechenden, z. B. in Leberölen von Süßwasserfischen gefundenen Cyclohexa-3,5-diene, werden als 3-Dehydroretinol, -retinal und -retinsäure bzw. Vitamin-A_2-Alkohol, -Aldehyd und -Säure bezeichnet. Neben den vorstehenden, in der Natur vorzugsweise vorkommenden all-trans-Formen gibt es jeweils noch eine Reihe von cis-Isomeren. Das Vitamin A_2 besitzt 40% und die biologisch aktivste cis-Form (13-cis Retinol, neo-Vitamin A) 75% der Wirksamkeit von Vitamin A_1. Die Aktivität der bekannten weiteren 5 (von 16 möglichen) Stereoisomeren des Retinols ist wesentlich geringer. Wahrscheinlich ist ontogenetisch ein Übergang vom Vitamin A_2 zum Vitamin A_1 erfolgt.

Die wesentlichen, sich auf das Wachstum, das Sehvermögen und die Fortpflanzung beziehenden Wirkungen des Retinols treffen auch für das Retinal zu. Aus all-trans-Retinalen entstehen in der Retina sterisch gehinderte 11-cis-Retinale; diese bilden mit einem spezifischen Protein (Opsin) den Sehpurpur (Rhodopsin) bzw. das Fotorezeptorsystem des Auges. Lichtquanten verursachen eine Umlagerung der 11-cis- in die stabile all-trans-Form und die Wiederfreisetzung des Opsins.

Sehvorgang nach WALD

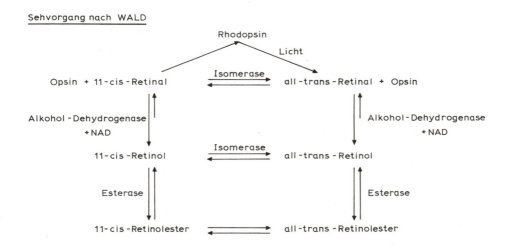

Die Oxydation des Retinals zur Retinsäure ist irreversibel. Dementsprechend ermöglicht die Retinsäure zwar gesundes Wachstum, ist aber ohne Wirkung auf den Sehvorgang und die Fortpflanzung. Retinsäuren und Derivaten davon werden zur Behandlung von Hautkrankheiten (z. B. Akne) und Krebsleiden eingesetzt.

Beständiger gegen Luftsauerstoff, Peroxide, starke Reduktionsmittel und energiereiche Strahlen als Retinol sind dessen Ester. Das all-trans-Acetat und das all-trans-Palmitat stellen darum die gebräuchlichsten Handelsformen dar. Leicht löslich in Fetten und lipophilen Lösungsmitteln, können sie mit Hilfe von Emulgatoren kolloidal auch in Wasser zur Lösung gebracht werden.

Im allgemeinen erfolgt die Vitamin-A-Versorgung des Menschen etwa zur Hälfte über Carotenoide; diese sind in Pflanzen und Pilzen enthalten und werden bei der Verdauung in der Dünndarmmukosa in Retinol sowie dessen Ester und Oxydationsprodukte umgewandelt. Als Provitamine A können nur solche Carotenoide wirken, die wie Retinol einen β-Iononring enthalten. Von den zahlreichen Carotenoiden besitzen lediglich zwölf Pro-Vitamin-A-Aktivität. Von einigen sind in Tab. 7.7 Struktur- und Summenformeln sowie Vorkommen und relative Wirksamkeit angegeben.

Weil die biologische Umwandlung der Carotenoide („Nomenklatur", vgl. I; 9.2.1.) in Vitamin A nicht nur mittels der 15,15′-Carotenoid-Dioxygenase, sondern auch oxydativ durch Seitenkettenverkürzung über Apocarotenale erfolgt, beträgt die

Tabelle 7.7. Struktur, Vorkommen und Pro-Vitamin-A-Aktivität von Carotenoiden

Verbindung	Struktur und Summenformeln	Vorkommen	Relative Wirksamkeit (%)
all-trans-β-Caroten	$C_{40}H_{56}$	Im Pflanzenreich weit verbreitet.	100
all-trans-α-Caroten	$C_{40}H_{56}$	Häufiger Begleitstoff von β-Caroten	55
all-trans-γ-Caroten	$C_{40}H_{56}$	Begleitstoff von β-Caroten in Pflanzen und Blüten	43
all-trans-β-Cryptoxanthin	$C_{40}H_{56}O$	Mais, Früchte, Blüten	57
all-trans-Echinenon	$C_{40}H_{54}O$	Farbstoff des Seeigels	44
β-apo-8′-Carotenal	$C_{30}H_{40}O$	Als Retinolvorstufe geringfügig im Pflanzen- und Tierreich vorkommend	40

gewichtsbezogene Retinolbildung aus β-Caroten ca. 50%. Außerdem bestehen für verschiedene Lebensmittel erhebliche Unterschiede in der Absorptionsfähigkeit. Beim Menschen beträgt die durchschnittliche Absorption des β-Carotens 1/3, die Verwertung insgesamt somit lediglich 1/6 derjenigen des Retinols. Die anderen Provitamine sind etwa halb so aktiv wie β-Caroten; ihre Wirksamkeit beläuft sich deshalb auf 1/12 derjenigen des Retinols. Daraus ergeben sich zur Berechnung der Vitamin-A-Versorgung folgende Beziehungen:

$$\begin{aligned}1\ \mu g\ \text{Retinoläquivalent} &= 1\ \mu g\ \text{Retinol} \\ &= 6\ \mu g\ \beta\text{-Caroten} \\ &= 12\ \mu g\ \text{anderer Carotenoide}\end{aligned}$$

Die in einigen Tabellenwerken noch angegebenen „Internationalen Einheiten" (I. E.) werden auf folgender Basis umgerechnet:

	µg/I. E.	Retinoläquivalente/µg
all-trans Retinol	0,3	1,000
all-trans β-Caroten	1,8	0,167
gemischte Carotenoide	3,6	0,083

Die Zerstörung bzw. Inaktivierung von Carotenoiden bei der Verarbeitung, Zubereitung und Lagerung von Lebensmitteln hängt zwar von den einwirkenden Umwelteinflüssen ab, folgt aber bestimmten Grundprinzipien; diese sind in Abb. 7.1 aufgezeigt.

Besonders lagerungsempfindlich sind getrocknete Erzeugnisse. Bei Möhrenflocken mit einem Wassergehalt von 5% wurde z. B. die Geschwindigkeitskonstante der als Reaktion 1. Ordnung verlaufenden Carotenzerstörung bei 293 K (20 °C) zu $6,1 \times 10^{-4}\ h^{-1}$ (in Luft) bzw. $1,0 \times 10^{-3}\ h^{-1}$ (in Sauerstoff) berechnet; als Aktivierungsenergie E_a sind 79,6 kJ/mol (19 kcal/mol) ermittelt worden.

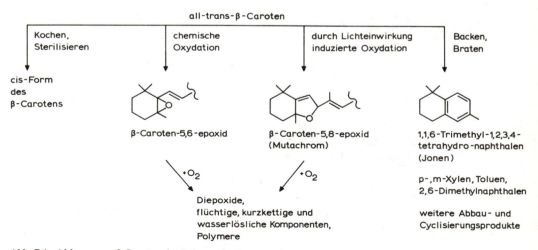

Abb. 7.1. Abbau von β-Caroten in Lebensmitteln

7.2.2. Calciferole (Vitamin D)

Als Vitamin D_2 oder Ergocalciferol bezeichnet man das 9,10-Seco-$\Delta^{5,7,10(19),22}$-ergostatetraenol-(3β). Vitamin D_3 oder Cholecalciferol heißt das 9,10-Seco $\Delta^{5,7,10,(19)}$-cholestatrienol-(3β).

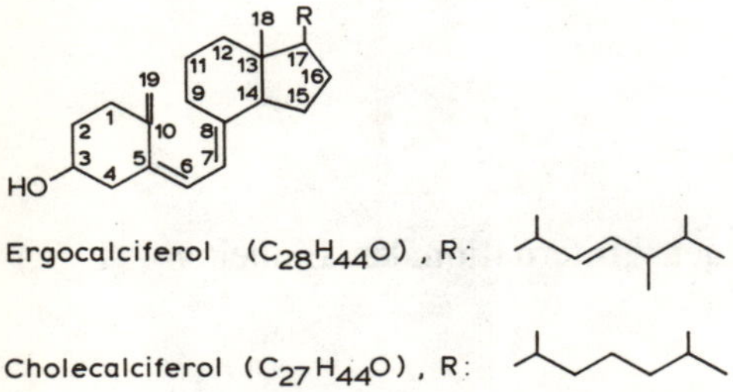

Ergocalciferol ($C_{28}H_{44}O$), R:

Cholecalciferol ($C_{27}H_{44}O$), R:

Im Vergleich zu Cholecalciferol ist Ergocalciferol gegen Rachitis beim Säugetier praktisch ebenso und beim Küken etwa zehnmal weniger wirksam.

Vitamin D ist kein eigentliches Nahrungsvitamin und kommt in größeren Mengen nur in Fischleberölen vor. Die Calciferole entstehen vielmehr bei UV-Bestrahlung durch Isomerisierung aus Ergosterol (Hefe) bzw. 7-Dehydrocholesterol (menschliche Haut). Die Wirkform im Organismus ist die 1,25-hydroxylierte Verbindung. Gemeinsam mit dem Parathormon und Calcitonin hält sie die Calciumhomöostase aufrecht. 1-α-25-Dihydroxycalciferol erfüllt alle Bedingungen, die formal an den Hormonbegriff gestellt werden. Es kann darum auch zu den Hormonen gezählt werden. Bei Lichteinwirkung geht die zur Calciferolbildung führende photochemische Reaktion zu Suprasterolen, Toxisterolen und anderen Verbindungen ohne Vitamin-D-Wirkung und von noch unbekannter Struktur weiter.

Die immer noch gebräuchliche Internationale Einheit (I. E.) entspricht der Wirkung von 0,025 μg Vitamin D.

7.2.3. Tocopherole (Vitamin E)

Tocopherole sind Chromanderivate, die sich vom 2-Methyl-2-(4′,8′,12′-trimethyltridecyl)-chromanol-(6) als Grundsubstanz ableiten; diese heißt Tocol. Die in 5-,7- und 8-Stellung methylierten Tocole werden als Tocopherole bezeichnet.

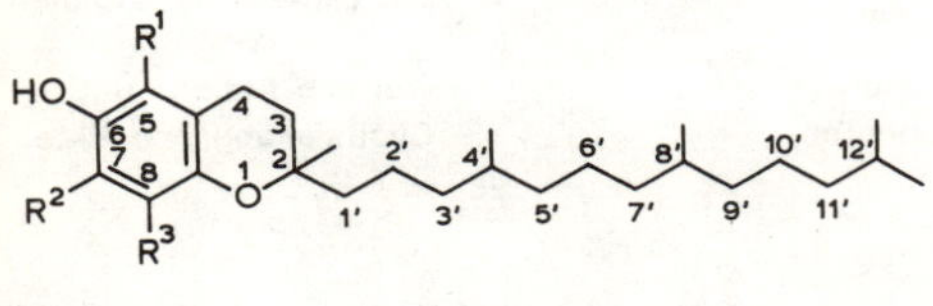

R¹	R²	R³	Bezeichnung	biol. Wirksamkeit (%)
—CH$_3$	—CH$_3$	—CH$_3$	α-Tocopherol	100
—CH$_3$	—H	—CH$_3$	β-Tocopherol	25
—H	—CH$_3$	—CH$_3$	γ-Tocopherol	10
—H	—H	—CH$_3$	δ-Tocopherol	1
—H	—H	—H	Tocol	—

Neben den Tocopherolen kommen mit stark herabgesetzter Aktivität in Lebensmitteln auch die ensprechenden 3′,7′,11′-Trienverbindungen, die sogenannten Tocotrienole, sowie das Tocopheramin vor, das am C-Atom 6 statt einer Hydroxyl- eine Aminogruppe trägt und im Falle der α-Form biologisch genauso wirksam ist wie α-Tocopherol. Dementsprechend werden heute unter dem Begriff Vitamin E alle Tocol- und Tocotrienol-Derivate verstanden, deren biologische Wirksamkeit in d-α-Tocopherol-Äquivalenten ausgedrückt werden kann. Die gewichtsbezogene Wirkungsäquivalenz des natürlich vorkommenden d-α-Toxopherols (RRR-α-Tocopherol) zum synthetisch hergestellten dl-α-Tocopherol (auch als all-rac-α-Tocopherol bezeichnet) beträgt 1:1,35.

Die Tocopherole sind hellgelbe, ölartige viskose Flüssigkeiten. Zu ihrer Anreicherung eignen sich die Wasserdampf- und die Molekulardestillation sowie alle üblichen chromatographischen Verfahren. Als Monoether eines Hydrochinons sind sie leicht oxydierbar. Die Oxydation wird vom Licht katalysiert und von Alkensäuren, Metallsalzen und Alkali beschleunigt.

Besonders reichlich treten Tocopherole in Pflanzenölen mit hohem Gehalt an Polyalkensäuren auf. Dort sind sie für die Verhinderung bzw. Verzögerung der Autoxydation naturgemäß von Bedeutung. Die mengenmäßige Verteilung der verschiedenen Tocopherole in den Nahrungsgütern ist unterschiedlich. In pflanzlichen Lebensmitteln liegen sie meist in freier, in tierischen in der stabileren, mit Fettsäuren veresterten Form vor.

In vivo verläuft die Oxydation des α-Tocopherols über eine unter Bildung von Tocochinonen (2,3,5-Trimethyl-benzochinone-(1,4) mit isoprenoider Seitenkette) eintretende Aufspaltung des Chromanringsystems sowie eine Oxydation der Phytylseitenkette hin zum Tocopheronolacton; dabei kann sowohl der eine als auch der andere Abbauvorgang zuerst eingeschlagen werden, und es kann anfänglich ein dimeres α-Tocopherol entstehen.

Tocopheronolacton

Die oxydative Zerstörung in Lebensmitteln durch Luftsauerstoff oder Peroxide folgt ähnlichen Mechanismen. Als Ergebnis der Zersetzung sind die gleichen Oxydationsprodukte einschließlich dimerer, trimerer und Dihydroxyverbindungen sowie Chinonen nachgewiesen worden.

7.2.4. Naphthochinone (Vitamin K)

Die K-Vitamine sind Derivate des 2-Methyl-naphthochinons-(1,4), die am C-Atom 3 entweder eine Phytyl-(Vitamin K_1) oder eine Multiprenyl-Seitenkette tragen (Vitamin K_2). Prenyl ist 3-Methyl-buten-(2)-yl-(1) („Isoprenrest") und Phytyl Hexahydrotetraprenyl.

Pnyllochinon = Vitamin K_1 ($C_{31}H_{46}O_2$), R: $-CH_2-CH=\underset{CH_3}{C}-CH_2-[CH_2-CH_2-\underset{CH_3}{CH}-CH_2]_3-H$

Menachinon-n = Vitamin K_2 ($C_{46}H_{64}O_2$ = Menachinon-7), R: $-[CH_2-CH=\underset{CH_3}{C}-CH_2]_n-H$; $n \geq 6$

Menadion = Vitamin K_3 ($C_{11}H_8O_2$), R: $-H$

Darüber hinaus gibt es eine Reihe Naphthochinonderivate mit Vitamin-K-Wirkung, die einfacher gebaut sind: beispielsweise das therapeutisch viel verwendete Menadion (Vitamin K_3) und das ihm entsprechende Hydrochinon (Vitamin K_4). Durch Veresterung mit Phosphor- oder Bernsteinsäure lassen sie sich wasserlöslich und lichtunempfindlich machen. Vitamin K_1 findet sich vor allem in pflanzlichen Lebensmitteln, insbesondere in Blattgemüsen, während Vitamin K_2 nur in tierischen Lebensmitteln vorkommt und zumindest teilweise der mikrobiellen Synthese durch die Darmflora entstammt. Eine Unterscheidung zwischen dem Phyllochinon und den verschiedenen Menachinonen erlaubt die Massenspektrometrie.

Dicumarol (entsteht bei Fäulnisprozessen aus Cumarin), Warfarin und ebensolche, den K-Vitaminen strukturähnliche Verbindungen rufen Effekte hervor, wie sie beim Vitamin-K-Mangel auftreten. Die Antivitamin-K-Wirkung wird medizinisch genutzt, um bei Thromboseneigung die Blugerinnungszeit zu verlängern (Antikoagulantien). Massive Gaben von Vitamin K_1 heben die Wirkung wieder auf.

7.3. Wasserlösliche Vitamine

7.3.1. Thiamin (Vitamin B_1)

Thiamin ist das 3-(4-Amino-2-methyl-pyrimidinyl-(5)-methyl)-(5-hydroxy-ethyl)-4-methyl-thiazolium.

Auf Grund des quarternären Stickstoffatoms ist Thiamin eine starke Base (pK = 9,3) und im pH-Bereich der Lebensmittel vollständig ionisiert. Darüber hinaus kann auch die Aminogruppe am Pyrimidinring ionisiert vorliegen (pK = 4,9). Dementsprechend

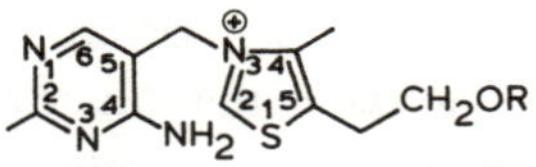

Thiamin ($C_{12}H_{17}N_4OS$), R: –H
Pyrophosphat (TPP), R: $P_2O_6H_2^-$
Monophosphat (TMP), R: PO_3H^-
Triphosphat (TTP), R: $P_3O_9H_3^-$

und wegen der sehr guten Wasserlöslichkeit (100 g/100 m*l*) ist die Handelsform zumeist das Thiaminchloridhydrochlorid. Die Wirkungsform im Organismus ist der Pyrophosphorsäureester (TPP; Cocarboxylase). Über ihn erfolgen auch die Umwandlungen in das Mono- und Triphosphat. Haftpunkt der Coenzymfunktion bei der oxydativen Decarboxylierung von 2-Oxosäuren sowie der Transketolasereaktion ist jedoch die Position 2 des Thiazolringes; diese ist in der ionisierten Form stark nucleophil und ermöglicht die zwischenzeitliche Bildung von 2-α-Hydroxyethyl-TPP („aktivierter Acetaldehyd"). Im stark alkalischen Medium öffnet sich der Thiazolring (pK = 11,6), und es entsteht eine Thiolform, über die für therapeutische Zwecke Thiamindisulfid oder Thiaminalkyldisulfide hergestellt werden.

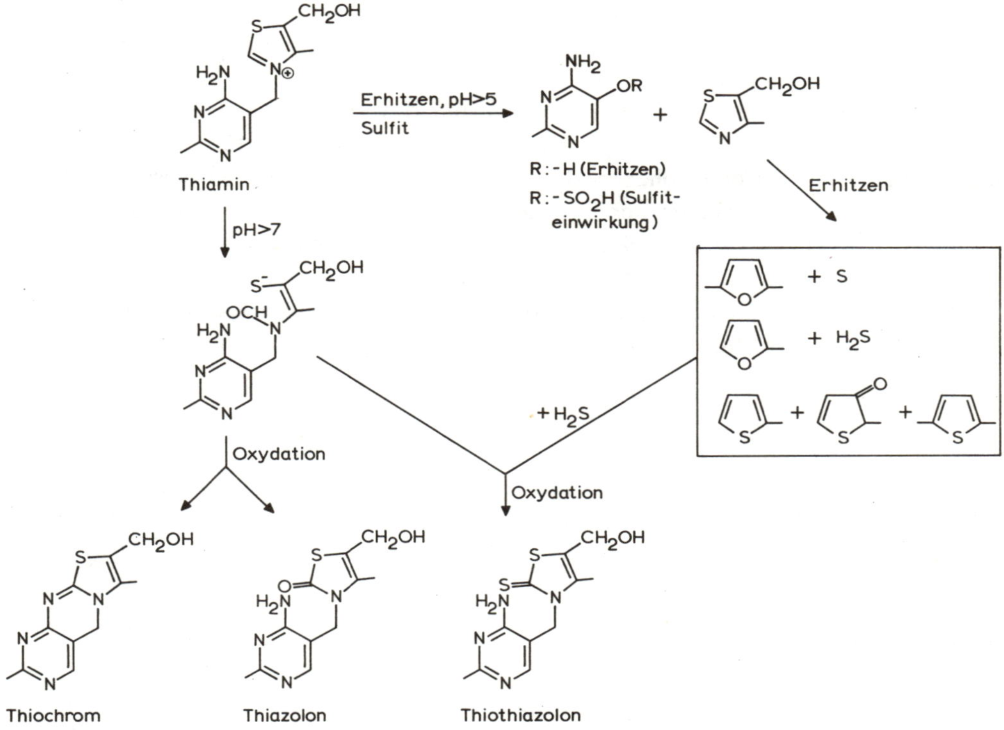

Abb. 7.2. Abbau von Thiamin in Lebensmitteln

In Lebensmitteln liegt Thiamin sowohl in freier als auch in Form von Phosphorsäureestern und an Protein gebunden vor. Als eines der am wenigsten beständigen Vitamine wird es bei der Lebensmittelproduktion und -zubereitung leicht zerstört. Die vornehmlichsten Abbauwege sind in Abb. 7.2 aufgezeigt. Die oxydative Bildung des mit einem Maximum um 500 nm fluoreszierenden Thiochroms wird analytisch zur Thiaminbestimmung ausgenutzt. Nach Aufspaltung des Thiamins durch Sulfit kann das Trimethylsilylderivat des 4-Methyl-5-(2-hydroxyethyl)-thiazols auch gaschromatographisch bestimmt werden.

Trotz der Vielfalt der Reaktionsmechanismen und -produkte ist die Thiaminzerstörung in einzelnen Lebensmittel bzw. Verarbeitungsprozessen monomolekular oder zumindest pseudomonomolekular und verläuft nach einem Reaktionsschema 1. Ordnung. Bei verschiedenen Lebensmitteln bewegen sich die Verlustkonstanten bei 373 K (100 °C) zwischen 2,0 und $3,5 \times 10^{-3}$ min^{-1}. Die Aktivierungsenergie hängt vom jeweiligen System und den Reaktionsbedingungen ab. Sie ist relativ gering (z. B. 105 kJ/mol (25 kcal/mol) in rehydratisiertem gefriergetrockneten Fleisch), weil im sauren Medium leicht die CH_2-Brücke zwischen dem Pyrimidin- und dem Thiazolring aufgespalten und im alkalischen der Thialzolring geöffnet wird. Letzteres hat im weiteren Verlauf die Freisetzung von Schwefelwasserstoff sowie die Rekombination und Recyclisierung zu verschiedenen Furan- und Thiophenderivaten sowie zu Thiazolonen zur Folge. Darüber hinaus kann in Lebensmitteln (z. B. in Pökelerzeugnissen) eine Thiaminaktivierung auf Grund einer Reaktion der Aminogruppe mit Nitrit eintreten, und in rohen Fischen wird Thiamin enzymatisch durch eine Thiaminase in ähnlicher Weise aufgespalten wie durch Erhitzen in alkalischem Medium.

Infolge der verschiedenartigen Verhaltensmuster des Thiamins fallen die Verluste bei der Verarbeitung und Zubereitung von Lebensmitteln ganz unterschiedlich aus. In Milchwerken kann bei den üblichen Be- und Verarbeitungsprozessen beispielweise von folgenden Quoten ausgegangen werden: Pasteurisieren 9 ... 20%, Sterilisieren 30 ... 50%, Sprühtrocknen 10%, Walzentrocknen 15% und Kondensmilchherstellung 40%. Beim Brotbacken betragen die Verluste 5 ... 35%, beim Kochen von Gemüse oder Fleisch bis zu 60%, beim Pökeln von Fleisch etwa 20%, bei der Herstellung von Fleischkonserven 25 bis 85% und bei der Lagerung von Obst- und Gemüsekonserven ohne Kühlung 15 ... 25%.

7.3.2. Riboflavin (Vitamin B_2)

Als Riboflavin bezeichnet man das 7,8-Dimethyl-10-(D-ribityl-(1))-isoalloxazin.

Riboflavin ($C_{17}H_{20}N_4O_6$), R : $-CH_2-(CHOH)_3-CH_2OH$
Lumichrom ($C_{12}H_{10}N_4O_2$), R : $-H$
Lumiflavin ($C_{13}H_{12}N_4O_2$), R : $-CH_3$

Riboflavin ist lichtempfindlich. In sauren Lösungen führt Photolyse zum Lumichrom, in alkalischen zum Lumiflavin. Zur Bestimmung wird entweder die Fluoreszenz des Riboflavins selbst (520 nm) oder die des Lumiflavins (450 nm) herangezogen. Die Umwandlung von Riboflavin in Lumiflavin ist allerdings nicht vollständig; denn in alkalischer Lösung entstehen aus Riboflavin und Lumiflavin als weitere Spaltprodukte noch Harnstoff und vergleichbare Chinoxalin-3-carbonsäuren:

$R: -CH_2-(CHOH)_3-CH_2OH$
$R: -CH_3$

Die Möglichkeit der Anlagerung von Wasserstoff an die N-Atome 1 und 5 ist die Grundlage der wasserstoffübertragenden Funktion in zahlreichen Dehydrogenasen. Lumiflavin ist ein noch stärkeres Oxidationsmittel als Riboflavin und kann die Zerstörung anderer Vitamine, insbesondere der Ascorbinsäure, bewirken.

Riboflavin liegt in Lebensmitteln zumeist als Flavinmononucleotid (Riboflavin-5'-phosphat) oder Flavin-adenin-dinucleotid und an Protein gebunden (Flavoproteine), selten bzw. nur geringfügig in freier oder in Form von Riboflavinglycosiden und -peptiden vor. Unter den bei der Verarbeitung und Zubereitung von Lebensmitteln üblichen Bedingungen ist es relativ stabil. Zersetzungsgefahr droht speziell durch Lichteinwirkung und betrifft vor allem Milch als der wirksamsten Riboflavinquelle, sofern sie in Flaschen oder Klarsichtfolie abgepackt und aufbewahrt wird.

7.3.3. Nicotinsäure, Nicotinamid

Nicotinsäure (Pyridincarbonsäure-(3)) und Nicotinamid (Pyridincarbonsäureamid-(3)) sind in gleicher Weise Ausgangsprodukte der Nicotinamidnucleotidsynthese und als Vitamin wirksam.

Nicotinsäure ($C_6H_5NO_2$), $R: -COOH$
Nicotinamid ($C_6H_6N_2O$), $R: -CONH_2$

Beide Verbindungen sind sehr stabil. Ihre Abnahme in Lebensmitteln ist vor allem auf Auslaugung (Blanchieren, Kochen) und Dripverluste (Fleisch) zurückzuführen. Zu beachten ist auch die Möglichkeit der Inaktivierung (zu etwa 50%) durch Ethylenoxid.

Die wasserstoffübertragenden Funktionen des Nicotinamids in etwa 200 Dehydrogenasen werden dadurch ermöglicht, daß es in Form des Nicotinamid-adenin-dinucleotids sowohl im oxydierten (mit quaternärem Pyridinstickstoff) als auch im reduzierten Zustand (angelagerter Wasserstoff in 4-Stellung; Aufhebung der benzoiden Natur des Ringes) vorliegen kann. Im Unterschied zu den oxydierten zeigen die reduzierten Pyridinnucleotide eine starke Lichtabsorption bei 340 nm. Das ist die Grundlage eines optischen Testes zur Bestimmung einer ganzen Reihe von Enzymaktivitäten und Substratkonzentrationen.

Außer den genannten biologisch aktiven Derivaten der Nicotinsäure treten in Lebensmitteln, vorzugsweise in pflanzlichen, noch inaktive (z. B. Trigonellin = 1-Methyl-nicotinsäure) und nicht ohne weiteres verwertbare Formen auf. Von den letzteren sind für die Ernährung insbesondere die in den Randschichten der Getreidekörner vorkommenden Niacinogene (Niacytin) von Bedeutung. Sie besitzen verschiedene relative Molekülmassen und enthalten unter Einfluß weiterer benzoider und heterocyclischer Komponenten in unterschiedlicher Menge Nicotinsäure; diese ist an Polysaccharide und Peptide gebunden und nur durch alkalische Hydrolyse zugängig. Das ist für Länder mit Bevölkerungen, die eine unausgewogene, vorzugsweise aus Getreide bestehende Kost zu sich nehmen (z. B. Mexiko), lebenswichtig. Da ein Teil des mit den Nahrungsproteinen zugeführten Tryptophans im Mengenverhältnis 60:1 in Nicotinsäure umgewandelt wird und auf diese Weise ebenfalls zur Nicotinsäureversorgung beiträgt, tritt die durch Nicotinsäuremangel hervorgerufene Pellagra vor allem in Ländern mit einer auf Maisbasis beruhenden, d. h. einer niacytinreichen und tryptophanarmen Ernährung auf.

7.3.4. Pyridoxol, Pyridoxal, Pyridoxamin (Vitamin-B_6-Gruppe)

Als Vitamin-B_6-Gruppe werden drei Verbindungen zusammengefaßt, die im Stoffwechsel leicht und rasch ineinander umgewandelt werden können und deshalb dieselbe Vitaminwirksamkeit besitzen. Sie leiten sich vom 3-Hydroxy-2-methyl-5-(hydroxymethyl)-pyridin ab.

Pyridoxol ($C_8H_{11}NO_3$), R : $-CH_2OH$
Pyridoxal ($C_8H_9NO_3$), R : $-CHO$
Pyridoxamin ($C_8H_{12}N_2O_2$), R : $-CH_2NH_2$

Im allgemeinen Sprachgebrauch wird Pyridoxol auch als Pyridoxin bezeichnet.

Die Vitamin-B_6-Gruppe ist in der Natur weit verbreitet. In pflanzlichen Lebensmitteln treten überwiegend die freien Formen und vorzugsweise Pyridoxol, in tierischen mehr über Pyridoxal- und Pyridoxamin-5-phosphat gebundene Formen auf. Pyridoxal- und Pyridoxamin-5-phosphat sind auch die den Vitamincharakter bestimmenden Coenzyme (z. B. der Transaminasen und Decarboxylasen). Bei mikrobiologischen Bestimmungen sprechen die einsetzbaren Mikroorganismen auf die drei Verbindungen der Vitamin-B_6-Gruppe unterschiedlich an.

Beim Trocknen oder Sterilisieren eiweißreicher Lebensmittel (z. B. Eier, Milch) geht ein Teil des Pyridoxals in Pyridoxamin über. Die Reaktionsfreudigkeit des Pyridoxals ist die Ursache der Empfindlichkeit des Vitamins B_6 gegen Erhitzen. Eine bevorzugte Reaktion scheint mit Cystein einzutreten und zu einem Thiazolidin zu führen, das bei Ratten keinerlei Vitamin-B_6-Aktivität mehr besitzt:

Über dieses Thiazolidinderivat entsteht z. B. beim Sterilisieren von Milch, wahrscheinlich als Endprodukt, ein Bis-4-pyridoxyldisulfid. Ähnliche Reaktionen dürften zwischen Pyridoxal und Thiolgruppen von Proteinen stattfinden. Als eine weitere Inaktivierungsreaktion wird die sauerstoffabhängige Photokonversion zu 4-Pyridoxinsäure angesehen.

Relativ stabil und daher die gebräuchliche Handels- sowie Gebrauchsform für die Vitaminierung von Lebensmitteln ist das Pyridoxol-hydrochlorid (1 mg = 0,82 mg Pyridoxol oder 0,81 mg Pyridoxal bzw. Pyridoxamin).

7.3.5. Pantothensäure

Pantothensäure ist das D(+)-N-(2,4-Dihydroxy-3,3-dimethyl-butyryl)-β-alanin ($C_9H_{17}O_5N$).

Außerhalb des pH-Bereiches 4 ... 7 sowie durch Erhitzen wird die Amidbindung unter Bildung von β-Alanin und der sogenannten Pantoinsäure aufgespalten. Der entsprechende Alkohol (Pantothenol, Handelsform: Dexpanthenol) ist ebenfalls vitaminwirksam. Im Säugetierorganismus kann er leicht zur Pantothensäure oxydiert werden.

Pantothensäure ist ein instabiles, zähflüssiges Produkt. Gehandelt wird das beständigere Calciumsalz. Pantothensäure kommt fast in allen pflanzlichen und tierischen Lebensmitteln und im wesentlichen gebunden vor. Als Bestandteil des Coenzyms A nimmt sie im Zwischenstoffwechsel eine Schlüsselstellung ein. Von einer gemischten Kost werden im allgemeinen nur 40 ... 60 % des Pantothensäuregehaltes verwertet.

7.3.6. Biotin

Biotin ist die 4-(2-Oxo-hexahydro-1H-thieno(3,4-d)-imidazol-4-yl)-valeriansäure ($C_{10}H_{16}N_2O_3S$).

In Lebensmitteln tritt Biotin vorwiegend über die ε-Aminogruppe des Lysins säureamidartig an Eiweiß gebunden auf. Als einzige biotinhaltige niedermolekulare Verbindung ist ε-N-Biotinyllysin (Biocytin) isoliert worden. In seiner Wirkform als Coenzym von Carboxylasen (1-N-Carboxybiotin) ist Biotin ebenfalls mit einem Lysinrest verknüpft. Im pH-Bereich 5 ... 8 sowie gegenüber Hitze- und Lichteinwirkung ist Biotin stabil. Oxydationsmittel greifen am Schwefelatom an und heben die Vitaminwirkung auf.

Mit Avidin (lat.: avidus = begierig), einem basischen Protein des rohen Eiklars (relative Molekülmasse 53100), geht Biotin im Molverhältnis Biotin:Avidin = 3:1 eine feste Komplexbindung ein; diese ist zwar durch längeres Erhitzen auf 373 K (100 °C), d.h. durch Denaturierung des Avidins spaltbar, nicht aber durch Verdauung (enzymatisch).

Da Biotin in Lebensmitteln weit verbreitet und ausreichend vorkommt und auch die Darmflora zur Biotinversorgung beiträgt, tritt beim Menschen ein Biotinmangel normalerweise nicht auf. Beim Erwachsenen sind Biotinmangel-Symptome lediglich nach einem hohen Verzehr von rohem Hühnereiweiß (30% der Gesamtnahrungsenergie) festgestellt worden. Anders ist es beim Kleinkind; denn zunehmend werden Fälle von biotinabhängigen genetischen Stoffwechselstörungen beschrieben. Zu ihnen gehört eine kongenitale Carboxylasestörung, die durch einen rezessiv autosomal vererbten Mangel an Biotinidase ausgelöst wird. Das Enzym ist nicht nur in der Lage, das Lebensmitteln entstammende, sondern auch das als Endprodukt des Holocarboxylaseabbaues auftretende Biocytin zu spalten und verfügbar bzw. wieder verfügbar zu machen.

7.3.7. Folsäure

Unter Folsäure versteht man eine Gruppe von heterocyclischen Verbindungen mit dem Grundgerüst der N-(2-Amino-4-hydroxy-pteridinyl-(6)-methyl)-p-aminobenzoesäure, der Pteroinsäure. Ihre Salze heißen Pteroate und der von der Säure abgeleitete Rest Pteroyl.

Pteroinsäure

Verbindungen, in denen Pteroinsäure mit einem oder mehreren Molekülen Glutaminsäure konjugiert ist, werden Pteroylglutaminsäure, Pteroyldiglutaminsäure usw. genannt. Es wird vorausgesetzt, daß das zweite und jedes nachfolgende Glutaminsäuremolekül mit der γ-Carboxylgruppe des jeweils vorhergehenden Glutaminsäurerestes auf folgende Weise verbunden ist:

Die Bezeichnungen Folsäure (lat.: folium = Blatt) und Folat werden nur als allgemeine Begriffe für Verbindungen dieser Klasse oder Mischungen von ihnen gebraucht. Das eigentliche Vitamin ist die Pteroylglutaminsäure ($C_{19}H_{10}N_7O_6$), die Wirkform beim C_1-Transfer im Stoffwechsel die 5,6,7,8-Tetrahydroverbindung.

Tierische Zellen enthalten Folsäure überwiegend in Form von Polyglutamaten. In Lebensmitteln kommen außerdem das Monoglutamat und dessen reduzierte Formen (Di- und Tetrahydrofolsäure) sowie noch weitere, aus dem Zellstoffwechsel stammende Folsäurederivate vor: N 5- und N 10-Formyl-, N 5-Formimino-, N 5-Methyl-, N 5, N 10-Methylen- und N 5, N 10-Methenyl-tetrahydrofolsäure. Wegen der verschiedenen Zustandsformen des Vitamins kann die Folsäureaktivität nur biologisch ermittelt werden. Die dazu herangezogenen Mikroorganismen unterscheiden sich in ihrer Spezifität und sprechen demzufolge auf die einzelnen Folsäureverbindungen unterschiedlich an. Hinzu kommt, daß die Folsäureaktivität durch Oxydation leicht verlorengeht und die Bestimmung in Gegenwart reduzierender Stoffe wie Ascorbinsäure vorgenommen werden muß. Angaben zum Folsäuregehalt von Lebensmitteln sind darum kritisch zu betrachten und nicht ohne weiteres vergleichbar. Es gilt jedoch als sicher, daß Folsäure in vielen Lebensmitteln vorkommt und eine gewisse Parallelität zwischen Protein- und Folsäuregehalt besteht.

Die Folsäureaktivität der Durchschnittskost (150 ... 300 µg/Tag) ist zu 25 ... 50 % auf einfach („freie Folsäure") und zu 50 ... 75 % auf mehrfach mit Glutaminsäure konjugierte Formen zurückzuführen. In frischen Lebensmitteln sind es vor allem N5-Methyl- und N10-Formyltetrahydrofolsäure und deren Polyglutamate sowie Proteinkomplexe, in denen sie eingebettet ist. Der durchschnittliche Anteil der formylierten Folsäure in der Nahrung beträgt 30% (Spargel: 12%, Hühnerleber: 44%, einige Bohnensorten: 60%).

Während Monoglutamate vollständig absorbiert werden, schwankt die Absorptionsrate bei den Polyglutamaten zwischen 30 und 70%. Insbesondere bei älteren Menschen ist das Ausmaß der Polyglutamatabsorption gering. Es gibt zwar Hinweise darauf, daß auch Konjugate direkt absorbiert werden können, vorwiegend werden die Glutamatreste aber in den Mucosazellen durch lysosomale Konjugasen (γ-Glutamylcarboxypeptidasen) sukzessive bis zum Monoglutamat abgespalten.

Ausmaß und Mechanismen von Folsäureverlusten bei der Lebensmittelverarbeitung und -zubereitung sind nicht geklärt. Der primäre Inaktivierungsprozeß ist oxydativer Art. Die Zerstörung geht derjenigen der Ascorbinsäure parallel, und beigefügte Ascorbinsäure vermag Folsäure zu stabilisieren.

7.3.8. Cobalamine (Vitamin B_{12})

Das Grundgerüst der Cobalamine ist das Corrin. In ihm ist die Atomnummer 20 ausgelassen, so daß die Bezifferung der des Porphyrinkernes entspricht (vgl. I; 9.2.1.).

Mit Cobalt als Zentralatom und 15 Standardseitenketten leitet sich vom Corrin die Cobyrinsäure ab. Die endständigen Carboxylgruppen werden mit den Buchstaben „a" bis „g" bezeichnet. Die mit zunehmender Komplexität anzuwendenden spezifischen Bezeichnungen sind in Tab. 7.8 geordnet.

VITAMINE

Vitamin B_{12} = Cyanocobalamin; ($C_{63}H_{90}N_{14}O_{14}PCo$). Die Corrinkern-Substituenten, mit Ausnahme der Seitenkette am C-17, sind aus Gründen der Übersichtlichkeit weggelassen.

Tabelle 7.8. Nomenklatur der Corrinoide

	Beschreibung	Bezeichnung
1.	Porphyrinkern ohne C-20	Corrin
2.	1, mit Standard-Seitenketten und Cobalt	Cobyrinsäure
3.	2, mit D-1-Amino-2-propanol in Stellung f	Cobinsäure
4.	3, mit D-Ribofuranose-3-phosphat in Stellung 2 des Aminopropanols	Cobamsäure
5.	4, als a, b, c, d, e, g-Hexaamid	Cobamid
6.	5, mit heterocyclischer Base, durch eine N-Glucosid-Verknüpfung an Stellung 1 der Ribose und als α-Ligand am Cobaltatom gebunden	Aglyconylcobamid
7.	6, das Aglycon, d. h. die heterocyclische Base ist 5,6-Dimethylbenzimidazol (B_{12}-Vitamine und -derivate)	Cobalamine
8.	7, eine weitere organische Gruppe (x-yl) ist kovalent am Cobalt gebunden (B_{12}-Coenzyme)	x-Ylcobalamine

Das Vitamin B_{12} tritt in vier Tautomeren (B_{12}, B_{12a}, B_{12b}, B_{12c}) auf: Cyanocobalamin (Co α -(α-(5,6-dimethyl-benzimidazolyl))-Co-β-cyanocobamid), Aquacobalamin (-aquacobamid), Hydroxocobalamin (-hydroxocobamid) und Nitritocobalamin (-nitritocobamid). Die coenzymatisch wirksamen Formen tragen in β-Stellung des Cobaltatoms statt eines Anions einen Co—C-gebundenen organischen Liganden: 5'-Desoxy-5'-adenosyl (Adenosylcobalamin) oder Methyl (Methylcobalamin).

Die B_{12}-Vitamine können nur von Mikroorganismen synthetisiert werden. In Lebensmitteln liegen sie fast ausschließlich an Proteine und Mucopolysaccharide gebunden vor. Dementsprechend sind sie in oberirdischen Gemüseteilen nicht und praktisch nur in eiweißreichen Lebensmitteln enthalten. Optimale Beständigkeit besteht im pH-Bereich 4 ... 6. Bei niedrigeren und höheren pH-Werten sowie in Gegenwart oxydierender oder auch reduzierender Substanzen, wie Ascorbinsäure und Sulfit, können Verluste eintreten.

Die Absorption der Cobalamine aus der Nahrung findet nach ihrer Freisetzung aus den Proteinbindungen vornehmlich im Ileum statt. Prinzipiell ist eine direkte Absorption möglich. Sie tritt jedoch nur bei hohen Dosen (100 ... 500 µg) ein, ist wenig effektiv ($\leq 1\%$) und lediglich im Säuglingsalter die Regel. Im wesentlichen verläuft die Absorption mit Hilfe eines in der Magenschleimhaut gebildeten Glycoproteins („intrinsic factor"). Mit ähnlich cobalaminbindenden Proteinen im Blutserum (Transcobalamine) ist der „intrinsic factor" Bestandteil spezieller Mechanismen, die sich vom Vitamin B_{12} abhängige höhere Lebewesen geschaffen haben, um das in Lebensmitteln nur in sehr geringen Mengen vorkommende Vitamin abzufangen, zu konzentrieren und zu transportieren.

7.3.9. Ascorbinsäure (Vitamin C)

Die als Vitamin C bekannte L-Ascorbinsäure ist das 2,3-Didehydro-L-threo-hexano-1,4-lacton ($C_6H_8O_6$). Sie wird auch als L-Xyloascorbinsäure bezeichnet.

Für die biologische Aktivität ist die Konfiguration am C-Atom 4 maßgebend. Von den vier möglichen Stereoisomeren besitzt nur noch die D-Araboascorbinsäure (D-Isoascorbinsäure) Skorbut verhindernde oder aufhebende Wirkung (Tab. 7.9). D-Ascorbinsäure (D-Xyloascorbinsäure) und L-Araboascorbinsäure sind inaktiv.

Auf Grund ihrer mit einer Carbonylgruppe in einem Lactonring konjugierten Endiolstruktur besitzt die Ascorbinsäure sowohl saure als auch reduzierende Eigenschaften. Die Hydroxylgruppe am C-Atom 2 ionisiert sehr leicht (pK = 4,2), die am C-Atom 3 ist beständiger (pK = 11,6). Ascorbinsäure reagiert darum im Lebensmittelbereich als einbasige Säure.

Von den Oxydationsprodukten besitzt die L-Dehydroascorbinsäure ungeschmälerte Vitamin-C-Wirksamkeit, da sie sehr leicht (z. B. mit Schwefelwasserstoff) zu Ascorbinsäure reduziert werden kann (E'_0[pH 7] $H_2A \rightarrow A = -0,08$ V). Nach den klassischen Verfahrensweisen wird der Vitamin-C-Gehalt von Lebensmitteln dementsprechend über eine Oxydoreduktion (z. B. mit dem Redoxfarbstoff 2,6-Dichlorphenolindophenol) bestimmt, oder es wird analytisch das Vermögen der Dehydroascorbinsäure genutzt, mit Phenylhydrazin ein Bisphenylhydrazon zu bilden bzw. entweder mit 1,2-Phenylendiamin zu einem bei 430 nm fluoreszierenden Chinoxalinderivat oder mit 4-Nitro-1,2-phenylendiamin zu einem gelben Reaktionsprodukt zu kondensieren, das photometrisch bei 375 nm erfaßt werden kann.

Die meisten Tierspezies vermögen die Ascorbinsäure, von Glucose oder Galactose ausgehend, zu synthetisieren. Beim Meerschweinchen und den Primaten, für die Ascorbinsäure ein Vitamin darstellt, fehlt infolge Genmutation die L-Gulonolactonoxydase; diese ermöglicht den vorletzten Schritt der Biosynthese, die Oxydation des L-Gulono-γ-lactons zum 2-Oxogulono-γ-lacton. Die schließliche Enolisierung zur Ascorbinsäure erfolgt nichtenzymatisch.

Hauptträger der Vitamin-C-Versorgung des Menschen sind pflanzliche Lebensmittel. In beschädigtem bzw. zerkleinertem Pflanzengewebe verschiedener Kohlarten und anderer Vertreter der Brassicaceae kann Ascorbinsäure unter Oxydation am C-Atom 2 mit Skatol zu einer vom Menschen nicht verwertbaren Form (Ascorbigen) verbunden werden.

Art und Ausmaß des Ascorbinsäureabbaues in Lebensmitteln sind vielfältig und hängen von zahlreichen Einflußfaktoren ab. Temperatur, Salz- oder Zuckergehalt, pH-Wert, Sauerstoff, Enzyme, Metallkatalysatoren, Aminosäuren, Oxydations- oder Reduktionsmittel, die Anfangskonzentration an Ascorbinsäure und das Verhältnis Ascorbinsäure/Dehydroascorbinsäure spielen dabei eine Rolle. Die durch Sauerstoff mit und ohne Einwirkung von Schwermetallionen bewirkte und über kurzlebige freie Radikale führende Oxydation zur Dehydroascorbinsäure ist in bezug auf ihren Reaktionsmechanismus in Abb. 7.3 und 7.4 dargestellt. Es handelt sich annähernd um eine Reaktion 1. Ordnung.

Tabelle 7.9. Antiscorbutische Wirksamkeit verschiedener Verbindungen

Verbindung	Relative biologische Aktivität
L-Ascorbinsäure	100
L-Dehydroascorbinsäure	100
6-Desoxy-L-ascorbinsäure	33
L-Rhamnoascorbinsäure	20
D-Araboascorbinsäure	5
L-Glucoascorbinsäure	2,5
L-Fucoascorbinsäure	2
D-Glucoheptoascorbinsäure	1

Als Nebenprodukte treten Hydroperoxidradikale und Wasserstoffperoxid auf. Wenn Metallionen wie Cu^{2+} oder Fe^{3+} die Reaktion katalysieren, liegen die spezifischen Umsatzkonstanten um mehrere Größenordnungen höher als bei der spontanen Oxydation, und die Reaktionsgeschwindigkeit ist dem Sauerstoffpartialdruck proportional. Bei der nichtkatalysierten Oxydation ist der direkte Angriff am Ascorbatanion HA^- durch molekularen Sauerstoff der geschwindigkeitsbegrenzende Schritt. Am Ende führen der katalysierte wie der nichtkatalysierte Weg zu denselben Zwischenprodukten. Ein Verlust der Vitaminwirksamkeit tritt erst durch Hydrolyse des Lactons zu 2,3-Dioxogulonsäure ein. Die dann noch weiterführenden Reaktionen sind nur in bezug auf sensorische Veränderungen der betroffenen Lebensmittel von Bedeutung.

Die pH-Abhängigkeit der Oxydation wird dadurch bestimmt, daß in die nichtkatalysierte Reaktion primär das Monoanion der Ascorbinsäure (pK = 4,2) eingeht und daß bei der katalysierten zwar Monoanion und freie Säure um den Sauerstoff konkurrieren, die Geschwindigkeitskonstante aber für das Monoanion um 1,5 ... 3 Größenordnungen höher liegt als für die freie Säure. Unter anaeroben Bedingungen erreicht die Geschwindigkeit ihr Maximum bei pH 4, das Minimum liegt bei pH 2. Die relativ gute Beständigkeit der Ascorbinsäure bei niedrigen pH-Werten ist für Lebensmittel von entscheidender Wichtigkeit. Auch einige Aminosäuren, Hydroxy- und Dicarbonsäuren sowie Saccharide, Pectine, Flavonoide und andere Schwermetallionen abfangende Lebensmittelinhaltsstoffe können Ascorbat gegen einen oxydativen Abbau stabilisieren. Das gleiche ist ferner dadurch möglich, daß die Sauerstoffdiffusion gehemmt wird oder Wasserstoffbrücken zur Ascorbinsäure ausgebildet werden.

In Lebensmitteln pflanzlicher Herkunft führen sowohl reine oder durch Metallionen katalysierte als auch durch Enzyme gesteuerte Oxydationsvorgänge zu Vitamin-C-Verlusten. Die Enzyme sind kupfer- (Ascorbatoxydase, Cytochromoxydase) oder eisenhaltig (Peroxydase). Nur die Ascorbinsäureoxydase wirkt direkt, die anderen vermitteln den Elektronen- bzw. Wasserstofftransport zwischen Ascorbinsäure und Sauerstoff über Polyphenole (z. B. Catechine, Quercetin oder Chlorogensäure). Durch Hitzeinaktivierung

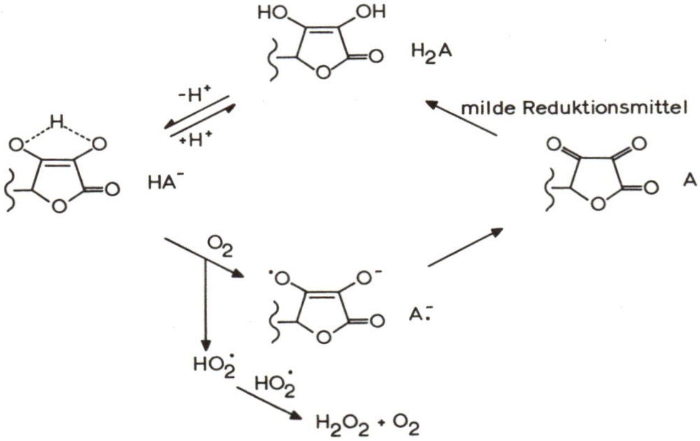

Abb. 7.3. Mechanismus der nicht katalysierten Bildung von Dehydroascorbinsäure(A) aus Ascorbinsäure (H_2A)

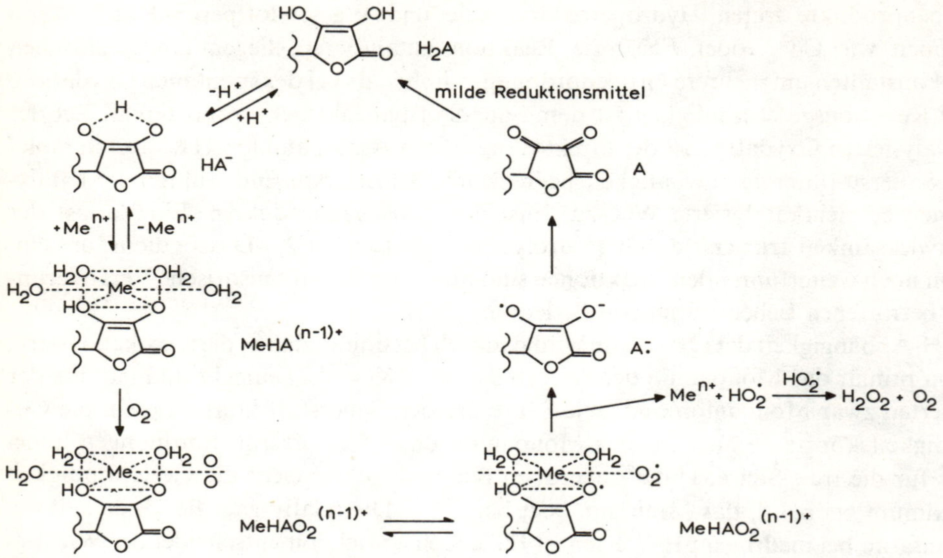

Abb. 7.4. Mechanismus der metallkatalysierten Bildung von Dehydroascorbinsäure (A) aus Ascorbinsäure (H_2A)
Me — Schwermetallionen

der beteiligten Enzyme (z. B. durch Blanchieren) kann der enzymatischen Vitamin-C-Zerstörung weitgehend vorgebeugt werden. Darüber hinaus sind zur Vitamin-C-Erhaltung beim Umgang mit Lebensmitteln grundsätzlich die Entfernung von Sauerstoff (Vakuum, Intergasatmosphäre), der Ausschluß von Metallionen und herabgesetzte Temperaturen anzustreben.

8. ENZYME

8.1. Allgemeines

Seit alters her nutzt der Mensch unbewußt die Wirkung der Enzyme, um bestimmte Umsetzungen an Lebensmitteln zu vollziehen und damit eine Reifung, die Bildung von Gärungsprodukten, eine Verbesserung von Geschmack, Geruch oder der Konsistenz herbeizuführen. Beispiele hierfür sind die Herstellung von Bier, Wein, Brot, Sauermilch, Käse, Essig, gesäuertem Gemüse u. a. m.

Mit zunehmender Einsicht in die bei diesen Vorgängen sich abspielenden biochemischen Umsetzungen lernten die Menschen allmählich, in derartige Stoffwandlungen gezielt einzugreifen und hierdurch lebensmitteltechnologische Prozesse rationeller bzw. effektiver zu gestalten. Dies betrifft einmal die bessere Nutzung natürlich ablaufender enzymatischer Vorgänge und den Einsatz von Enzympräparaten bei der Lebensmittelproduktion, zum anderen aber auch die Verhinderung unerwünschter enzymatischer Reaktionen.

8.2. Struktur und Wirkung

Enzyme sind Biokatalysatoren, die in der belebten Natur thermodynamisch mögliche, jedoch bei verhältnismäßig niedrigen Temperaturen und unter normalem Druck äußerst langsam ablaufende biochemische Prozesse stark beschleunigen (Abb. 8.1). Die Richtung des Ablaufes der Reaktionen wird durch die Differenz der Freien Energie zwischen den beteiligten Stoffen bestimmt. Enzyme sind für den gesamten Stoffwechsel des Mikroben-, Tier- und Pflanzenreiches verantwortlich. Sie steuern somit auch den Umsatz der Nährstoffe zur Gewinnung von Energie und von Baustoffen für den Organismus. Ihre geregelte Funktion beim Menschen ist unmittelbar mit einer optimalen Ernährung verknüpft.

Enzyme sind auch für den nach dem Tod der Zelle sich vollziehenden Abbau von organischem Material verantwortlich (Reifungsvorgänge, z. B. bei Fleisch und Fisch; Veredlung von Lebensmitteln durch Fermentationsprozesse; Verderben, Fäulnis u. a. m.).

8.2.1. Proteinanteil

Enzyme gehören der Stoffklasse der Proteine an. Einige enthalten zusätzlich noch eine niedermolekulare Komponente, der eine jeweils spezifische Funktion beim katalytischen Prozeß zukommt. Wie auch bei den Proteinen (s. I; 2.4.1.) unterscheidet man zwi-

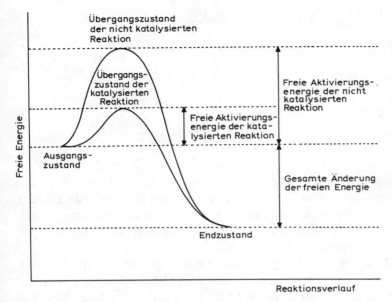

Abb. 8.1. Energie-Diagramm für eine katalysierte und eine nicht katalysierte Reaktion

schen Primär-, Sekundär-, Tertiär- und Quartärstruktur. Die Quartärstruktur ist gekennzeichnet durch das Vorhandensein mehrerer nicht-kovalent gebundener Untereinheiten im Molekülverband. Solche Enzyme sind sehr flexibel und in der Lage, ihre räumliche Struktur (Konformation) und ihr Reaktionsverhalten zu verändern. Sie sind oft an wichtigen Verzweigungsstellen des Stoffwechsels lokalisiert.

8.2.2. Aktives Zentrum, Mechanismus der Enzymkatalyse

Die katalytische Funktion des Enzyms wird durch einen verhältnismäßig kleinen Bereich des Moleküls, das sogenannte aktive Zentrum, wahrgenommen. Hier ist die Peptidkette so gefaltet, daß das Substrat in einer diesem angepaßten „Tasche" oder „Nische" angelagert wird. Man unterscheidet vielfach — je nach der Funktion der am Umsatz beteiligten Aminosäuren — noch zwischen zwei Subzentren, dem Bindungsort (Bindung des Substrates) und dem Wirkungsort (Ablauf der Reaktion). Im Enzym-Substrat-Komplex sind die zu spaltenden Bindungen so gelockert, daß sie mit stark vermindertem Energieaufwand zerlegt bzw. neu geknüpft werden können. Durch bestimmte funktionelle Gruppen werden eine Säure- oder Basenkatalyse oder aber nucleophile (in geringerem Umfang auch elektrophile) Reaktionen herbeigeführt. Metallionen (LEWIS-Säuren) wirken als Elektronen-Acceptoren und fördern nucleophile Reaktionen.

Im Verlaufe des gesamten Umsatzes werden im allgemeinen mehrere Energiebarrieren durchlaufen (Abb. 8.2). Der katalytische Vorgang läßt sich hierbei etwa in folgende Einzelschritte zerlegen:

— Bindung des Substrates (S) an das Enzym (E) unter Ausbildung eines Enzym-Substrat-Komplexes (ES)
— Bildung eines aktivierten Übergangszustandes (EZ)
— Bildung eines Enzym-Produkt-Komplexes (EP)
— Zerfall des Enzym-Produkt-Komplexes unter Freisetzung des Produktes (P)

$$E + S \rightleftharpoons ES \rightleftharpoons EZ \rightleftharpoons EP \rightleftharpoons E + P$$

Derjenige Teil des Proteinmoleküls, der nicht unmittelbar zum aktiven Zentrum gehört, ist für die Konformation des Enzyms verantwortlich. Er sorgt dafür, daß die richtigen Substrate „erkannt" werden und daß die an der Bindung und am Umsatz beteiligten Gruppen des Enzyms und des Substrates in ideale Nachbarschaft gelangen.

8.2.3. Coenzyme, prosthetische Gruppen, Cofaktoren

Zahlreiche Enzyme bedürfen zur Entfaltung ihrer katalytischen Aktivität eines weiteren, nicht proteinogenen Faktors. In diesem Falle spricht man von dem Proteinanteil als von einem Apo-Enzym, das erst durch Anlagerung des Cofaktors zum Holo-Enzym wird. Bei den Cofaktoren unterscheidet man zwischen Coenzymen, prosthetischen Gruppen und einfachen aktivierenden Faktoren (Cofaktoren im engeren Sinne), wobei eine klare Abgrenzung der Begriffe oft nicht möglich ist.

Coenzyme sind definitionsgemäß relativ locker gebunden, sie dissoziieren leicht reversibel ab und können vielfach mit verschiedenen Enzymen als Acceptoren oder Donatoren bestimmter Gruppen reagieren. Sie sind am katalytischen Prozeß gewissermaßen stöchiometrisch beteiligt, wirken wie ein zweites Substrat und werden daher auch als Cosubstrate oder Zwischensubstrate bezeichnet. Beispiele hierfür sind NAD^+, $NADP^+$, ATP, Coenzym A u. a. Prosthetische Gruppen sind ebenfalls niedermolekulare Nichteiweißverbindungen, die jedoch fester an das Enzymprotein gebunden und

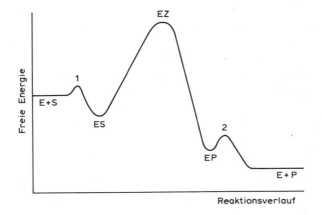

Abb. 8.2. Energie-Diagramm einer enzymkatalysierten Reaktion
  1, 2 — kleine Energiebarrieren

nicht dialysierbar sind und bei denen ein Überwechseln zwischen verschiedenen Enzymproteinen nicht möglich ist. Als Beispiele seien die Flavin-Nucleotide, Pyridoxalphosphat und Biotin genannt. Zahlreiche Coenzyme und prosthetische Gruppen werden unter Einbau von Vitaminen (s. I; 7.) synthetisiert.

Cofaktoren im engeren Sinne sind anorganische Ionen, vor allem Kationen, die im wesentlichen vier Aufgaben haben:

— Stabilisierung der dreidimensionalen Struktur des Enzymproteins durch Komplexbildung mit funktionellen Gruppen; dadurch Schutz vor Hitzedenaturierung und Autolyse
— Herbeiführung der Bindung des Substrates (oder eines Coenzyms) an das Enzymprotein
— Teilnahme des Metallions am katalytischen Vorgang
— Entfernung des Produktes aus dem Gleichgewicht durch Reaktion mit dem Cofaktor

Von den Kationen sind besonders zu nennen K^+, Na^+, NH_4^+, Mg^{2+}, Mn^{2+}, Zn^{2+}, Co^{2+}, Cu^{2+}, Fe^{2+}/Fe^{3+}, Mo^{2+}. Manche Enzyme benötigen für ihre Wirkung Anionen (z. B. Cl^- bei α-Amylase).

8.2.4. Spezifität

Enzyme sind hochspezifische Katalysatoren. Man unterscheidet hierbei zwischen Substrat- und Wirkungsspezifität.

Die Substratspezifität kommt dadurch zustande, daß die Enzyme nur bestimmte Verbindungen „erkennen" und umsetzen. Bezieht sich dieses Auswahlvermögen auf nur ein einziges Substrat, spricht man von absoluter Spezifität. So zerlegt z. B. Urease nur Harnstoff und nicht ein einziges Derivat dieser Verbindung. Andere Enzyme besitzen eine relative Spezifität, wobei Abstufungen bestehen (hohe bis niedrige Spezifität). Sie sprechen auf bestimmte Gruppen bzw. auf eine bestimmte strukturelle Anordnung innerhalb der Moleküle chemisch verwandter bzw. analoger Substrate an. Dies trifft z. B. für Glycosidasen, Peptidasen, Esterasen, Dehydrogenasen zu. So sind z. B. Glycosidasen oft hochspezifisch für das Glycon, sie reagieren hingegen auf das Aglycon mit sehr unterschiedlicher Aktivität (Gruppenspezifität). Wenn ein Enzym zwischen der D- und L-Form eines Gemisches von Stereoisomeren unterscheiden kann, spricht man von sterischer Substratspezifität.

Die Wirkungsspezifität bezieht sich auf die zu katalysierende Reaktion. Auch hier gibt es hochspezifische Enzyme sowie solche, die mehrere Reaktionswege aktivieren. So nimmt z. B. Malatdehydrogenase an der Äpfelsäure sowohl eine Dehydrierung als auch eine Decarboxylierung vor:

L-Malat + NAD^+ $\rightleftharpoons$ Pyruvat + CO_2 + NADH + H^+

8.2.5. Allosterische Enzyme

Bei bestimmten Enzymen wird eine positive oder negative Beeinflussung der Enzymaktivität durch Stoffe beobachtet, deren Bindung an das Enzymmolekül nicht im aktiven Zentrum erfolgt. So kann z. B. das Endprodukt einer längeren Stoffwechselkette die Aktivität eines Enzyms hemmen, wobei das inhibierte Enzym innerhalb dieser Kette mehrere Schritte vor dem eigentlichen Hemmstoff liegt (Endprodukt-Hemmung). Andererseits können bestimmte Metabolite, anorganische Verbindungen, Ionen usw. die Aktivität solcher Enzyme positiv oder negativ beeinflussen. Da Regulatoren dieser Art weder mit dem Substrat noch mit den Produkten oder Cofaktoren solcher Enzyme verwandt sind, bezeichnet man Regulationen dieses Typs als allosterisch und die Enzyme als allosterische Enzyme. Sie sind infolge ihres äußerst raschen Ansprechens auf bestimmte Milieufaktoren für die Feinregulierung des Stoffwechsels von größter Bedeutung.

Man muß bei diesen Enzymen zwischen katalytischen und regulatorischen Zentren unterscheiden (Abb. 8.3). Bei den bisher bekannten allosterischen Enzymen handelt es sich ausnahmslos um solche mit mehreren Untereinheiten und mit mehreren katalytischen Zentren. Sie enthalten des weiteren mindestens ein regulatorisches Zentrum (zumeist mehrere), an das sich die genannten Effektoren anlagern können. Zwischen den Untereinheiten besteht eine Wechselwirkung, ein sogenannter kooperativer Effekt. Dies hat zur Folge, daß ein an das aktive Zentrum *einer* Untereinheit gebundenes Substrat deren Konformation ändert, wodurch wiederum die Konformationszustände auch der anderen Untereinheiten geändert und ihre Affinität zum Substrat günstig beeinflußt werden. Durch Bindung eines zweiten Substratmoleküls erhöht sich die Affinität der anderen, noch nicht besetzten Untereinheiten abermals usw. Aus diesen Eigenschaften resultiert eine Enzymkennlinie (graphische Darstellung der Funktion Umsatz/Substratkonzentration) mit S-förmigem Verlauf (s. I; 8.3.), was für eine Reaktion höherer Ordnung spricht.

8.2.6. Multiple Formen, Isoenzyme

Von zahlreichen Enzymen gibt es multiple Formen (Isoenzyme, Isozyme), die jeweils die gleiche Reaktion katalysieren, sich jedoch durch bestimmte Differenzierungstechniken (z. B. Ionenaustausch- oder Molekülsiebchromatographie, Gelelektrophorese, isoelektrische Fokussierung usw.) voneinander trennen lassen. Im allgemeinen ist dies auf zumeist geringfügige Abweichungen in der Primärstruktur solcher Moleküle zurückzuführen. Es besteht auch die Möglichkeit, daß aus nichtidentischen Untereinheiten aufgebaute

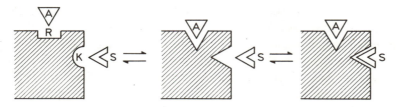

Abb. 8.3. Erhöhung der Affinität des Substrates (S) zum Enzym durch Anlagerung eines Aktivators (A) an das regulatorische Zentrum (schematisch)

Bei Anlagerung eines Inhibitors tritt der entgegengesetzte Effekt ein; die Affinität des Substrates wird dann verringert.

R — Regulatorisches Zentrum; *K* — Katalytisches Zentrum

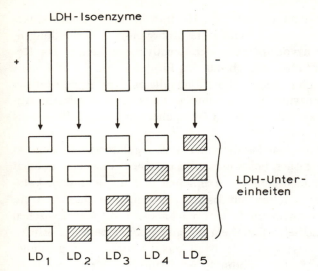

Abb. 8.4. Zusammensetzung der 5 bekannten Lactatdehydrogenase-Isoenzyme aus ihren Untereinheiten (schematisch)

oligomere Enzyme hybride Formen mit jeweils unterschiedlichen Anteilen an diesen Untereinheiten ausbilden können; dieser Fall liegt z. B. bei der Lactatdehydrogenase vor, von der fünf Isoenzyme bekannt sind (Abb. 8.4).

Das Isoenzymmuster der einzelnen Organe des tierischen Organismus ist unterschiedlich und für jedes Organ spezifisch, auch sind die Enzymmuster bei verschiedenen Organismen des Tier-, Pflanzen- oder Mikroorganismenreiches unterschiedlich. Bei pathologischen Veränderungen bestimmter Gewebe, die mit einem Zellzerfall einhergehen, treten die Isoenzymgemische in die Blutbahn über; dies wird für diagnostische Zwecke genutzt.

8.2.7. Zymogene

Mehrere Enzyme — es handelt sich vorzugsweise um solche mit proteolytischer Aktivität — werden vom Organismus bzw. von den sie bildenden Geweben und Drüsen in Form ihrer inaktiven Vorstufen synthetisiert. Sie werden erst am Ort ihrer unmittelbaren Wirkung durch eine partielle Proteolyse in die aktive Form übergeführt. Hierbei handelt es sich um einen Schutzmechanismus des Körpers; auf diese Weise wird verhindert, daß die Proteolyse schon im synthetisierenden Gewebe erfolgt.

Beispiele für solche als Zymogene oder Proenzyme bekannten Vorstufen sind Pepsinogen, Trypsinogen, Chymotrypsinogen A, B und C sowie Procarboxypeptidase A und B, die im Intestinaltrakt aktiviert werden. Die Aktivierung erfolgt durch Zerlegung einer oder mehrerer Peptidbindungen in einem zunächst größeren Molekül, wodurch die das aktive Zentrum maskierenden Peptide abgespalten werden. Als aktivierende Proteasen fungieren entweder spezielle Enzyme (z. B. Enteropeptidase im Falle des Trypsinogens, Trypsin im Falle des Chymotrypsinogens) oder es finden

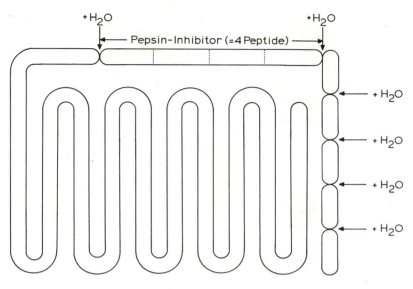

Abb. 8.5. Aktivierung von Pepsin durch Abspaltung von 5 kleineren und einem größeren Peptid (schematisch)

— vielfach auch zusätzlich — autokatalytische Prozesse statt (z. B. bei Pepsin).

$$\text{Pepsinogen} \xrightarrow[\text{Pepsin}]{H^+} \text{Pepsin–Inhibitorkomplex} + 5 \text{ Peptide}$$

$$\text{Pepsin–Inhibitorkomplex} \xrightarrow[\text{Pepsin}]{H^+} \text{Pepsin} + \text{Inhibitor}$$

$$\text{Inhibitor} \xrightarrow[\text{Pepsin}]{} 4 \text{ Peptide}$$

8.2.8. Multienzymsysteme

Die im Stoffwechsel einer intakten Zelle ablaufenden Prozesse vollziehen sich in geordneten Reaktionsabläufen, wobei in den einzelnen Teilsystemen (z. B. Decarboxylierung von Pyruvat, Fettsäuresynthese, Citronensäurecyclus, Endoxydation) jeweils mehrere Einzelenzyme eng zusammenwirken. In einer solchen Reihe stellt das Produkt des vorangehenden Enzyms stets das Substrat des nachfolgenden Enzyms dar. Die Einzelenzyme eines solchen Systems sind vielfach zu bestimmten Strukturen vereinigt. Derartige Superstrukturen werden als Multienzymsysteme bezeichnet, wobei Systeme mit unterschiedlich hohem Organisationsgrad existieren.

Die einfachste Stufe der molekularen Organisation ist ein im Cytoplasma verteiltes System. Hier muß das Substrat rasch diffundieren, um von einem Enzym zum nächsten zu gelangen. Eine höhere Stufe der Organisation haben Systeme erreicht, bei denen die einzelnen Komponenten dicht beieinanderliegen. Ein Beispiel hierfür ist der

Fettsäure-Synthetase-Komplex. Die Zwischenverbindungen der Biosynthesekette verbleiben am Enzymkomplex, erst das letzte Glied diffundiert von diesem ab.

Die höchste Stufe stellen solche Systeme dar, die an feste Strukturen (Ribosomen, Membranen) gebunden sind. Das bekannteste Beispiel hierfür ist der Enzymkomplex der mitochondrialen Atmungskette, welcher den Wasserstoff der zu dehydrierenden Substrate schrittweise zu Wasser oxydiert. Insgesamt 4 Enzymkomplexe der Atmungskette sind an der inneren Mitochondrienmembran lokalisiert; sie bilden geradezu einen Teil ihrer Struktur.

8.2.9. Immobilisierte Enzyme

Durch Bindung von Enzymen an bestimmte Träger oder aber durch ihren Einschluß in Gele, Hohlräume bzw. -fasern lassen sich trägerfixierte (immobilisierte) Enzyme herstellen. Der Trägerfixierung liegen neben theoretischen Erwägungen zunehmend solche praktischer Art zugrunde: Lösliche Enzyme gelangen in das Endprodukt und wirken dort weiter, wenn sie nicht durch Hitze oder anderweitig inaktiviert werden. Für kontinuierliche Prozesse sind sie kaum einsetzbar. Sie können nur einmal verwendet werden, und ihre Haltbarkeit im wäßrigen Medium ist begrenzt. Diese Nachteile besitzen trägerfixierte Enzyme nicht. Sie sind außerdem weniger anfällig gegenüber pH- und Temperaturschwankungen. Auch in toxikologisch-lebensmittelhygienischer Hinsicht sind sie löslichen Enzymen überlegen, da sie aus dem System wieder entfernt werden können. Sie können in Form von Enzymreaktoren bei halb- und vollkontinuierlichen Prozessen eingesetzt werden. Außerdem lassen sich trägerfixierte Enzyme zur Isolierung und Abtrennung, z. B. von Coenzymen, Cofaktoren, Inhibitoren heranziehen (Affinitätschromatographie).

8.3. Enzymkinetik

Bei Substratüberschuß ist der Umsatz direkt proportional der Enzymkonzentration und der Zeit. Diese Beziehung gilt jedoch zumeist nur für den Beginn der Reaktion. Auf Grund verschiedener einflußnehmender Faktoren (Inaktivierung der Enzyme bei erhöhten Temperaturen, allmählich einsetzender Substratmangel, Produkthemmung) geht aber die Umsatzrate alsbald zurück. Für enzymkinetische Messungen ist es daher erforderlich, bei gekrümmtem Kurvenverlauf durch Anlegen der Tangente an die Zeit/Umsatz-Kurve die Anfangsgeschwindigkeit v_0 zu ermitteln. In diesem Bereich gilt exakt $v = k \cdot [E]$

8.3.1. MICHAELIS-MENTEN-Kinetik

MICHAELIS und MENTEN haben bereits im Jahre 1913 die Beziehungen zwischen Enzym und Substrat unter Zugrundelegung einer Gleichgewichtsbehandlung der Enzymreaktionen mathematisch formuliert, was später von BRIGGS und HALDANE auf Grund eines anderen — eines dynamischen, d. h. eines steady-state-Modells — im Prinzip bestätigt wurde.

Die enzymatisierte Reaktion läßt sich wie folgt darstellen:

$$E + S \underset{k_{-1}}{\overset{k_{+1}}{\rightleftarrows}} ES \underset{k_{-2}}{\overset{k_{+2}}{\rightleftarrows}} E + P. \tag{1}$$

Es bedeuten:

E — freies Enzym
S — Substrat
ES — Enzym-Substrat-Komplex
P — Produkt

MICHAELIS und MENTEN gehen von der vereinfachten Annahme aus, daß k_{+2} sehr klein ist (Zerfall von ES ist geschwindigkeitsbestimmende Reaktion) und daß im steady-state-Zustand die Rückreaktion $E + P \xrightarrow{k_{-2}} ES$ zu vernachlässigen ist. Es gilt daher:

$$E + S \underset{k_{-1}}{\overset{k_{+1}}{\rightleftarrows}} ES \xrightarrow{k_{+2}} E + P. \tag{2}$$

Die Dissoziationskonstante des Enzym-Substrat-Komplexes ergibt sich gemäß Gl. (2) zu

$$K_S = \frac{k_{-1}}{k_{+1}} = \frac{[E][S]}{[ES]}. \tag{3}$$

Setzt man für die insgesamt zur Verfügung stehende Enzymkonzentration $[E_0]$, dann gilt:

$$K_S = \frac{[E][S]}{[ES]} = \frac{([E_0]-[ES])[S]}{[ES]} = \frac{[E_0][S]-[ES][S]}{[ES]}$$

$$[ES] = \frac{[E_0][S]}{K_S + [S]}. \tag{4}$$

Da der Zerfall von ES den langsamsten Schritt der Reaktion darstellt, ist die Zerfallsgeschwindigkeit von ES gleich der Geschwindigkeit des Gesamtprozesses:

$$v = k_{+2}[ES]. \tag{5}$$

Bei sehr hoher Substratkonzentration ist das insgesamt vorhandene Enzym mit Substrat gesättigt:

$$v = k_{+2}[E_0].$$

In diesem Falle wird die Maximalgeschwindigket V_{max} erzielt:

$$V_{max} = k_{+2}\, [E_0]\,. \tag{6}$$

Aus den Gln. (4), (5) und (6) resultiert:

$$v = \frac{V_{max} \cdot [S]}{K_m + [S]} \quad \text{(Michaelis-Menten-Gleichung)}. \tag{7}$$

Bei halber Maximalgeschwindigkeit gilt gemäß Gl. (7) $K_m = [S]$, d. h. bei einer Substratkonzentration, die numerisch gleich K_m ist, liegt halbmaximale Reaktionsgeschwindigkeit vor. Die Konstante K_m (Michaelis-Konstante) kann auf diese Weise experimentell ermittelt werden. Die Beziehung $K_S = \dfrac{k_{-1}}{k_{+1}} = K_m$ trifft nur bei der von Michaelis und Menten postulierten Vereinfachung zu, d. h. bei $k_{+2} \ll k_{-1}$. Ist dies nicht der Fall, dann gilt — wie hier nicht weiter abgeleitet werden soll —

$$K_m = \frac{k_{-1} + k_{+2}}{k_{+1}} = K_S + \frac{k_{+2}}{k_{+1}}\,.$$

Die Michaelis-Konstante und die Dissoziationskonstante stimmen oft überein, vielfach weichen sie jedoch auch voneinander ab (und zwar bei erhöhtem k_{+2}-Wert).

Aus der graphischen Darstellung der Michaelis-Menten-Gleichung (Abb. 8.6) läßt sich ablesen, daß gilt:

[S] $\leq$ 0,01 K_m: Reaktion 1. Ordnung ($v \sim [S]$)
[S] = 0,01 bis 100 K_m: Reaktion gemischter Ordnung
[S] $\geq$ 100 K_m: Reaktion 0. Ordnung ($v \approx V_{max}$, unabhängig von [S])

Die Michaelis-Konstante kann als Maß für die Stärke der Bindung bzw. der Affinität des Enzyms zum Substrat angesehen werden (kleiner K_m-Wert = hohe Affinität und umgekehrt). $\dfrac{1}{K_m}$ wird auch als Affininitätskonstante $K_{Aff.}$ bezeichnet.

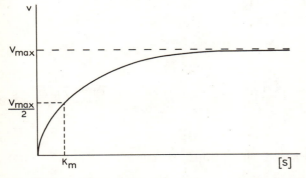

Abb. 8.6. Abhängigkeit der Geschwindigkeit einer enzymkatalysierten Reaktion von der Substratkonzentration (n. Michaelis und Menten)

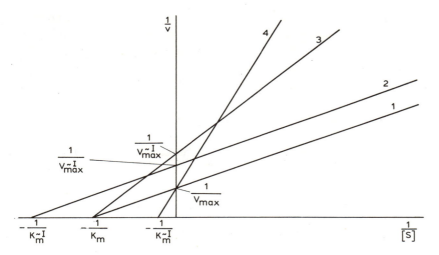

Abb. 8.7. Darstellung der MICHAELIS-MENTEN-Beziehung nach LINEWEAVER-BURK
1 — keine Hemmung; *2* — unkompetitive Hemmung; *3* — nicht kompetitive Hemmung; *4* — kompetitive Hemmung

Zur experimentellen Bestimmung von K_m wird häufig die von LINEWEAVER und BURK umgeformte MICHAELIS-MENTEN-Gleichung verwendet (vgl. Abb. 8.7).

$$\frac{1}{v} = \frac{K_m}{V_{max}} \cdot \frac{1}{[S]} + \frac{1}{V_{max}}.$$

8.3.2. Hemmung

Enzyme werden durch Effektoren (Aktivatoren, Inhibitoren) in ihrer Aktivität beeinflußt. Inhibitoren (Hemmstoffe) sind für enzymkinetische Untersuchungen von besonderer Bedeutung, da aus ihrer Wirkung vielfach Rückschlüsse auf Struktur und Funktion des Enzyms gezogen werden können. Man unterscheidet zwischen irreversibler und reversibler Hemmung.

Bei der *irreversiblen Hemmung* werden die Inhibitoren — vielfach kovalent — zumeist am aktiven Zentrum gebunden, oder sie verändern die Konformation des Enzyms bis zur Denaturierung. Sie verhindern die Anlagerung des Substrates am Bindungsort oder blockieren katalytisch wirksame Gruppen, dissoziieren nicht ab und sind durch Dialyse nicht abtrennbar. Hemmstoffe dieser Kategorie sind z. B. alkylierende Reagentien, SH-Reagentien, zahlreiche Schwermetallionen und bestimmte organische Phosphorverbindungen.

Bei der *reversiblen Hemmung* werden im allgemeinen kovalente Bindungen nicht geknüpft. Speziell im Falle der *kompetitiven Hemmung* tritt der Inhibitor in Konkurrenz zum Substrat; er ist mit diesem strukturverwandt. Der Hemmstoff greift im aktiven Zentrum an der gleichen Stelle an und verändert die Affinität des Substrates. K_m wird erhöht, da eine höhere Substratkonzentration zur Erreichung der Halbsättigung des Enzyms erforderlich ist. Bei großem Substratüberschuß wird die Maximalgeschwindigkeit jedoch erreicht, d. h. V_{max} bleibt erhalten.

Bei der *nichtkompetitiven Hemmung* greift der Inhibitor nicht im aktiven Zentrum (an der Substratbindungsstelle) an. Er bewirkt lediglich eine Konformationsänderung und senkt damit die Aktivität. Die Affinität zum Substrat bleibt erhalten, d. h. K_m ändert sich nicht. Jedoch wird die Maximalgeschwindigkeit nicht mehr erreicht; V_{max} sinkt ab. Wenn der Inhibitor nur mit dem ES-Komplex reagiert (er besitzt eine höhere Affinität zum ES-Komplex als zum freien Enzym), spricht man von einer *unkompetitiven Hemmung*. Hierbei werden die Werte sowohl für K_m als auch für V_{max} herabgesetzt.

Weitere Hemmtypen sind die Substrat-(Überschuß-)Hemmung, die Produkt-Hemmung sowie die allosterische Hemmung.

8.3.3. Aktivierung

Bei der Aktivierung eines Enzyms — vielfach durch einfache anorganische Ionen — kann der Aktivator am Enzym, am ES-Komplex oder auch am Substrat angreifen; im letzteren Falle vermag nur das mit diesem Aktivator besetzte Substrat mit dem Enzym zu reagieren. Die Bindung eines Aktivators ist für manche Enzyme essentiell, bei anderen Enzymen wird lediglich deren Aktivität verstärkt.

Die sogenannte *kompetitive Aktivierung* ist die einfachste Form der Aktivierung. Hier reagiert der Aktivator mit dem Enzym.

$$E \underset{}{\overset{Ka}{\rightleftharpoons}} EA \underset{}{\overset{K's}{\rightleftharpoons}} EAS \underset{}{\overset{k_2}{\rightleftharpoons}} EA + P.$$

Bei der Auftragung nach LINEWEAVER-BURK erhält man einen zum kompetitiven Hemmtyp analogen Kurvenverlauf (Abb. 8.8).

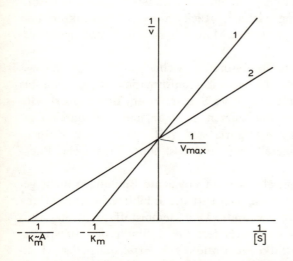

Abb. 8.8. Kompetitive Aktivierung in der Darstellung nach LINEWEAVER-BURK.
1 — keine Aktivierung; *2* — kompetitive Aktivierung

8.3.4. Kinetik der allosterischen Enzyme

Die Kennlinie (Auftragung der Umsatzgeschwindigkeit gegen die Substratkonzentration) allosterischer Enzyme entspricht nicht der bekannten Hyperbelform (bei Vorliegen einer MICHAELIS-MENTEN-Kinetik). Diese S-förmige (sigmoide) Kurvenform läßt erkennen, daß bei Bindung eines Substratmoleküls an das Enzym die Affinität verstärkt wird und daß hierdurch die Bindung des nächsten Substratmoleküls beschleunigt abläuft usw. Im Falle des Vorliegens eines positiven Effektors wird die Kurve steiler, bei negativem Effektor hingegen flacher.

8.4. Einfluß äußerer Bedingungen

8.4.1. Temperatur

Nach der Regel von VAN'T HOFF wird bei Zunahme der Temperatur um 10 K die Geschwindigkeit einer chemischen Reaktion etwa verdoppelt. Im Prinzip trifft dies auch für enzymatisch katalysierte Reaktionen zu, jedoch gilt das nur für den niederen Temperaturbereich. Bei höheren Temperaturen ist zunehmend mit einer thermischen Inaktivierung des Biokatalysators zu rechnen, was ein Absinken der Reaktionsgeschwindigkeit zur Folge hat. Im Kreuzungsbereich dieser gegenläufigen Effekte wird das Temperatur-/Aktivitätsverhalten von den sich überlagernden Faktoren beeinflußt (Abb. 8.9). Das Temperaturoptimum ist daher sehr von der Inkubationsdauer ab-

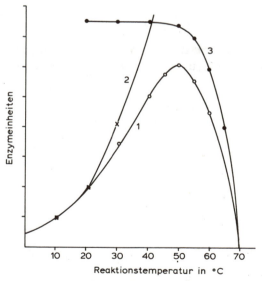

Abb. 8.9. Temperaturoptimum eines Enzyms als Resultante aus Aktivitätszunahme und Enzymdenaturierung mit steigender Reaktionstemperatur.

1 — experimentell ermittelte Kurve; *2* — theoretischer Anstieg der Reaktionsrate; *3* — Inaktivierung des Enzyms mit steigender Temperatur

hängig. Bei Bestimmung der Anfangsgeschwindigkeit, d. h. bei sehr kurzen Inkubationszeiten, liegt dieses im allgemeinen höher als bei längerer Inkubation.

Bei Ermittlung der Thermostabilität läßt man das Enzym eine bestimmte Zeit bei der zu testenden Temperatur stehen (z. B. 30 min) und bestimmt nachfolgend die verbleibende Restaktivität. Eine weitere Temperatursteigerung führt zur Inaktivierung des Enzyms. Bei den im Lebensmittelsektor eingesetzten Enzympräparaten liegt die Temperatur zum Inaktivieren zumeist zwischen 333 und 363 K (60 und 90 °C). Durch Erhitzen lassen sich daher sehr einfach störende restliche Enzymaktivitäten (naturgegeben oder aber dem Lebensmittel zur Erzielung erwünschter Effekte zugesetzt) beseitigen.

8.4.2. pH-Wert

Enzyme besitzen als Eiweißmoleküle eine große Anzahl dissoziierbarer Aminosäureseitenketten, ihr Dissoziationsgrad ist daher vom pH-Wert des Mediums abhängig. Diese unterschiedliche Dissoziation erstreckt sich auch auf aktive und regulatorische Zentren bzw. auf die Ionisation bestimmter funktioneller Gruppen. Darüber hinaus können jedoch auch die Sekundär- und Tertiärstruktur des Moleküls verändert werden. Schließlich dissoziieren auch das Substrat sowie vorhandene Effektoren — je nach dem vorliegenden pH-Wert — unterschiedlich. Die Enzymaktivität wird zusätzlich durch Ionen eines gepufferten Mediums beeinflußt. Letztendlich können Enzyme bei sehr extremen pH-Verhältnissen in Untereinheiten zerfallen bzw. völlig denaturiert werden. Die Enzyme sind daher in einem bestimmten pH-Bereich aktiv, wobei ein mehr oder weniger breites Optimum vorhanden ist.

8.4.3. Wassergehalt

Enzyme benötigen zu ihrem Wirksamwerden eine bestimmte Wassermenge, da das Enzymprotein nur in hydratisierter Form seine katalytische Aktivität entfalten kann.

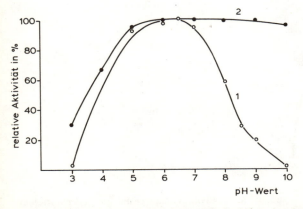

Abb. 8.10. Abhängigkeit der Aktivität und der Stabilität eines handelsüblichen Proteasepräparates vom pH-Wert.

1 — pH-Abhängigkeit der Aktivität (Inkubation 1 h bei 310 K = 37 °C); *2* — pH-Stabilität (Inkubation 20 h bei 277 K = 4 °C)

Dies gilt in besonderem Maße für Hydrolasen, da hier das Wasser zusätzlich als Reaktionspartner zur Verfügung stehen muß. Allerdings ist für die Aktivität weniger der absolute, sondern vielmehr der dem Enzym tatsächlich zur Verfügung stehende Wassergehalt von Bedeutung. Dieser Sachverhalt wird durch die sogenannte Wasseraktivität (Quotient des Dampfdruckes des Wassers im Substrat zu demjenigen reinen Wassers) oder durch die relative Feuchte besser wiedergegeben. Die Enzymaktivität in einem Lebensmittel ist ganz entscheidend von seinem Wassergehalt abhängig, was z. B. für die Lagerhaltung von großer Bedeutung ist (s. I; 5.).

8.5. Enzymaktivität, Enzymeinheit

Die Aktivität eines Enzyms wird gewöhnlich dadurch ermittelt, daß man die Geschwindigkeit der Reaktion bestimmt, die das Enzym katalysiert. Hierbei müssen die Versuchsbedingungen so gewählt werden, daß zwischen Reaktionsdauer und Umsatz eine lineare Beziehung besteht. Als Maß für die Enzymaktivität dient die Enzymeinheit. Gemäß einer Festlegung der Enzymkommission der Internationalen Union für Biochemie (IUB) versteht man darunter diejenige Menge eines Enzyms, die unter definierten Bedingungen (298 K oder 303 K = 25 °C oder 30 °C, optimaler pH-Wert, Substratüberschuß) innerhalb 1 min 1 µmol Substrat umsetzt, 1 µmol eines definierten Spaltproduktes bildet oder — falls mehr als eine Bindung des Substratmoleküls angegriffen wird — den Umsatz von 1 µVal Substrat katalysiert. Einer erneuten Festlegung der Internationalen Enzymkommission gemäß wird die Anpassung an das Internationale Einheitensystem mit der Sekunde als Zeiteinheit gefordert. Als neue Einheit wird demzufolge der Umsatz von 1 mol Substrat je 1 s festgelegt und als „katal" (Symbol: kat) bezeichnet.

In der Praxis gibt man die Enzymaktivität meist je 1 m*l* (z. B. Kulturflüssigkeit) oder 1 g Trockensubstanz an. Die spezifische Aktivität wird als Anzahl Enzymeinheiten je 1 mg Protein definiert.

8.6. Klassifizierung, Nomenklatur

Für die Einteilung der Enzyme wurden ursprünglich Trivialnamen verwendet, z. B. Diastase, Pepsin, Rennin, Trypsin usw. Später erfolgte die Benennung entweder durch Anhängen der Endung „ase" an das von dem betreffenden Enzym umgesetzte Substrat (z. B. Amylase, Maltase, Peptidase) oder durch Kennzeichnung der von ihm katalysierten Reaktion, wie z. B. Carbohydrase, Esterase, Transferase. Von der Enzymkommission der IUB wurde inzwischen eine Systematik zur Nomenklatur und Klassifizierung der Enzyme erarbeitet, die den Reaktionstyp sowie das umgesetzte Substrat berücksichtigt. Danach werden die Enzyme in 6 Hauptklassen untergliedert:

- Oxydoreduktasen (biologische Oxydationen und Reduktionen)
- Transferasen (Gruppenübertragungen)
- Hydrolasen (Spaltungs- und Kondensationsreaktionen unter Beteiligung von Wasser)
- Lyasen (nicht hydrolytische Spaltungsreaktionen unter Bildung einer Doppelbindung bzw. Additionen an Doppelbindungen)
- Isomerasen (geometrische oder strukturelle Umlagerungen innerhalb eines Moleküls)
- Ligasen (Synthetasen) (Knüpfen von Bindungen unter gleichzeitiger Spaltung von ATP)

Diese Hauptklassen werden weiterhin in Untergruppen, diese ihrerseits in Unter-Untergruppen unterteilt. Auf dieser Einteilung basiert die sogenannte Enzym-Klassifikation (*EC*-Nomenklatur), die jedes Enzym mit einer Schlüsselnummer — bestehend aus 4 durch Punkte getrennten Zahlen — versieht. Z. B. erhält α-D-Glucosidase (Maltase) die *EC*-Nummer *3.2.1.20*. Hierbei bedeuten: 3 = Klasse (Hydrolasen); 2 = Sub-Klasse (Glycosidasen); 1 = Sub-Sub-Klasse (C-Glycosid-Bindungen spaltende Glycosidasen); 20 = laufende Nummer in der Sub-Sub-Klasse. Die einzelnen Enzyme erhalten auf der Basis dieser Klassifikation einen systematischen Namen (z. B. α-D-Glucosido-Glucohydrolase [*EC 3.2.1.20*] für die Trivialnamen α-Glucosidase bzw. Maltase; ATP: Pyruvat-Phosphotransferase [*EC 2.7.1.40*] für den Trivialnamen Pyruvatkinase). In der Praxis werden daneben auch weiterhin die bisher gebräuchlichen Trivialnamen verwendet.

Je nach dem Angriffsort des Enzyms an einem Substratmolekül unterscheidet man zwischen Exo- und Endoenzymen (im Inneren eines Makromoleküls oder an seinem Ende angreifend).

8.7. Vorkommen, Gewinnung

Enzyme werden von jeder lebenden Zelle erzeugt, sie können somit aus tierischem oder pflanzlichem Material isoliert oder unter Verwendung von Mikroorganismen gewonnen werden.

Tierische Enzyme werden vorrangig aus Nebenprodukten gewonnen, die bei der Schlachtung anfallen bzw. anderweitig nicht genutzt werden können. Industriell bedeutsam sind Lab, Pepsin, Pankreatin und Katalase. *Lab* wird von den Drüsenzellen des Labmagens der Wiederkäuer (Milchalter) ausgeschieden. *Pepsin* befindet sich im Magensaft aller Wirbeltiere und wird von den Zellen der Magenschleimhaut als inaktive Vorstufe (Pepsinogen) produziert. *Pankreatin* wird aus der Bauchspeicheldrüse (Pankreas) des Schweines gewonnen. Da diese proteolytische, amylolytische wie auch lipolytische Enzyme sezerniert, enthalten Pankreaspräparate ein Gemisch der Aktivitäten dieser Enzyme. Als Ausgangsmaterial für die Herstellung von *Katalase*präparaten dienen Leber und Erythrozyten von Schweinen und Rindern.

Pflanzliche Enzyme sind u. a. die Proteasen Papain, Bromelain und Ficin. *Papain* wird aus den Früchten der in tropischen Gebieten wachsenden Papayamelone, *Bromelain* aus den Sproßachsen der Ananaspflanze isoliert. *Ficin* findet sich im Milchsaft des tropischen Feigenbaumes.

Obwohl der Anteil der produzierten Enzympräparate tierischen und pflanzlichen Ursprungs beträchtlich ist, sind einer weiteren Produktionssteigerung dadurch Grenzen gesetzt, daß tierische Enzyme zumeist nur als Nebenprodukt anfallen und pflanzliche Enzyme im allgemeinen einen hohen Einsatz an Ausgangsmaterial erfordern.

Mikrobielle Enzyme werden industriell unter Einsatz apathogener Bakterien und Pilze (Schimmelpilze, Hefen) hergestellt. Wenn auch infolge der nahezu unübersehbaren Vielfalt von Stämmen ein sehr großes Potential an Mikroorganismen zur Enzymgewinnung zur Verfügung steht, ist jedoch die industrielle Nutzung auf verhältnismäßig wenige Gattungen und Arten beschränkt.

Bisher werden großtechnisch vorrangig *extrazelluläre Enzyme* produziert, hiervon wiederum stehen Hydrolasen (α-Amylasen, Glucoamylase, Invertase, Proteasen, mikrobielles Lab, pectinolytische Enzyme, Glucanasen) im Vordergrund. An lebensmitteltechnologisch bedeutsamen Enzymen seien noch Glucoseoxydase und Glucoseisomerase (beide zumeist intrazelluläre Enzyme) genannt.

8.8. Enzyme als Bestandteile von Lebensmitteln

Zahlreiche Lebensmittel unterliegen im Verlaufe von Reifungs- oder Veredelungsprozessen der Einwirkung von Enzymen, wobei sich Veränderungen hinsichtlich Geschmack, Geruch, Konsistenz, Textur usw. ergeben und die Lebensmittel die vom Verbraucher erwünschten Eigenschaften annehmen. Anderseits ist eine Vielzahl unerwünschter enzymatischer Vorgänge bekannt, die zu einer Wertminderung oder zum Verderb von Lebensmitteln führen. Die Herkunft der bei den genannten Vorgängen wirksam werdenden Enzyme ist verschieden. So können sie den pflanzlichen oder tierischen Rohstoffen selbst entstammen, sie können aber auch von außerhalb — z. B. durch Mikroorganismen — in das Substrat gelangen bzw. hineingebracht werden.

Bekannte *erwünschte* Vorgänge sind die Reifung des Obstes bei der Lagerung, der Stärkeabbau bei der Malzherstellung, die Reifung von Fleisch und Fisch, die Fermentation von Tee, Tabak, Kaffee- und Kakaobohnen sowie die zahlreichen, durch Mikroorganismen hervorgerufenen Gärungsvorgänge bei der Herstellung von gesäuerten Gemüsen, Backwaren, alkoholischen Getränken, Milcherzeugnissen u. a. m.

Von *unerwünschten* enzymatischen Vorgängen seien genannt: das Weich- bzw. Teigigwerden von Obst und Gemüse, das Ranzigwerden von Mehl, Farbveränderungen im Fruchtfleisch von Obst und Gemüse bei Schnittverletzungen, das Bitterwerden von reifen Gurken, die zahlreichen durch Mikroorganismen hervorgerufenen Gärungs- und Fäulnisvorgänge. Besonders anfällig gegen mikrobiellen Befall sind Fleisch und Fleischerzeugnisse, Fisch, Milchprodukte wie ganz allgemein eiweißhaltige Lebensmittel. Auch Gärungserzeugnisse können durch Schimmelbesatz, Kahmhefebildung, Säuerung usw. verderben. Diese unerwünschten Prozesse werden durch Zusatz von Konservierungsmitteln, durch Räuchern, Pökeln, Erhitzen, Salzen, Trocknen, Kühllagern, Gefrieren usw. gehemmt bzw. unterbunden.

Tabelle 8.1. Derzeitiger und vorgesehener Einsatz von Enzympräparaten

Enzym	Industriezweig	Applikation
α-Amylase	Backwarenindustrie; stärkeverarbeitende Industrie; Brauerei, Brennerei	Aufbesserung des Enzymgehaltes von Mehlen; Herstellung von Stärkesirupen; Abbau von Stärke bei Einsatz von Rohfrucht zur Bierherstellung sowie von Getreide und Kartoffeln in der Brennerei
β-Amylase	stärkeverarbeitende Industrie	Herstellung von Maltose aus Amylose
Glucoamylase*	stärkeverarbeitende Industrie; Brauerei; Brennerei	Herstellung von Traubenzucker*; Herstellung von Diabetikerbier; Erhöhung der vergärbaren Substanz (Abbau von Grenzdextrinen)
β-Glucanase	Brauerei	Aufschluß von Rohfrucht durch Abbau der Zellwandglucane; Verringerung der Viskosität und damit Verbesserung der Läutereigenschaften von Würze
Cellulasen	obst- und gemüseverarbeitende Industrie; Brennerei	Herstellung von Obst- und Gemüsehydrolysaten (zusammen mit pectinolytischen Enzymen); Erhöhung der Alkoholausbeuten durch Verbesserung des Aufschlusses der Rohstoffe
Pectinolytische Enzyme* (Polygalacturonase, Pectinesterase, Pectinlyase, Pectatlyase)	obst- und gemüseverarbeitende Industrie; Weinherstellung; Nährmittelindustrie	Klärung von Fruchtsäften und Most*; Erhöhung der Ausbeuten beim Pressen von Obst- und Gemüsemazeraten, Obst- und Gemüsehydrolysaten (zusammen mit Cellulasen) sowie von Obst- und Gemüsepülvern, Serumkonzentraten und Mayonnaisen; Herstellung schnellkochender Leguminosen
Lactase**	milchverarbeitende Industrie; Süßwarenindustrie; Speiseeisherstellung	Verhinderung des Auskristallisierens von Lactose bei der Kaltlagerung von Milchkonzentraten, Kondensmilch, Vollmilchschokolade, Speiseeis; Höherveredelung von Molke**
Invertase*	Süßwarenindustrie	Herstellung von Invertzucker*, Kunsthonig, Likörzucker, weichen Cremefüllungen sowie flüssigen Schokoladen- und Pralineneinlagen; Weichhalten von Fondantmasse, Marzipan und Persipan
Glucoseisomerase** (in Verbindung mit Glucoamylase)	stärkeverarbeitende Industrie	Herstellung von Isomeratzucker (Isosirup, High fructose corn syrup, Isomerose) via Stärke → Glucose → Isomerose**
Glucoseisomerase (in Verbindung mit Glucoseoxydase*)	stärkeverarbeitende Industrie	Herstellung von Gluconsäure und Fructose aus Glucose
Proteasen*	Backwaren- und Dauerbackwarenindustrie; Brauerei; Fleischwirtschaft; fischverarbeitende Industrie; Nährmittelindustrie; medizinischer Sektor	Kleberschwächung von Mehlen, Erweichung von Teigen; Abbau des Proteins bei Einsatz von Rohfrucht*; Kältestabilisierung von Bier*; Zartmachung von Rindfleisch, Entfleischung von Knochen; Reifung von Fisch; Herstellung von Proteinhydrolysaten für Würzen, Suppen und Soßen; Herstellung von diätetischen Lebensmitteln sowie von Peptidgemischen als Bausteinnahrungen

Tabelle 8.1. (Fortsetzung)

Enzym	Industriezweig	Applikation
Mikrobielles Lab*	milchverarbeitende Industrie	Ersatz von Kälberlab bei der Käseherstellung*
Lipase*	milchverarbeitende Industrie	Aromatisierung von Käse; Herstellung von lipolysiertem Butterfett zur Aromatisierung; Umesterung von Fetten; Synthese von Partialglyceriden (Emulgatoren), Flavour-Estern
Glucoseoxydase* (in Verbindung mit Katalase)	Öl- und Margarineindustrie, Aromaproduktion	Entfernung von Glucose aus Lebensmitteln zur Verhinderung der Maillard-Reaktion (z. B. bei der Herstellung von Eipulver); Entfernung von Sauerstoff aus Getränken*, oxydationsanfälligen Fetten, Mayonnaisen usw.
Katalase*	verschiedene Industriezweige	Entfernung von H_2O_2 nach chemischer Sterilisierung*
Aminoacylase**		Herstellung von L-Aminosäuren aus racemischen Gemischen**

* großtechnischer Einsatz des Enzyms in immobilisierter Form in Zukunft evtl. möglich;
** großtechnischer Einsatz des Enzyms in immobilisierter Form bereits realisiert.

8.9. Einsatz von Enzymen bei der Lebensmittelproduktion und -analytik

Durch gezielten Einsatz von Enzympräparaten lassen sich erwünschte enzymatische Vorgänge bei der Be- und Verarbeitung von Lebensmitteln beschleunigen bzw. intensivieren. Seit etwa 20 bis 30 Jahren werden zunehmend Enzympräparate mikrobieller Herkunft als lebensmitteltechnologische Hilfsstoffe herangezogen. Ihr Einsatz dient der Verbesserung bzw. *Rationalisierung* von Verfahren (z. B. Ausbeutesteigerung bei der Fruchtsaftgewinnung, Herstellung von Glucose und von Invertzucker, verstärkter Einsatz von Rohfrucht bei der Bierherstellung, Aufschluß von Stärke bei der Alkoholgewinnung, Verkürzung von Reifungsvorgängen usw.). Weiterhin werden Enzympräparate zur *Qualitätssteigerung* herangezogen (z. B. künstliche Fleischzartmachung, Klären von Fruchtsäften, Kältestabilisierung von Bier, Entbitterung von Citrussäften, Verhinderung oxidativer Vorgänge in Getränken, Aromaregenerierung von Obst- und Gemüseerzeugnissen). Schließlich gelingt es, mit Hilfe von Enzympräparaten *neue Lebensmittel* bzw. Sortimente zu entwickeln, z. B. Obst- und Gemüsemazerate, Fruchtsäfte aus bisher für die Saftgewinnung nicht verwerteten Obst- und Gemüsearten, Proteinpartialhydrolysate aus herkömmlichen und nichtherkömmlichen Proteinen bzw. proteinhaltigen Produkten der Nahrungsgüterproduktion.

In zunehmendem Maße werden Enzyme bzw. enzymatische Vorgänge für die Lebensmittelanalytik nutzbar gemacht. Der Vorteil dieser Methoden ist vor allem ihre hohe Spezifität, so daß selektive Verfahren zur Verfügung stehen.

Man unterscheidet bei der enzymatischen Lebensmittelanalytik:

— Bestimmung von Substraten (unter Enzymeinsatz)
— Bestimmung von Enzymaktivitäten
— enzymatische Effektoranalyse

Die Bestimmung von Substraten wird bei Überschuß des für die Reaktion verantwortlichen Enzyms (oder Enzymsystems) vorgenommen; der Umsatz läuft quantitativ ab. Im allgemeinen werden die entstehenden Reaktionsprodukte bestimmt. Als Beispiel sei die Bestimmung von Stärke mittels Glucoamylase, Glucoseoxydase/Peroxydase aufgeführt. Ihr liegt folgender Reaktionsablauf zugrunde (schematisch):

$$\text{Stärke} \xrightarrow{\text{Glucoamylase}} \alpha\text{-D-Glucose} \xrightarrow{\text{Mutarotase}} \beta\text{-D-Glucose}$$

$$\xrightarrow[+ H_2O + O_2]{\text{Glucoseoxydase}} \begin{array}{c} \text{D-Gluconsäure} \\ + \\ H_2O_2 \end{array} \xrightarrow[+ DH_2]{\text{Peroxydase}} 2\,H_2O + D$$

Es bedeuten:

DH_2 — hydriertes o-Dianisidin (nicht gefärbt)
D — dehydriertes o-Dianisidin (gefärbt)

Der Nachweis und die Bestimmung von Enzymaktivitäten in Lebensmitteln gibt Aufschluß über eine etwaige Vorbehandlung (blanchiert, pasteurisiert, gedämpft usw.), über ihre Qualität (z. B. Mikrobenbefall, Verderbnis) oder über den Verlauf von Reifungsprozessen.

Bei der enzymatischen Effektoranalyse werden bestimmte Lebensmittelinhaltsstoffe (erwünscht oder unerwünscht) auf Grund ihrer unmittelbaren Einflußnahme (im allgemeinen einer Hemmung) auf bestimmte Enzymaktivitäten erfaßt. Es lassen sich Konservierungsmittel, Antioxydantien, Detergenzien, Pesticidrückstände, Antibiotica, Farbstoffe u. a. Zusatz- oder Fremdstoffe ermitteln. Organische Phosphorsäureester inhibieren z. B. die Cholinesterase-Aktivität.

9. FARBSTOFFE

9.1. Allgemeines

Trotz geographisch, kulturell und soziologisch bedingter Bewertungsunterschiede hat die Farbe eines Lebensmittels auf dessen Beliebtheit oder Genußwert einen großen Einfluß. Selbst auf das Aromaempfinden wirkt sich die Farbe eines Lebensmittels aus. Bei der Erzeugnisentwicklung oder der Speisenzubereitung müssen darum Aroma und Farbe harmonisch, d. h. in gewohnter oder erwarteter Weise aufeinander abgestimmt werden. Darüber hinaus ist der Farbeindruck häufig die entscheidende Kenngröße für die Frischebeurteilung eines Lebensmittels.

Die natürliche Farbe von Lebensmitteln wird durch mannigfache Pigmente verursacht; diese sind zumeist pflanzlichen und tierischen Ursprungs, treten originär vielfach als Chromoproteine auf und unterliegen im Verlauf der Lebensmittelgewinnung, -lagerung, -verarbeitung und -zubereitung den unterschiedlichsten Veränderungen. Bisher sind gut 2000, den Lebensmittelbereich berührende natürliche Farbstoffe bekannt. In Tab. 9.1 sind kennzeichnende Merkmale der wichtigsten Gruppen zusammengefaßt. Außer durch natürliche Pigmente sowie deren Ab- und Umbauformen wird die Farbe von Lebensmitteln durch Reaktionsprodukte bestimmt, die auf chemischem oder enzymatischem Wege aus normalerweise farblosen Vorläufern oder miteinander reagierenden Verbindungen entstehen.

Der Farbeindruck eines Lebensmittels hängt von der Wellenlänge des absorbierten Lichtes, vom Ausmaß der Absorption sowie von möglicher Diffusion, Reflexion und Streuung ab. Demzufolge wird er beträchtlich von der Partikelgröße (z. B. bei Pulvern und Suspensionen) und von der Oberflächenbeschaffenheit beeinflußt. Nachweis und Bestimmung der in Lebensmitteln vorkommenden Farbstoffe erfolgen durch Messung der spektralen Lichtabsorption oder -remission, häufig nach einer Auftrennung mittels der Säulen- bzw. Dünnschichtchromatographie oder der Gegenstromverteilung.

Zur Färbung von Lebensmitteln sind natürliche Farbstoffe wegen ihrer Instabilität, Unzugänglichkeit sowie unzureichenden Intensität und Verfügbarkeit bisher nur in begrenztem Ausmaß verwendungsfähig. Gentechnische Bemühungen um die Erzielung neuer und/oder intensiverer Pflanzenfarbstoffe sowie die Erschließung unkonventioneller Farbstoffquellen in Form dafür bisher nicht genutzter Rohstoffe (z. B. Algen) oder mikrobieller und pflanzlicher Zellkulturen werden die Palette der zugriffsfähigen natürlichen Farbstoffe und deren Anwendungsmöglichkeiten künftig zweifellos erweitern. Da jedoch in der Sortimentsentwicklung der Anteil an fabrikmäßig aus Einzelbestandteilen und nach neuen Verfahrensprinzipien oder Technologien hergestellten farbbedürftigen Lebens-

Tabelle 9.1. Charakteristik der wichtigsten Gruppen natürlicher Lebensmittelfarbstoffe

Farbstoff-gruppe	Zahl der bekannten Verbindungen	Farbe	Vorkommen	Löslichkeit	Stabilität
Anthocyane	120	orange, rot, blau, violett	Früchte, Wein, Blüten, Kartoffel	wasserlöslich	pH- und hitzelabil
Betalaine	70	gelb, rot	Zahlreiche Centrospermae, z. B. Rote Bete	wasserlöslich	hitzeempfindlich
Carotenoide	560	gelb, rot	Blätter, Samen, Früchte, Gemüse, Pflanzenöle, Eier	fettlöslich	hitzestabil
Chinone	400	gelb bis schwarz	Walnüsse, Blüten, Pilze, Beeren, Pflanzensäfte,	wasserlöslich	hitzestabil
Chlorophylle	25	grün, braun	Blätter	fett- und wasserlöslich	hitzeempfindlich
Flavonoide	600	gelb bis schwarz	Blätter, Blüten, Früchte, Wein, Umbelliferen, Hopfen	wasserlöslich	weitgehend hitzestabil
Hämfarbstoffe	10	rot, braun	Blut, Muskelfleisch, Innereien	wasserlöslich	hitzelabil
Tannine	20	gelb, braun	Tee, Tabak	wasserlöslich	hitzestabil
Xanthone	20	gelb	Mango- und andere Früchte	wasserlöslich	hitzestabil

mitteln ebenfalls noch zunehmen wird, werden künstliche Lebensmittelfarbstoffe auch in Zukunft wohl nicht durch natürliche zu umgehen sein (s. I; 15.2.1.).

9.2. Tetrapyrrol-Strukturen

Über Methingruppen konjugierte Tetrapyrrol-Strukturen bilden das Grundgerüst von *Blatt-*, *Blut-*, *Fleisch-* und *Gallenfarbstoffen*. Die gesamte Klasse der geschlossenen, vollständig konjugierten und unterschiedlich substituierten Tetrapyrrole wird als Porphyrine bezeichnet. Das Grundskelett nennt man *Porphin*.

Das zunächst biosynthetisch aus Succinat und Glycin aufgebaute rote Protoporphyrin besteht aus einem Porphin, dessen Pyrrolringe als Seitenketten zwei Propionsäurereste sowie vier Methyl- und zwei Vinylgruppen tragen (Abb. 9.1). Es kommt in Salat,

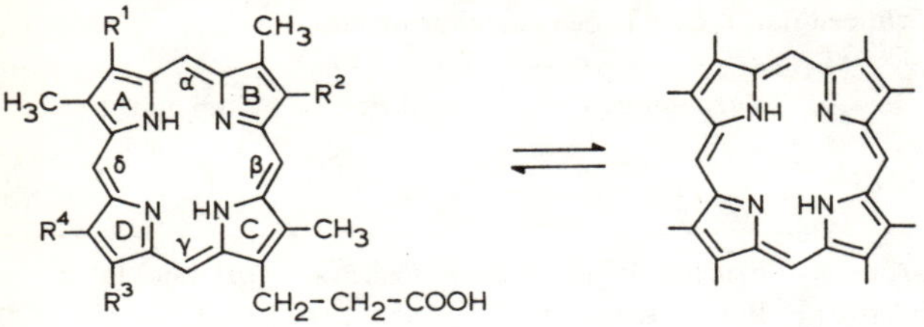

	R¹	R²	R³	R⁴
Protoporphyrin	$-CH=CH_2$	$-CH=CH_2$	$-CH_2-CH_2-COOH$	$-CH_3$
Koproporphyrin	$-CH_2-CH_2-COOH$	$-CH_2-CH_2-COOH$	$-CH_3$	$-CH_2-CH_2-COOH$

Abb. 9.1. Mesomere Strukturen metallfreier Porphyrine

Spinat, Kartoffeln, Rüben und anderen Pflanzen vor. Dort ist es häufig mit dem gleichfalls roten metallfreien Pyrrolfarbstoff Koproporphyrin vergesellschaftet. Allen Porphinderivaten gemeinsam ist eine scharfe Absorptionsbande bei 400 nm und eine starke Fluoreszenz. Vom Protoporphyrin aus erfolgt eine weitere Differenzierung entweder zu den *eisenhaltigen Hämfarbstoffen* oder zu den *magnesiumhaltigen Chlorophyllen*. Der Einbau eines Metalls in das Zentrum des Ringsystems bewirkt einen starken Anstieg der Farbintensität, weil die Zahl der mesomeren Grenzstrukturen und die Polarität des Ringsystems zunehmen.

9.2.1. Hämfarbstoffe

Durch Einpassung eines Eisenatoms mittels Ferrochelatasen entsteht aus dem Protoporphyrin die Hämgruppe. Sie ist der Kern der Hämfarbstoffe. Ihr Porphyrinring ist planar und hat benzoiden Charakter, d. h. die π-Elektronen sind delokalisiert. Der Porphyrinring besitzt eine vierzählige Symmetrieachse; denn in der Abb. 9.2 (nur eine von vielen möglichen Resonanzformeln) sind die mit a und a', b und b', c und c' sowie d und d' gekennzeichneten Bindungen äquivalent. Das Eisenatom ist oktaedrisch koordiniert. Sechs Nachbaratome geben jeweils ein Elektronenpaar in die Orbitale des Eisens ab. Vier dieser Elektronenpaare stammen von N-Atomen aus dem Porphyrinring, ein fünftes im Falle des Hämoglobins vom N-Atom aus dem Histidinrest einer Polypeptidkette (Globin), die in acht Helices um die Hämgruppe geschlungen ist (Abb. 9.2).

Das *Hämoglobin* gehört zu den Hämoproteinen; diese werden in zwei Stoffgruppen mit unterschiedlichen Funktionen unterteilt:

— Sauerstoffübertragende Hämoproteine (Transport und Speicherung von molekularem Sauerstoff: Hämoglobin bzw. Myoglobin)
— Atmungsenzyme (Cytochrome, Peroxidasen, Katalasen)

Eine Übersicht über die Hämoproteine gibt Tab. 9.2. Unter ihnen macht das Hämoglobin mit 70 ... 80% den weitaus größten Anteil aus. 10% entfallen auf das Myoglobin

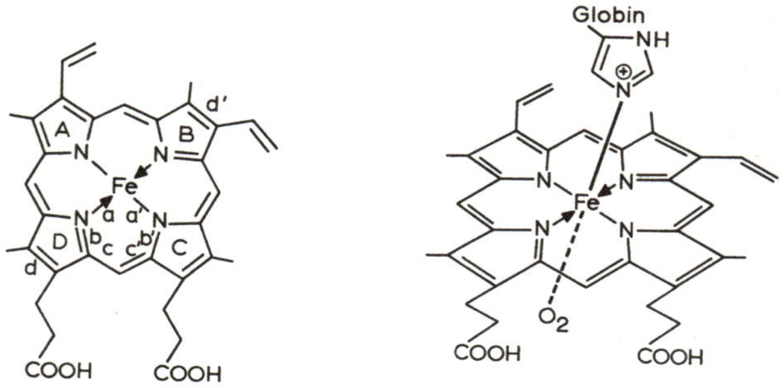

Abb. 9.2. Hämgruppe und vereinfachte diagrammatische Struktur des Hämoglobins

und weniger als 1% auf die Hämenzyme. Die Fleischfarbe wird allerdings zu 95% durch Myoglobin und, je nach Ausblutung, zu maximal 5% durch Hämoglobin bestimmt. Myoglobin ist auch das phylogenetisch älteste Hämoprotein. Aus ihm hat sich vor 600 Millionen Jahren das Hämoglobin als selbständiges Molekül entwickelt.

Der Muskelfarbstoff *Myoglobin* verfügt über eine Polypeptidkette und eine Hämgruppe. Der Erythrocytenfarbstoff Hämoglobin besitzt vier ähnliche Ketten; an jede ist ebenfalls eine Hämgruppe gebunden. Die Raumstruktur verhindert die Oxydation des zweiwertigen Eisens und gibt dem Eisenatom sauerstofftransportierende bzw. -speichernde Eigenschaften; denn funktionsgemäß ist der sechste oktaedrische Ligand auf der „Rückseite" der Hämgruppe Sauerstoff. Als sechster Ligand können auch andere Moleküle und Ionen dienen, beispielsweise H_2O, CO und NO, wenn das Eisen in zweiwertiger, und H_2O, CN^-, OH^-, F^-, N_3^- und SH^-, wenn es in dreiwertiger Form vorliegt. Außer über den Koordinationskomplex und über Wasserstoffbrücken ist die Hämgruppe durch VAN-DER-WAALS- und hydrophobe Wechselwirkungen nichtkovalent an den Globinteil gebunden.

Tabelle 9.2. Hämoproteine (nach RAPOPORT)

Hämoprotein	Relative Molekülmasse	Vorkommen	Funktion
Hämoglobin	64 500	Erythrocyten	O_2-Transport
Myoglobin	17 000	Muskel	O_2-Speicherung
Katalase	240 000	Leber, Erythrocyten	H_2O_2-Stoffwechsel
Peroxidasen		verschiedene Gewebe	H_2O_2-Stoffwechsel
Cytochrom a_3	220 000 (lipidhaltiges Dimer)	Mitochondrien	Atmungskette (Endooxydase)
Cytochrom b	60 000 (Dimer)	Mitochondrien	Atmungskette
Cytochrom c	12 400	Mitochondrien	Atmungskette
Cytochrom c_1	37 000	Mitochondrien	Atmungskette
Cytochrom b_5	25 000 (Monomer)	sarkoplasmatisches Retikulum	Fettsäurenstoffwechsel
Cytochrom P-450	etwa 50 000 (Untereinheit)	sarkoplasmatisches Retikulum	Monooxygenierungen

Tabelle 9.3. Myoglobingehalt des Longissimus-dorsi-Muskels verschiedener Tierarten (nach HAMM)

Species	Mb-Gehalt (m-%)
Schwein	0,10
Schaf	0,25
Rind	0,50
Pferd	0,80
Wal	0,90

Der Hämoglobingehalt des Blutes beträgt beim Schwein 14 g/100 ml, davon sind 0,34% Eisen. (Dieselben Werte werden auch beim Menschen gefunden.) Das in Wasser und verdünnten Salzlösungen lösliche Myoglobin ist mit gleichem Eisengehalt Bestandteil der Sarkoplasmaproteine des Muskelfleisches und kommt dort in Abhängigkeit von Tier- und Muskelart, Alter, Fütterung und geforderter Arbeitsleistung in unterschiedlichen Mengen vor (0,01 ... 0,9%). Tabelle 9.3 gibt Auskunft über den Myoglobingehalt des Longissimus-dorsi-Muskels verschiedener Tierspecies.

Je nach Sauerstoffpartialdruck wird das Myoglobin oxygeniert (Gewebe) oder oxydiert (Fleisch):

$$\text{MbO}_2 \underset{-O_2}{\overset{+O_2}{\rightleftarrows}} \text{Mb} \underset{\text{Oxydationsmittel}}{\overset{\text{Reduktionsmittel}}{\rightleftarrows}} \text{MMb}^+$$

Oxymyoglobin — Myoglobin — Metmyoglobin
Fe^{2+}, hellrot — Fe^{2+}, purpurrot — Fe^{3+}, braun

Die Abhängigkeit vom Sauerstoffpartialdruck (pO_2) stellt sich folgendermaßen dar:

$pO_2 > 535$ Pa/zunehmend MbO_2
$pO_2 = 535$ Pa/MMb^+
$pO_2 < 535$ Pa/zunehmend Mb

In Gegenwart von Reduktionsmitteln und Sauerstoff ist der Vorgang reversibel. Metallisches Kupfer fördert stark die Metmyoglobin-Bildung; diese fällt durch eine ins Braune führende Farbveränderung auf. Die Beziehung zwischen der Farbe und dem Metmyoglobingehalt des Fleisches geht aus Tab. 9.4 hervor.

Auch Hämoglobin und Oxyhämoglobin wandeln sich spontan in Methämoglobin um; dieses muß sich demnach immer bilden, wenn man Blut unter Sauerstoffzutritt (Luft) stehen läßt. Der Anteil an Methämoglobin beträgt in der Gleichgewichtsmischung etwa 50%. In den Erythrocyten hingegen liegt es nur zu 0,5 ... 2% vor, und zwar in Abhängigkeit von der Tierart, dem Alter und den Umweltbedingungen.

Stabile rote Hämfarben treten immer dann auf, wenn mit Hilfe eines Elektronen-

Tabelle 9.4. Beziehung zwischen Metmyoglobinbildung und Fleischfarbe (nach HAMM)

Metmyoglobingehalt (m-% des Gesamtpigmentes)	Fleischfarbe
≦ 30	intensiv hellrot
30 ... 50	rot
50 ... 60	bräunlich-rot
60 ... 70	rötlich-braun
≧ 70	braun

paares kovalente Komplexe gebildet werden, Myoglobin-Eisen(II)-Komplexe z. B. außer mit molekularem Sauerstoff mit Stickoxid oder Carbonmonoxid, Metmyoglobin-Eisen(III)-Komplexe z. B. mit Cyanid- oder Hydroxylionen. Unbeständige ionische Komplexe bilden Myoglobin und Metmyoglobin mit Wasser.

Die gegebenen Möglichkeiten der Farbstabilisierung macht man sich bei der Pökelung zunutze. Die mit ihr erzielte Bildung beständiger Stickoxidkomplexe beruht erstens auf biochemischen Reaktionen. Dabei wird mit und ohne zusätzliche Reduktionsmittel (z. B. Ascorbinsäure, Zucker) zugesetztes Nitrat oder Nitrit zu Stickoxid sowie dreiwertiges Hämeisen zum zweiwertigen reduziert. Zweitens beruht sie auf der thermischen Denaturierung des Globins; diese führt im Falle der Pökelung zum eigentlichen farbstabilen roten Stickoxidhämochromogen. Normalerweise (Kochen von ungepökeltem Fleisch) bewirkt sie braun-graue Hämchromogene.

Eine Identifizierung der einzelnen Hämderivate ist anhand der unterschiedlichen spezifischen Lichtabsorption möglich. Die Absorptionsmaxima der wichtigsten Vertreter im sichtbaren Bereich sind in Tab. 9.5 angegeben. Beim Myoglobin ergeben andere Liganden (z. B. CO, NO oder CN^-) Komplexe mit ähnlichen Absorptionsspektren wie Oxymyoglobin (MbO_2).

Tabelle 9.5. Absorptionsmaxima von Hämderivaten im sichtbaren Wellenlängenbereich

Hämderivat	Wellenlänge (nm)				
Hb				554	
Hb-O_2			578	540	
Hb-CO			570	538	
Met-Hb (sauer)	637		582	548	504
Met-Hb (alkalisch)		603	578	540	
Mb				555	
Mb-O_2			542	580	
Met-Mb	635				505

9.2.2. Gallenfarbstoffe

In der Leber, der Milz, im Knochenmark und beim Austritt von Blut aus dem Gefäßsystem wird Hämoglobin durch körpereigene bzw. bakterielle Enzyme, mit einer Sprengung der α-Methinbrücke zwischen den Pyrrolringen A und B beginnend, unter Bildung eines offenen Tetrapyrrols zu den sogenannten Gallenfarbstoffen abgebaut. Die Farbe hängt vom verbliebenen chromophoren Molekülteil ab. Solange noch die Doppelbindungen von mehreren Pyrrolkernen konjugiert sind (*Verdoglobin, Biliverdin*), ist die Farbe grün bis blau. Im Verlauf weiterer Reduktions- und Oxydationsvorgänge wechselt sie über rot-violett nach gelb. Die wichtigsten Gallenfarbstoffe sind das orangefarbene *Bilirubin* und sein Diglucuronid.

Bilirubin

Etwa 85% des Bilirubins entstammen dem Abbau der Erythrocyten. Myoglobin, die Cytochrome und die Hämenzyme steuern lediglich 15% bei. Die braune Farbe der Fäkalien ist auf *Urobilin* und *Stercobilin* zurückzuführen. Das sind bakteriell entstandene Folgeprodukte des Bilirubins.

Grün- und blaustichige Verfärbungen von Fleisch und Fleischwaren gehen auf den Gallenfarbstoffen ähnliche Abbauprodukte des Häms von Hämo- und Myoglobin zurück, bei gepökelten Erzeugnissen auch auf nitrithaltige Porphyrinverbindungen als Folge zu hoher Nitritkonzentrationen und zu niedriger pH-Werte.

9.2.3. Chlorophylle

Von den vielfältigen Bakterien- und Pflanzenchlorophyllen sind die in den Chloroplasten höherer Pflanzen im Verhältnis 3:1 bis 5:2 auftretenden *Chlorophylle a* und *b* die wichtigsten. Beide Chlorophylle besitzen einen Dihydropyrrolring. Da sie mit Phytol und Methanol verestert sind, werden sie ebenso wie die Fettsäureester hydroxylierter Carotenoide den Farbwachsen zugerechnet. Wegen ihrer Fettlöslichkeit ordnet man sie auch den sogenannten Lipochromen zu (s. I; 3.5.).

Die Chlorophylle sind innerhalb der Chloroplasten in die Lamellen scheibenförmiger Körperchen (Grana) eingebettet, und zwar zwischen je eine Protein- und Lipidschicht. Eine Bindung zum Protein kommt durch den planaren (wasserlöslichen) Teil des Porphyrinringes, zum Lipid durch den Phytolschwanz zustande. Der Phytolkette entlang sind den Chlorophyllen meist noch Carotenoide beigefügt.

Chlorophyll a ; ($C_{55}H_{72}O_5N_4Mg$); R: $-CH_3$
blaugrün

Chlorophyll b ; ($C_{55}H_{70}O_6N_4Mg$); R: $-CHO$
gelbgrün

Eine Übersicht über die in der Natur vorkommenden wichtigsten Chlorophylle gibt Tab. 9.6. Die Absorptionsmaxima der verschiedenen Chlorophylle bewegen sich mit relativ geringen Differenzen im Wellenlängenbereich von 640...660 nm.

Im Unterschied zur Hämgruppe ist in den Porphyrin-Metall-Komplexen der Chlorophylle als Zentralatom statt Eisen Magnesium gebunden, und zwar in einer Menge von 2,7 %. Bei allen Prozessen der Lebensmittellagerung, -verarbeitung und -zubereitung, die mit der Zugabe oder der Bildung von Säuren (zumeist von Essigsäure oder aus Glutaminsäure hervorgegangener Pyrrolidoncarbonsäure) verbunden sind, wird das Magnesium aus den Komplexen herausgelöst und durch Wasserstoff ersetzt. Dabei entstehen stumpf-olivbraune *Phäophytine*. Erfolgt vor- oder nachher eine Phytolabspaltung (biologisch durch Chlorophyllase), so werden wasserlösliche grüne *Chlorophyllide* bzw. olivbraune *Phäophorbide* gebildet:

Chlorophylle (grün) $\xrightarrow[-Mg^{2+}]{+2H^+}$ Phäophytine (olivbraun)

$+H_2O$ | $-$Phytol $+H_2O$ | $-$Phytol

Chlorophyllide (grün) $\xrightarrow[-Mg^{2+}]{+2H^+}$ Phäophorbide (olivbraun)

$+H_2O$

Chlorin-monomethylester

Die weitergehende Hydrolyse der Phäophorbide führt schließlich mit der Aufspaltung des isocyclischen Seitenringes und der Ausbildung einer Carboxylgruppe am Pyrrolkern C zu *Chlorinen*. Farblose Produkte treten erst bei Sprengung der Tetrapyrrolstruktur auf, z. B. durch freie Radikale, die zwischenzeitlich als Folge einer Fotooxydation oder der Einwirkung einer Lipoxydase entstehen.

Die in Lebensmitteln am häufigsten auftretende Umwandlung zum Phäophytin verläuft nach einer Reaktion erster Ordnung und beim Chlorophyll a 5...10mal schneller als beim Chlorophyll b. In Trockenerzeugnissen hängen Ausmaß und Geschwindigkeit

Tabelle 9.6. Vorkommen von Chlorophyllen

Chlorophylltyp	Vorkommen
a	in allen Fotosyntheseorganismen mit Ausnahme von Bakterien
b	in allen höheren Pflanzen mit Ausnahme von Grünalgen sowie bestimmter Orchideen und Gewächse (Charophyta)
c	Kieselalgen, Braunalgen, einige Rotalgen
d	Rotalgen
Bacteriochlorophylle	
a	Purpurbakterien, grüne Schwefelbakterien
b	Thiococcus, Rhodopseudomonas
c + d	grüne Schwefelbakterien

unerwünschter Chlorophyllverfärbungen vom Wirkungsgrad der dem Trocknen vorangegangenen Blanchierung sowie von der verbliebenen Wasseraktivität ab.

Bemühungen, die grüne Farbe von Lebensmitteln durch gezielte Lenkung des Chlorophyllabbaues zu den etwas beständigeren Chlorophylliden oder durch mit noch anderen Maßnahmen kombinierte alkalisierende Zusätze zu stabilisieren, haben nicht zum gewünschten bzw. textur- oder nährwertmäßig vertretbaren Erfolg geführt. Verbreitet angewandt wird das Grünen von Gemüse mit Kupfersulfat und Weinsäure. Dabei erhält man zwar hitze- und lichtbeständige grüne, nichtionisierte Kupferkomplexverbindungen, aber die vorhandene Ascorbinsäure wird inaktiviert (s. I; 7.3.9.). Deshalb und wegen der generellen Gefahr des Verbleibs von Kupferionen ist diese Art der „Grünung" von Gemüsekonserven in einer Reihe von Ländern nicht erlaubt. Das gilt auch für die Lebensmittelfärbung mit kupferhaltigen Chlorophyllen oder Präparaten, die als Chlorophylline bezeichnet werden (z. B. für Cremespeisen, Gelees, Liköre und Zuckerwaren). In ihnen sind beide Esterbindungen der Chlorophylle verseift und 4 ... 6% des komplexgebundenen Magnesiums durch Kupfer ersetzt.

9.3. Isoprenoide

Unter den zahlreichen isoprenoiden Naturstoffen stellen die *Carotenoide* eine im Pflanzen- und Tierreich weit verbreitete Klasse von im wesentlichen roten und gelben Farbstoffen dar. Die meisten von ihnen sind Tetraterpene und können als aus acht Prenyleinheiten

Lycopin ($C_{40}H_{56}$)

(Isoprenresten, s. I; 10.2.1.) zusammengesetzt betrachtet werden. Der Prototyp der Carotenoide ist ein acyclischer Polyenkohlenwasserstoff, der unter dem Trivialnamen Lycopin bekannt ist.

Die Art der Prenylverknüpfung kehrt sich im Molekülzentrum um (Kopf zu Kopf, statt Kopf zu Schwanz), so daß die beiden zentralen Methylgruppen zueinander nicht in einer 1,5- sondern in einer 1,6-Position stehen. Gegenüber dem Lycopin sind alle anderen Carotenoide in einer der Molekülhälften oder auch in beiden verändert. Die Veränderungen kommen durch Hydrierung, Dehydrierung, Cyclisierung oder Oxydation bzw. durch eine Kombination derartiger Reaktionen zustande.

Die spezifischen Bezeichnungen der Carotenoide leiten sich vom Stammbegriff „Caroten" ab; diesem liegt folgende Struktur zugrunde:

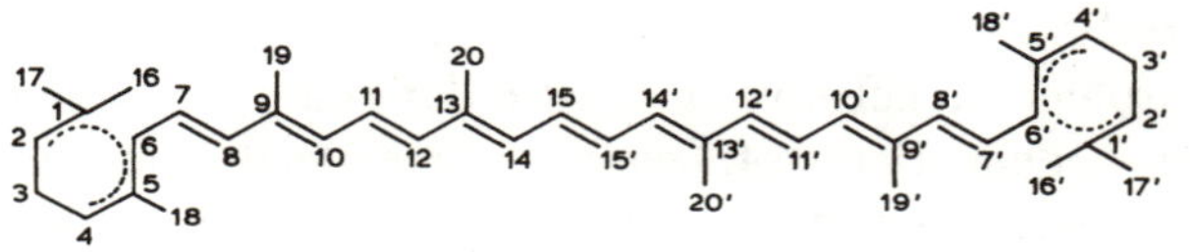

Die gestrichelten Linien in den beiden Endgruppen stellen zwei „Doppelbindungsäquivalente" dar. Die C_9-Endgruppierungen werden mit griechischen Buchstaben unterschieden, die der Bezeichnung Caroten vorangestellt werden:

Typ	Formel	Vorsilbe		Struktur (Abb. 9.3)
Acyclisch	(C_9H_{15})	ψ	(psi)	I
Cyclohexene	(C_9H_{15})	β, ε	(beta, epsilon)	II, III
Methylencyclohexan	(C_9H_{15})	γ	(gamma)	IV
Cyclopentane	(C_9H_{17})	$\varkappa$	(kappa)	V
Aryl	(C_9H_{11})	φ, χ	(phi, chi)	VI, VII

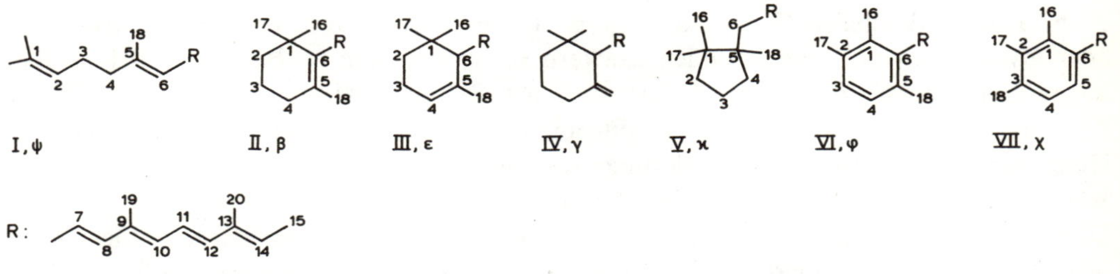

Abb. 9.3. Grundstruktur der C_9-Endgruppen von Carotenoiden

In weit größerer Zahl als die Carotenoid-Kohlenwasserstoffe selbst treten in der Natur sauerstoffhaltige (Sammelbegriff „*Xanthophylle*", Trivialnamen-Endung „Xanthin") und andere Derivate auf. Sie werden, entsprechend den Regeln der organisch-chemischen Nomenklatur, durch Vor- und Nachsilben gekennzeichnet. Insgesamt sind bisher über 60 verschiedene Endgruppierungen bekannt. Nach chemischen Gesichtspunkten lassen sich die Carotenoide in 12 Gruppen unterteilen. Ihre bekanntesten Vertreter und ihr Hauptvorkommen sind in Tab. 9.7 aufgeführt.

Auf Grund der vielen, als Chromophore wirkenden Folgen konjugierter Doppelbindungen sind theoretisch zahlreiche cis-trans-Isomere möglich. In der Natur überwiegen jedoch die energieärmeren und damit stabileren (planaren) trans-Formen. Die all-trans-Isomeren weisen die größte Farbtiefe auf. Umlagerungen in cis-Formen sind durch Einwirkung von Wärme, Licht oder Katalysatoren (z. B. Säuren) leicht möglich und führen zu Farbverlusten.

Die von der Natur jährlich hervorgebrachte Carotenoidmenge wird auf 10^8 Tonnen geschätzt. Obwohl inzwischen 563 Carotenoide bekannt sind, wird der Hauptanteil von nur vier bestritten: von *Fucoxanthin*, dem Farbstoff vieler Meeresalgen und am meisten verbreiteten natürlichen Carotenoid überhaupt sowie von *Lutein*, *Violaxanthin* und *Neoxanthin*, den vornehmlichsten Carotenoiden grüner Blätter (Tab. 9.7). Die übrigen, für die Farbe von Lebensmitteln bedeutungsvollen Carotenoide werden in wesentlich geringeren Mengen biosynthetisiert. Einige von ihnen, z. B. β-Caroten und Zeaxanthin, treten in zahlreichen höheren Pflanzen auf, andere, z. B. Lycopin (Tomate), Capsanthin (Paprikafrucht) und Bixin (Anatto-Saat), sind farbbestimmende Pigmente einzelner Früchte und Samen.

Fucoxanthin ($C_{42}H_{58}O_6$)

Die Carotenoide einer Pflanze sind zu 90% in den Blättern enthalten und liegen im allgemeinen als Gemisch vor; dieses besteht zu 20 ... 40% aus Carotenen und zu 60 ... 80% aus Xanthophyllen. Im Pflanzengewebe treten die Carotenoide sowohl als kristalline oder amorphe Feststoffe als auch in Lipiden gelöst auf. Sie können Fettsäureester darstellen (Farbwachse, z. B. das mit Laurinsäure veresterte Capsanthin) oder glycosidisch mit reduzierenden Zuckern verbunden sein (z. B. Crocetin + 2 Moleküle Gentiobiose = Crocin = Farbstoff des Safrans). Mitunter sind sie auch mit Proteinen assoziiert wie z. B. das purpurrote Astaxanthin, das beim Kochen des Hummers infolge Proteindenaturierung aus dem braungrünen Ovoverdin freigesetzt wird. Sofern Carotenoide nicht mit Kohlenhydraten oder Proteinen verknüpft sind, können sie in der Kälte und unter Lichtausschluß mit Fettlösungsmitteln wie Hexan oder Petrolether extrahiert werden. Da sie alkalistabil sind, lassen sich ihre Esterbindungen leicht verseifen.

Tabelle 9.7. Klassifizierung der Carotenoide

Gruppe	repräsentative Vertreter	Hauptvorkommen
Acyclische Carotene	Lycopin = ψ,ψ-Caroten; Phytoin = $C_{40}H_{64}$ = 15-cis-7,8,11,12,7',8',11',12'-Octahydro-ψ,ψ-caroten	Möhren, Tomaten
Acyclische Xanthophylle	Spirilloxanthin = $C_{42}H_{60}O_2$ = 1,1'-Dimethoxy-3,4,3',4'-tetrahydro-1,2,1',2'-tetrahydro-ψ,ψ-caroten	Mikroorganismen, Algen
Alicyclische Carotene	α-Caroten = (6'R)-β,ε-Caroten; β-Caroten = β,β-Caroten; γ-Caroten = β,ψ-Caroten; δ-Caroten = (6R)-ε,ψ-Caroten; ε-Caroten = (6R, 6'R)-ε,ε-Caroten	höhere Pflanzen
Alicyclische Xanthophylle	Lutein = $C_{40}H_{56}O_2$ = β,ε-Caroten-3,3'-diol (3,3'-Dihydroxy-α-caroten) Zeaxanthin = $C_{40}H_{56}O_2$ = β,β-Caroten-3,3'-diol (3,3'-Dihydroxy-β-caroten)	höhere Pflanzen
Aromatische Carotenoide	Chlorobactin = $C_{40}H_{48}$ = ψ,ψ-Caroten	Bakterien
Epoxide	Violaxanthin = $C_{50}H_{56}O_4$ = 5,6,5',6'-Diepoxy-5,6,5',6'-tetrahydro-β,β-caroten-3,3'-diol	Algen, höhere Pflanzen
Cyclopentylketone	Capsanthin = $H_{40}H_{56}O_3$ = 3,3'-Dihydroxy-$\beta,\varkappa$-caroten-6'-on	Paprika, Pollen
Carotenoide mit kumulierten Doppelbindungen (Allene)	Neoxanthin = $C_{40}H_{56}O_4$ = 5',6'-Epoxy-6,7'-didehydro-5,6,5',6'-tetrahydro-β,β-caroten-3,3'-triol Fucoxanthin = $C_{42}H_{56}O_6$	Algen, höhere Pflanzen
Alkincarotenoide	Alloxanthin = $C_{40}H_{52}O_2$ = 7,8,7',8'-Tetrahydro-β,β-caroten-3,3'-diol	maritime Lebewesen
Methyloxydierte Carotenoide	Torularhodin = $C_{40}H_{52}O_2$ = 3',4'Didehydro-$\beta,\varkappa$-caroten-16'-säure (16'-Carboxyl-3',4'-dehydro-γ-caroten)	Torulahefe, Nachtschattengewächse, Algen
Höhere Carotenoide	Decaprenoxanthin = $C_{50}H_{72}O_2$ = 2,2'-Bis(4-hydroxy-3-methyl-2-butenyl)-ε,ε-caroten	Bakterien
Abgebaute Carotenoide	Crocetin = $C_{20}H_{28}O_4$ = 8,8'-Diapocaroten-8,8'-dicarbonsäure Bixin = $C_{20}H_{30}O_4$ = Monomethylester der 9'-cis-6,6'-Diapocaroten-6,6'-dicarbonsäure	niedere und höhere Pflanzen

Der zu Farbaufhellungen in Lebensmitteln führende Abbau von Carotenoiden erfolgt meist erst nach Beschädigung oder Zerstörung der Pflanzenzellverbände und fast ausschließlich auf oxydativem Wege (s. I; 7.2.1.). Häufig sind Lipoxydasen oder zwischenzeitlich gebildete freie Radikale daran beteiligt. In Gegenwart von Lipiden tritt zumeist eine gekoppelte Oxydation ein. Die Geschwindigkeit der Carotenoidzerstörung hängt dabei vom jeweiligen System, insbesondere vom Sättigungscharakter der beteiligten Fette ab.

Zur Färbung von Lebensmitteln werden Carotenoide je nach Anwendungszweck entweder in Form fettlöslicher oder wasserlöslicher Präparate eingesetzt. 20 ... 30%ige Suspensionen in Öl werden z. B. zur Färbung von Margarine, Butter, flüssigen Nahrungsfetten, Mayonnaise und Seelachs verwendet. In kolloidale wäßrige Suspensionen oder O/W-Emulsionen eingebracht, dienen Carotenoide u. a. zur Färbung von Kalt- und Heißgetränken, Suppen, Soßen, Sirupen, Milchprodukten, Ketchup, Nudeln und Puddingen.

Zur direkten oder indirekt über Futtermittelzusätze bewirkten Lebensmittelfärbung (Eier, Broilerfleisch) sind früher häufig Carotenoidextrakte aus natürlichem Material verwendet worden. Heute werden an ihrer Stelle vielfach totalsynthetisierte Präparate eingesetzt, wie β-Caroten, β-Apo-8'-carotenal (Abb. 7.7., s. I; 7.2.1.), β-Apo-8'-carotensäureester, Canthaxanthin (β,β-Caroten-4,4'-dion) und Citranaxanthin.

Citranaxanthin ($C_{33}H_{44}O$)

Solche Verbindungen werden in kristalliner, verkapselter oder in Form von Ölsuspensionen gehandelt.

9.4. Phenylchromanderivate (Anthocyane)

Vom α-Chromen (2H-Chromen) bzw. γ-Chromon (4H-Chromen-4-on) leiten sich die Aglycone der Anthocyane und anderer Flavonoide (s. I; 11.4.) ab. Anthocyane (engl.: Anthocyanins) bewirken die rote, violette, blaue oder schwarze Färbung von Blüten, Blättern und Früchten höherer Pflanzen. Die Vielfalt der Farben beruht auf dem Vorkommen einzelner oder verschiedener Anthocyane und auf derem Zusammenwirken mit anderen, meist flavonoiden Farbstoffen (Copigmentierung). Die wasserlöslichen Anthocyane werden durch Säure- oder enzymatische Hydrolyse in eine Kohlenhydratkomponente (Glucose, Rhamnose, Galactose, Gentiobiose, Xylose oder Arabinose) und die wasserunlöslichen, in der Natur niemals frei vorkommenden Anthocyanidine gespalten. Die Anthocyane sind überdies meist „acyliert", d. h. die Zuckerkomponente ist ein- oder mehrfach verestert (z. B. mit Essig-, Kaffee-, Ferula- oder Cumarsäure).

Den Anthocyanidinen liegt die Struktur des Flavyliumkations zugrunde (vgl. I; 11.4.).

Flavylium-Kation

Sie lassen sich auf 8 Grundtypen zurückführen; diese sind in Tab. 9.8 aufgeführt und hinsichtlich ihrer chemischen Formeln charakterisiert. Am meisten davon vertreten (z. B. in Heidelbeeren, Johannisbeeren, Sauerkirschen, Blutorangen und Wein) sind die Delphinidine.

Den β-glycosidisch gebundenen Kohlenhydratrest tragen die Anthocyane im allgemeinen an der am C-Atom 3, seltener an der am C-Atom 5 befindlichen Hydroxylgruppe. Bei der Diglycosiden wird er in beiden Positionen angetroffen. Nach Art, Zahl und Stellung der Kohlenhydratreste lassen sich etwa 20 verschiedene Anthocyantypen unterscheiden. Insgesamt sind jedoch mehr als 100 natürliche Anthocyane isoliert und strukturell aufgeklärt worden.

Die Anthocyane können mit salzsaurem (1%) Methanol leicht extrahiert, chromatographisch aufgetrennt, an Hand der R_f-Werte oder der Absorptionsspektren identifiziert und mit Hilfe des molaren Absorptionskoeffizienten auch bestimmt werden.

Infolge des Elektronenmangelcharakters ihrer Flavyliumkerne sind die Anthocyane besonders reaktiv und als Resonanzhybride von Oxonium- und Carbeniumionen nucleophilen Angriffen leicht zugänglich. Mit zunehmendem pH-Wert gehen sie über

Tabelle 9.8. Grundtypen der Anthocyanidine

Anthocyanidin	Substituenten am Kohlenstoff					
	3	5	7	3'	4'	5'
Apigenidin	H	OH	OH	H	OH	H
Cyanidin	OH	OH	OH	OH	OH	H
Delphinidin	OH	OH	OH	OH	OH	OH
Hirsutidin	OH	OH	OCH$_3$	OCH$_3$	OH	OCH$_3$
Malvidin	OH	OH	OH	OCH$_3$	OH	OCH$_3$
Pelargonidin	OH	OH	OH	H	OH	H
Peonidin	OH	OH	OH	OCH$_3$	OH	H
Petunidin	OH	OH	OH	OCH$_3$	OH	OH

chinoide Anhydrobasen in die farblosen Carbinolbasen (Chromenole) über, z. B. beim Cyanidinrhamnoglucosid folgendermaßen:

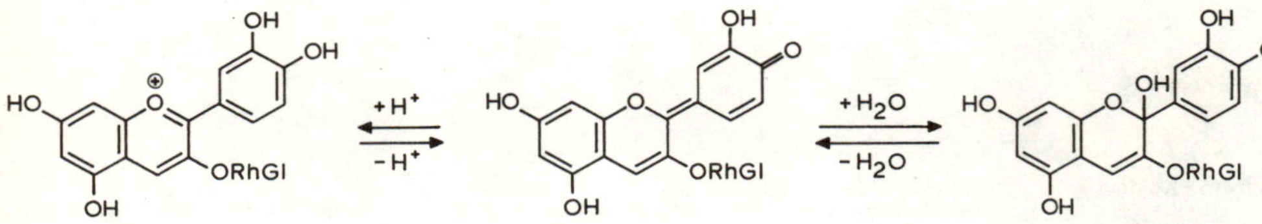

Fehlt die stabilisierende Wirkung der glycosidischen Bindungen (Anthocyanidine), erfolgt schnell ein fortschreitender Abbau:

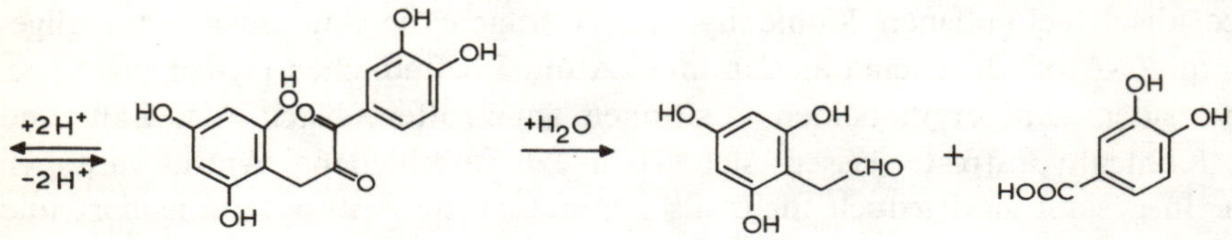

Ähnlich wie Wasser reagieren andere nucleophile Reagenzien, wie z. B. Peroxide und Schwefeldioxid. So entstehen bei Behandlung von Früchten und Fruchterzeugnissen mit schwefliger Säure farblose Chromen-4-(oder 2-)sulfonsäuren:

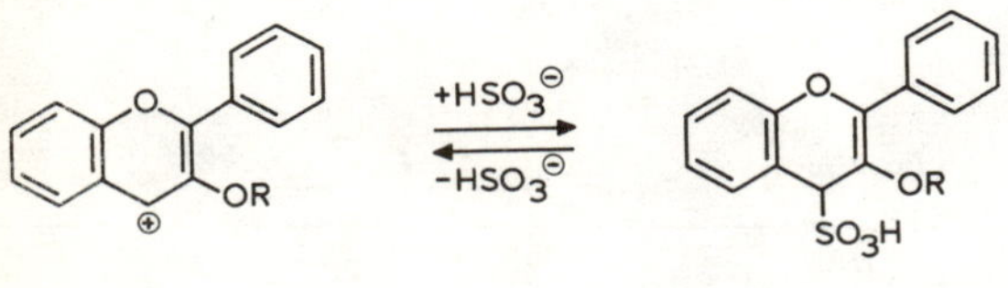

Ein oxydativer Abbau der Anthocyanidine über chinoide Formen zu farblosen Verbindungen kann auch enzymatisch durch Phenolasen unter Einbeziehung von Brenzcatechin oder anderen o-Diphenolen erfolgen (s. I; 11.5.2.). Mit Ascorbinsäure findet hingegen eine zu braun-roten Farben führende Reaktion statt, bei der sich beide Partner zersetzen. Ähnliche Farbwandlungen werden durch Kondensation mit Aminosäuren, Phenolen und Zuckerderivaten bewirkt.

Anthocyane sind im allgemeinen wesentlich wärme- und oxydationslabiler als die anderen Flavonoide. Anthocyane und weitere Flavonoide verursachen die Farbe von Rotwein und ergeben bei dessen Lagerung unlösliche braune Kondensationsprodukte.

9.5. Betalaine

Die in der Natur fast ausschließlich in den zentralsamigen Familien (Centrospermae) vorkommenden Betalaine besitzen alle dieselbe Grundformel.

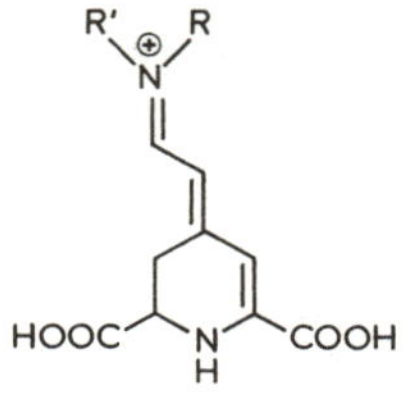

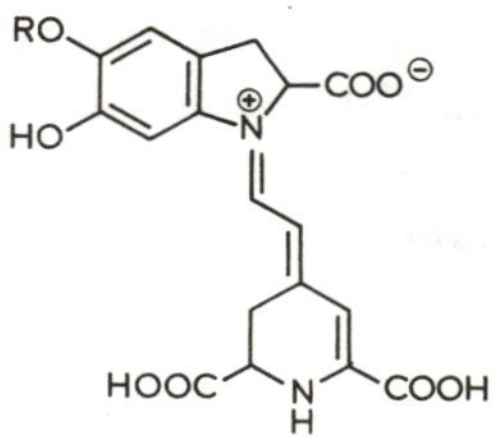

Betanidin; R:-H
Betanin; R:-Glucose

Betalain-Grundstruktur

Sind R und R' nicht in die Resonanzstruktur einbezogen, ist die Verbindung gelb und heißt Betaxanthin, sind sie einbezogen, ist die Verbindung rot bis violett und heißt Betacyanin. Durch Konfigurationsunterschiede sowie verschiedenartige Glycosidierung und Acetylierung ergeben sich zahlreiche Differenzierungsmöglichkeiten, so daß eine Palette von 70 derartigen Pflanzenfarbstoffen zustande kommt.

Das violette Betacyanin-Aglucon der roten Rübe wird als Betanidin bezeichnet. Sofern es glycosidisch mit Glucose verbunden ist, nennt man es Betanin. In Kombination mit einem citronengelben Betaxanthin ruft es die ziegelrote Färbung des Saftes der roten Rübe hervor. Wegen der Stabilität des Betanins im pH-Bereich 4 ... 6 ist schonend getrockneter Saft roter Rüben gut zur Lebensmittelfärbung geeignet. Beim Erhitzen (z. B. Konservieren) werden Betalaine unter Braun- oder Schwarzfärbung leicht zerstört.

Zur Gruppe der Betalaine gehören im erweiterten Sinne auch die Muscaaurine, das sind im Orangeton gehaltene Farbstoffe des Fliegenpilzhutes. Sie leiten sich von der Betalaminsäure ab; diese ist entweder mit Ibotensäure oder mit Glutaminsäure verknüpft.

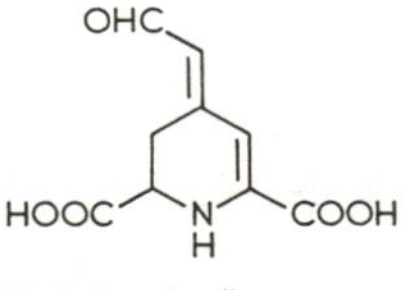

Betalaminsäure

Anthocyane und Betlaine lassen sich analytisch folgendermaßen unterscheiden:

Anthocyane	Betalaine
Absorption um 270 nm, methanol-, kaum wasserlöslich, elektrophoretisch in schwach saurer Pufferlösung zur Kathode wandernd.	Keine Absorption um 270 nm, wasser-, kaum methanollöslich, unter denselben Bedingungen zur Anode wandernd.

9.6. Chinone und Xanthone

Mit einem von blaßgelb bis tiefschwarz reichenden Farbspektrum kommen in Blütenpflanzen, Pilzen, Moosen, Algen und Bakterien zahlreiche Benzo-, Naphtho- und Anthrachinone vor. Repräsentative Vertreter sind von den über 90 aus höheren Pflanzen sowie niederen und höheren Pilzen isolierten Benzochinonen das orangegelbe, für einige Beeren farbgebende Embelin und von den 120 bekannten Naphthochinonfarbstoffen, die in Pflanzen, Bakterien und Pilzen nachgewiesen worden sind, das braune Juglon (5-Hydroxy-1,4-naphthochinon) der Walnußfruchtschale.

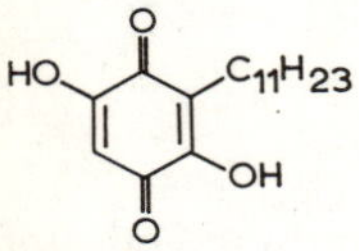

Embelin

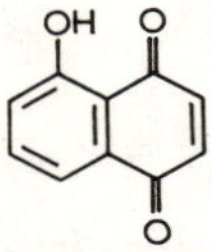

Juglon

Geläufige Beispiele für die über 170 natürlichen Anthrachinonfarbstoffe, die entweder frei oder glycosidisch gebunden auftreten, sind der rote Fliegenpilzfarbstoff Muscarufin und die aus der spanischen Schildlaus gewonnene, vielfach zur Lebensmittelfärbung verwendete Carminsäure (Cochenille).

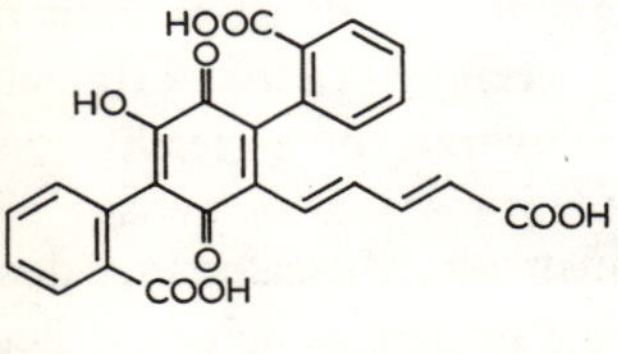

Muscarufin

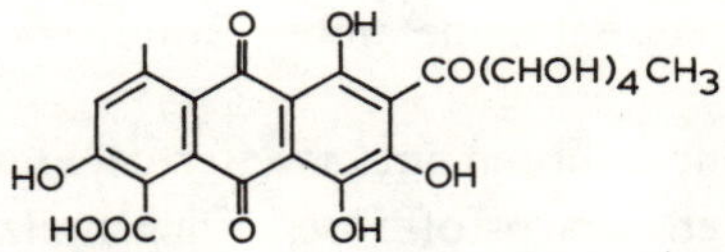

Carminsäure

Die Anthrachinonfarbstoffe kommen etwa zur Hälfte in höheren Pflanzen und im selben Ausmaß in niederen Pilzen, insbesondere in Penicillium- und Aspergillus-Arten, sowie in Flechten vor. Anthrachinonreich sind vor allem die Familien der *Rubiaceae*, *Rhamnaceae*, *Leguminosae*, *Polygomaceae*, *Verbenaceae* und *Liliaceae*.

Gemeinsam mit Chinonen und Flavonen treten in Form von Glycosiden gelegentlich auch gelbe Xanthone auf. Die bekanntesten von ihnen sind das Mangiferin der Mangofrüchte und das Gentisin der Enzianwurzel.

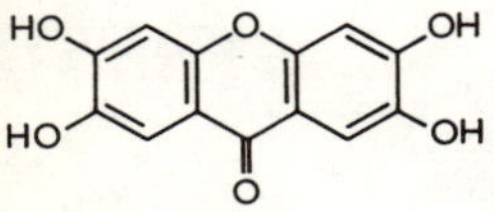

Mangiferin

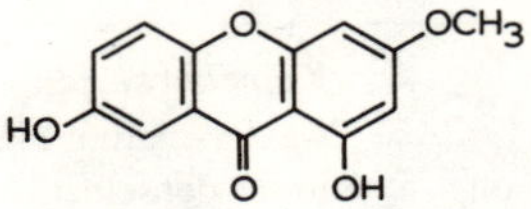

Gentisin

9.7. Weitere Farbstoffe

Eine Reihe weiterer, die Farbe von Lebensmitteln verursachender oder mitbestimmender Naturstoffe gehört den unterschiedlichsten chemischen Verbindungsklassen an. Hingewiesen sei nur auf das gelbe Curcumin (Diferulomethan), die gelben oder braunen Tannine (s. I; 11.2.), die gelben Flavine (Flavoproteine, s. I; 7.3.2.) und eine große Zahl von Phenazinen, Phenoxazonen (z. B. Actinomycine), γ-Pyronen (Flavone, s. I; 11.4.), Pyrrolen oder Vulpinsäurepigmenten.

Von wesentlicher Bedeutung sind ferner Produkte, die in Lebensmitteln bei enzymatischen oder nichtenzymatischen Bräunungsreaktionen entstehen (Melanine, s. I; 11.5.1. bzw. MAILLARD-Produkte, s. I; 2.2.4.3. und Caramel, s. I; 4.6.4.).

10. ÄTHERISCHE ÖLE

10.1. Allgemeines

Als ätherische Öle bezeichnet man die im allgemeinen angenehm riechenden öligen Produkte, die durch Wasserdampfdestillation von Pflanzen oder Pflanzenteilen bzw. durch Abpressen der äußeren Fruchtschalen einiger Citrusarten gewonnen werden. Sie verleihen vielen Lebensmitteln ihre arteigenen sensorischen Eigenschaften, insbesondere das Aroma, auch wenn sie meist nur in geringer Menge vorhanden sind. Ätherische Öle werden häufig auch zur Aromatisierung von Lebensmitteln verwendet. Sie wirken darüber hinaus appetitanregend und verdauungsfördernd durch Stimulation der Magensaftsekretion. Im Gegensatz zu den fetten Ölen und Mineralölen hinterlassen sie auf Papier keinen Fettfleck, sondern verdunsten rückstandslos.

Reine ätherische Öle (Dichte 0,8 ... 1,1; überwiegend unter 1) sind zumeist flüssig, farblos und in absolutem Ethanol, Benzen, Chloroform usw. gut löslich. Sie sind teils optisch aktiv (links- oder rechtsdrehend) und liegen in d- bzw. l-Form vor. Die entsprechenden Stereoisomeren unterscheiden sich häufig erheblich in ihren sensorischen Eigenschaften.

Ätherische Öle sind praktisch immer Stoffgemische, wobei die Einzelbestandteile von recht unterschiedlicher chemischer Struktur sein können. Man hat bisher über 500 Einzelkomponenten nachgewiesen, von denen 50 und mehr in einem ätherischen Öl vorhanden sein können; mitunter dominiert aber eine Komponente mit über 90%. Die Hauptmenge entfällt — insgesamt gesehen — auf die Terpene und deren Derivate, zu denen sowohl acyclische als auch iso- und heterocyclische Verbindungen gehören.

Während Mono- und Sesquiterpene in relativ großen Mengen auftreten, sind Diterpene nur vereinzelt (meist in den durch Extraktion gewonnenen Produkten sowie in Harzen) und Triterpene praktisch gar nicht vorhanden. Außerdem enthalten ätherische Öle benzoide Verbindungen (insbesondere Phenole und deren Derivate, aber auch Aldehyde, Alkohole, Ketone und Ester) sowie aliphatische Verbindungen (außer den bereits genannten Polyprenen) wie Aldehyde, Alkohole, Alkane, Alkene, Ester, Ketone und Säuren; weiterhin finden sich N-haltige Stoffe (z. B. Indol) und S-haltige Stoffe (z. B. Senföle).

Bei der Erforschung der Zusammensetzung der ätherischen Öle haben insbesondere die modernen chromatographischen und spektrometrischen Verfahren wertvolle Dienste geleistet.

In Abhängigkeit von der Zusammensetzung unterliegen die ätherischen Öle — ähnlich wie Fette (s. I; 3.6.) — autoxydativen Veränderungen, die durch Licht, Wärme und

Prooxydantien forciert werden. Daher werden in bestimmten Fällen zum Schutz Antioxydantien und UV-Absorber eingesetzt.

Etwa 1/3 aller höher entwickelten Pflanzenfamilien enthalten mehr oder weniger große Mengen an ätherischen Ölen. Besonders reich daran sind die Blütenknospen der Gewürznelken und die Muskatnüsse (etwa 16%), während die Rosenblätter nur etwa 0,01% enthalten. Die ätherischen Öle können in allen Pflanzenteilen vorkommen, sind aber zumeist in einem oder mehreren Pflanzenteilen angereichert. Sie liegen überwiegend — irreversibel abgelagert — in freier Form in den sogenannten Sekretbehältern (Drüsen) vor. Nur wenige sind als geruchslose nicht flüchtige Fettsäureester bzw. Glycoside gebunden und werden erst nach enzymatischer Spaltung frei, wie z. B. Bittermandelöl, Senföl und Wintergrünöl. Für Lebensmittelzubereitungen sind insbesondere die in den Gewürzen (s. II; 15.) meist in relativ großer Menge vorhandenen ätherischen Öle von Interesse.

Die Gewinnung der ätherischen Öle erfolgt wegen der Empfindlichkeit ihrer Inhaltsstoffe durch Wasserdampfdestillation, Abpressen (das gilt insbesondere für die Schalen von Citrusfrüchten) bzw. Extraktion mit Fettlösungsmitteln oder Fetten (das betrifft speziell Blütenöle oder andere wertvolle Öle, die nur in geringen Ausbeuten gewonnen werden) neuerdings auch mit flüssigem oder superkritischem Kohlendioxid. Bei der Wasserdampfdestillation treten teilweise unerwünschte Veränderungen (Entesterung, Dehydratisierung, Oxydation usw.) ein, so daß solche Produkte mitunter qualitätsgemindert sind.

Die industriell gewonnenen ätherischen Öle werden heute vielfältig in der Backwaren-, Fisch-, Fleisch-, Getränke-, Gemüse-, Milch-, Obst-, Süßwasserindustrie usw. zur Herstellung bestimmter Produkte eingesetzt.

Daneben werden die ätherische Öle enthaltenden Gewürzkräuter und Gewürze (s. II; 15.) sowohl in verschiedenen Zweigen der Lebensmittelindustrie als auch zum Würzen von Speisen verwendet, um den Fertigprodukten bestimmte sensorische Eigenschaften zu verleihen. In jüngster Zeit werden in steigendem Umfang auch industriell gewonnene Gewürzextrakte eingesetzt. Bei den Gewürzen treten aber neben den

Tabelle 10.1. Wichtige in Lebensmitteln vorkommende ätherische Öle

Eukalyptusöl	Orangenöl
Fenchelöl	Petersilienöl
Hopfenöl	Pfefferminzöl
Kardamomöl	Pomeranzenöl
Korianderöl	Rosenöl
Kümmelöl	Thymianöl
Lorbeerblattöl	Wacholderöl
Melissenöl	Wermutöl
Muskatöl	Zimtöl
Nelkenöl	Citronenöl

ätherischen Ölen noch andere Inhaltsstoffe, wie z. B. Alkaloide und Bitterstoffe, sensorisch mit in Erscheinung.

Ein großer Teil der ätherischen Öle wird für die Herstellung kosmetischer Erzeugnisse (Parfüms, Seifen usw.), die Parfümierung von Haushaltschemikalien (Waschpulver, Bohnerwachs usw.) sowie für pharmazeutische Präparate (Beruhigungsmittel, Hustensäfte usw.) genutzt. Neben den mitunter relativ teuren natürlichen ätherischen Ölen werden heute in ständig steigendem Umfang auch synthetische Produkte verwendet, die entweder den wirksamen Bestandteilen eines ätherischen Öles entsprechen (z. B. Vanillin) oder ähnliche bzw. völlig neue sensorische Eigenschaften besitzen. Teilweise werden aus den ätherischen Ölen auch bestimmte Komponenten isoliert, die dann separat eingesetzt werden, z. B. Anethol aus Anisöl oder Menthol aus Pfefferminz.

10.2. Inhaltsstoffe

10.2.1. Terpene

Der überwiegende Anteil der Terpene (*Isoprenoide*) besteht — formal gesehen — aus in Kopf-Schwanz-Stellung miteinander verknüpfter Isoprenbausteine (Isopren: C_5H_8).

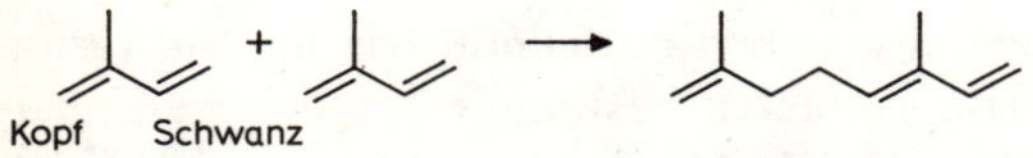

Nach der Zahl der am Aufbau beteiligten Isoprenbausteine unterteilt man die Terpene in:

— Hemiterpene   (1 Isoprenbaustein)
— Monoterpene   (2 Isoprenbausteine)
— Sesquiterpene   (3 Isoprenbausteine)
— Diterpene   (4 Isoprenbausteine)
— Sesterterpene   (5 Isoprenbausteine)
— Triterpene   (6 Isoprenbausteine)
— Tetraterpene   (8 Isoprenbausteine)
— Polyterpene   (mehr als 8 Isoprenbausteine)

Di-, Tri-, Tetra- und Polyterpene spielen aber — wie bereits ausgeführt — für ätherische Öle keine Rolle, wohl aber für andere Naturstoffe. So zählen z. B. zu den Diterpenen das Phytol (Bestandteil von Vitamin E und K_1 sowie Chlorophyll), Vitamin A und die Abietinsäure (s. I; 10.3.), zu den Triterpenen Verbindungen wie

Squalen sowie Lanosterol und zu den Tetraterpenen die meisten Carotenoide. Polyterpene aus acyclischen ungesättigten Kohlenwasserstoffen sind u. a. Kautschuk, Guttapercha und Chicle.

10.2.1.1. Monoterpene

Monoterpene sind sehr leicht flüchtig und besonders geruchsintensiv. Sie werden eingeteilt in acyclische, mono- und bicyclische Verbindungen. Einige der wichtigsten in ätherischen Ölen vorkommenden Vertreter, die für Lebensmittel Bedeutung haben, sind nachfolgend zusammengestellt:

Acyclische Monoterpene

Kohlenwasserstoffe

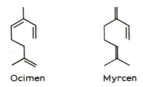

Ocimen   Myrcen

Alkohole

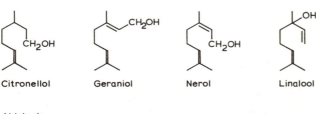

Citronellol   Geraniol   Nerol   Linalool

Aldehyde

Geranial   Neral   Citronellal
(Citral a) (Citral b)

Acyclische Monoterpene cyclisieren leicht unter Säureeinfluß, wobei überwiegend monocyclische Terpene vom p-Menthantyp (4-Isopropyl-1-methylcyclohexan) entstehen. Einige Monoterpene kommen auch als Glycoside bzw. Fettsäureester (z. B. Geraniol) vor und sind dann nicht wasserdampfflüchtig.

Monocyclische Monoterpene

Kohlenwasserstoffe

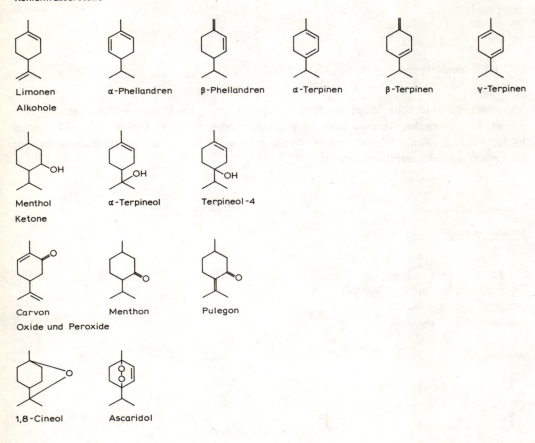

Vom *Menthol*, dem Hauptbestandteil der Pfefferminzöle (bis zu 90%), existieren 4 Isomere, von denen aber nur das (—)-Menthol den typischen Pfefferminzgeschmack besitzt.

Die ungesättigten Kohlenwasserstoffe dieser Gruppe sind auf Grund ihrer Autoxydationsanfälligkeit in erster Linie für das sogenannte „Verharzen" von ätherischen Ölen verantwortlich.

Zu den Monoterpenen zählen auch *Pyrethrine* (natürliche Insecticide), die aus bestimmten Chrysanthemenblüten (enthalten etwa 2%) gewonnen werden und das schwefel-

Bicyclische Monoterpene

Grundkörper dieser Gruppe sind:

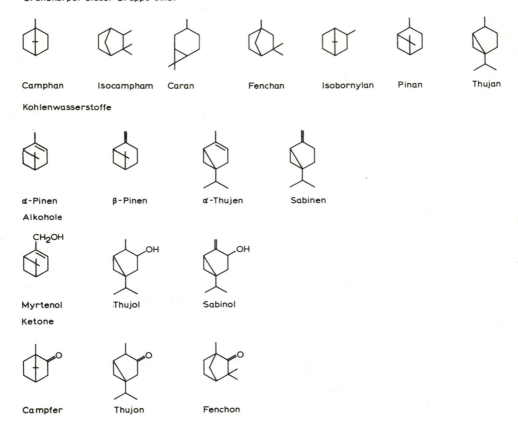

haltige p-Menth-1-en-8-thiol, eine sehr aromaintensive Verbindung, die gemeinsam mit Nootkaton entscheidend für die sensorischen Eigenschaften von Grapefruitsaft verantwortlich ist.

10.2.1.2. Sesquiterpene

Bei den Sesquiterpenen — sie kommen vorwiegend in höheren Pflanzen vor — unterscheidet man ebenfalls zwischen acyclischen, mono-, bi- und tricyclischen Vertretern. Für Lebensmittel sind die nachfolgend angegebenen Verbindungen von Bedeutung:

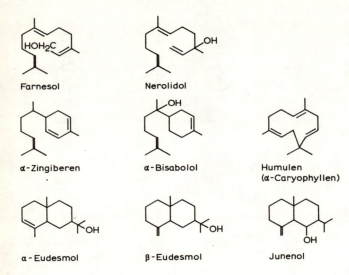

10.2.2. Benzoide Verbindungen

Neben den Terpenen sind benzoide (aromatische) Verbindungen — insbesondere Phenole und deren Derivate — wesentliche Bestandteile der ätherischen Öle. Einige der wichtigsten Vertreter sind nachfolgend aufgeführt:

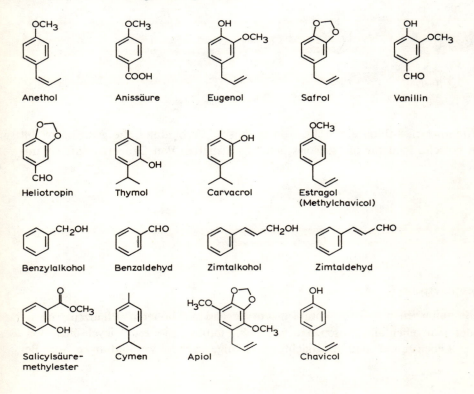

10.2.3. Aliphatische Verbindungen

Kohlenwasserstoffe (außer terpenoiden Verbindungen) spielen mengenmäßig bei den ätherischen Ölen keine Rolle; es sind bisher Alkane (C_6 ... C_{35}) neben einigen Alkenen und Alkinen nachgewiesen worden. Carbonsäuren (meist gesättigte Vertreter mit 2 ... 16 Kohlenstoffatomen) liegen in ätherischen Ölen, vorzugsweise als Ester gebunden, z. T. in beträchtlichen Mengen vor. Ketone hingegen (überwiegend C_7 ... C_{11}) sind meist nur in Spuren vorhanden, während sich Aldehyde (insbesondere C_5 ... C_{14}) wiederum in größeren Mengen finden.

10.2.4. Heterocyclische Verbindungen

Zu den wichtigsten Vertretern dieser Gruppe zählen das *Cumarin* — der typische Duftstoff von Waldmeister, Heu und Steinklee — und Cumarinderivate (z. B. Limettin, Bergamottin, Bergaptol, Bergapten, Isopimpinellin usw.), die u. a. auch in Citrusölen vorhanden sind, sowie das im Jasminblütenöl enthaltene Indol.

Cumarin   Limettin   Bergaptol   Bergapten   Indol

Als Bestandteil der ätherischen Öle liegen die Cumarine in freier Form vor. Im allgemeinen aber sind sie glycosidisch gebunden und werden erst beim Trocknen der entsprechenden Pflanzen frei. Cumarine sind bisher in über 150 Pflanzen nachgewiesen worden. Cumarin wurde früher vielfältig als Aromastoff bei Lebensmitteln verwendet. Heute ist es für diese Zwecke in den meisten Ländern verboten, da man tierexperimentell eine leberschädigende Wirkung nachgewiesen hat.

Einige *Furocumarine* (Cumarin mit in 6,7- oder 7,8-Stellung an kondensiertem Furanring) können nach percutaner (auch peroraler) Absorption unter Lichteinwirkung Erythrem- und Blasenbildung auf der Haut verursachen (Wiesendermatitis), wie z. B. Bergapten oder Psoralen. Das 7,8-Furocumarin Angelicin kommt in der Angelicawurzel (Engelwurzel) vor, deren ätherisches Öl zum Aromatisieren von Kräuterlikören (z. B. Chartreuse, Angelicalikör) verwendet wird.

10.2.5. Sonstige Verbindungen

Blausäurehaltige Verbindungen

Das ätherische Öl der bitteren Mandeln (etwa 0,6%), das nach Abpressen des fetten Öls (40 ... 50%), Ansteigen des Rückstandes mit Wasser (50 ... 60%), Stehenlassen

(10 ... 15 h) und anschließende Wasserdampfdestillation gewonnen wird, enthält als Hauptkomponente Benzaldehyd und daneben (bis maximal etwa 10%) Blausäure bzw. Mandelsäurenitril. Die beiden letztgenannten Verbindungen sind toxisch und müssen vor Einsatz des Bittermandelöles bei Lebensmitteln restlos entfernt werden. Benzaldehyd liegt in den bitteren Mandeln nicht in freier Form vor, sondern wird erst nach Zerkleinerung und Anteigen der Samen mit Wasser enzymatisch (Emulsin und Oxynitrilase) aus dem cyanogenen Glycosid Amygdalin (D(−)-α-Mandelsäurenitril-β-gentiobiosid) gebildet.

Ph-CH(CN)-O-Gentiobiose + 2 H$_2$O → HCN + Ph-CHO + 2 Glucose

Weitere derartige cyanogene Glycoside, die enzymatisch über die Zwischenstufen der Cyanhydrine zu Blausäure, den entsprechenden Kohlenhydraten und Carbonylverbindungen umgesetzt werden, finden sich in den Kernen anderer Prunusarten (z. B. Aprikose, Kirsche, Pfirsich), Holunderbeeren (Sambunigrin) und in größeren Mengen (um 0,2% gebundene Blausäure) in der Limabohne (Mondbohne), unreifem Bambus, Zuckerhirse und Maniok (Cassava).

Die wichtigsten cyanogenen Glycoside sind:

Linamarin   Prunasin   Amygdalin   Dhurrin

Das in der Lebensmittelindustrie (Back- und Süßwarenherstellung, Likörfabrikation usw.) eingesetzte Bittermandelöl wird überwiegend aus Aprikosenkernen gewonnen. Künstliches Bittermandelöl ist ein in Pflanzenfett gelöster Benzaldehyd.

Schwefelhaltige Verbindungen

Speziell in den Samen bzw. Wurzeln von Cruciferen (z. B. Senf und Raps sowie Rettich und Meerrettich), in Weißkohl und anderen Brassicaarten sowie in den Zwiebeln von Alliumarten (z. B. Knoblauch und Küchenzwiebel) treten S-haltige Verbindungen besonders in Form von Alkyl- und Alkenylsulfiden, Isothiocyanaten (Senfölen), Thiocyanaten, Nitrilen sowie Sulfoxiden auf. Diese meist sehr geruchs- bzw. geschmacksintensiven Stoffe werden z. T. erst bei der Aufarbeitung (Zerstörung der Zellen) aus geruchlosen Vorstufen enzymatisch in Freiheit gesetzt, da das betreffende Enzym in gesonderten Zellen, isoliert von den Vorstufen, vorkommt. So werden z. B. bei Raps und Senf aus bestimmten Thioglycosiden (Glucosinolate, Senfölglycoside) durch das Enzymsystem Myrosinase (ein Gemisch von β-Thio-D-glucosidase und Sulfatase) Isothiocyanate bzw. Thiocyanate oder Nitrile gebildet.

$$R-C{\overset{N-OSO_2O^-Me^+}{\underset{S-Glucose}{\diagup}}} + \xrightarrow[(Enzym)]{H_2O} R-N=C=S \quad + MeHSO_4$$
$$\text{Isothiocyanat} + \text{Glucose}$$

Senf- bzw. Rapssamen enthalten bis zu 8% Thioglycoside. In diesen Samen sind bisher etwa 10 verschiedene Thioglycoside und die daraus entstehenden Isothiocyanate nachgewiesen worden.

So kommt z. B. als Hauptbestandteil des ätherischen Öls vom schwarzen Senf das Allylisothiocyanat vor, das aus dem Thioglycosid Sinigrin entsteht.

$$CH_2=CH-CH_2-C{\overset{N-OSO_2OK}{\underset{S-Glucose}{\diagup}}} + \xrightarrow[(Enzym)]{H_2O} CH_2=CH-CH_2-N=C=S \quad + KHSO_4 + \text{Glucose}$$

Im weißen Senf liegt hauptsächlich das Thioglycosid Sinalbin vor, aus dem enzymatisch das p-Hydroxybenzyl-isothiocyanat entsteht.

$$HO-\bigcirc-CH_2-C{\overset{N-OSO_2O^-Me^+}{\underset{S-Glucose}{\diagup}}} + \xrightarrow[(Enzym)]{H_2O} HO-\bigcirc-CH_2-N=C=S \quad + MeHSO_4 + \text{Glucose}$$

Das in Raps und Kohl vorkommende Progoitrin nimmt insofern eine Sonderstellung ein, als sich das daraus bildende 2-Hydroxy-3-butenyl-isothiocyanat leicht zu dem kropfbildenden 5-Vinyl-2-thiooxazolidon (*VTO* oder Goitrin) cyclisiert.

Thiooxazolidone hemmen — vereinfacht ausgedrückt — die Iodierung von Tyrosin zum Schilddrüsenhormon Thyroxin, was nur durch Thyroxingaben verhindert werden kann. Die ebenfalls strumigenen Thiocyanate inhibieren demgegenüber die Anreicherung bzw. Aufnahme von Iod am Schilddrüsenepithel, was nur bei Iodmangel auftritt, durch erhöhtes Iodangebot in der Nahrung (z. B. iodiertes Speisesalz) aber ausgeglichen werden kann.

In unverletzten Knoblauchzwiebeln kommt das geruchlose, antibiotisch unwirksame Alliin (S-Propenyl-L-cysteinsulfoxid) vor, das beim Zerkleinern der Zwiebeln unter dem Einfluß des Enzyms Alliinase in das antibiotisch wirksame Allicin übergeht, aus dem sich sekundär u. a. das in Knoblauchöl enthaltene unangenehm riechende Diallyldisulfid sowie Propensulfensäure, Thioacrolein und Ajoene bilden können.

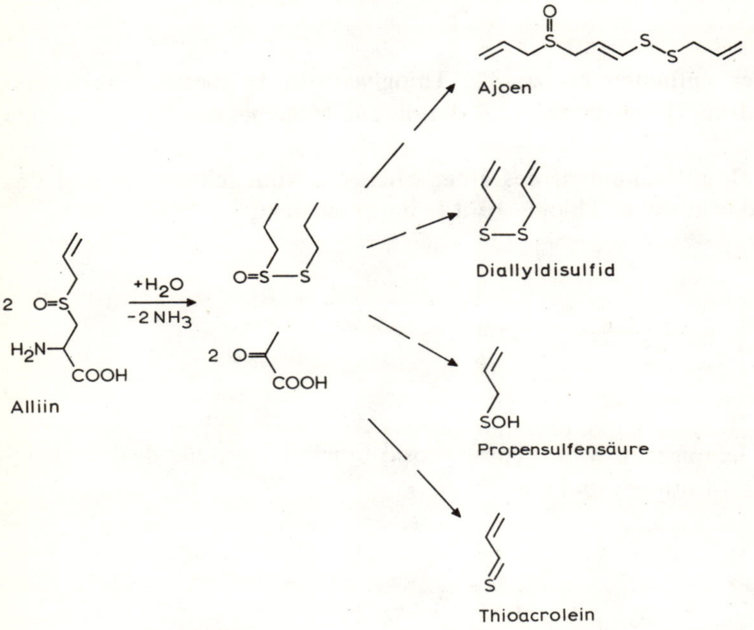

Die aus Thioglycosiden enzymatisch gebildeten Senföle können sekundär zu Carbonylsulfid (Kohlenoxisulfid) und (bei höheren Temperaturen) zu Schwefelkohlenstoff weiter umgesetzt werden, wie die nachstehenden (vereinfachten) Reaktionsgleichungen zeigen:

$R-NCS + H_2O \rightarrow R-NH_2 + O=C=S$
$O=C=S + H_2O \rightarrow H_2S + CO_2$
$R-NCS + H_2S \rightarrow R-NH_2 + CS_2$

10.3. Balsame, Harze

Als Balsam bezeichnet man Lösungen natürlicher Harze in ätherischen Ölen. Harze sind lipophile, meist amorphe, feste bis halbfeste organische Stoffgemische, bei denen ähnlich wie bei den ätherischen Ölen Terpene (z. B. sogenannte Harzsäuren und Harzalkohole) und Phenole dominieren.

Die Balsame werden von Pflanzen abgeschieden, z. B. die bekannten Terpine, die beim Verletzen von Nadelhölzern (Kiefer, Lärche, Fichte) auftreten und nach Wasserdampfdestillation das Terpentinöl (enthält etwa 60% α-Pinen, das u. a. Ausgangsmaterial für die Synthese von Campfer ist) sowie als Rückstand nach dem Schmelzen das wichtige Naturharz Kolophonium (Lackrohstoff) liefern. Kolophonium besteht bis zu 90% aus Harzsäuren, wie z. B. Abietinsäure und ähnlichen Carbonsäuren.

Abietinsäure   α-Pinen

Neben Naturharzen und modifizierten Naturharzen (hydrierte, veresterte, oxydierte Produkte usw.) kennt man eine große Zahl von Kunstharzen.

Als Lebensmittelinhaltsstoffe spielen natürliche Balsame und Harze keine Rolle, wohl aber können bestimmte Naturharze (z. B. Benzoeharz, Mastix und Schellack) oder Kunstharze (z. B. Cumaronharze) als Überzugs- bzw. Glasurmittel (z. B. bei Käse, Früchten, Röstkaffee usw.) eingesetzt werden.

11. PFLANZENPHENOLE

11.1. Allgemeines

Phenolische Substanzen finden sich in außerordentlicher und nahezu unüberschaubarer Mannigfaltigkeit im Pflanzenreich, wenngleich sie auch als Lebensmittelbestandteile mengenmäßig keine große Rolle spielen. Sie können aber unter Umständen auf Grund ihrer Reaktionsfreudigkeit zu zahlreichen unerwünschten Veränderungen in Lebensmitteln Anlaß geben, wie z. B. enzymatische und nichtenzymatische Verfärbungen, Trübungen, negative Geschmacksbeeinflussung, Enzyminhibierung usw. Anderseits sind bestimmte Pflanzenphenole aber auch durch positive Geschmacksbeeinflussung, Farbgebung, antioxydative und antimikrobielle sowie pharmakologische Wirkung ausgezeichnet.

Die Einteilung der für Lebensmittel bedeutungsvollen Substanzen erfolgt zweckmäßigerweise in 3 Gruppen:

— C_6-C_1-Grundkörper
— C_6-C_3-Grundkörper
— C_6-C_3-C_6-Grundkörper

11.2. C_6—C_1-Grundkörper

Hierzu zählen in erster Linie die verschiedenen Hydroxybenzoesäuren mit folgenden Hauptvertretern:

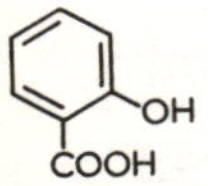

Salicylsäure 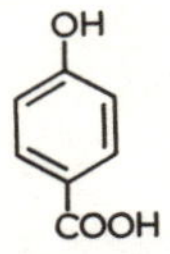
4-Hydroxybenzoesäure 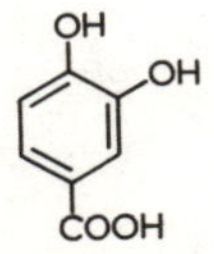
Protocatechusäure 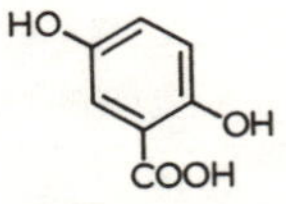
Gentisinsäure

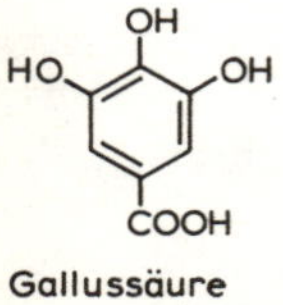

Gallussäure
Vanillinsäure 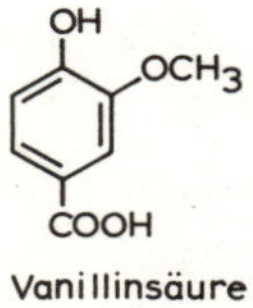
Syringasäure

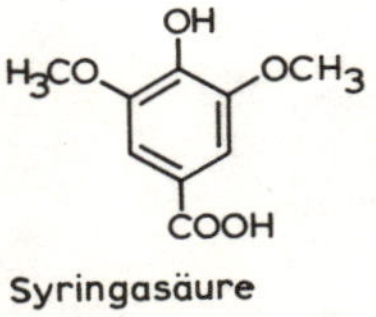

Über das Auftreten dieser Säuren in Lebensmitteln in freier Form bzw. als Ester oder O-Glycoside sind wir noch recht unzureichend informiert, da sie mengenmäßig meist nur in Spuren (bis 0,1 % bezogen auf Trockensubstanz) vorhanden sind und damit ihre Erfassung und Charakterisierung nicht einfach ist, wenngleich gerade in den letzten Jahren durch Einführung insbesondere chromatographischer Arbeitsverfahren auf diesem Gebiet wesentliche Fortschritte erzielt werden konnten. Es ist aber zu vermuten, daß die Hydroxybenzoesäuren bzw. deren Derivate ubiquitär sind, nachdem sie z. B. in verschiedenen Obst- und Gemüsearten, in Cerealien und Tee nachgewiesen und bestimmt werden konnten.

Relativ große Mengen an Gallussäure finden sich in den sogenannten *hydrolysierbaren Gerbstoffen* (Gallotannine, Estergerbstoffe), bei denen Glucose oder ein anderer Zucker ein- oder mehrfach mit Gallussäure verestert ist. Zumeist liegen mehrere untereinander verknüpfte Gallussäureeinheiten vor, die mit einer Hydroxylgruppe des Zuckers verestert sind, wobei die Gallussäuren untereinander depsidartig (Typ I) oder über eine C-C-Bindung (Typ II) verknüpft sind.

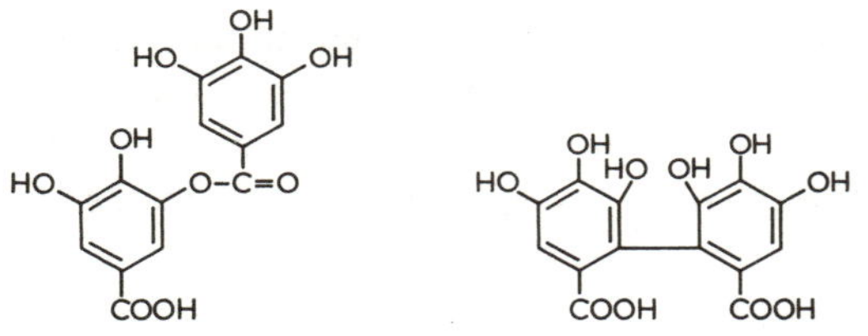

m-Digallussäure (Typ I)

Hexahydroxydiphensäure (Typ II)

Gerbstoffe vom Typ II werden mitunter auch als *Ellagengerbstoffe* bezeichnet, da sich bei der sauren Hydrolyse solcher Gerbstoffe die Ellagsäure bildet.

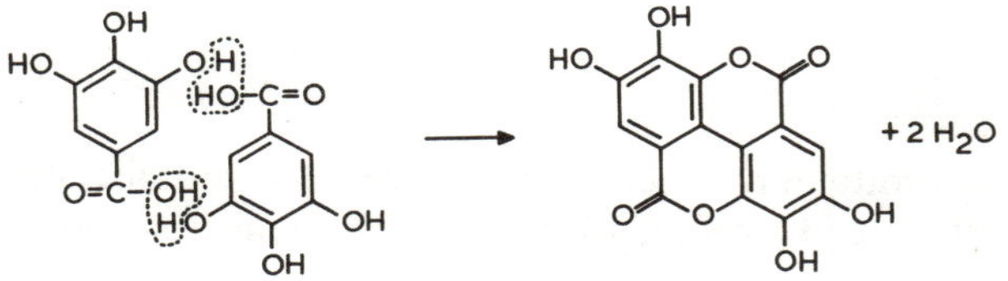

Ellagsäure $+ 2 H_2O$

Hydrolysierbare Gerbstoffe kommen — entgegen früheren Ansichten — als Lebensmittelbestandteil kaum in Betracht. Sie finden sich aber in größeren Mengen u. a. in den sogenannten Pflanzengallen.

11.3. C_6—C_3-Grundkörper

Typische Vertreter dieser Gruppe sind die *Hydroxyzimtsäuren* (Hydroxyphenyl-propensäuren) und die *Hydroxycumarine*, aber auch Aminosäuren wie Tyrosin und Dihydroxyphenylalanin zählen zu diesen monomeren *Phenylpropanderivaten*. Einige dieser Verbindungen verhindern als Hemmstoffe die vorzeitige Keimung der Samen in der Frucht (sogenannte Blastocoline) wie z. B. Cumarin, Ferulasäure und Kaffeesäure.

Die wichtigsten Hydroxyzimtsäuren sind:

p-Cumarsäure   o-Cumarsäure   Kaffeesäure   Ferulasäure   Sinapinsäure

Hydroxyzimtsäuren kommen in der Natur überwiegend als Ester, aber auch als O-Glycoside vor, sind (E)-konfiguriert und dürften ubiquitär sein. In Lebensmitteln bewegt sich normalerweise der Gehalt an Derivaten der Hydroxyzimtsäuren um bzw. unter 0,2% bezogen auf Trockensubstanz, wenn man von Ausnahmen absieht, wie z. B. Kaffee, der im Rohprodukt etwa 5...8%, sowie Tabak, der etwa 2...4% *Chlorogensäuren* (Caffeoylchinasäuren) und zwar überwiegend 3-0-Caffeoyl-chinasäure (meist nur als Chlorogensäure bezeichnet) enthält.

Chlorogensäuren sind vielfach in Lebensmitteln nachgewiesen worden, während über das Vorkommen der anderen Hydroxyzimtsäuren bzw. deren Derivate weit weniger Angaben vorliegen.

Die intermolekularen Veresterungsprodukte von Phenolcarbonsäuren, wie z. B. m-Digallussäure bzw. Phenolcarbonsäuren, mit anderen Hydroxysäuren, wie z. B. Chlorogensäure, werden als *Depside* bezeichnet.

Hydroxybenzoe- und Hydroxyzimtsäuren sind im allgemeinen in Wasser schlecht, in Alkohol aber gut löslich. Ihre Schmelzpunkte liegen zwischen etwa 433 und 523 K

(160 und 250 °C). Zur Analytik dieser Verbindungen werden insbesondere chromatographische und spektrometrische Verfahren eingesetzt.

Allylphenole, wie *Chavicol* und *Eugenol*, sind Bestandteil von ätherischen Ölen. Zu den natürlichen Lignanen, bei denen zwei Phenylpropaneinheiten am β-C-Atom der Seitenkette durch oxydative Kupplung miteinander verknüpft sind, gehört die *Nordihydroguajaretsäure*, die als Antioxydans bei Lebensmitteln eingesetzt wird (I; 15.2.4.).

Die durch Reduktion an der Carboxylgruppe in vivo aus den Hydroxyzimtsäuren Ferula- und Sinapinsäure entstandenen Alkohole (Coniferyl- und Sinapinalkohol) bilden die Grundbausteine des polymeren Phenylpropanderivates *Lignin* (relative Molekülmasse > 10000). Die Holzsubstanz höherer Pflanzen besteht zu etwa 30% aus Lignin, das analytisch neben Cellulose, Hemicellulosen usw. als Rohfaser (Ballaststoffe) erfaßt wird.

Nordihydroguajaretsäure   Coniferylalkohol   Sinapinalkohol

Hydroxycumarine sind formal Lactone bestimmter Hydroxyzimtsäuren, während Cumarin selbst aus o-Cumarsäure entsteht. Die bekanntesten Vertreter sind:

Äsculetin   Scopoletin   Umbelliferon   Daphnetin

Die Hydroxycumarine liegen vermutlich in der Natur nur als Glycoside vor. Über die Verbreitung und das mengenmäßige Vorkommen in Lebensmitteln existieren nur wenige Angaben; so wurden z. B. in Chicorée, Kartoffeln, Möhren, Radieschen, Salat, Schwarzwurzeln, Sellerie und Tabak Mengen meist unter 1 mg/kg festgestellt. Größere Mengen an *Äsculin* (Äsculetin-6-glucosid) finden sich in der Roßkastanie und werden in der Medizin bei Varizen, Hämorrhagien und ähnlichen Erkrankungen sowie als UV-Absorber in Lichtschutzsalben verwendet.

11.4. C_6—C_3—C_6-Grundkörper

Die große Gruppe der *Flavonoide*, deren Name sich davon herleitet, daß die überwiegende Zahl der hierzu gehörenden Verbindungen gelb (lat.: flavus = gelb) gefärbt ist, läßt sich vom *Flavan* (2-Phenyl-chroman) bzw. *Flaven* (2-Phenyl-4H-chromen) ableiten, die beide dem in der Natur häufig vorkommenden $C_6-C_3-C_6$-Bauprinzip entsprechen.

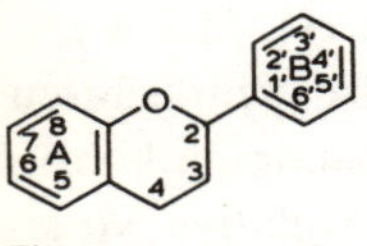

Flavan 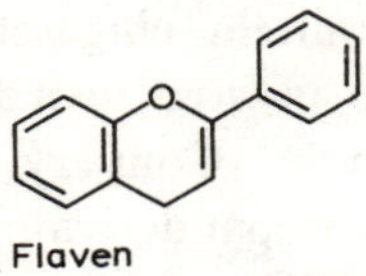   Flaven

Davon ausgehend kann man eine Unterteilung in folgende Klassen vornehmen, wobei die üblichen Trivialnamen beibehalten werden sollen:

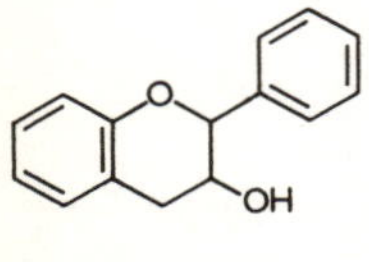

Flavanole 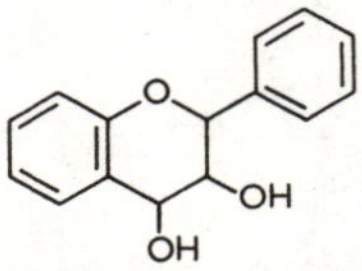   Flavandiole 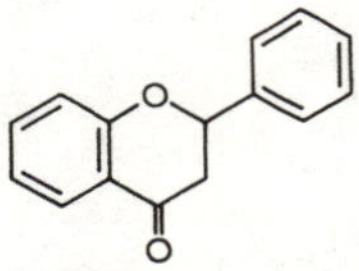   Flavanone 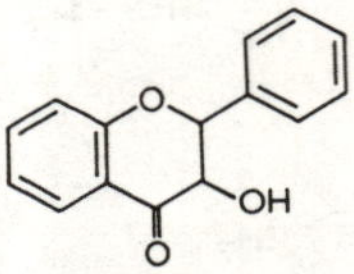   Flavanonole

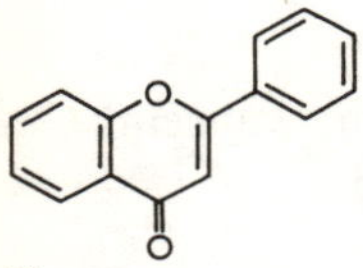

Flavone 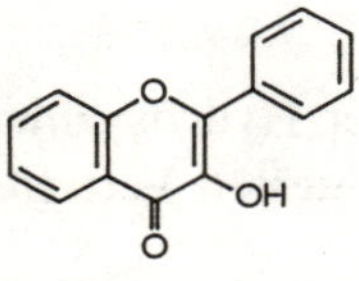   Flavonole 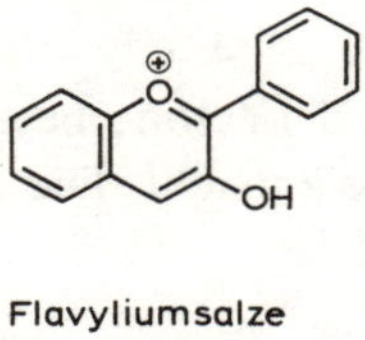   Flavyliumsalze

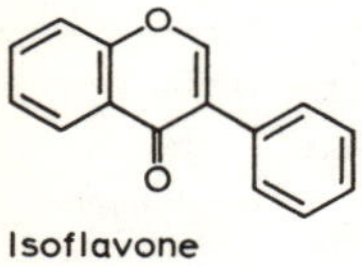

Isoflavone 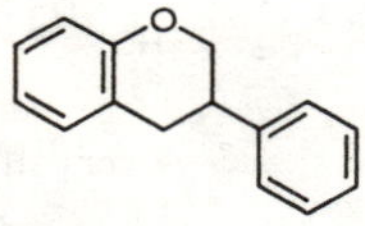   Isoflavane

Aurone und *Chalkone* (1,3-Diarylpropen-3-one) zählt man ebenfalls zu den Flavonoiden.

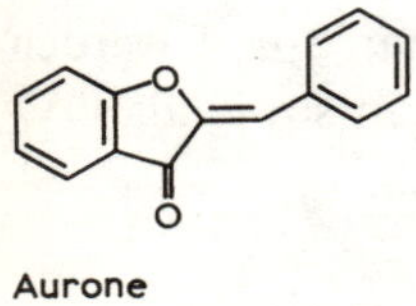

Aurone 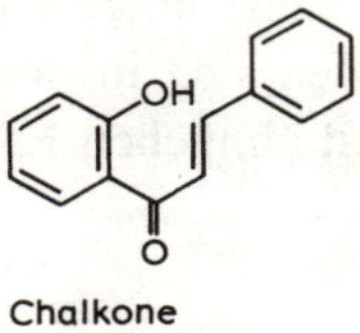   Chalkone

Von wenigen Ausnahmen abgesehen enthalten bei den Flavonoiden die Ringsysteme A und B phenolische OH-Gruppen, die bevorzugt an den C-Atomen 5 und 7 bzw. 3' und 4' sitzen. Diese Hydroxygruppen können frei, alkyliert, acyliert (z. B. mit 4-Hydroxyzimtsäure) oder O-glycosidisch gebunden vorliegen. Als Zuckerkomponente bei den vorherrschenden Mono- und Disacchariden tritt meist Glucose auf, wobei die Bindung vorzugsweise am C-Atom 7 bzw. 3 erfolgt. *Flavyliumsalze* (2-Phenylchromyliumsalze), kommen in der Natur praktisch nur als Glycoside (Anthocyanine) vor. Neben den O-Monosiden treten auch O-Bioside, seltener aber O-Trioside auf.

Die Flavonoide finden sich — ebenfalls wie die Hydroxyzimtsäuren — bevorzugt in den Blättern, Blüten und Früchten verschiedener Pflanzen. *Isoflavone* und *-flavane* sowie *Aurone* und *Chalkone* kommen nach dem derzeitigen Stand unserer Kenntnisse als Lebensmittelinhaltsstoffe kaum in Betracht. Die Flavonoide sind typische sekundäre Pflanzeninhaltsstoffe und werden nicht von Bakterien und Pilzen produziert.

Für die Trennung von Flavonoiden haben sich chromatographische Methoden und für die Bestimmung spektrometrische Verfahren gut bewährt.

Polyhydroxyflavan-3-ole

Wichtigste natürliche Vertreter sind die farblosen *Catechine* (3,5,7,3′,4′-Pentahydroxyflavane) und *Gallocatechine* (3,5,7,3′,4′,5′-Hexahydroxyflavane). Die Flavanole werden daher häufig auch als Catechine bezeichnet.

	R^1	R^2
Catechin	OH	H
Gallocatechin	OH	OH

Auf Grund der zwei Chiralitätszentren kommen vier Stereoisomere in Betracht.

Die Catechine und Gallocatechine kommen überwiegend in Pflanzen frei, seltener glycosidisch gebunden vor; sie können aber auch mit Gallussäure verestert als Catechin- bzw. Gallocatechin-3-gallate vorliegen. Größere Mengen an Catechinen sind in unfermentiertem Tee (etwa 20%), Kakao (etwa 4%) und Colanüssen (etwa 4%) anzutreffen, aber auch Obst enthält derartige Verbindungen in geringen Mengen (meist unter 0,1%). Die Catechine selbst besitzen noch keine echten Gerbstoffeigenschaften.

Catechine sind aber (ebenso wie bestimmte Flavandiolderivate) Muttersubstanz der kondensierten (nicht hydrolysierbaren) *Gerbstoffe*, die daraus enzymatisch oder nicht enzymatisch durch Ausbildung von C—C-Bindungen entstehen können. Das ist z. B. bei der Aufarbeitung von Tee und Kakao von Bedeutung (s. II; 20. und 21.), da sie aus den Catechinen gebildeten Gerbstoffe mit für die Qualität der Finalprodukte verantwortlich sind.

Polyhydroxyflavan-3,4-diole

Hydroxyflavan-3,4-diole (*Leucoanthocyanidine*) sind bisher in einigen Lebensmitteln wie Tee, Kakao sowie in den Samenschalen von Leguminosen nachgewiesen worden; in ihrer Konstitution sind bisher aber nur wenige aufgeklärt. Typische Vertreter sind:

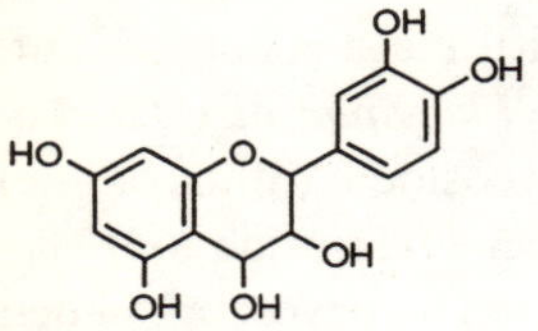

Leucocyanidin

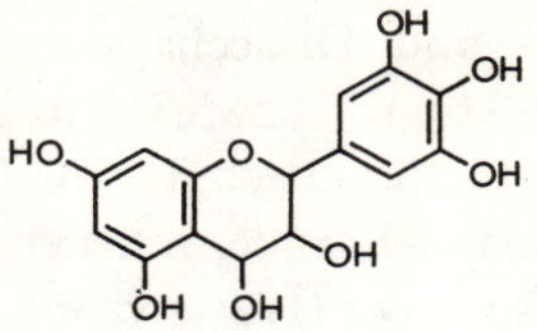

Leucodelphinidin

Flavanone und Flavanonole

Flavanone finden sich in geringer Menge als Lebensmittelbestandteil vorzugsweise im Fruchtfleisch und Pericarp von Citrusfrüchten und liegen überwiegend als Glycoside vor.

Die bekanntesten Flavanone in Citrusfrüchten sind:

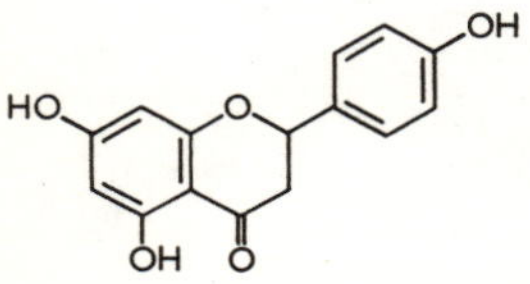

Naringenin

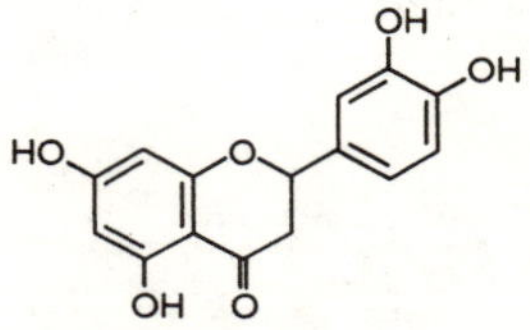

Eriodictyol

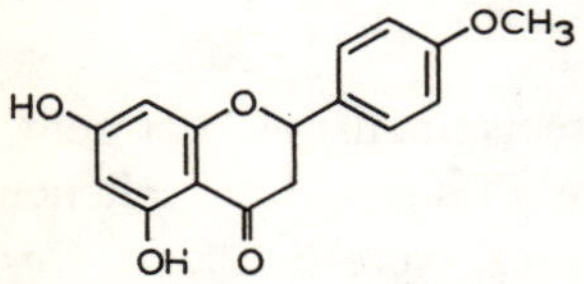

Citrifoliol

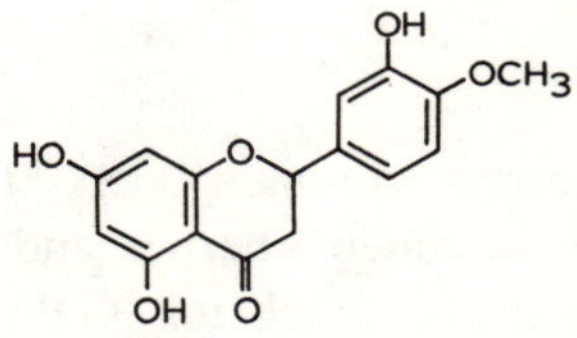

Hesperitin

Flavanole sind als Inhaltsstoff von Lebensmitteln ohne Bedeutung; sie sind aber in verschiedenen Holzarten in größeren Mengen vorhanden (z. B. das Aromadendrin, Pinobanksin und Taxifolin.

Flavone und Flavonole

Flavone und Flavonole — sie leiten sich vom Flaven ab — kommen in Form von Glycosiden, seltener frei als gelbe Farbstoffe in der Natur vor, besonders in Citrusfrüchten und Umbelliferen.

Flavone spielen als Lebensmittelbestandteil mengenmäßig keine Rolle. Die beiden bekanntesten Flavone, die auch für pharmazeutische Zwecke (als Spasmolyticum bzw. Antihämorrhagicum) eingesetzt werden, sind:

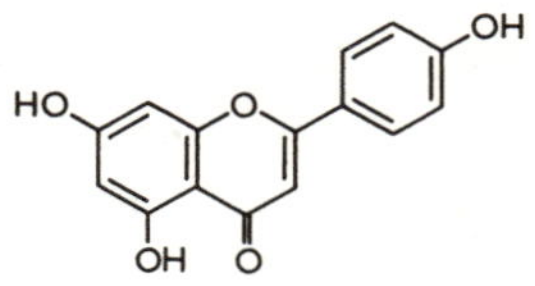

Apigenin

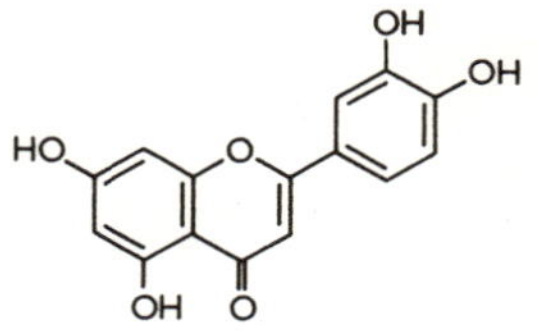

Luteolin

Unter den Flavonoiden ist die Gruppe der Flavonole zweifellos die größte und auch die verbreitetste. Flavonole finden sich u. a. in verschiedenen Früchten, in Gemüse, Tee, Tabak und Kartoffeln. Die wichtigsten Vertreter sind Kämpferol und Quercetin sowie Myricetin und Isorhamnetin.

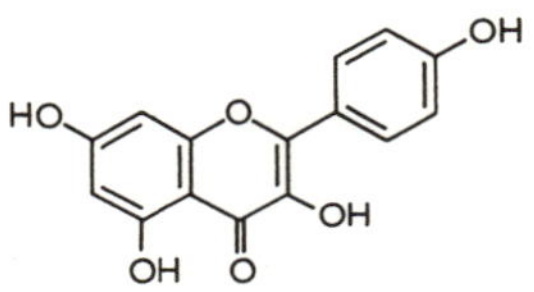

Kämpferol

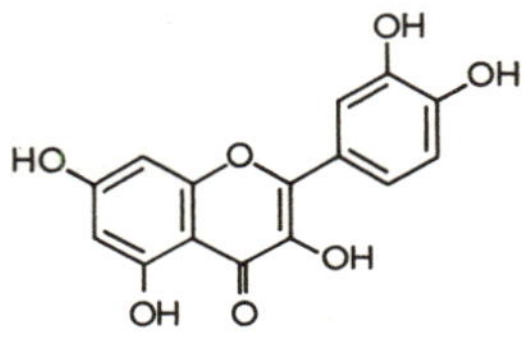

Quercetin

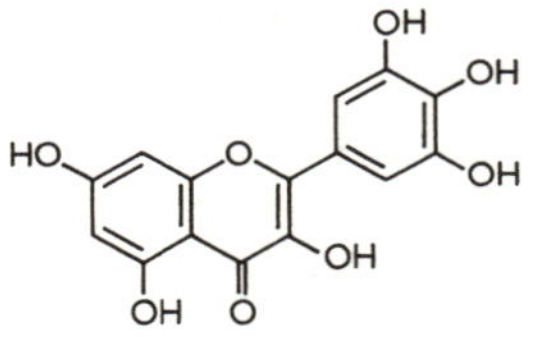

Myricetin

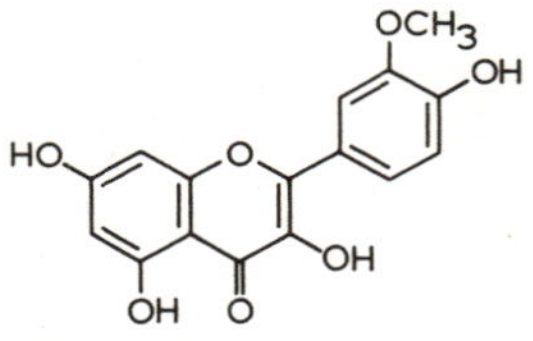

Isorhamnetin

Flavonole wurden früher auch als *Vitamin P* bezeichnet, da sie die Membranpermeabilität beeinflussen.

Anthocyanidine

Die Anthocyanidine (Polyhydroxyflavyliumsalze) kommen in der Natur als *3-O-Glycoside* vor und werden als *Anthocyanine* (*Anthocyane*) bezeichnet. Die Anthocyanine bedingen im allgemeinen die hellroten bis blauvioletten Färbungen der äußeren Partien von bestimmten Obst- und Gemüsearten sowie Blütenblättern, soweit dafür nicht andere Farbstoffe (s. I; 9.) verantwortlich sind. Aber auch Cerealien, Kartoffeln und Kakao enthalten Anthocyanine.

Alle Anthocyanidine und Anthocyane sind typische Indikatorfarbstoffe, die beim Übergang vom sauren in den alkalischen Bereich von Rot nach Blau umschlagen infolge der Bildung blauer Anhydrobasen mit chinoider Gruppierung. Blaufärbung kann bei Pflanzen, aber auch durch Metallchelatbildung eintreten. So ist z. B. der blaue Farbstoff der Kornblume ein Cyanidino-aluminium-eisen(III)-Komplex.

Häufig vorkommende Anthocyanidine sind:

Cyanidin   Delphinidin   Pelargonidin

Durch Oxydation der Anthocyanidine entstehen Flavonole und durch Reduktion Flavanole (Catechine).

11.5. Einfluß der Pflanzenphenole auf die Qualität von Lebensmitteln

11.5.1. Enzymatische Bräunung

Diese Art der Bräunung tritt insbesondere bei Obst und Kartoffeln, z. T. aber auch bei bestimmten anderen Gemüsearten auf, wenn deren Gewebe durch Druck, Schnitt o. ä. zerstört werden und mit Luft in Berührung kommen.

Das Enzymsystem, das diese Bräunungsreaktion einleitet, gehört zu den Oxydoreduktasen und wird als Phenolase, Phenoloxydase oder auch Polyphenoloxydase bezeichnet. Es kommt in den intakten Zellen getrennt vom Substrat (phenolische Substanzen) vor und kann daher praktisch erst nach Zellzerstörung wirken, wobei Sauerstoff als Wasserstoffacceptor erforderlich ist. Die Phenolaseaktivität kann in eine *Phenolhydroxylase-* (Cresolase-) und eine *Polyphenoloxydaseaktivität* (Catecholaseaktivität) unterteilt werden, die beide z. B. bei der Oxydation von L-Tyrosin wirksam werden.

L-Tyrosin $\xrightarrow[\text{(Phenolhydroxylase-aktivität)}]{+1/2 O_2}$ 3,4-Dihydroxyphenylalanin (Dopa) (I)

3,4-Dihydroxyphenylalanin $\xrightarrow[\text{(Polyphenoloxydase-aktivität)}]{+1/2 O_2}$ 3,4-Dioxophenylalanin $+ H_2O$ (II)

Bei der Reaktion (*I*) ist ein Monophenol und bei der Reaktion (*II*) ein Diphenol Substrat. Generell werden Monophenole, wie z. B. Tyrosin, 4-Hydroxybenzoesäure oder 4-Hydroxyzimtsäure, langsamer umgesetzt als o-Diphenole, da die Monophenole vor der Oxydation zu den entsprechenden o-Chinonen erst hydroxyliert werden müssen. Polyhydroxyflavan-3-ole und Polyhydroxyflavan-3,4-diole sowie Phenolcarbonsäure mit zwei benachbarten OH-Gruppen, wie Protocatechu-, Kaffee- und Gallussäure bzw. deren Derivate, unterliegen besonders leicht der enzymatischen Bräunung. Über eine Reihe von Folgereaktionen, die z. T. spontan und ohne Enzym- und Sauerstoffeinfluß ablaufen, bei denen aus primär gebildeten Dopachinon Leucodopachrom sowie verschiedene andere Indolderivate entstanden sind, bilden sich letztendlich hochpolymere rotbraun bis schwarz gefärbte *Melanine*.

Dopachinon → Leucodopachrom → Dopachrom

Indolchinone

Die wichtigsten praktikablen Möglichkeiten zur Verhinderung der bei Lebensmitteln meist unerwünschten enzymatischen Bräunung, die oft auch eine negative Geschmacks- und Aromabeeinflussung sowie unter Umständen auch eine ernährungsphysiologische Wertminderung bedingt, sind Inaktivierung des Enzymsystems, Zusatz von Schwefeldioxid oder Ascorbinsäure, Senkung des pH-Wertes unter 3 und weitgehender Sauerstoffausschluß.

Bei der Tee- und Kakaofermentation (s. II; 20. und 21.) spielt hingegen die Phenolase eine erwünschte Rolle für die Entwicklung der Farbe und des Flavours.

Eine langsame Oxydation von Phenolen kann aber auch durch Peroxydasen, die praktisch in jeder Pflanze vorkommen, bei Anwesenheit von Peroxiden (Sauerstoffdonator) ablaufen und zu Braunverfärbungen führen.

11.5.2. Nichtenzymatische Verfärbungen

Die o-Diphenole, die prädestiniert für die enzymatische Bräunung sind, wie bestimmte Polyhydroxyflavan-3-ole und Polyhydroxyflavan-3,4-diole sowie Phenolcarbonsäuren mit zwei benachbarten OH-Gruppen reagieren im allgemeinen besonders leicht mit Eisenionen, wobei bei pH-Werten von >4 graue bis schwarze Verfärbungen (z. B. „Schwarzer Bruch" des Weines, „Vergrauen" von Tee oder Kaffee bei Kondensmilchzusatz, „Schwarzkochen" bestimmter Gemüse, „Randschwärze" bei Dosengemüse) eintreten; häufig ist gleichzeitig ein metallischer Geschmack zu verzeichnen. Auch Zinnionen können mit Phenolen, speziell im pH-Bereich von 2 ... 4, farblose und auch farbige Komplexe bilden. Die Verfärbung durch die Reaktion mit Eisenionen kann durch Zusatz von „Aferrin" (Calciumphytinat) verhindert bzw. rückgängig gemacht werden.

Bei der technologischen Behandlung von Obst und Gemüse können die dort enthaltenen Anthocyanine enzymatisch oder nichtenzymatisch in Anthocyanidine und Zucker gespalten werden. Die Anthocyanidine unterscheiden sich einerseits in der Farbe von den Anthocyaninen, können andersseits aber unter Umständen auch zu farblosen Leucobasen umgesetzt werden; außerdem sind sie leichter oxydierbar.

Viele Farbveränderungen, Trübungserscheinungen und Niederschlagsbildungen bei Lebensmitteln, die unter Beteiligung von phenolischen Substanzen ablaufen, sind in ihrem Chemismus bisher noch nicht restlos aufgeklärt.

11.5.3. Sonstige Einflüsse

Bei der Mannigfaltigkeit der Pflanzenphenole ist es nicht verwunderlich, daß bestimmte Einzelsubstanzen ganz spezifische Wirkungen entfalten. So sind einige antimikrobiell wirksam, z. B. 4-Hydroxybenzoesäure und Salicylsäure, andere wiederum, insbesondere die, die benachbarte OH-Gruppen enthalten, wie z. B. Kaffeesäure, Gallussäure und Quercetin, zeigen einen antioxydativen Effekt. Für den bitteren Geschmack bestimmter Citrusfrüchte sind das Naringin und Ponciren verantwortlich, während die adstringierende Note bei manchen Kernobstsorten auf kondensierte Gerbstoffe zurückzuführen ist. Phenole und deren Derivate treten häufig auch als Bestandteil ätherischer Öle auf.

Abgesehen davon, daß Hydroxyzimtsäuren für bestimmte Enzymsysteme Aktivatoren und für andere Inhibitoren sind, richtet sich das rein pharmakologische Interesse bei den Flavonoiden in erster Linie auf deren Kapillarwirksamkeit im Sinne einer Verminderung der Permeabilität und Fragilität sowie auf deren spasmolytische, choleretische und herzanregende Wirkung, die sich aber bei Lebensmitteln auf Grund der meist sehr geringen Mengen an Flavonoiden kaum bemerkbar machen dürften.

12. ALKALOIDE

12.1. Allgemeines

Alkaloide sind stickstoffhaltige, vornehmlich basische Pflanzeninhaltsstoffe mit überwiegend heterocyclisch gebundenem Stickstoff, die zumeist auf den menschlichen und tierischen Organismus eine spezifische physiologische Wirkung ausüben.

Eine exakte Abgrenzung der Alkaloide von anderen natürlichen stickstoffhaltigen Substanzen ist recht schwierig, und häufig ist es eine Ermessensfrage, ob ein bestimmter Stoff als Alkaloid bezeichnet wird oder nicht. So werden z. B. einige Amine mit nicht heterocyclisch gebundenem Stickstoff, wie u. a. Capsaicin und Ephedrin, generell zu den Alkaloiden gezählt.

Die Einteilung der Alkaloide erfolgt gewöhnlich nach den in ihnen enthaltenen heterocyclischen Ringsystemen, wie z. B.:

Pyrrolidin   Imidazol   Pyridin   Indol   Purin   Chinolin

Chinolizidin   Chinazolin   Acridin   Tropan

Mitunter teilt man die Alkaloide auch nach ihrer Herkunft ein, wie z. B. Chinarinden-, Lupinen-, Tabak-Alkaloide usw. Neuerdings klassifiziert man Alkaloide meist nach biogenetischen Prinzipien. Bei den meisten Alkaloiden entstammen nämlich die Stickstoff- und Kohlenstoffatome einigen wenigen Aminosäuren, wie z. B. Lysin und Ornithin (Lysin- und Ornithin-Alkaloide), Phenylalanin und Tyrosin (Acryl-Alanin-Alkaloide) sowie Tryptophan (Tryptophan-Alkaloide). Die N-heterocyclischen Ringsysteme entstehen hierbei häufig durch Bildung cyclischer Azomethine bzw. MANNICH-Kondensation. Bei anderen Alkaloiden kann (ohne Beteiligung von Aminosäuren) das C-Gerüst aus Isoprenbausteinen bestehen (*Terpen-, Steroid-Alkaloide*), und der Stickstoff stammt dabei dann aus Ammoniak, Ethanolamin usw. (=*Pseudoalkaloide*).

Die einzelnen Alkaloide haben Trivialnamen, die in der Regel auf -in enden und von Gattungs- bzw. Artnamen einer Pflanze abgeleitet werden (z. B. *Nicotiana* → Nicotin). Da in einer Pflanze fast immer neben einem Hauptalkaloid eine größere Anzahl von Nebenalkaloiden vorkommt, werden die Bezeichnungen dieser Substanzen meist durch Anhängen von Prä- bzw. Suffixen an den Namen des Hauptalkaloides (z. B. Nicotin, Nornicotin, Nicotyrin) gebildet, wobei N-Demethylverbindungen fast ausnahmslos als Nor-Verbindungen bezeichnet werden.

Die reinen Alkaloide sind meist lipophile, in Wasser wenig lösliche, feste, farblose Substanzen. Sie liegen in der Pflanze aber überwiegend als hydrophile Salze organischer Säuren vor.

Zur Isolierung der Alkaloide werden zumeist die Pflanzenteile bzw. wäßrig-alkoholische Auszüge davon mit Alkalien behandelt, wodurch die Pflanzenbasen aus ihren Salzen in Freiheit gesetzt werden, die sich dann mit organischen Lösungsmitteln extrahieren lassen. Zur Auftrennung der extrahierten Alkaloide werden bevorzugt chromatographische Verfahren eingesetzt. Mit DRAGENDORFF-Reagens (Kalium-Bismutiodid) geben die meisten Alkaloide gelborange bis rot gefärbte Niederschläge.

Heute sind bereits etwa 6000 Alkaloide aus etwa 5000 Pflanzenarten bekannt, von denen viele auf Grund ihrer pharmakologischen Wirkung in der Human- und Veterinärmedizin eingesetzt werden. Bestimmte alkaloidhaltige Drogen sind schon immer als Heil- und Genußmittel, aber auch als Rauschmittel verwendet worden.

Für Lebensmittel haben jedoch praktisch nur die folgenden Alkaloide Bedeutung: *Coffein*, *Theobromin*, *Theophyllin*, *Capsaicin*, *Nicotin*, *Piperin* bzw. *Chavicin* und mit gewissen Einschränkungen *Solanidin*.

Die z. T. sehr giftigen *Mutterkornalkaloide*, die in den Sklerotien (Dauerzellen von bestimmten Pilzen) auf Gräsern (besonders Roggen) enthalten sind, gaben in früheren Jahrhunderten oft Anlaß zu Vergiftungen, was heute durch die allgemein übliche Saatgutbehandlung (Beizen) praktisch (außer bei rein „biologischer Landwirtschaft") auszuschließen ist.

12.2. Coffein, Theobromin und Theophyllin

Coffein, Theobromin und Theophyllin sind die wichtigsten Vertreter der sogenannten Purinalkaloide und leiten sich vom Xanthin (2,6-Dihydroxypurin) ab.

Coffein   Theobromin   Theophyllin

Die drei Alkaloide kommen in den Genußmitteln Kaffee, Tee, Mate, Kakao und Colanuß in nennenswerten Mengen vor.

Tabelle 12.1. Durchschnittlicher Alkaloidgehalt von Kaffee, Tee, Mate, Kakao und Colanuß

	Coffein (%)	Theobromin (mg/100 g)	Theophyllin (mg/100 g)
Kaffee	1,5	2	0,6
Tee	2,5	65	1,5
Mate	1	75	1
Kakao	0,2	2000	0,2
Cola	2,5	50	5

Coffein (Kaffein, Thein) ist sowohl hinsichtlich des mengenmäßigen Vorkommens als auch seiner physiologischen Wirkung das wichtigste Purinalkaloid. Es kommt in rohem Kaffee überwiegend als Kalium-Coffein-Doppelsalz der Chlorogensäure vor und liegt in frischem Tee, Mate und Cola ebenfalls in gebundener Form vor. Zur erschöpfenden Extraktion von Coffein ist daher ein vorheriger Aufschluß mit Alkali erforderlich.

Reines Coffein schmeckt bitter, kristallisiert mit 1 Mol Kristallwasser in seidenglänzenden Nadeln, verflüchtigt sich bereits bei Temperaturen wenig über 373K (100 °C) und sublimiert bei 453 K (180 °C). Coffein wirkt anregend auf das Zentralnervensystem und erhöht damit das Konzentrationsvermögen, beseitigt Müdigkeit und stimuliert die Herztätigkeit. Hierauf beruht die angenehme, anregende Wirkung der coffeinhaltigen Genußmittel wie Kaffee, Tee, Mate und Cola.

Theobromin ist in relativ großen Mengen (etwa 2%) nur in Kakao vorhanden. Seine Wirkung auf das Zentralnervensystem ist gering, dafür ist eine stärkere diuretische Reizwirkung als beim Coffein zu verzeichnen. Das Gleiche gilt für *Theophyllin*, das sich aber nur in sehr geringen Mengen in Kaffee, Tee usw. findet. Auf Grund seiner stark herzkranzgefäßerweiternden Wirkung wird reines Theophyllin bei der Behandlung von Angina pectoris u. ä. in der Medizin verwendet.

12.3. Capsaicin

Das sehr scharf schmeckende Capsaicin (Schwellenwert etwa 10^{-6}) gehört zur Gruppe der Phenylalkylamine, die auf Grund des Fehlens heterocyclischer Stickstoffatome teilweise auch als *Protoalkaloide* bezeichnet werden.

Capsaicin ist das Hauptalkaloid von Paprika oder spanischem Pfeffer (*Capsicum anuum L.*) und Chilli oder Cayennepfeffer (*Capsicum frutescens L.*), die beide vorzugsweise als Gewürze bei Lebensmitteln verwendet werden. Der Gehalt an Capsaicin ist sehr großen Schwankungen (0,1 ... 2,0%) unterworfen. Er liegt bei Paprika meist zwischen 0,2 und 0,6% und bei Chilli zwischen 0,5 und 1,0%.

244 ALKALOIDE

Capsaicin

Dihydrocapsaicin

Nordihydrocapsaicin

Als Begleitsubstanzen des Capsaicin treten auf: Dihydrocapsaicin und Nordihydrocapsaicin, die ebenfalls scharf schmecken.

Capsaicin wirkt ähnlich wie Piperin (s. I; 12.5.) hautreizend und wird daher in Form von Tinkturen sowie als Capsicumpflaster gegen rheumatische Beschwerden verwendet.

12.4. Nicotin

Nicotin — ein Alkaloid vom Pyridintyp — ist das Hauptalkaloid der zu den Nachtschattengewächsen gehörenden Gattung Nicotiana. Die wichtigsten der tabakliefernden Arten sind *N. tabacum*, *N. rustica* und *N. latissima*, die außer dem Nicotin zahlreiche Nebenalkaloide enthalten.

Alkaloide des Tabaks

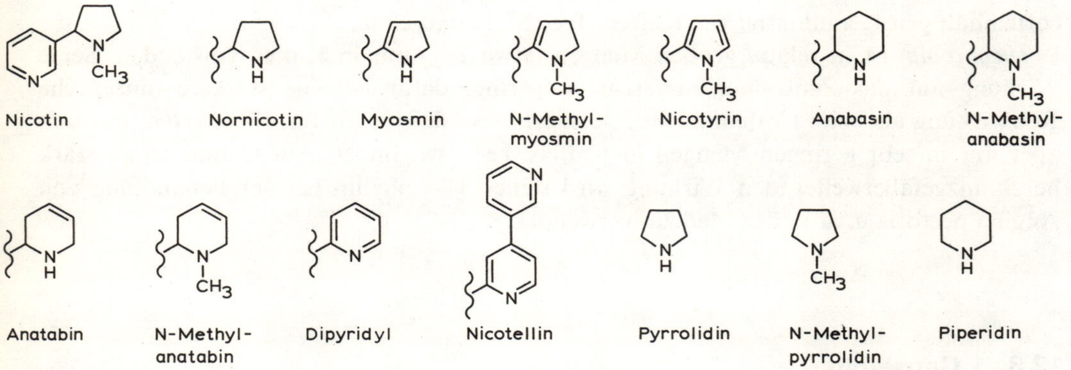

Nicotin Nornicotin Myosmin N-Methyl-myosmin Nicotyrin Anabasin N-Methyl-anabasin

Anatabin N-Methyl-anatabin Dipyridyl Nicotellin Pyrrolidin N-Methyl-pyrrolidin Piperidin

Der Nicotingehalt des Tabaks kann zwischen 0,05 und 12% (meist 1 ... 3%) schwanken. Bei den durch Züchtung erhaltenen sogenannten nicotinarmen Sorten tritt der Gehalt an dem relativ toxischen Nicotin (letale Dosis 50 ... 100 mg) stark zurück, dafür sind größere Mengen von dem pharmakologisch weniger aktiven Nornicotin vorhanden, das damit zum Hauptalkaloid wird.

Tabak wird primär als Genußmittel verwendet, wobei das Nicotin in kleinen Dosen anregend und in hohen Dosen lähmend auf das Nervensystem wirkt. Typische Schäden von Nicotinmißbrauch sind Herz-Kreislauf- und Magenerkrankungen sowie Erkrankungen der Atmungsorgane. Beim Tabakrauchen kommt noch das erhöhte Risiko von Lungencarcinomen durch andere Bestandteile des Tabakrauches hinzu.

Tabakauszüge und Nicotinpräparate werden in beschränktem Umfang als Pflanzenschutzmittel und zur Herstellung von Nicotinsäure bzw. Nicotinsäureamid verwendet.

12.5. Piperin

Piperin — ein Pyridinalkaloid — ist das Hauptalkaloid des Pfeffers (*Piper nigrum L.*) und findet sich dort in den Steinfrüchten in Mengen von 5 bis 10% neben etwa 1% seines cis-cis-Isomeren, dem Chavicin. Piperin liegt in der thermodynamisch stabileren trans-trans-Form vor.

Der scharfe Geschmack des als Gewürz verwendeten Pfeffers ist durch das Chavicin und Piperin bedingt.

12.6. Solanidin

Solanidin ist ein *Steroidalkaloid*. Steroidalkaloide kommen in Pflanzen frei, ester- bzw. amidartig mit Säuren verknüpft oder in Form von Glycosiden (*Glycoalkaloide*) vor.

Für Lebensmittel sind praktisch nur die Solanumalkaloide von Bedeutung, die überwiegend in Glycosidform vorliegen und insbesondere in Kartoffeln, daneben aber auch in Auberginen und Paprika in Mengen bis etwa 10 mg/100 g Frischmasse vorkommen.

Hauptalkaloide in der Kartoffel sind die Solanidinalkaloide α-*Chaconin* und α-*Solanin* (Verhältnis 3:2), die sich nur in ihrem Kohlenhydratanteil (Triose) unterscheiden. Zahlreiche Vertreter der Gattung Solanum enthalten glycosidisch gebundene Steroid-

Solanidin   Tomatidin

alkaloide, deren Aglycone meist dem *Solanidan-* oder *Spirosolan*typ (wie z. B. Tomatidin) angehören. Die Kohlenhydratkomponente (Glucose, Galactose, Rhamnose, Xylose) ist über die Hydroxylgruppe des Aglycons als Mono-, Di-, Tri- oder Tetrasaccharid gebunden.

Die Kartoffelknolle enthält nur 0,002 ... 0,015% Glycoalkaloide bei ordnungsgemäß gelagerten Kartoffeln. In unreifen Kartoffeln und grün gewordenen keimenden Kartoffeln (besonders in Schale und Keim) sind höhere Mengen vorhanden. Vergiftungen nach dem Verzehr gekeimter Kartoffeln sind dennoch selten und zumeist harmlos, da Schale und Keim in der Regel vor dem Genuß restlos entfernt werden und das Gift, das partiell in das Kochwasser übergeht, im allgemeinen weggeschüttet wird. Die toxische Dosis (Erbrechen, Durchfälle, Leibschmerzen usw.) liegt für den Menschen bei etwa 25 mg und die letale Dosis bei 400 ... 500 mg. Der bittere Geschmack der Alkaloide macht sich bei Konzentrationen von über 10 mg/100 g Frischmasse bemerkbar, weshalb — abgesehen von der Gesundheitsgefährdung — Speisekartoffeln nicht mehr Alkaloide enthalten sollten.

13. NUCLEINSÄUREN UND DEREN BAUSTEINE

Nucleinsäuren sind hochmolekulare Biopolymere, die in allen Zellen, bes. im Zellkern vorkommen. Sie sind aus folgenden Grundbausteinen aufgebaut:

— Pyrimidin- bzw. Purinbase
— Ribose bzw. Desoxyribose
— Phosphorsäure

13.1. Pyrimidine, Purine

Pyrimidine

Pyrimidin (1,3-Diazin) und substituierte Pyrimidine kommen in Lebensmitteln in freier Form praktisch nicht vor. Die sogenannten Pyrimidinbasen sind aber Bestandteil der Nucleinsäuren; die 3 wichtigsten sind: *Uracil* (2,4-Dihydroxypyrimidin), *Thymin* (5-Methyl-2,4-dihydroxypyrimidin) und *Cytosin* (2-Hydroxy-4-aminopyrimidin).

Pyrimidin Uracil Thymin Cytosin

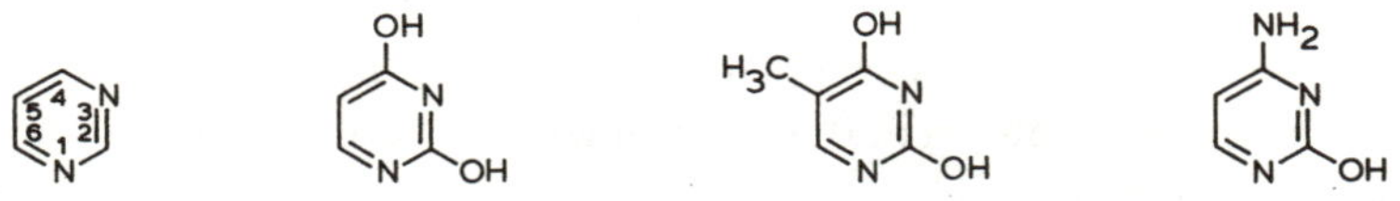

Diese Verbindungen können in tautomeren Formen auftreten.

I II III

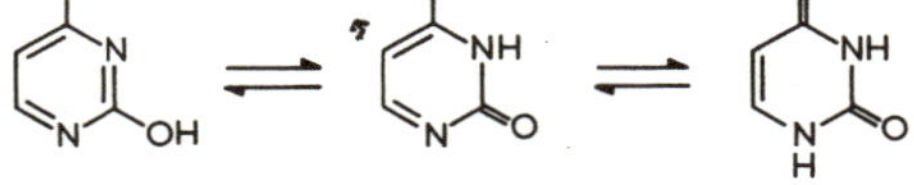

Die Hydroxypyrimidine liegen überwiegend in der Lactamform (*III*) vor. Während Uracil nur in Ribonucleinsäuren (RNS) vorkommt, findet man Thymin praktisch ausschließlich in den Desoxyribonucleinsäuren (DNS). Cytosin hingegen ist in beiden vertreten.

Die Pyrimidinbasen sind in kaltem Wasser schwer löslich, haben Schmelzpunkte über 573 K (300 °C), lassen sich im Hochvakuum unzersetzt sublimieren und zeigen zwischen 260 und 280 nm eine selektive Lichtabsorption, was auch analytisch ausgenutzt wird. Die Pyrimidinbasen werden im Körper nach Ringspaltung völlig zu Kohlensäure, Ammoniak und der entsprechenden Aminosäure abgebaut.

Uracil $\xrightarrow{+2H}$ ... $\xrightarrow{+H_2O}$ ... $\xrightarrow{+H_2O}$ β-Alanin + CO_2 + NH_3

Purine

Stammkörper der sowohl in Pflanzen als auch in Tieren vorkommenden Purine ist das Purin (7H-Purin), ein bicyclisches Ringsystem, das formal einen Pyrimidin- und einen Imidazolring enthält.

Purine sind farblose kristallisierte Stoffe, die bei hohen Temperaturen ($> 523\,K = 250\,°C$) schmelzen oder sich zersetzen und in Wasser kaum löslich sind. Sie zeigen eine Lichtabsorption bei 260...280 nm.

Reines Purin kommt in Lebensmitteln nicht vor. Purinderivate, wie z. B. *Adenin*, *Guanin* und *Hypoxanthin*, finden sich hingegen sowohl in freier Form wie auch als Bestandteil von Nucleinsäuren und einigen Coenzymen.

Adenin   Guanin   Hypoxanthin

Von der Lactamform des Xanthins (2,6-Dihydroxypurin) leiten sich auch die zu den Alkaloiden (s. I; 12.2.) zählenden Verbindungen Coffein, Theophyllin und Theobromin ab, die in bestimmten Lebensmitteln in relativ hoher Konzentration (bis etwa 2,5%) neben anderen Purinderivaten (0,1...0,3%) vorkommen.

Tabelle 13.1. Puringehalt ausgewählter Lebensmittel, bestimmt und ausgedrückt als Prozent Harnsäure (nach WOLFRAM und COLLING, 1989)

Kaffee, Tee, Kakao	0,1 ... 0,3
Fleisch, Fisch	0,1 ... 0,2
Wurstwaren	0,05 ... 0,15
Brot	0,05 ... 0,1
Obst	0,02 ... 0,05
Gemüse	0,01 ... 0,07

Harnsäure (2,6,8-Trihydroxypurin), ein Stoffwechselprodukt von Purinen beim Menschen, findet man in Spuren in tierischen Lebensmitteln. Größere Ablagerungen von Harnsäure sind unter pathologischen Bedingungen (Gichtknoten, Nieren- und Blasensteine) zu beobachten. Methylierte Purinderivate wie Coffein usw. werden aber vom Menschen nicht zu Harnsäure abgebaut.

Die Säugetiere — ausgenommen die Primaten — spalten Harnsäure mittels Uricase weiter zu Allantoin auf.

Harnsäure → Allantoin

Zur Analytik der Purine nutzt man, ähnlich wie bei den Pyrimidinen, ihre selektive Lichtabsorption im UV-Bereich sowie chromatographische Verfahren aus.

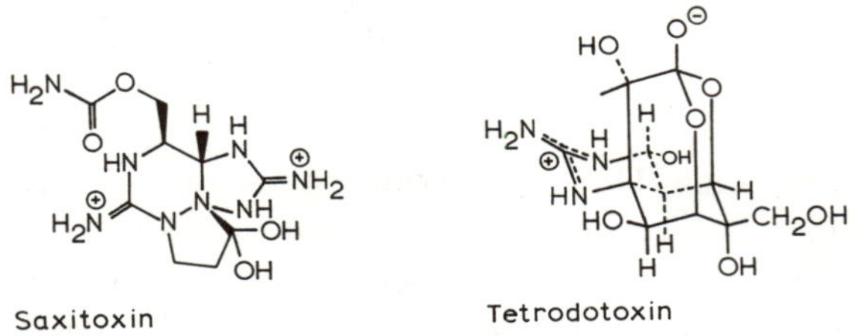

Saxitoxin   Tetrodotoxin

Das hochgiftige hitzestabile *Saxitoxin*, ein Purinderivat, wird von bestimmten im Meer lebenden Einzellern produziert und kann insbesondere durch den Verzehr von Austern, Miesmuscheln usw. zu Vergiftungen führen, die im Erscheinungsbild den Vergiftungen mit dem Hydrochinazolinderivat *Tetrodotoxin* (Vorkommen u. a. insbesondere in ostasiatischen Kugelfischen) ähneln.

Pyrimidin- und Purinbasen sind keine essentiellen Bestandteile der Nahrung.

13.2. Nucleoside, Nucleotide

Nucleoside

Nucleoside sind N-glycosidische Verbindungen aus einer Pyrimidin- oder Purinbase und dem Monosaccharid Ribose bzw. Desoxyribose. Die Nucleoside haben Trivialnamen, die sich von den entsprechenden Nucleinbasen ableiten. Die Pyrimidinnucleoside haben die Endung „-idin" und die Purinnucleoside „-osin". Eine Ausnahme macht das vom Hypoxanthin abstammende Nucleoribosid, das Inosin heißt. Die Bindung zwischen dem Zucker und der Base erfolgt über das C-Atom 1' der Pentose mit dem N-Atom 9 der Purinbase bzw. dem N-Atom 1 der Pyrimidinbase. Die wichtigsten Ribo- bzw. Desoxyribonucleoside sind:

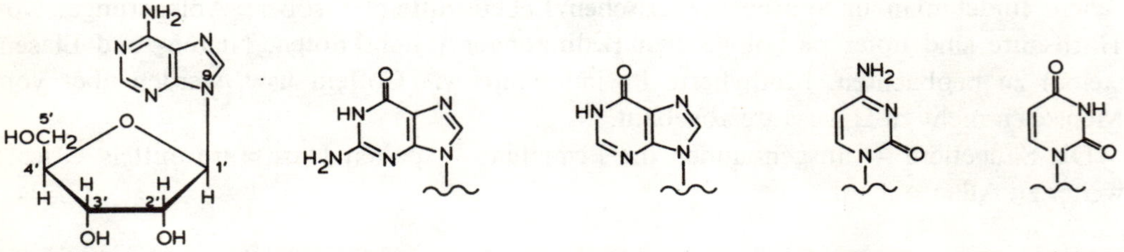

Adenosin   Guanosin   Inosin   Cytidin   Uridin

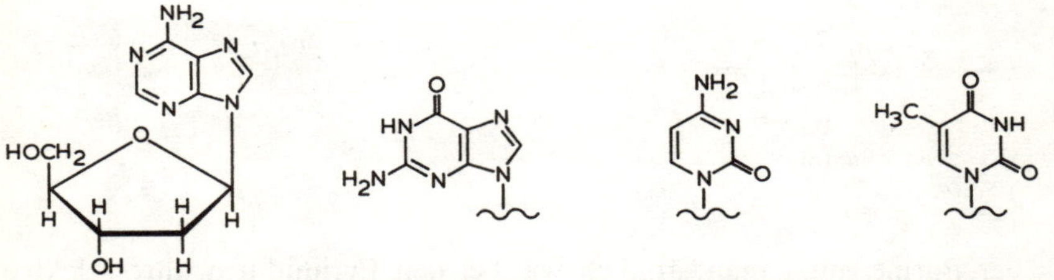

Desoxyadenosin   Desoxyguanosin   Desoxycytidin   Desoxythymidin

Die N-glycosidische Bindung der Nucleoside kann durch saure Hydrolyse gespalten werden, wobei Purinnucleoside leichter als Pyrimidinnucleoside hydrolysiert werden.

Nucleotide

Nucleotide sind mit Phosphorsäure oder auch Di- bzw. Triphosphorsäure an der Zuckerkomponente veresterte Nucleoside. Da bei den Desoxyribonucleosiden zwei freie Hydroxylgruppen des Kohlenhydrates vorliegen, sind auch zwei Isomere möglich, nämlich 3'-Nucleosidphosphat und 5'-Nucleosidphosphat. Bei den Ribonucleosiden können sogar drei Isomere auftreten (2'-, 3' und 5'-Nucleosidphosphat).

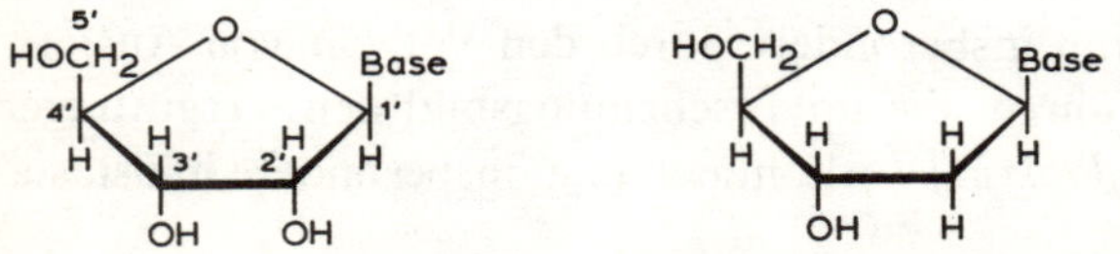

Ribonucleosid   Deoxyribonucleosid

In der Natur sind alle Isomere nachgewiesen worden. Zu den wichtigsten Nucleotiden zählen Adenosinmonophosphat (AMP, Adenylsäure), Adenosindiphosphat (ADP) und Adenosintriphosphat (ATP), wobei die letztgenannte Substanz als sehr energiereiche Verbindung bekanntlich an vielen Stoffwechselreaktionen beteiligt ist.

AMP ADP ATP

Reich an Ribonucleotiden sind Fleisch sowie Fisch und an Desoxyribonucleotiden Hefe.

Die 5'-Ribonucleotide — speziell die purinhaltigen — haben sich, obwohl sie selbst nur einen schwach fleischbrühähnlichen Geschmack besitzen, als gute Geschmacksverstärker erwiesen (Zusätze von 0,01% bei Saucen, Fleisch, Gemüse usw. reichen bereits aus). Besonders wirksam sind Guanosin- und Inosin-5'-monophosphat, während Adenosin-5'-monophosphat bereits abfällt; die 2'- und 3'-Isomeren sind praktisch unwirksam. Das Inosin-5'-monophosphat wurde bereits 1847 von J. LIEBIG aus Rindfleischextrakten isoliert. Heute gewinnt man solche Verbindungen durch Hydrolyse von Ribonucleinsäuren aus Hefe bzw. durch mikrobielle Synthese.

Guanosin-5'-monophosphat Inosin-5'-monophosphat

Viele Coenzyme, wie z. B. Coenzym A, Nicotinsäureamid-adenin-dinucleotid (NAD), Nicotinsäureamid-adenin-dinucleotid-phosphat (NADP), Flavin-adenin-dinucleotid (FAD) und Uridin-diphosphatglucose (UDPG), enthalten als integrierten Bestandteil Nucleotide. Zur Trennung der Nucleotide hat sich die Ionenaustauschchromatographie gut bewährt.

13.3. Nucleinsäuren

Nucleinsäuren sind hochmolekulare Verbindungen, die durch Polykondensation von Nucleotiden entstanden sind. Man unterscheidet bei den natürlichen Nucleinsäuren zwischen Ribonucleinsäuren (RNS), die nur aus Ribonucleotiden aufgebaut sind, und Desoxyribonucleinsäuren (DNS), die nur Desoxyribonucleotide enthalten. Die Bindung der einzelnen Nucleotide erfolgt über die Phosphorsäure.

Ribonucleinsäure
(Formelausschnitt)

Die mit der täglichen Nahrung aufgenommene Menge an Nucleinsäuren und Nucleotiden liegt etwa bei 1,5 g. Die Nucleinsäuren werden im Verdauungstrakt enzymatisch (Nucleasen) primär zu Mononucleotiden hydrolysiert und dann durch Phosphatasen zu Nucleosiden abgebaut, die ihrerseits durch Nucleosidasen in Zucker und Base gespalten werden (Abbau der Basen, s. I; 13.1. und 13.2.). Im Hinblick auf die Rolle der Nucleinsäuren bei der Übertragung der genetischen Information sei auf die einschlägigen Fachbücher der Biochemie verwiesen.

Desoxyribonucleinsäuren (DNS)

Während die RNS in der Natur überwiegend als einfache Polynucleotidketten (einsträngig) vorkommen, liegen bei den DNS zwei Ketten (Stränge) in Form einer Doppelhelix vor, wobei die Basen (10 ... 11 je Windung) zur Helixachse senkrecht nach

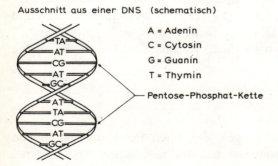

Ausschnitt aus einer DNS (schematisch)

A = Adenin
C = Cytosin
G = Guanin
T = Thymin

Pentose-Phosphat-Kette

innen stehen und je zwei Basen im Inneren der Doppelhelix auf einer Ebene benachbart sind. Die Pentose-Phosphat-Ketten bilden die äußere Schraubenlinie.

Die DNS enthalten die folgenden 4 Basen: Adenin, Cytosin, Guanin und Thymin. Adenin und Thymin sowie Cytosin und Guanin liegen als sogenannte Basenpaarlinge (komplementäre Basenpaare) jeweils im Molverhältnis von 1:1 vor; daraus ergibt sich zwangsläufig, daß stets gleichviel Pyrimidin- und Purinbasen vorhanden sind. In tierischen und pflanzlichen Lebensmitteln findet man meist etwas mehr Adenin + Thymin als Cytosin + Guanin (Molverhältnis der Basenpaare 1,2 ... 1,5); bei Bakterien kann es auch umgekehrt sein.

Bei den DNS werden die beiden Polynucleotidstränge in erster Linie durch Wasserstoffbrückenbindungen zwischen den Basenpaaren zusammengehalten.

Konformationsänderungen der nativen DNS werden — ähnlich wie bei Proteinen — durch sogenannte denaturierende Bedingungen (z. B. pH-Verschiebungen unter 4 bzw. über 11, Temperaturerhöhung über 353 K = 80 °C, Alkoholzusatz usw.) hervorgerufen, die sich u. a. in einer schnelleren Sedimentation, geringeren Viskosität und stärkeren Absorption von UV-Licht zeigen. Native Desoxyribonucleinsäuren haben sehr hohe Molekulargewichte; es sind Werte von über 100 Millionen bei schonend isolierten Präparaten gemessen worden.

Ribonucleinsäuren (RNS)

Die RNS enthalten folgende Basen: Adenin, Cytosin, Guanin, Uracil und unter Umständen geringe Mengen Hypoxanthin. Man kennt 3 Arten von Ribonucleinsäuren: ribosomale RNS, Boten-RNS (Messenger-RNS) und Transfer-RNS, die verschiedene Funktionen haben und sich durch ihre Basenzusammensetzung und ihre relativen Molekülmassen unterscheiden.

Wenngleich auch die hydrodynamischen Eigenschaften der RNS eine Doppelhelix-Struktur ausschließen, muß aus den optischen Eigenschaften auf Wechselwirkung zwischen den Basen geschlossen werden, so daß anzunehmen ist, daß in den RNS partiell ein- und doppelsträngige Strukturen vorliegen.

Da die RNS — von wenigen Ausnahmen abgesehen — nur aus einer Polynucleotidkette bestehen, können doppelsträngige Partien nur durch „Rückfaltung" des Stranges ausgebildet werden. Konformationsänderungen treten auch bei den RNS — analog wie bei den DNS — durch die sogenannten denaturierenden Bedingungen ein.

Der Mensch ist zur Synthese seiner verschiedenen eigenen Nucleinsäuren fähig und nicht auf die exogene Zufuhr von Nucleinsäuren oder deren Bausteine angewiesen.

14. AROMA- UND GESCHMACKSSTOFFE

14.1. Allgemeines

Die vier wesentlichen Beurteilungskriterien für die Qualität eines Lebensmittels sind:

— Nährwert (Energie- und Nährstoffgehalt, Verdaulichkeit usw.)
— Hygienisch-toxikologischer Zustand (Gehalt an Toxinen, Keimen usw.)
— Gebrauchseigenschaften (küchentechnische Eignung, Zubereitungsaufwand, Haltbarkeit usw.)
— Genußwert (sensorische Wertmale)

Bei der Beurteilung aus der Sicht des Verbrauchers nehmen die sensorischen Wertmerkmale — und von diesen wiederum Geruch und Geschmack — ohne Zweifel die wichtigste Stellung ein.

Fehlen Geruchs- und Geschmacksstoffe in der Nahrung, wird diese abgelehnt oder bei tatsächlichem Verzehr schlecht ausgenutzt, auch wenn sie ernährungsphysiologisch noch so hochwertig ist. Anderseits können unerwünschte und unangenehme Geruchs- und Geschmacksstoffe den Genußwert eines Lebensmittels stark beeinträchtigen oder es sogar völlig ungenießbar machen.

Da man in der deutschsprachigen Literatur verschiedene für die Sensorik wesentliche Begriffe uneinheitlich gebraucht, sind die wichtigsten kurz definiert, wie sie hier verwendet werden.

Aroma:	Sinneswahrnehmung, die sowohl von den direkt durch die Nase (Geruch) als auch von den indirekt beim Verzehr über die Mundhöhlen-Rachen-Nasen-Passage zu den Geruchsreceptoren gelangenden Stoffen ausgelöst und positiv bewertet wird.
Aroma-Indizes: (Aroma-Index)	Stoffe oder Stoffgruppen, deren Konzentration in direkter Beziehung zum Gesamtaromaeindruck steht, wobei diese nicht unbedingt am Aroma selbst beteiligt sein müssen.
Aromastoffe:	Chemische Verbindungen, die Lebensmitteln ein bestimmtes Aroma verleihen.
Aromawert:	Quotient aus experimentell ermittelter Konzentration und Schwellenwertkonzentration, d. h. der Aromawert gibt an, um das Wievielfache der Schwellenwert überschritten ist.
Character Impact Compounds:	s. Schlüsselsubstanzen

Duftstoffe:	Stoffe, die vorzugsweise bei kosmetischen Erzeugnissen und Haushaltschemikalien zur Erzielung eines angenehmen Geruches eingesetzt werden.
Erkennungsschwelle:	Niedrigste Konzentration eines Stoffes, die bereits eine eindeutige Zuordnung nach Aroma- bzw. Geschmacksart zuläßt.
Flavour[1]): (amerikanisch Flavour)	Eindruck, der neben Aroma, Geruch und Geschmack zusätzlich die Tast- und Kraftempfindungen berücksichtigt.
Geruch:	Sinneswahrnehmung, die von den direkt durch die Nase zu den Geruchsreceptoren gelangenden Stoffen ausgelöst wird.
Geschmack:	Sinneswahrnehmung, die durch Reaktion von Stoffen mit den primär auf der Zunge befindlichen Geschmacksreceptoren hervorgerufen wird und die vier Grundgeschmacksarten (süß, sauer, salzig, bitter), andere Geschmacksempfindungen sowie bestimmte haptische Eindrücke wie Temperatur- und Reizschmerzempfindungen umfaßt.
Geschmacksstoffe:	Substanzen, die auf der Zunge einen echten Geschmackseindruck hervorrufen sowie solche Stoffe, die beim Verzehr einen Reiz in der Mundhöhle auslösen.
Geschmacksverstärker:	Stoffe, die allein meist nur irgend eine geringfügige Geschmacksempfindung bewirken, aber in Kombination mit anderen Geschmacksstoffen deren Intensität erhöhen.
Geschmackswandler:	Stoffe, die meist ohne wesentlichen Eigengeschmack dem dominierenden Grundgeschmack eines Lebensmittels einen weiteren zusätzlich geben.
Off-Flavour:	Eine gegenüber dem normalen Flavour als ausgesprochen unangenehm empfundene Abweichung, die durch artfremde Stoffe (z. B. Desinfektions-, Reinigungs- oder Pflanzenschutzmittel) oder übermäßiges Hervortreten einzelner für das betreffende Lebensmittel spezifischer Stoffe bzw. Verderbsprodukte (z. B. Amine, Carbonylverbindungen) ausgelöst werden kann; auch als Aroma- bzw. Geschmacksfehler bezeichnet.
Organoleptik:	Sinnesprüfung und Bewertung der Qualität von Lebensmitteln, die unter nicht standardisierten Bedingungen von nicht dafür ausgebildeten Personen durchgeführt wird und deren Ergebnisse mathematisch-statistisch nicht auswertbar sind.

---

[1] Dieser Begriff ist unmittelbar der angelsächsischen Literatur entnommen, da hierfür ein entsprechendes deutsches Wort nicht existiert.

256 AROMA- UND GESCHMACKSSTOFFE

Reizschwelle: (Schwellenwert)	Konzentration eines Stoffes, die ohne Zuordnung gerade noch sensorisch wahrgenommen werden kann.
Sättigungsgrenze: (Sättigungsschwellenwert)	Konzentration eines Stoffes, die bei weiterer Erhöhung keine quantitative Veränderung der ursprünglichen sensorischen Empfindung auslöst.
Schlüsselsubstanzen:	Stoffe, die zur Erzielung eines bestimmten und spezifischen Flavours unbedingt erforderlich sind.
Sensorik:	Sinnesprüfung und Bewertung der Qualität von Lebensmitteln, die unter standardisierten Bedingungen von dafür speziell geschulten Personen durchgeführt wird und deren Prüfergebnisse mathematisch-statistisch auswertbar sind.

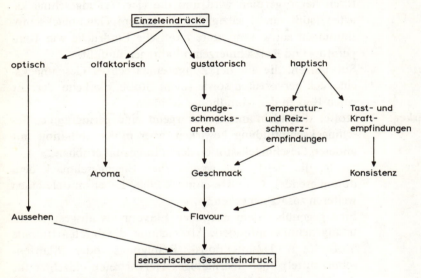

Abb. 14.1. Sensorischer Gesamteindruck eines Lebensmittels

14.2. Aromatsoffe

14.2.1. Vorkommen, Verhalten

Aromastoffe sind — wenngleich auch unterschiedlich nach Art und Menge — von Natur aus schon in fast allen pflanzlichen und tierischen Lebensmittelrohstoffen vorhanden. Als besonders aromareich gelten Gewürze und Obst. Manche Rohstoffe entfalten aber erst nach einer mechanischen oder thermischen bzw. fermentativen Behandlung ein arteigenes Aroma, wobei biochemische (enzymatische) bzw. rein chemische Reaktionen bestimmter Inhaltsstoffe ablaufen, das gilt z. B. für Fisch, Fleisch, Getreide und Milch. Bei Lebensmitteln, die Aromastoffe entweder gar nicht oder nur in ungenügender Menge enthalten, kann — falls erwünscht und erforderlich — ein Zusatz natürlicher oder synthetischer Aromastoffe erfolgen.

Das Aroma eines Lebensmittels wird im allgemeinen durch eine Vielzahl einzelner Aromastoffe hervorgerufen, von denen meist nicht einer allein für das typische Aroma verantwortlich ist. Ausnahmen findet man allerdings bei Gewürzen (z. B. Vanillin in der Vanilleschote, Menthol in Pfefferminze). Es gibt natürlich auch Aromastoffe, die beim Verzehr zusätzlich eine echten Geschmackseindruck (z. B. sauer) hervorrufen. Bisher sind etwa 3000 verschiedene Aromastoffe in Lebensmitteln eindeutig identifiziert worden. Der Gesamtgehalt an Aromastoffen liegt bei den meisten Lebensmitteln zwischen 1 und 1000 mg/kg.

Nach dem derzeitigen Stand unserer Kenntnisse kann man annehmen, daß in einem Lebensmittel im allgemeinen 100 ... 500 verschiedene aromawirksame Substanzen vorhanden sind, wobei aber nicht übersehen werden darf, daß es auch nahezu aromastofffreie Lebensmittel (z. B. Zucker) und aromastoffreiche Lebensmittel (z. B. Röstkaffee) gibt. Die Tatsache, daß die Intensität der einzelnen Aromastoffe innerhalb sehr weiter Grenzen variiert — die Schwellenwerte umfassen einen Konzentrationsbereich von etwa $10^{-6} ... 10^{-12}$ — bedingt zwangsläufig, daß weder aus der Zahl noch aus der absoluten Menge der vorhandenen Aromastoffe Rückschlüsse auf die Stärke des Aromas bei einem Lebensmittel gezogen werden können.

Die Aromaintensität und Aromarichtung sind folglich nicht unbedingt durch jene Substanzen determiniert, die in höchster Konzentration vorliegen, sondern weitaus häufiger durch solche, die in geringer Konzentration vorhanden sind, aber eine besonders hohe Aromawirksamkeit (niedrigerer Schwellenwert) haben.

Als eine Maßzahl für die vermutliche Beteiligung einer Substanz am Aroma eines Lebensmittels kann der sogenannte „Aromawert" herangezogen werden, da er einen vergleichbaren (dimensionslosen!) Ausdruck für die Beziehung Aromagehalt zu Aromawirksamkeit darstellt.

$$\text{Aromawert} = \frac{\text{gefundene Konzentration}}{\text{Schwellenwert}}$$

Tabelle 14.1. Schwellenwerte einiger Aromastoffe (nach ROTHE) (Verdünnungsmittel: Wasser; Mengenangabe: mg/kg)

Aceton	100	Methional	0,00004
Ethanol	10	Methylmercaptan	0,00002
Ethylacetat	0,1	3-Methylbutanal	0,7
Benzaldehyd	0,5	2-Methylpropanal	0,001
Butan-2,3-diol	1000	Vanillin	0,02
Buttersäure	3		
Diacetyl	0,004		
Dimethylsulfid	0,005		
Furfural	0,04		
Hexanal	0,02		

Ein Wert unter 1 würde demnach bedeuten, daß der betreffende Stoff sensorisch nicht wahrgenommen werden kann und ein Wert z. B. von 20, daß der betreffende Stoff in einer Menge vorliegt, die dem 20fachen Wert der Schwellenkonzentration entspricht. Allerdings muß einschränkend u. a. darauf verwiesen werden, daß der Schwellenwert subjektiv ermittelt wird und daß die Höhe des Schwellenwertes eines Aromastoffes vom verwendeten Verdünnungsmittel abhängt. Hinzu kommt, daß bei einem Lebensmittel, das in der Norm mehr als nur einen Aromastoff enthält, eine synergistische bzw. antagonistische Beeinflussung durch andere Aromastoffe bzw. durch Lebensmittelinhaltsstoffe auftritt. So liegt z. B. der Schwellenwert (in mg/kg) von Propanol in Wasser bei etwa 0,05 und in Paraffinöl bei etwa 1,5. Trotz dieser Einschränkungen hat sich der Aromawert beim Auffinden der entscheidenden Aromakomponenten von Lebensmitteln (Schlüsselsubstanzen) als Kennzahl bewährt.

Alle Substanzen, die als Aromastoffe bzw. Duftstoffe wirken, müssen einen merklichen Dampfdruck haben, damit sie in hinreichender Konzentration mit der Atemluft in den Nasenraum gelangen. Sie müssen eine gewisse Wasserlöslichkeit besitzen, damit sie von der Wasserschicht der Nasenschleimhaut aufgenommen und zu den Riechzellen transportiert werden können. Zur Passage der Fettschicht der Nervenzellen ist eine bestimmte Lipophilie erforderlich. Stoffe, die diese Bedingungen nicht erfüllen, wie z. B. Metalle, Salze, Stärke, Zucker usw., sind erwartungsgemäß ohne Geruch. Die praktischen Erfahrungen haben weiter gezeigt, daß die relative Molekülmasse der Aromastoffe für Lebensmittel bzw. Duftstoffe für kosmetische Erzeugnisse und Haushaltschemikalien zwischen 17 (Ammoniak) und 394 (Iodoform) liegt und für die meisten 125 ... 165 beträgt. Wenngleich auch die natürlichen Gase der Atmosphäre alle Bedingungen für Aromastoffe erfüllen, sind sie geruchslos. Man vermutet, daß durch die ständige Aufnahme eine Adaption eingetreten ist und ihre Wahrnehmung unterdrückt wird, um die Blockierung des Geruchssinnes durch ständig gleichbleibende Reize zu verhindern.

Der Mensch ist in der Lage, normalerweise etwa 2000 verschiedene Geruchseindrücke zu unterscheiden; bei guter Veranlagung und Training kann er es sogar bis auf etwa das 5fache steigern. Die Nase des Menschen kann noch Substanzen identifizieren, die derzeit selbst mit den empfindlichsten Detektoren eines Gaschromatographen nicht mehr registriert werden. Obwohl in den letzten 100 Jahren über 25 verschiedene Geruchshypothesen aufgestellt worden sind, gibt es bis heute noch keine Theorie, die eine eindeutige Auskunft über die Beziehung der molekularen Struktur einer Substanz und deren Geruch zuläßt. Es darf jedoch als sicher angenommen werden, daß der Geruch einer Verbindung eine Eigenschaft des Gesamtmoleküles ist, d. h.

sowohl von der Form und Größe als auch von den funktionellen Gruppen und deren Stellung abhängt.

Wir kennen einerseits Substanzen, die trotz unterschiedlicher Struktur einen recht ähnlichen Geruch haben (s. S. 258, Campher- bzw. Bittermandelgeruch).

Anderseits können Verbindungen ähnlicher Struktur recht unterschiedlich riechen, wie folgendes Beispiel zeigt:

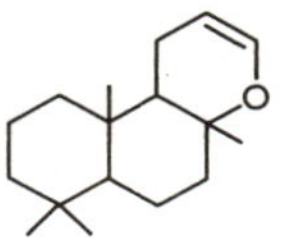

Ambrageruch 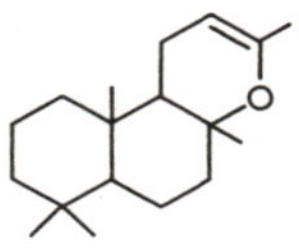   Geruchlos 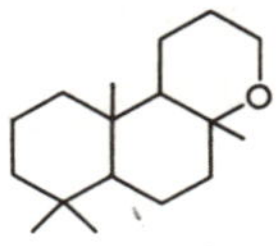   Fruchtiger Geruch

Bei Strukturen mit Doppelbindungen können sich die cis- und trans-Form im Geruch erheblich unterscheiden (s. Jasmon).

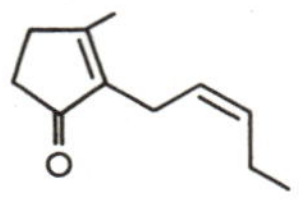

cis-Jasmon
(Jasmingeruch)

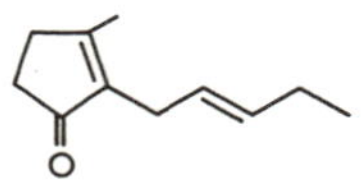

trans-Jasmon
(Fettig-brandiger Geruch)

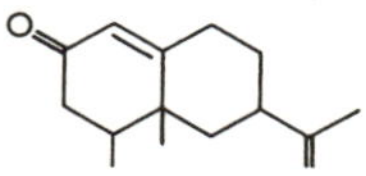

Nootkaton

Optische Antipoden können ebenfalls Unterschiede in der Geruchsintensität aufweisen. So riecht z. B. die linksdrehende Form des Nootkatons (grapefruitartiger Geruch) etwa 2000mal stärker als die natürlich vorkommende rechtsdrehende Form. Auch die Anordnung der funktionellen Gruppen kann von Einfluß sein (s. Vanillin).

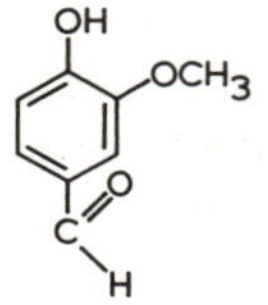

Vanillin
(intensiver Geruch)

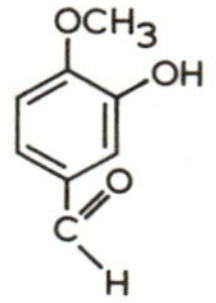

Isovanillin
(fast geruchlos)

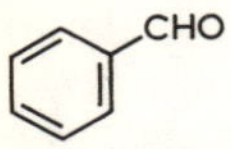

Benzaldehyd (intensiver Geruch)

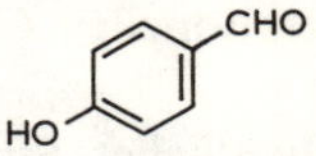

4-Hydroxybenzaldehyd (fast geruchlos)

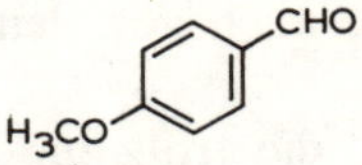

Anisaldehyd (intensiver Geruch)

Die Einführung der Hydroxylgruppe führt häufig zu starkem Geruchsabfall, während eine Veretherung von Hydroxylgruppen eine Geruchsverstärkung bedingen kann.

14.2.2. Einteilung

Die wichtigsten der in Lebensmitteln vorkommenden Aromastoffe kann man in folgende Klassen einteilen:

Kohlenwasserstoffe
Aldehyde
Ketone
Alkohole
Phenole
Ether
Säuren
Ester
Lactone
N-haltige Verbindungen
S-haltige Verbindungen

Die aromaintensivsten Stoffe sind bestimmte S-haltige Verbindungen, z. B. Mercaptane, Sulfide usw., gefolgt von Carbonylverbindungen und Estern. Mengenmäßig überwiegen bei den meisten Lebensmitteln Ester, Carbonylverbindungen, Alkohole und Kohlenwasserstoffe, insbesondere Isoprene.

14.2.3. Bildung

Bei den in Lebensmitteln vorhandenen Aromastoffen kann man unterscheiden zwischen Substanzen, die bereits im Rohprodukt vorhanden sind (primäre bzw. originäre Aromastoffe) und solchen, die sekundär entstehen (sekundäre Aromastoffe).

Primäre Aromastoffe finden sich besonders reichlich in Früchten und Gewürzen, wo sie in den intakten Zellen während einer bestimmten Vegetationsphase gebildet werden.

Die *sekundären Aromastoffe* entstehen entweder aus spezifischen, meist nicht flüchtigen Vorstufen (Precursors und Preprecursors), die nur in bestimmten Produkten vorkommen (z. B. Thioglycoside, Alkylcysteinsulfoxide) oder die ubiquitär (z. B. Fette, Kohlenhydrate und Eiweiß) sind, wobei enzymatische, oxydative und thermische Umsätze im Vordergrund stehen.

14.2.3.1. Fette als Aromavorstufen

Bei der Aromabildung (aber auch Entstehung von Off-Flavour!) aus Lipiden spielt neben der Entstehung von Methylketonen, Alkoholen sowie Lactonen insbesondere die Peroxydation ungesättigter Fettsäuren und der Abbau der dabei entstandenen Hydroperoxide zu leicht flüchtigen Aldehyden, Ketonen usw. eine wesentliche Rolle. Am Beispiel eines enzymkatalysierten Umsatzes von Linolensäure sei hier die Bildung von Nona-2(E), 6(Z)-dienal (Hauptaromakomponente von Gurken) aufgezeigt.

Besondere Bedeutung als geruchsintensive Stoffe, die sekundär aus Fettsäuren entstehen, haben die Aldehyde mit 6-Atomen, wie Hexanal, Hex-2(E)-enal, Hex-3(Z)-enal und diejenigen mit 9 C-Atomen wie Nona-3(Z)-enal, Nona-2(E), 6(Z)-dienal und Nona-3(Z), 6(Z)-dienal.

14.2.3.2. Kohlenhydrate als Aromavorstufen

Bei der möglichen Bildung von Aromastoffen allein aus Kohlenhydraten ist davon auszugehen, daß wesentliche Effekte erst bei höheren Temperaturen (Backen, Braten und Rösten) zu erwarten sind, wobei als typische Reaktionsprodukte heterocyclische Substanzen, wie z. B. Furan- und Pyranderivate sowie benzoide (aromatische) Kohlenwasserstoffe auftreten. Unter Einbeziehung von Eiweißstoffen kann die große Palette von MAILLARD-Produkten entstehen, von denen neben Carbonsäuren und Carbonylverbindungen vor allem flüchtige heterocyclische Verbindungen wie Furan-, Pyrazin-, Pyran- und Pyrrolderivate interessieren, da sie z. T. sehr aromawirksam sind.

14.2.3.3. Eiweißstoffe als Aromavorstufen

Eine wesentliche Reaktion der Aminosäuren, die zur Bildung von aromaintensiven Aldehyden führt (s. STRECKER-Abbau) ist der Umsatz von Aminosäuren mit Diketonen, die z. B. bei der enzymatischen Oxydation von Polyphenolen bzw. bei der MAILLARD-Reaktion, oder mit anderen Diketonen, wie Diacetyl, Dehydroascorbinsäure usw., entstehen.

STRECKER-Abbau von Aminosäuren

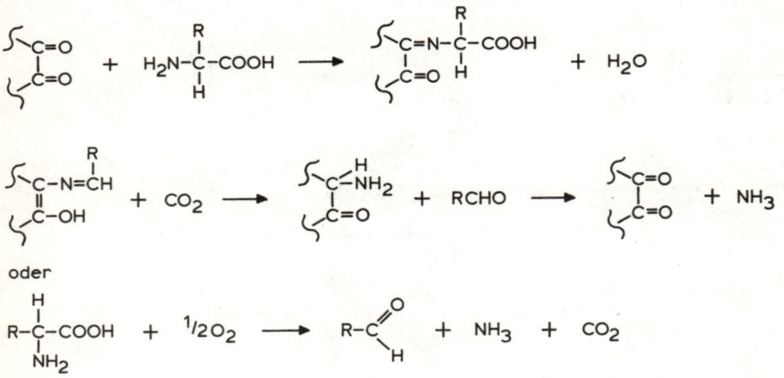

$$\begin{matrix} C=O \\ C=O \end{matrix} + H_2N-\underset{H}{\overset{R}{C}}-COOH \longrightarrow \begin{matrix} C=N-\underset{H}{\overset{R}{C}}-COOH \\ C=O \end{matrix} + H_2O$$

$$\begin{matrix} C-N=CH \\ C-OH \end{matrix} \overset{R}{} + CO_2 \longrightarrow \begin{matrix} \overset{H}{C}-NH_2 \\ C=O \end{matrix} + RCHO \longrightarrow \begin{matrix} C=O \\ C=O \end{matrix} + NH_3$$

oder

$$R-\underset{NH_2}{\overset{H}{C}}-COOH + {}^{1}\!/_{2}O_2 \longrightarrow R-C\overset{O}{\underset{H}{}} + NH_3 + CO_2$$

Nachstehend sind einige Aminosäuren aufgeführt, deren Abbau zum entsprechenden Aldehyd in Lebensmitteln eindeutig erwiesen ist.

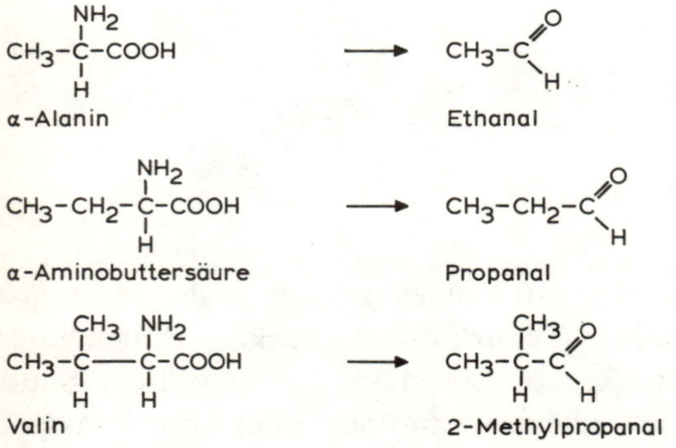

$CH_3-\underset{H}{\overset{NH_2}{C}}-COOH \longrightarrow CH_3-C\overset{O}{\underset{H}{}}$

α-Alanin — Ethanal

$CH_3-CH_2-\underset{H}{\overset{NH_2}{C}}-COOH \longrightarrow CH_3-CH_2-C\overset{O}{\underset{H}{}}$

α-Aminobuttersäure — Propanal

$CH_3-\underset{H}{\overset{CH_3}{C}}-\underset{H}{\overset{NH_2}{C}}-COOH \longrightarrow CH_3-\underset{H}{\overset{CH_3}{C}}-C\overset{O}{\underset{H}{}}$

Valin — 2-Methylpropanal

$$\underset{\text{Leucin}}{\text{CH}_3-\underset{\underset{\text{H}}{|}}{\overset{\overset{\text{CH}_3}{|}}{\text{C}}}-\text{CH}_2-\underset{\underset{\text{H}}{|}}{\overset{\overset{\text{NH}_2}{|}}{\text{C}}}-\text{COOH}} \longrightarrow \underset{\text{3-Methylbutanal}}{\text{CH}_3-\underset{\underset{\text{H}}{|}}{\overset{\overset{\text{CH}_3}{|}}{\text{C}}}-\text{CH}_2-\text{C}\overset{\nearrow \text{O}}{\underset{\searrow \text{H}}{}}}$$

$$\underset{\text{Isoleucin}}{\text{CH}_3-\text{CH}_2-\underset{\underset{\text{H}}{|}}{\overset{\overset{\text{CH}_3}{|}}{\text{C}}}-\underset{\underset{\text{H}}{|}}{\overset{\overset{\text{NH}_2}{|}}{\text{C}}}-\text{COOH}} \longrightarrow \underset{\text{2-Methylbutanal}}{\text{CH}_3-\text{CH}_2-\underset{\underset{\text{H}}{|}}{\overset{\overset{\text{CH}_3}{|}}{\text{C}}}-\text{C}\overset{\nearrow \text{O}}{\underset{\searrow \text{H}}{}}}$$

$$\underset{\text{Phenylalanin}}{\text{C}_6\text{H}_5-\text{CH}_2-\underset{\underset{\text{H}}{|}}{\overset{\overset{\text{NH}_2}{|}}{\text{C}}}-\text{COOH}} \longrightarrow \underset{\text{2-Phenylethanal}}{\text{C}_6\text{H}_5-\text{CH}_2-\text{C}\overset{\nearrow \text{O}}{\underset{\searrow \text{H}}{}}}$$

Die beim STRECKER-Abbau auftretenden α-Aminoketone reagieren — insbesondere bei höheren Temperaturen — auch leicht miteinander unter Cyclisierung zu Dihydropyrazinen, die sofort zu Pyrazinen weiter dehydriert werden. Pyrazine sind in allen „Röstaromen" enthalten.

$$\begin{array}{c}\text{R}^1 \\ \text{R}^2\end{array}\!\!\!\!\!\!\!\!\!\underset{\text{O}}{\overset{\text{NH}_2}{\diagup}} + \underset{\text{H}_2\text{N}}{\overset{\text{O}}{\diagdown}}\!\!\!\!\!\!\!\!\!\begin{array}{c}\text{R}^2 \\ \text{R}^1\end{array} \xrightarrow{-2\text{H}_2\text{O}} \underset{\text{R}^2}{\overset{\text{R}^1}{\diagup}}\!\!\!\!\!\!\!\!\underset{\text{N}}{\overset{\text{N}}{\diagdown\diagup}}\!\!\!\!\!\!\!\!\begin{array}{c}\text{R}^2 \\ \text{R}^1\end{array} \xrightarrow{-2\text{H}} \underset{\text{R}^2}{\overset{\text{R}^1}{\diagup}}\!\!\!\!\!\!\!\!\underset{\text{N}}{\overset{\text{N}}{\diagdown\diagup}}\!\!\!\!\!\!\!\!\begin{array}{c}\text{R}^2 \\ \text{R}^1\end{array}$$

Als eine wesentliche Quelle für die Bildung flüchtiger S-Verbindungen ist das Methionin anzusehen, das sich nach folgendem Schema zersetzen kann:

$$\underset{\text{Methionin}}{\text{CH}_3-\text{S}-\text{CH}_2-\text{CH}_2-\underset{\underset{\text{NH}_2}{|}}{\text{CH}}-\text{COOH}} \xrightarrow[-\text{NH}_3]{-\text{CO}_2} \underset{\text{Methional}}{\text{CH}_3-\text{S}-\text{CH}_2-\text{CH}_2-\text{C}\overset{\nearrow \text{O}}{\underset{\searrow \text{H}}{}}}$$

$$\longrightarrow \underset{\text{Acrolein}}{\text{CH}_2=\text{CH}-\text{C}\overset{\nearrow \text{O}}{\underset{\searrow \text{H}}{}}} + \underset{\substack{\text{Methyl-}\\\text{mercaptan}}}{\text{CH}_3\text{SH}} \xrightarrow{\text{(Oxydation)}} \underset{\text{Dimethyldisulfid}}{\text{CH}_3-\text{S}-\text{S}-\text{CH}_3}$$

Diese Zersetzung tritt auch beim Bestrahlen von Lebensmitteln ein und ist mit eine der Ursachen für den Off-Flavour dieser Lebensmittel. Aus Cystein und Cystin bildet sich demgegenüber vor allem Schwefelwasserstoff, der Ausgangssubstanz für die Bildung S-haltiger Heterocyclen, wie Thiophenen, Thiolanen und Thiazolen, sein kann, die in vielen erhitzten Lebensmitteln nachgewiesen werden, wie z. B.:

2,5-Dimethylthiophen
(in gerösteten Zwiebeln)

3,5-Dimethyl-1,2,4-trithiolan
(in Fleischbrühe)

4-Methyl-5-vinyl-thiazol
(in Kakao)

2-Acetyl-thiazolin
(in Fleischbrühe)

Schwefelhaltige Aminosäuren sind als Vorläufer an der Bildung des Fleischaromas entscheidend beteiligt.

Auf die enzymatische Bildung von geruchsintensiven S-haltigen Verbindungen aus Thioglucosiden und S-Alkylcysteinsulfoxiden bei Knoblauch, Zwiebeln, Senf, Kohl usw. ist bereits an anderer Stelle (I; 10.2.5.) eingegangen worden.

In der Lebensmitteltechnologie ergeben sich im Hinblick auf das Aroma bei der Be- und Verarbeitung folgende Probleme:

— *Aromaerhaltung* (z. B. bei Obsterzeugnissen und Gewürzen)
— *Optimale Aromabildung* (z. B. bei Brot, Käse und Kaffee)
— *Aromatisierung aromaarmer Lebensmittel* (z. B. bei Margarine und Spirituosen)
— *Aromatisierung neuartiger Lebensmittel* (z. B. auf der Basis von Mikrobenproteinen)
— *Entfernung unerwünschter Aromastoffe* (Beseitigung des Off-Flavour)
— *Aromabindung* (z. B. bei Pulverkaffee)

Aromaverluste treten in Lebensmitteln durch Verflüchtigung, Oxydation, Polymerisation oder Reaktion mit anderen Lebensmittelinhaltsstoffen ein.

Die wesentlichen Fortschritte, die in den letzten vier Jahrzehnten in der Aromaforschung erzielt wurden, sind in erster Linie darauf zurückzuführen, daß es erst durch empfindliche Analysenverfahren wie Gaschromatographie und andere chromatographische Verfahren sowie deren Kombination mit der Massenspektrometrie, Kernresonanz- und Infrarotspektroskopie usw. möglich wurde, Aussagen über einzelne Komponenten eines Aromas zu machen.

14.3. Geschmacksstoffe

Während die Geruchswahrnehmung von Lebensmittelinhaltsstoffen entweder auf direktem Wege mit der Atemluft durch die Nase oder auf indirektem Wege über die Mundhöhlen-Rachen-Nasen-Passage ausschließlich im oberen Teil der Nasenhöhle (Regio olfactoria) erfolgt, registrieren die auf der Zunge befindlichen Geschmacksrezeptoren die vier Grundgeschmacksarten *süß*, *salzig*, *sauer* und *bitter*, unterschiedlich, bevorzugt an bestimmten Partien des Zungenkörpers (s. Abb. 14.2).

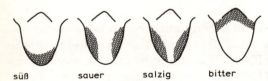

Abb. 14.2. Geschmackszonen der Zunge

Neben den vier genannten Geschmacksqualitäten werden auch solche Eindrücke wie adstringierend (z. B. durch Gerbstoffe von Tee), kühlend (z. B. durch Menthol des Pfefferminzöls), scharf (z. B. durch Capsaicin des Paprikas), metallisch, alkalisch usw. festgestellt.

Beim Verzehr eines Lebensmittels werden aber nicht nur die vier Geschmacksarten wahrgenommen, sondern gleichzeitig auch die vorhandenen bzw. beim Kauen freigesetzten Aromastoffe, wobei diese Aromastoffe häufig für den sensorischen Gesamteindruck entscheidend sind. Das hat zur Folge, daß dieser Gesamteindruck zu Unrecht im deutschen Sprachgebrauch meist einfach als „Geschmack" bezeichnet wird. Geruch und Geschmack sind zwar physiologisch zwei scharf voneinander zu trennende Sinne, dennoch ergeben sich in Anbetracht der komplexen Wahrnehmung von Aroma- und Geschmacksstoffen beim Verzehr von Lebensmitteln gewisse, praktisch unvermeidbare Überschneidungen, die u. a. auch aus der Wechselwirkung zwischen Aroma- und Geschmacksstoffen resultieren.

Zum einwandfreien Erkennen der vier Grundgeschmacksarten müssen z. B. nachfolgende Schwellenwerte (Lösungsmittel: Wasser) überschritten werden:

süß: 0,3 % Saccharose
salzig: 0,1 % Natriumchlorid
sauer: 0,02 % Citronensäure
bitter: 0,008 % Coffein

Grundvoraussetzung für eine Geschmacksaktivität einer Verbindung ist eine gewisse Wasserlöslichkeit. Völlig wasserunlösliche Substanzen haben praktisch keinen Geschmack.

Der Geschmack eines Lebensmittels wird — ähnlich wie das Aroma — im allgemeinen nicht durch eine einzige Komponente bestimmt, sondern ergibt sich als Produkt mehrerer geschmacksaktiver Verbindungen, wobei eine synergistische und antagonistische Beeinflussung vorhanden sein kann. Auch kombinierte Geschmackseindrücke sind möglich, z. B. bei L-Lysin (süß/bitter), bei Pikrinsäure (sauer/bitter) und Citronensäure (sauer/süß), wobei allerdings eine Geschmacksart zumeist stark überwiegt.

14.3.1. Sauer schmeckende Stoffe

Der saure Geschmack eines Lebensmittels ist im allgemeinen proportional der H^+-Ionenkonzentration, wobei als Säuren überwiegend organische Säuren in Betracht kommen, deren Geschmackseindruck merklich durch das Anion beeinflußt wird. Die in Lebensmitteln vorhandenen Säuren sind entweder Metabolite des normalen Intermediärstoffwechsels oder werden durch bestimmte Ver- bzw. Bearbeitungsverfahren bewußt erzeugt (z. B. bei Sauermilcherzeugnissen, Sauerkraut usw.). Sie können aber auch Verderbsprodukte (z. B. Essigstich bei Wein, saure Milch) sein. Zur Geschmacksabrundung (z. B. bei Saucen), Erzielung eines sauren Geschmackes (z. B. bei Bonbons),

Beseitigung des Off-Flavours (z. B. bei Fischzubereitungen), Chelatbildung (z. B. zur Bindung von Metallionen in Fetten), Haltbarkeitsverlängerung (z. B. bei Gemüse), Verhinderung enzymatischer Bräunung (z. B. bei Obsterzeugnissen) usw. werden oft neben der Essigsäure und der Ascorbinsäure noch einige andere organische Säuren — meist unter dem Begriff „Genußsäuren" zusammengefaßt — verwendet, von denen Milch-, Wein- und Citronensäure die wichtigsten sind.

$$
\begin{array}{ccc}
\text{CH}_3 & \text{COOH} & \\
| & | & \text{H}_2\text{C-COOH} \\
\text{HO-C-H} & \text{H-C-OH} & | \\
| & | & \text{HO-C-COOH} \\
\text{COOH} & \text{HO-C-H} & | \\
 & | & \text{H}_2\text{C-COOH} \\
 & \text{COOH} & \\
\text{L(+)-Milchsäure} & \text{L(+)-Weinsäure} & \text{Citronensäure}
\end{array}
$$

Milchsäure (2-Hydroxypropansäure) wird industriell durch Vergärung von Kohlenhydraten (Melasse, Stärke usw.) mit homofermentativen Milchsäurebakterien, die im Gegensatz zu den heterofermentativen weniger Nebenprodukte liefern, gewonnen. Es werden in der Praxis insbesondere Stämme von *Lactobacillus dehlbrückii, -leichmanii* und *-bulgaricus* eingesetzt. Grundsätzlich kann man durch Auswahl der Mikroorganismen eine bevorzugte Bildung von L(+)-Milchsäure (Fleischmilchsäure), D(—)-Milchsäure oder der optisch inaktiven D,L-Form (Gärungsmilchsäure) erreichen, wobei die letztgenannte die technisch wichtigste ist. Die nach Reinigung und Einengen in den Handel gebrachte Milchsäure hat meist einen Säuregehalt von 80% und wird in erster Linie bei Limonaden, aber auch bei Obsterzeugnissen, in der Süß- und Backwaren- sowie Fleisch- und Fischindustrie verwendet.

Weinsäure (2,3-Dihydroxybutandisäure) kommt als L(+)-Weinsäure (Rechtsweinsäure) in relativ großen Mengen in Trauben vor und scheidet sich bei der Weinbereitung bzw. -lagerung als Kaliumhydrogentartrat bzw. Calciumtartrat ab, woraus sie durch Umsatz mit Schwefelsäure gewonnen werden kann. Sie wird vorzugsweise als Säurekomponente bei Backpulver, aber auch bei Süßwaren, Limonaden, Obsterzeugnissen usw. eingesetzt.

Citronensäure (2-Hydroxypropan-1,2,3-tricarbonsäure) kommt ubiquitär in der Natur vor, besonders reichlich in Citronen (3 ... 5%), woraus sie ursprünglich auch gewonnen wurde. Heute wird Citronensäure fast ausschließlich durch Vergären von 14 ... 25%igen Melasse- bzw. Zuckerlösungen mit *Aspergillus niger*-Stämmen im Oberflächen- und neuerdings auch Submersverfahren hergestellt. Citronensäure wird außerordentlich vielfältig in der Lebensmittelindustrie verwendet, besonders aber in der Getränke- und Süßwarenindustrie. Ihr Einsatz übersteigt mengenmäßig den von Milch- und Weinsäure bei weitem.

Phosphorsäure und ihre Salze werden ebenfalls vielfältig in der Lebensmittelindustrie (insbes. bei Colagetränken, Backpulver und Schmelzkäse) eingesetzt.

14.3.2. Salzig schmeckende Stoffe

Für den salzigen Geschmack scheint eine Dissoziation in Ionen Voraussetzung zu sein. Praktische Bedeutung haben bei Lebensmitteln neben dem Kochsalz — allerdings mit erheblichen Abstrichen — nur noch die sogenannten Diätsalze, wie z. B. die Ammonium- und Kaliumsalze der Bernstein- und Adipinsäure. Auch das als Geschmacksverstärker verwendete Mononatriumglutamat hat einen leicht salzigen Geschmack.

14.3.3. Süß schmeckende Stoffe

Der süße Geschmack natürlicher Lebensmittel wird bevorzugt durch verschiedene *Zucker* hervorgerufen (z. B. in Honig, Obst, Gemüse usw.). Auch einige natürliche Aminosäuren der L-Reihe wie Glycin, Alanin, Serin und Threonin schmecken süß, während die überwiegende Anzahl der restlichen proteinogenen Aminosäuren bitteren Geschmack hat, was allerdings für die Lebensmittel nur von untergeordneter Bedeutung ist. Süß schmeckende Stoffe sind ferner *Zuckeraustauschstoffe* wie Glucitol (Sorbitol) und die *künstlichen Süßstoffe* (s. I; 15.2.2.).

Unterschiede hinsichtlich der relativen Süße bestehen nicht nur zwischen verschiedenen Saccharidderivatarten (s. Tab. 14.3), sondern auch zwischen bestimmten Konfigurationsisomeren (z. B. D- und L-Xylose, D- und L-Arabinitol) sowie Stereoisomeren. So sind z. B. α-D-Glucopyranose und β-D-Fructopyranose süßer als die Gleichgewichtsmischungen ihrer Anomeren und Ringisomeren. Die α- sind meist süßer als die β-Verbindungen. Von D-Mannopyranose ist bekannt, daß die α-Verbindung reinen Süßgeschmack, die β-Verbindung hingegen eine zusätzliche Bitternote aufweist; bei

Tabelle 14.2. Die relative Süße von Zucker und anderen Süßungsmitteln (bezogen auf Saccharose = 1)[1])

Verbindung	Relative Süße	Verbindung	Relative Süße
Raffinose	0,15	Cyclamat	30 ... 80
Lactose	0,2 ... 0,3	Glycyrrhizin	50
Maltose	0,3 ... 0,5	Aspartyl-phenyl-	
D-Glucitol	0,5	alaninmethylester	100 ... 200
Galactose	0,4 ... 0,6	Steviosid	300
Glucose	0,5 ... 0,7	Naringin-	
		dihydrochalcon	300
Mannitol	0,7	Saccharin	500 ... 700
Glycerol	0,8	Neohesperidin-	
Fructose	1,1 ... 1,5	dihydrochalcon	1000 ... 1500

[1]) SOLMS, J., „*Nonvolatile compounds and the flavor of foods*", in: „*Gustation and Olfaction*" (ed. OHLOFF G. und A. F. THOMAS), Academic Press, New York 1971; MOSKOWITZ, H. R., Amer. J. Psychol. **84**, 387 (1971)

Tabelle 14.3. Die relative Süße von Zucker und Zuckeralkoholen und ihre Konzentrationsabhängigkeit (bezogen auf Saccharose = 1)[1])

Verbindung	Relative Süße Saccharosekonzentration (g/100 ml):						
	2,5	5,0	10,0	15,0	20,0	30,0	40,0
D-Fructose	1,32	1,33	1,23		1,24		
Xylitol	0,96	1,01	1,02		1,08	1,18	
D-Xylose	0,57	0,59	0,65		0,78		
D-Glucose	0,56	0,56	0,63		0,72	0,77	0,83
D-Glucitol	0,55	0,54	0,58		0,71		0,82
D-Mannitol		0,51	0,56	0,62			

[1]) HODGE, OSMAN, S. und FENNEMA, O. R., *„Principles of Food Sciences"* Part I, S. 93, Food Chemistry, Marcel Dekker Inc., New York—Basel 1976

den Glucosyl-(1 → 6)-glucosen schmeckt die α-verknüpfte Isomaltose süß, das entsprechende β-Disaccharid (Gentiobiose) aber bitter.

Mit steigender Temperatur nimmt der relative Süßgrad reduzierender Zucker ab, besonders deutlich bei D-Fructose in wäßriger Lösung (1,4 bei 278 K = 5 °C, etwa 1 bei 313 K = 40 °C, 0,8 bei 333 K = 60 °C, bezogen auf Saccharose = 1). Als Erklärung hierfür bietet sich die temperaturabhängige Konzentrationsverschiebung der miteinander im Gleichgewicht stehenden isomeren Formen an.

Die relative Süße ist aber offensichtlich auch vom Konzentrationsbereich, in dem geprüft wird, abhängig; z. B. soll im Schwellenwertbereich (Erkennungsschwelle) Erythritol gegenüber Saccharose doppelt so süß, bei Konzentrationen über 1% aber weniger süß sein.

Wie stark und ob ein bestimmter Süßgeschmack als angenehm empfunden wird oder nicht, ist nicht nur eine Frage der Konzentration, der Art und relativen Zusammensetzung der süßenden Stoffe, sondern auch des Milieus. D-Fructose und Saccharose werden z. B. in Birnen- und Pfirsichnektaren als gleich süß empfunden; Alkohol verstärkt, Carboxymethylcellulose maskiert den Süßgeschmack von Saccharose; auch bittere, saure und salzige Stoffe beeinflussen den Süßgeschmack.

Aus den genannten Gründen sind Angaben über die relative Süße von Süßungsmitteln nicht allgemeingültig, da sie nicht ohne weiteres auf andere Testsysteme oder Lebensmittel(kompositionen) übertragbar sind.

Für den süßen und auch für den bitteren Geschmack sind anscheinend neben Anzahl, Art und Anordnung der polaren sowie unpolaren Gruppen, Ladungsverteilung, die relative Molekülmasse und der räumliche Bau des Gesamtmoleküls entscheidend. Wahrscheinlich spielen hierbei bestimmte Protonendonator-Protonenacceptor-Systeme eine entscheidende Rolle, die mit den entsprechenden Geschmacksreceptor-Systemen in Wechselwirkung treten, wenn bestimmte sterische Voraussetzungen erfüllt sind.

14.3.4. Bitter schmeckende Stoffe

Stoffe mit bitterem Geschmack kommen — wenn man von bitter schmeckenden Mineralien wie Magnesiumsulfat, bestimmten Calciumsalzen usw. absieht — fast ausschließlich in pflanzlichen Lebensmitteln vor und können den unterschiedlichsten organischen Verbindungsklassen angehören. Teilweise ist aber die chemische Konstitution dieser Stoffe noch nicht bekannt.

Bitter schmeckende Pflanzen galten bei allen Kulturvölkern als besonders heilkräftig. Heute wissen wir, daß einige bittere Pflanzeninhaltsstoffe, wie z. B. die herzwirksamen Glycoside (Digitalis-, Strophanthusglycoside usw.) und die Chinaalkaloide (Chinin) pharmakologisch hochwirksam sind, daß aber der bittere Geschmack eine rein zufällige Nebenerscheinung ist.

Bei einigen Lebensmitteln wie Bier, bestimmten Spirituosen (Aperetifs, Enzian usw.), Kakaoerzeugnissen und Citrusfrüchten, z. B. Pampelmusen, sind wir einen bitteren Geschmack durchaus gewöhnt und empfinden ihn nicht als unangenehm, während z. B. bittere Äpfel, Gurken, Möhren, Käse usw., also Produkte, die normalerweise nicht bitter sind, auf Ablehnung stoßen.

Bitterstoffe kommen besonders häufig in Gentianaceen (Enziangewächsen), Compositen (Korbblütlern) und Labiaten (Lippenblütlern) vor und werden in der Medizin in Form alkoholischer Drogenauszüge Iur Appetitanregung, Steigerung der Magensaftsekretion usw. verwendet.

Die Enzianwurzel (Radix Gentianae) enthält etwa 2% Gentiopikrin, geringe Mengen des sehr bitteren Amarogentins (Struktur noch unbekannt), Gentisin und Gentianose (bis zu 5%) sowie geringe Mengen des bitteren Disaccharides Gentiobiose (s. I; 4.3.1.).

Gentiopikrin

Gentisin

Enzianwurzeln spielen insbesondere für die Herstellung von Enzianbranntwein (s. II; 18.) eine Rolle.

Typische Bitterstoffe aus der Familie der Compositae sind das im Wermutkraut zu etwa 0,3% vorkommende Absinthin und das im Benediktenkraut mit etwa 0,2% enthaltene Cnicin.

Wermut- und Bendiktenkraut werden u. a. zur Herstellung von Bitterlikören (s. II; 18.) herangezogen.

Absinthin   **Cnicin**

Die als Küchenkräuter verwendeten Labiaten Rosmarin und Salbei enthalten als Bitterstoff das Picrosalvin (Carnosol) und der Safran das Picrocrocin. Auch die Gewürze Beifuß und Estragon enthalten Bitterstoffe.

Picrosalvin   **Picrocrocin**

In bitteren Mandeln sind etwa 4% Amygdalin (s. I; 10.2.5.) vorhanden. Chinin (Hauptalkaloid der Chinarinde) wird zum Bittern von Mineralwasser (Tonic-water) verwendet.

Amygdalin   **Chinin**

Über die bitter schmeckenden Purinalkaloide, die in einigen Genußmitteln vorkommen, wurde bereits in anderem Zusammenhang berichtet (s. I; 12.2.).

Der bittere Geschmack von Hopfen ist in erster Linie auf die sogenannten α-Säuren — hauptsächlich Humulon, Cohumulon, Adhumulon und Prähumulon — zurückzuführen, die allerdings im Bier nicht mehr auftreten, da sie durch den Brauprozeß (s. II; 16.3.2.) zu anderen Verbindungen (sogenannte α-Isosäuren) umgesetzt werden, die noch bitterer sind.

Humulon   **Cohumolon**   **Adhumulon**   **Prähumulon**

Die in Citrusfrüchten enthaltenen Bitterstoffe gehören zu den Limonoiden (Triterpenlactonen) — wichtigster Vertreter ist das Limonin- bzw. zu den Flavanon-7-neohesperidosiden, deren Hauptvertreter das Naringin ist.

Limonin   Naringin

Der bittere Geschmack von Oliven ist auf Oleuropeinsäuremonosaccharosid zurückzuführen und der in Zichorie, Chicoree, Endivien und Salat mit auf Lactucin bzw. dessen p-Hydroxyphenylessigsäureester (Lactucopikrin = Intybin) bzw. den Protocatechualdehyd.

Oleuropeinsäure   Lactucin   Protocatechualdehyd

Bittergeschmack bei pflanzlichen Lebensmitteln kann aber auch durch Krankheiten oder Schädlingsbefall hervorgerufen worden sein. Der manchmal bei Käse auftretende Bittergeschmack ist ein typischer Käsefehler, der auf bitter schmeckende Peptide zurückzuführen ist, die beim enzymatischen Abbau des Milcheiweißes entstehen können.

Geröstete Lebensmittel haben alle einen mehr oder weniger intensiven Bittergeschmack, der in der Hauptsache aus den pyrogenen Zersetzungsprodukten der Kohlenhydrate resultiert und mit steigendem Röstgrad zunimmt. Besonders deutlich tritt dies bei Kaffee in Erscheinung. Die Zusammensetzung der Röstbitterstoffe — als Assamare bezeichnet — ist noch weitgehend unbekannt.

Ein synthetischer Bitterstoff, der bei Getränken (z. B. Tonic-Wasser) eingesetzt wird, ist das Saccharoseoctaacetat.

14.3.5. Geschmacksverstärker

Unter Geschmacksverstärkern werden im allgemeinen Verbindungen verstanden, die meist nur geringen Eigengeschmack besitzen, aber den Geschmack anderer Stoffe stark intensivieren, indem sie vermutlich bestimmte Geschmacksreceptoren stimulieren. Derartige Stoffe können als natürliche Bestandteile in Lebensmitteln vorkommen oder als Zusätze verwendet werden, wobei die eingesetzte Menge unter dem eigenen Schwellenwert liegen kann. Es gilt heute als erwiesen, daß sich die Wirkung der sogenannten Geschmacksverstärker nicht allein auf die Intensivierung und Abrundung des Geschmackes beschränkt, sondern daß sie z. T. auch einen Einfluß auf das Aroma haben können, insbesondere auch im Hinblick auf die Maskierung unerwünschter Hydrolysat- oder Schwefelgerüche.

Die wichtigsten der bisher in der Praxis eingesetzten Geschmacksverstärker sind das Mononatriumsalz der L-*Glutaminsäure* (Natriumglutamat), *Guanosin-5'-monophosphat* und *Inosin-5'-monophosphat* sowie *Maltol* (3-Hydroxy-2-methyl-pyran-4-on).

Natriumglutamat   Maltol

Thaumatin (Talin), ein Proteinsüßstoff (mittlere Molekülmasse 20...22000), der aus der westafrikanischen Katemfefrucht isoliert wurde, ist zusätzlich auch Geschmacksverstärker für die Grundgeschmacksart süß.

In diesem Zusammenhang sei das ebenfalls aus einer westafrikanischen Frucht (Mirakelfrucht) isolierte *Miraculin*, ein Glycoprotein mit einer mittleren Molekülmasse von 42000, erwähnt, das dazu in der Lage ist, dem sauren Geschmack von Citronen, Rharbarber, Grapefruit usw. eine zusätzliche Süßnote zu verleihen; es wird deshalb auch als Geschmackswandler (taste modifier) bezeichnet. Die praktische Anwendung von Thaumatin und Miraculin wird aber durch den lang anhaltenden bzw. kummulierenden Süßgeschmack, die Thermolabilität (ab 318 K' = 45 °C) und Säureempfindlichkeit (ab pH < 2) der beiden Proteine eingeschränkt.

Als Geschmacksunterdrücker (taste suppressor) kann man die in Gymnema silvestre vorkommende *Gymnemiasäure* bezeichnen, die Bitter- und Süßgeschmack (auch den durch Miraculin ausgelösten!) für Stunden unterbinden kann.

Natriumglutamat

Natriumglutamat (Glutamat) hat einen leicht salzig-süßen Geschmack (Schwellenwert etwa 0,02%) und ist in der Lage, den Geschmack zahlreicher salzhaltiger Speisen zu verstärken. Es wird insbesondere bei Gemüse-, Fleisch- und Suppenkonserven in Mengen von 0,1 bis 0,5% eingesetzt. Da praktisch nur die vollständig dissoziierte Form geschmacksaktiv ist und diese im Bereich von pH 6...8 überwiegend vorliegt, ist bei Lebensmitteln mit diesem pH-Wert auch der stärkste Glutamateffekt zu erwarten. Bei gleichzeitiger Anwesenheit von Purin-5'-ribonucleotiden ist eine gesteigerte Wirkung (Synergismus) zu beobachten. Der Gehalt an freier Glutaminsäure liegt bei natürlichen Lebensmitteln meist zwischen 0,01 und 0,6%. Während Glutaminsäure relativ stabil ist, geht deren Precursor Glutamin beim Kochen leicht in Pyrrolidoncarbonsäure über, die mit für den unangenehmen Kochgeschmack von Konserven verantwortlich sein soll.

$$H_2N-CO-CH_2-CH_2-CH(NH_2)-COOH \longrightarrow HOOC-\text{(Pyrrolidon-2-on)}$$

L-Glutamin → L-Pyrrolidoncarbonsäure

Übergroße Dosen Glutamat sollen bei empfindlichen Personen Unwohlsein („China-Restaurant-Syndrom") auslösen können.

Guanosin-5′-monophosphat und Inosin-5′-monophosphat

Während die Pyrimidin-5′-nucleotide keine geschmacksverstärkende Wirkung zeigen, bewirken dies von den Purin-5′-nucleotiden insbesondere das Guanosin-5′-monophosphat und Inosin-5′-monophosphat speziell bei salzigen Speisen und rufen vor allem ein angenehmes, warmes Mundgefühl hervor, das für Fleischgerichte typisch ist. Die Geschmacksschwellenwerte für diese Verbindungen liegen etwa zwischen 0,004 und 0,015%. Muskelfleisch ist besonders reich an Purinnucleotiden, während Pflanzen meist nur geringe Mengen enthalten. In Autolysaten von Hefe, Fleisch und Fisch, die allerdings als Lebensmittel keine große Rolle spielen, findet man infolge der Spaltung der Ribonucleinsäuren z. T. relativ hohe Gehalte an Nucleotiden. Inosin-5′-monophosphat und Guanosin-5′-monophosphat werden in Mengen von 0,005 bis 0,02% häufig in Kombination mit Glutamat eingesetzt.

Maltol

Maltol, dessen Geschmacksschwellenwert etwa bei 0,03% liegt und das karamelmalzartig riecht, gilt als typischer Verstärker für Süßgeschmack. Es wird vorzugsweise in der Getränke-, Obst- und Süßwarenindustrie zur Zucker- und damit Energiereduktion in Mengen von 0,005 bis 0,03% eingesetzt. Maltol entsteht beim Erhitzen von Kohlenhydraten (insbesondere Maltose) und findet sich in größeren Mengen im Malzkaffee (etwa 0,04%).

Neben dem Maltol gewinnt das Ethylmaltol (3-Hydroxy-2-ethyl-pyran-4-on) zunehmend als Geschmacksverstärker an Bedeutung. Die Verbindung soll 5mal wirksamer als Maltol sein und ist außerdem billiger, da sie leicht synthetisiert werden kann. Originär wurde Ethylmaltol bisher in Lebensmitteln noch nicht nachgewiesen.

15. ZUSATZSTOFFE UND KONTAMINANTEN

15.1. Allgemeines

Zusatzstoffe sind chemisch definierte Verbindungen synthetischer oder natürlicher Herkunft, die Lebensmitteln meist in relativ kleinen Mengen bewußt zugesetzt werden, um bestimmte wertverbessernde Effekte (z. B. Verbesserung von Aussehen, Konsistenz, Aroma, Geschmack, Haltbarkeitsverlängerung, Nährwerterhöhung usw.) zu erzielen.

Unter *Kontaminanten* versteht man chemisch definierte Verbindungen, die ungewollt (z. B. durch Umweltverschmutzung, Maßnahmen zur Steigerung der landwirtschaftlichen Produktion, durch Mikroorganismen usw.) in Lebensmittel gelangen und dort unerwünscht sind, zumal sie auch noch häufig eine hohe biologische Aktivität aufweisen.

Zusatzstoffe und Kontaminanten werden z. T. auch unter dem Oberbegriff *,,Fremdstoffe"* zusammengefaßt. Stoffe, die in Lebensmitteln als Folge von Behandlungsverfahren (z. B. Erhitzen) sekundär entstehen und die man deshalb unter dem Sammelbegriff *,,Sekundärprodukte"* zusammenfaßt, werden meist zu den Kontaminanten gezählt. Zusatzstoffe werden im allgemeinen nach ihrem Anwendungszweck und Kontaminenten nach ihrer Herkunft eingeteilt (vgl. Tab. 15.1).

Zum Schutze des Verbrauchers ist für jeden Zusatzstoff und jeden Kontaminanten in der Nahrung festzulegen, welcher Grenzwert als gesundheitlich unbedenklich gelten kann.

Die toxikologische Bewertung erfolgt auf der Grundlage von Tierexperimenten. Nach orientierenden Voruntersuchungen in akuten (einmalige Verabreichung per os) und subchronischen Tests (4 Wochen tägliche Verabreichung mit dem Futter) wird im chronischen Test (90-Tage-Test) der „no-effect-level", genauer „no-toxic-effect-level" (auch „no-adverse-effect-level") ermittelt. Das ist diejenige Konzentration in Milligramm pro Kilogramm Körpermasse des Versuchstieres, die nach dreimonatiger täglicher Aufnahme der zu untersuchenden Substanz mit dem Futter keine erkennbaren Schäden im Versuchstier hervorruft. Die am häufigsten eingesetzten Versuchstierarten sind Ratte und Maus. Zu wichtigen Entscheidungen werden aber auch andere Species herangezogen. Aus dem no-effect-level der am empfindlichsten reagierenden Tierart wird unter Einbeziehung eines Sicherheitsfaktors (safety factor), der gewöhnlich mit 100 angesetzt wird, die für den Menschen als unbedenklich bei täglicher Aufnahme mit der Nahrung anzusehende Stoffmenge, das „acceptable daily intake" (ADI) in Milligramm pro Kilogramm Körpermasse und Tag errechnet.

$$\text{ADI} = \frac{\text{no-effect-level}}{\text{safety factor}}$$

Tabelle 15.1. Die wichtigsten Zusatzstoffe und Kontaminanten in Lebensmittel

Zusatzstoffe	Kontaminanten

I.   *Stoffe zur Verbesserung des Aussehens*
     Farbstoffe
     Farbverändernde Stoffe
     Farbstabilisierende Stoffe
     Bleichmittel
     Klärmittel
	I. *Rückstände aus der Pflanzenproduktion*
	     Pflanzenschutz- u. Schädlingsbekämpfungsmittel
	     Bodenverbesserungsmittel
	     Reifungsmittel
	     Wachstumsregulatoren

II. *Stoffe zur Verbesserung von Aroma u. Geschmack*
     Aromastoffe
     Geschmacksstoffe
     Geschmacksverstärker
	II. *Rückstände aus der Tierproduktion*
	     Tierarzneimittel
	     Mittel zur Maststeigerung

III. *Stoffe zur Verbesserung u. Stabilisierung der Konsistenz*
     Dickungs- u. Geliermittel
     Emulgatoren und Stabilisatoren
     Weich- und Feuchthaltemittel
     Schaumbildner
	III. *Mikrobielle Verunreinigungen*
	     Pilztoxine
	     Bakterientoxine

	IV. *Rückstände von techn. Hilfsstoffen bei der Produktion*
	     Katalysatoren
	     Filtrationshilfsmittel usw.

IV. *Stoffe zur Verlängerung der Haltbarkeit*
     Konservierungsmittel
     Antioxydantien und Synergisten
	V. *Rückstände von Reinigungs- u. Desinfektionsmitteln*
	VI. *Verunreinigungen aus Bedarfsgegenständen*

V.   *Stoffe zur Verbesserung des Nährwertes*
     Vitamine, Provitamine
     Aminosäuren
     Mineralstoffe
	VII. *Verunreinigungen aus der Umwelt*
	VIII. *Stoffe, die in Lebensmitteln bei der Lagerung, Be- und Verarbeitung sowie Zubereitung entstehen* (Sekundärprodukte)

Der so ermittelte ADI-Wert erfaßt noch nicht embryotoxische, mutagene und carcinogene Effekte. Diese werden erst in lebenslänglichen (bei Ratten und Mäusen etwa zwei Jahren andauernden) Fütterungsversuchen sowie Versuchen über mehrere Generationen erkannt. Wenn dabei schädigende Wirkungen auftreten, ist die Festlegung eines ADI-Wertes nicht möglich.

Bei den Kontaminanten, auf deren Vorkommen in Lebensmitteln der Mensch nur in bedingtem Maße oder auf indirekte Weise Einfluß hat, gelten im wesentlichen die gleichen Prinzipien für die Festlegung von höchstzulässigen Mengen (Toleranzen) wie bei den Zusatzstoffen. Aus ADI, Körpermasse und Tagesverzehr errechnet sich das „permissible level" (PL) eines Lebensmittels in mg/kg:

$$\text{PL (mg/kg/Tag)} = \frac{\text{ADI (mg/kg/Tag)} \times \text{Körpermasse (kg)}}{\text{Tagesverzehr (kg)}}$$

Substanzen, die im Tierversuch eine embryotoxische, mutagene oder carcinogene Wirkung gezeigt haben, werden nicht als Zusatzstoff eingesetzt.

Es ist eine Wunschvorstellung, die nicht realisierbar ist, daß hochtoxische bzw. carcinogen wirkende Stoffe auch als Kontaminanten in Lebensmitteln nicht enthalten sein sollten. Einige der toxischsten Schadstoffe, wie Aflatoxine, Nitrosamine, cancerogene Polyaromaten, entstehen auch ohne anthropogen verursachte Umweltbelastungen. Toxische Schwermetalle sind in allen Bereichen der Biosphäre vorhanden. Man kann das Eindringen dieser Stoffe in Lebensmittel nicht oder nur unvollkommen verhindern und sie auch nicht nachträglich restlos entfernen. Es gibt für solche Kontaminanten „irreducible levels", welche durch keine technische Nachbehandlung unterschritten werden können ohne daß dabei das Lebensmittel insgesamt zerstört wird.

Da es für diese hochtoxischen Stoffe kein no-effect-level gibt, existieren für sie auch keine ADI-Werte. Um aber dennoch quantitative Kenngrößen, mit denen man praktisch arbeiten kann, in die Hand zu bekommen, wurden „vorläufige tolerierbare Aufnahmen" geschaffen, wobei zwischen einem „provisional maximum tolerable daily intake" für solche Stoffe, die im Körper nicht akkumuliert werden (z. B. für Zinn, Arsen, Styren), und einem „provisional tolerable weekly intake" für solche Stoffe, welche akkumuliert werden (z. B. für Blei, Quecksilber, Cadmium), unterschieden wird. Aus den „provisional tolerable weekly intake"-Werten lassen sich in analoger Weise „weekly permissible levels" für einzelne Lebensmittel festlegen.

Zusatzstoffe werden im allgemeinen in Mengen von 0,1 bis 10 g/kg Lebensmitteln zugefügt; Kontaminanten finden sich in der Größenordnung von 1 µg bis 10 mg/kg. Die analytische Erfassung dieser Stoffe ist daher mit besonderen Schwierigkeiten verbunden. Aufwendige Verfahren der Aufbereitung und Reinigung (clean-up) sind erforderlich, und eine moderne Analysentechnik ist Voraussetzung für diese Aufgabe.

15.2. Zusatzstoffe (Additive)

15.2.1. Stoffe zur Verbesserung des Aussehens

15.2.1.1. Lebensmittelfarbstoffe

Die Lebensmittelfarbstoffe werden nach ihrer Herkunft in drei Gruppen eingeteilt:
— Naturfarbstoffe pflanzlichen oder tierischen Ursprungs (s. I; 9.)
— synthetische organische Farbstoffe
— anorganische Farbstoffe

Die vorwiegende Verwendung der künstlichen Farbstoffe wird durch zahlreiche Vorteile dieser Substanzen (höhere Beständigkeit, größere Farbkraft u. a. m.) im Vergleich zu den natürlichen begründet.

Von den künstlichen organischen Farbstoffen sind weit über hundert in den verschiedensten Ländern für die Lebensmittelfärbung eingesetzt worden. Ihr Einsatz ist aber nicht ohne toxikologische Probleme. Farbstoffe, die zunächst als völlig unbedenklich angesehen wurden, erwiesen sich als suspekt. Bereits mit dem Farbengesetz von 1887 wurden in Deutschland Pikrinsäure, Martiusgelb und Viktoriagelb wegen der nachgewiesenen Giftigkeit verboten.

Pikrinsäure   Martiusgelb   Viktoriagelb

Sehr bald wurde auf das gesundheitliche Risiko bei der Anwendung fettlöslicher Azofarbstoffe, wie z. B. Sudanrot BB (1906), aufmerksam gemacht. Als 1937 das als „Buttergelb" zur Färbung von Margarine verwendete p-Dimethylaminoazobenzen bei Ratten Leberkrebs hervorrief, setzte eine umfangreiche Überprüfung aller bis dahin zum Färben von Lebensmitteln verwendeten synthetischen Farbstoffe ein, in deren Ergebnis zunächst alle fettlöslichen synthetischen Farbstoffe verboten wurden.

Sudanrot BB   p-Dimethylaminoazobenzen

Die wichtigsten synthetischen Lebensmittelfarbstoffe sind heute einige wasserlösliche Azofarbstoffe, z. B. Amaranth (Naphtholrot S), aber auch unter ihnen finden sich Vertreter, bei denen sich leicht mutagene und carcinogene Wirkungen nachweisen lassen, so daß die Listen der zugelassenen Farbstoffe von Zeit zu Zeit revidiert werden müssen. Die Untersuchungen sind noch nicht abgeschlossen.

Naphtholrot S

Außer den natürlichen und den künstlichen organischen Farbstoffen kommen bei Lebensmitteln noch anorganische in Betracht, die als Pigmentfarbstoff für Oberflächenfärbungen Verwendung finden, wie z. B. Calciumcarbonat und -sulfat, Titandioxid, Eisenoxide und -hydroxide, Aluminium, Silber und Gold. Heute gelten allgemein Lebensmittelfarbstoffe nur dann als zulässig, wenn ihre Unschädlichkeit ausdrücklich bestätigt wurde.

Die Anwendung der Lebensmittelfarbstoffe erfolgt unter strengen Vorschriften. Nur ausdrücklich hierzu zugelassene Lebensmitel dürfen gefärbt werden. Eine Färbung, mit der Mängel am Lebensmittel verdeckt werden oder die einen Gehalt an wertvollen Bestandteilen vortäuscht (Eier, Kakao, Schokolade), ist verboten.

15.2.1.2. Farbverändernde und -stabilisierende Stoffe

Zur Stabilisierung der Farbe sowie zur Verhinderung der enzymatischen oder der nichtenzymatischen Bräunung (MAILLARD-Reaktion) wird *Schwefeldioxid* (in Gasform, als schweflige Säure oder in Form verschiedener saurer Natrium-, Kalium- und Calciumsalze) eingesetzt. Gleichzeitig wird eine konservierende Wirkung erzielt (s. I; 15.2.4.1.). Es kommt dabei u. a. zu einer Hemmung von Oxydationsenzymen (Phenoloxydasen) und dem Abfangen von Aldehyden und Ketonen unter Bildung von Hydrogensulfitverbindungen, z. B. bei der Most- und Weinbehandlung.

Schwefeldioxid kann Thiamin (Vitamin B_1) zerstören und Disulfidbrücken irreversibel unter Bildung einer Thiol- und einer S-Sulfonsäuregruppe

$$-S-S- + H_2SO_3 \rightarrow -SH + HO_3S-S-$$

sprengen. Aus dieser Erkenntnis wird abgeleitet, daß Enzymsysteme, deren Wirkung auf der Reaktionsfähigkeit ihres Sulfhydryl-Disulfid-Systems beruht, blockiert werden.

Der Zusatz von *Kalium-* bzw. *Natriumnitrit* und *-nitrat* zum Pökeln von Fleisch und Fleischwaren dient zur Erhaltung der roten Farbe des Fleisches (s. II; 3.), gleichzeitig wirkt es keimhemmend, was insbesondere zur Unterdrückung des Sporenbildners *Clostridium botulinum*, dem Bildner des hochtoxischen Botulinus-Toxins, von großer Bedeutung ist, und geschmacksbeeinflussend (Ausbildung des Pökelaromas). *Nitritpökelsalz* ist Kochsalz mit einem Zusatz von 0,4 bis 0,5% Natriumnitrit.

Bei Einsatz von Nitrat bzw. Nitrit ist zu beachten, daß bei gleichzeitiger Anwesenheit sekundärer Amine stark cancerogen wirkende Nitrosamine oder -amide gebildet werden können. Derartige Umsetzungen können aber auch im Magen-Darm-Trakt zwischen sekundären biogenen Aminen und zu Nitrit reduziertem alimentär aufgenommenem Nitrat stattfinden.

15.2.2. Stoffe zur Verbesserung von Aroma und Geschmack

Da auf Aroma- und Geschmacksstoffe bereits an anderer Stelle (s. I; 14.) ausführlich eingegangen wurde, sollen hier nur die künstlichen Süßstoffe abgehandelt werden.

Als Süßstoffe werden praktisch energiefreie Süßungsmittel bezeichnet, die eine wesentlich höhere Süßkraft als Saccharose aufweisen. Sie spielen in der Diätetik (für Diabetiker und generell zur Senkung des Zuckerverbrauches) eine Rolle.

Seit über 100 Jahren eingeführt ist das *Saccharin*.

Saccharin

Der Süßstoff wird meist als Natrium-, aber auch als Calciumsalz angewendet. Seine Süßkraft ist — wie auch die anderer Süßstoffe — von der Konzentration und von Milieubedingungen (Temperatur, Anwesenheit anderer Geschmacksstoffe) abhängig. Im Mittel ist sie 250 ... 300mal größer als die von Saccharose. Der Süßeffekt erfährt in höheren Konzentrationen keine Steigerung. In Kaltgetränken wird nur die Süßwirkung einer etwa 5%igen Saccharoselösung erreicht; bei weiterer Steigerung der Saccharinkonzentration macht sich ein bitterer Nachgeschmack bemerkbar.

1937 wurde der Süßstoff *Cyclamat* entdeckt. Cyclamate sind die Salze der Cyclohexylamino-N-sulfonsäure.

Na-Cyclamat   Cyclohexylamin

Cyclamat besitzt gegenüber Saccharose die 30fache Süßkraft. Die angenehme Süße ohne bitteren Nachgeschmack auch bei hohen Konzentrationen und die Stabilität beim Kochen und Backen förderten zunächst seinen Einsatz besonders in den USA. Hinweise auf Cancerogenität, die jedoch nicht bestätigt wurden, führten 1970 zu starken Einschränkungen des Verbrauches. Bedenkliche Wirkungen werden dem Cyclohexylamin, das dem Süßstoff von der Synthese her anhaften kann, zugeschrieben. Cyclohexylamin kann aber auch aus Cyclamat durch Hydrolyse in saurem Milieu (in Cola- und Citrus-Getränken) und vor allem durch die Darmflora im menschlichen Organismus gebildet werden.

Bestimmte Dipeptidester besitzen ebenfalls Süßstoffcharakter. Aus der Gruppe der süßschmeckenden Dipeptidester hat sich der α-L-Asparagyl-L-phenylalanin-methylester (APM), auch als *Aspartam*, *Nutrasweet* bekannt, in der Praxis durchgesetzt.

Aspartam besitzt im Vergleich zu Saccharose etwa die 110fache Süßkraft, ist von angenehmer Süße und wird im Organismus in seine drei Bestandteile zerlegt und vollständig in den Stoffwechsel einbezogen. In Wasser ist es schwer löslich und wenig stabil. Er hydrolysiert unter Abspaltung von Methanol und Bildung eines Diketopiperazin, das zwar nicht toxisch, aber auch nicht süßschmeckend ist.

Aspartam → 5-Benzyl-3,6-dioxo-2-carboxy-methylpiperazin

Ebenfalls ein neuer und wie Aspartam in vielen Ländern bereits zugelassener Süßstoff ist *Acesulfam*, das Kaliumsalz des 6-Methyl-oxathiazinondioxids. Acesulfam hat eine angenehme Geschmacksnote, ist etwa 180mal süßer als Saccharose und eine stabile Verbindung, die auch im Organismus nicht abgebaut, sondern unverändert ausgeschieden wird.

Acesulfam

Kaum Eingang in die Praxis haben bisher die *Dihydrochalkon-Süßstoffe* gefunden, deren wichtigster Vertreter, das Neohesperidindihydrochalkon, aus dem natürlichen Flavonoid Naringin hergestellt wird, von denen es aber auch vollsynthetisch herstellbare Angehörige gibt. Der Grund für die Zurückhaltung sind nicht toxikologische Bedenken, sondern die eigenartigen Süße-Empfindungen, die diese Süßstoffe vermitteln. Der Süßgeschmack wird mit einiger Verzögerung und nur in den hinteren Mundpartien wahrgenommen.

Zahlreiche Naturstoffe sind als Süßstoffe geeignet und werden auch als solche (allerdings meist nur regional begrenzt) genutzt. Zu ihnen gehören die Glycoside *Glyzyrrhizin* (der süße Stoff des Süßholzes) und *Steviosid* (aus den Blättern einer in Paraguay heimischen Staude) sowie die in den Früchten afrikanischer Pflanzen enthaltenen sehr süßen Proteine *Monellin* und *Thaumatin*. Besonders das Thaumatin hat in letzter Zeit an Bedeutung gewonnen. In Japan wird das *Perillartin*, das anti-Oxim des in der Natur vorkommenden Perillaaldehyds, zum Süßen verwendet.

15.2.3. Stoffe zur Verbesserung und Stabilisierung der Konsistenz

15.2.3.1. Dickungs- und Geliermittel

Die Substanzen dieser Gruppe bilden entweder mit Wasser hochviskose Lösungen (Dickungsmittel) oder mehr oder weniger steife Gallerten (Geliermittel). Es handelt sich um Makromoleküle mit hydrophilen Gruppen, die die Wassermoleküle des umgebenden Mediums binden. Zusätzliche Effekte äußern sich in Wechselwirkungen u. a. mit Wasserstoffionen, Calciumionen und Sacchariden.

Viele der wichtigsten Dickungs- und Geliermittel, wie Gelatine, Pectin, Stärke, Alginsäure, Johannisbrotkernmehl, Guaranmehl, Carrageenan, Agar und Tragant, sind natürlichen Ursprungs. Halbsynthetische Dickungs- und Geliermittel gewinnt man aus natürlichen Stoffen, deren physikalisch-chemische Eigenschaften durch Einführung funktioneller Gruppen in gewünschter Weise verändert werden. Hierher gehören die Celluloseether, wie Methylcellulose und Carboxymethylcellulose. Sie entstehen durch Veretherung der primären Hydroxylgruppen der Glucosemoleküle der Cellulose, d. h. durch Ersatz der Hydroxylwasserstoffe durch $-CH_3$, $-CH_2COONa$-Gruppen usw. Sie dienen z. B. zur Verhinderung des Auskristallisierens von Zucker in Zuckerwaren, des Absetzens von Kakaobestandteilen in Trinkschokolade, zur Erleichterung der Teigbereitung bei Kuchenmehlen, als Klärmittel für trübe Lösungen und zur Schönung von Wein.

Celluloseether werden im Magen-Darm-Trakt nicht absorbiert. Mikrokristalline Cellulose (MKC) ist eine durch Säurehydrolyse teilweise abgebaute Cellulose, bei der eine weitgehende Lösung der intermolekularen Bindungen zwischen den langkettigen Cellulosemolekülen sowie eine partielle Verkürzung dieser Moleküle eingetreten sind. MKC wird ebenfalls nicht absorbiert, aber sie kann persorbiert werden. Das birgt gewisse gesundheitliche Risiken, denn MKC wird nicht abgebaut und die langen, spitzen Partikel können sich an den Gefäßwänden festsetzen.

15.2.3.2. Emulgatoren, Emulsionsstabilisatoren

Emulgatoren sind grenzflächenaktive Stoffe, die in der Lage sind, aus nicht miteinander mischbaren Phasen disperse Systeme zu bilden. Im Gegensatz zu den Stabilisatoren haben sie im allgemeinen eine relative Molekülmasse <1000, zeichnen sich durch das gleichzeitige Vorhandensein lipophiler und hydrophiler Gruppen aus, sind von öligwachsartiger Konsistenz und haben die Fähigkeit, die Grenzflächenspannung zwischen verschiedenen Phasen zu erniedrigen und damit die Emulsionsbildung zu erleichtern bzw. Emulsionen zu stabilisieren. Eine Stabilisierung von Emulsionen kann zusätzlich über die Erhöhung der Viskosität des Dispersionsmittels erfolgen. Die dazu verwendeten Hydrokolloide sind keine echten Emulgatoren, sondern makromolekulare hydrophile Stoffe, die mit Wasser viskose Lösungen, Pseudogele oder Gele bilden und als Emulsionsstabilisatoren bezeichnet werden können.

Anionenaktive Stoffe werden vor allem als Wasch- und Reinigungsmittel eingesetzt. Kationenaktive Stoffe sind im allgemeinen toxisch und daher für Lebensmittelzwecke nicht geeignet; sie finden als Reinigungsmittel Verwendung, zumeist mit desinfizierender Wirkung.

Für Lebensmittelzwecke sind einige nichtionogene Emulgatoren gut geeignet. Sie werden vielfältig, insbesondere bei der Herstellung von Margarine, Cremes, Süß- und Backwaren, Speiseeis usw. eingesetzt.

Wesentliche praktische Bedeutung haben bisher die nachfolgend aufgeführten Verbindungsklassen erhalten:

Monoglyceride werden als „normale" (30 ... 50%ig), angereicherte (55 ... 75%ig) oder hochprozentige (>90%ig) Produkte in Konzentrationen von 0,1 ... 20% allein oder im Gemisch mit anderen Emulgatoren eingesetzt. Zu ihrer Darstellung werden Fette mit Glycerol (Glycerolyse) umgesetzt oder Glycerol wird partiell mit Fettsäuren verestert. Etwa 80% der z. Z. verwendeten Emulgatoren sind Monoglyceride.

Mono- und *Diglycerid-hydroxysäureester* sind gemischte Glycerolester von Fett- und Hydroxysäuren (insbesondere Citronen-, Acetylcitronen-, Wein-, Diacetylwein-, Äpfel- und Milchsäure), wobei der Gehalt an Hydroxysäuren meist zwischen 5 und 35% liegt. Stellvertretend für die Vielzahl der möglichen Verbindungen ist hier das Glycerol-1-stearat-3-citrat dargestellt.

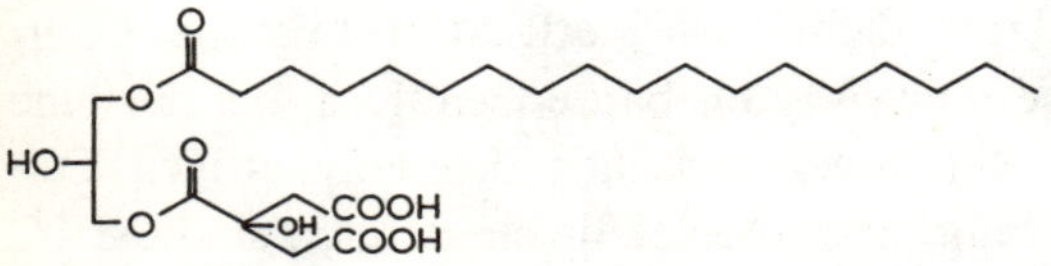

Diese Verbindungen gewinnt man durch Veresterung von Glycerol mit Hydroxy- und Fettsäuren oder durch Veresterung von Partialglyceriden mit Hydroxysäuren.

Phosphatide (s. I; 3.3.) lassen sich als Nebenprodukte der Ölraffination (insbesondere aus Soja- und Rapsöl) gewinnen.

Polyglycerolfettsäureester erhält man durch Umsatz von Polyglycerol mit Fettsäuren.

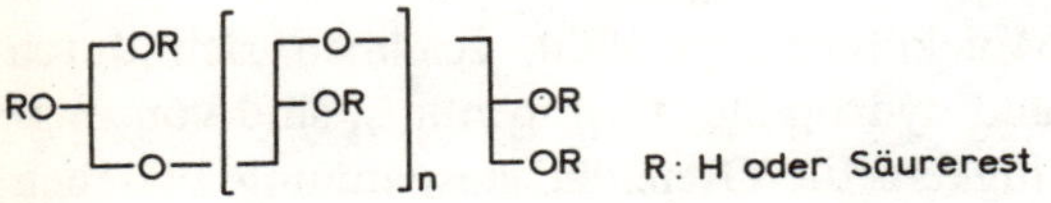

R: H oder Säurerest

Saccharosefettsäureester werden durch Veresterung von Fettsäuren mit Saccharose hergestellt, wobei man in der Hauptsache Mono-, aber auch Di- und Trifettsäureester erhält (die relativen Anteile dieser drei Typen hängen vom Mischungsverhältnis der Reaktionspartner ab). Bevorzugte Angriffsstellen der Veresterung sind die drei primären OH-Gruppen der Saccharose.

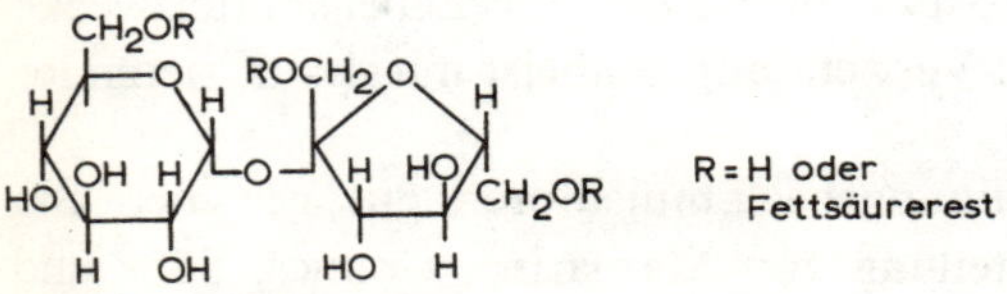

R = H oder Fettsäurerest

Saccharosefettsäureester

Die Monofettsäureester sind Ö/W-Emulgatoren, die Di- und Triester sind W/Ö-Emulgatoren. Man kann auch Triglyceride mit Saccharose umsetzen; bei dieser Umesterung erhält man eine Mischung aus Glycerol- und Saccharosefettsäureestern.

Sorbitanfettsäureester (Spans) und *Polyoxyethylensorbitanfettsäureester* (Tweens) sind Ester von Fettsäuren mit Anhydriden des Sorbitols bzw. mit dessen polyoxyethylierten Derivaten. Spans sind Emulgatoren des W/Ö-Typs und Tweens sind Ö/W-Emulgatoren. Letztere finden hauptsächlich in der kosmetischen Industrie Anwendung.

Span   Tween

Acyllactylate (z. B. Stearoyllactylate) werden meist durch Umsatz von Fettsäuren mit Milchsäure und basischen anorganischen Stoffen (Carbonate, Hydrogencarbonate, Oxide und Hydroxide) gewonnen. Bevorzugt werden Calcium- und Natriumsalze verwendet.

15.2.3.3. Sonstige konsistenzbeeinflussende und stabilisierende Stoffe

Als Weichhaltemittel bzw. zur Erhaltung der Feuchtigkeit von Lebensmitteln werden die mehrwertigen Alkohole *Glycerol* und *Glucitol* (Sorbitol) verwendet. Sorbitol dient darüber hinaus als Süßungsmittel für Diabetikernahrung.

Silicone (Organopolysiloxane) werden zur Stabilisierung von Suspensionen und als Antischaummittel z. B. beim Abfüllen von Getränken eingesetzt. Auf die Verwendung als Trennmittel beim Backen sei gleichfalls hingewiesen.

Bedeutung als stabilisierende und konsistenzbeeinflussende Stoffe besitzen auch *Phosphate* und *Polyphosphate*. Eines der bekanntesten Polyphosphate ist das Graham-Salz (Natriumpolyphosphat $(NaPO_3)_nH_2O$).

Grahamsalz
$n \approx 20$ bis 300

Phosphate bewirken eine pH-Regulierung, verhindern die Blutgerinnung, fördern die Wasserbindung und werden zur Trinkwasserenthärtung angewendet. Sie werden insbesondere bei Schmelz- und Kochkäse, Blutplasma, Brühwürsten, Kleingebäck, Konditorei-, Fein- und Dauerbackwaren, Süßspeisepulver, Geleeartikeln sowie für Füllungen von Pralinen und Tafelschokolade eingesetzt.

Ein gutes Klärungsmittel für viele trübe Flüssigkeiten ist *Tannin* (s. I; 11.2.). Es fällt Eiweiß und wird — außer zum Klären von Bier und Essig — wie Phytinsäure (Inositolhexaphosphorsäure) bzw. Phytin (Ca—Mg-Salz der Phytinsäure) u. a. zum Schönen von Wein verwendet.

Als Klärungsmittel haben weiterhin chelatbildende Stoffe (z. B. Ethylendiamintetraessigsäure) wegen ihrer Fähigkeit, Metallionen in Lebensmitteln komplex zu binden, Bedeutung.

15.2.4. Stoffe zur Verlängerung der Haltbarkeit

15.2.4.1. Konservierungsmittel

Konservierungsmittel sind Stoffe, die in der Lage sind, die mikrobiell bedingten nachteiligen Veränderungen von Lebensmitteln, deren Rohstoffen und Zwischenprodukten zu verzögern oder zu verhindern.

Konservierungsmittel sind — im Gegensatz zu Desinfektionsmitteln — mild wirkende Stoffe, welche die schädlichen Mikoorganismen (Bakterien, Schimmelpilze, Hefepilze) nicht abtöten, sondern nur in ihrer Lebenstätigkeit hemmen und damit ihre Vermehrung verhindern. In stark kontaminierten Lebensmitteln versagen sie. Aus diesem Grunde dürfen nur mikrobiologisch einwandfreie Lebensmittel chemisch konserviert werden. Die Wirkung der Konservierungsmittel ist konzentrationsabhängig und wird von der Temperatur, der Luftfeuchtigkeit, dem Wassergehalt des Substrats (dem dort herrschenden osmotischen Druck) und vor allem von dessen pH-Wert beeinflußt.

Die keimhemmende (bakteriostatische bzw. fungistatische) Wirkung der Konservierungsmittel ist an das undissoziierte Molekül gebunden, weil nur dieses genügend unpolar ist (im Gegensatz zu einem Anion oder Kation), um die Mikrobenzellwand durchdringen und ins Zellinnere gelangen zu können. Das erklärt die hohe pH-Abhängigkeit der Konservierungsmittel. Die meisten sind schwache Säuren und liegen (auch dann, wenn sie als Salze zugesetzt worden sind) bei niedrigen pH-Werten im undissoziierten Zustand vor. Im Innern der Mikrobenzelle inaktivieren sie lebenswichtige Enzyme.
Nachfolgend wird über die gebräuchlichsten Konservierungsmittel berichtet.

Benzoesäure wird meist in Form ihres Natriumsalzes eingesetzt (weil dieses besser in Wasser löslich ist als die freie Säure), ist aber nur als freie (undissoziierte) Säure wirksam. Da ihre Dissoziationskonstante hoch ist (pK_a = 4,2), wirkt sie nur in ziemlich sauren Lebensmitteln konservierend. Die Benzoesäure hemmt im Mikroorganismus die oxydative Phosphorylierung und greift wahrscheinlich in den Citronensäurecyclus ein; sie hemmt vor allem Hefe- und Schimmelpilze. Im Darm des Menschen wird sie absorbiert, aber dann nicht metabolisiert, sondern als N-Benzoylglycin (Hippursäure) ausgeschieden.

Die *Ester* der *p-Hydroxybenzoesäure* (*PHB-Ester*) wurden entwickelt, weil Benzoesäure in neutralem oder schwach saurem Milieu unwirksam ist. Es gibt den Methyl-, den Ethyl- und den Propyl-PHB-Ester (seltener auch höhere Ester, z. B. den Heptylester). Die PHB-Ester sind auf Grund ihrer phenolischen OH-Gruppe sehr schwache Säuren und darum auch in neutralem Milieu keimhemmend wirksam. Ihre Einsatzmöglichkeiten werden durch diese phenolische Gruppe zugleich stark eingeschränkt, da der ,,Phenolcharakter" sich geschmacklich negativ bemerkbar macht. Außerdem sind PHB-Ester wenig wasserlöslich, gehen daher leicht in die Fettphase eines Lebensmittels über und werden so ihrem Wirkungsort als Konservierungsmittel entzogen. Auch Proteine können diese Phenole binden und damit unwirksam machen. Die antimikrobielle Wirkung der PHB-Ester beruht ebenfalls auf ihren Phenoleigenschaften. Sie wirken denaturierend auf das Enzym-Eiweiß und zerstören Membranen. Der Hemmeffekt steigt mit zunehmender Kettenlänge des Esteralkohols an, wird aber von der gleichzeitig stattfindenden, den entgegengesetzten Effekt bewirkenden Abnahme der Wasserlöslichkeit überlagert. Die PHB-Ester werden im Darm des Menschen absorbiert, danach hydrolysiert und als Glucuronsäureester oder p-Hydroxyhippursäure ausgeschieden.

Benzoesäure

N-Benzoylglycin

4-Hydroxybenzoesäure

Sorbinsäure (Hexa-2(E),4(E)-diensäure) ist wegen ihrer guten Wirksamkeit — auch bei wenig sauren Lebensmitteln (noch bei pH 5 ... 6) hauptsächlich gegen Hefe- und Schimmelpilze — und wegen ihrer guten physiologischen Verträglichkeit zu einem sehr begehrten Konservierungsmittel geworden. Eingesetzt werden ihre wasserlöslicheren Alkalisalze, aber konservierend wirksam ist hauptsächlich die undissoziierte freie Säure. Der pK_a-Wert ist 4,75. Die Sorbinsäure hemmt in der Mikrobenzelle verschiedene Enzyme des Kohlenhydratstoffwechsels und des Citronensäurecyclus, dazu noch die Katalase und Peroxydasen. Ihre Wirkung beruht vielfach auf einer Umsetzung mit SH-Gruppen von Enzymen. Für den konservierenden Effekt ist eine Mindestkonzentration (0,1 bis 0,25%) erforderlich. Geringere Mengen können von Mikroorganismen dagegen zur Biosynthese und als Energielieferant verwendet werden.

Im menschlichen Organismus wird Sorbinsäure absorbiert und wie eine Fettsäure abgebaut.

Nicht zu verwechseln ist Sorbinsäure mit Parasorbinsäure, die in wilden Ebereschen vorkommt und als cancerogenverdächtig gilt.

Sorbinsäure   Parasorbinsäure

Schwefeldioxid (schweflige Säure) liegt in wäßriger Lösung in den Formen gelöstes Schwefeldioxid ($SO_2 \cdot H_2O$), schweflige Säure (H_2SO_3), Hydrogensulfitanion (HSO_3^-) und Sulfitanion (SO_3^{2-}) vor, die miteinander im Gleichgewicht stehen. Antimikrobiell wirksam sind nur die ersten drei Formen, darum wirkt Schwefeldioxid ebenfalls nur bei niedrigen pH-Werten, und zwar bevorzugt gegen Bakterien, weniger gegen Hefe- und Schimmelpilze. Seine Wirksamkeit beruht hauptsächlich auf einer Inaktivierung sulfhydrylgruppenhaltiger Enzyme.

Eine gewisse Rolle kann auch die Umsetzung mit Carbonylverbindungen (insbesondere das Abfangen von Glyceraldehyd in Hefezellen) spielen. Auch mit Glucose setzt sich schweflige Säure (Hydrogensulfit) in einer reversiblen Reaktion zu einer Additionsverbindung um, die im sauren Milieu des Magens wieder zerfällt und damit schweflige Säure freisetzt. Man schätzt, daß etwa 20% aller Menschen gegen schweflige Säure empfindlich sind und daß von Weintrinkern unerwünscht hohe Mengen aufgenommen werden. Sie wird im Magen-Darm-Trakt des Menschen als Sulfit absorbiert und im Blut zu Sulfat oxidiert. Die Hauptanwendungsgebiete des Schwefeldioxids sind Obst- und Kartoffelhalbfabrikate, aus denen das SO_2 bei der Weiterverarbeitung entweicht, sowie Wein.

Propionsäure (CH_3CH_2COOH), insbesondere das Natrium- oder Calciumpropionat, werden gegen das „Fadenziehen" von Brot sowie bei Schmelzkäse eingesetzt.

Ameisensäure (HCOOH), die zum Konservieren von Obst- und Gemüseerzeugnissen eingesetzt wird, ist im strengen Sinne kein Konservierungsmittel. Ihre hemmende Wirkung auf Bakterien, Hefe- und Schimmelpilze beruht unspezifisch — wie bei Essigsäure, nur noch etwas stärker — auf der Herabsetzung des pH-Wertes. Ameisensäure ist durch Erhitzen leicht entfernbar.

Formaldehyd ist wegen seiner radikalen Wirkung eher als Desinfektionsmittel zu bezeichnen. Es setzt sich mit den freien Aminogruppen von Eiweißen (vor allem mit der ε-Aminogruppe des Lysins) unter Bildung SCHIFFscher Basen um, von denen es teilweise wieder abgespalten werden kann. Formaldehyd, der über den Magen-Darm-Trakt in den Organismus gelangt, wird rasch zu Ameisensäure oxidiert. Wegen der immer noch umstrittenen toxikologischen Einschätzung des Formaldehyds und der Gefahr, als „Schönungsmittel" für eine verdorbene Ware mißbraucht zu werden, ist auch Hexamethylentetramin in vielen Ländern verboten, in einigen aber noch beschränkt zugelassen.

Pyrokohlsäurediethylester (PKE) ist ebenfalls ein Konservierungsmittel mit Desinfektionsmittelcharakter, d. h. es tötet Mikroben, insbesondere Hefen, schlagartig ab, man hat deshalb die Behandlung von Getränken auch als „Kaltsterilisation" bezeichnet. PKE zerfällt in Gegenwart von Wasser von 20 bis 24 h in Ethanol und Kohlendioxid, weshalb es zuerst als ein ideales Keimtötungsmittel für Getränke aller Art galt. In Gegenwart von Ammoniumsalzen und aminogruppenhaltigen Stoffen (also auch Proteinen) können jedoch die carcinogen wirkenden Urethane (NH$_2$—CO—O—C$_2$H$_5$) gebildet werden, weshalb die Anwendung von PKE in vielen Ländern ganz untersagt und in anderen auf die Entkeimung einfacher Limonaden beschränkt ist.

Pyrokohlensäurediethylester

Diphenyl und *o-Phenylphenol* sind genau genommen Fungicide und nicht Konservierungsmittel. Sie werden zur Oberflächenkonservierung von Citrusfrüchten gegen Schimmel- und anderen Pilzbefall eingesetzt.

Diphenyl   o-Phenylphenol

Hexamethylentetramin zerfällt in saurem Milieu in Ammoniumsalze und Formaldehyd, auf dessen Umsetzungsfreudigkeit die antimikrobielle Wirkung des Hexamethylentetramins beruht:

$$+ 6 H_2O + 4 H^{\oplus} \longrightarrow 4 NH_4^{\oplus} + 6 HCHO$$

Früher häufig verwendete Konservierungsmittel, wie Borsäure, p-Chlorbenzoesäure und Salicylsäure, sind heute in den meisten Ländern verboten.

15.2.4.2. Antioxydantien, Synergisten, Komplexbildner

Antioxydantien sind Stoffe, die Oxydationsvorgänge hemmen. Bei Lebensmitteln betrifft dies vor allem den Oxydationsschutz von Fetten und fetthaltigen Lebensmitteln sowie von Vitaminen, Farb-, Aroma- und Geschmacksstoffen.

Unter Synergisten versteht man Stoffe, die die Wirkung der Antioxydantien erhöhen, indem sie verbrauchte Antioxydantien regenerieren, ohne selbst antioxydativ wirksam

Antioxydantien

Die bedeutendsten natürlichen Antioxydantien sind die *Tocopherole*. Sie kommen besonders reichlich in pflanzlichen Ölen vor, in tierischen Fetten nur in geringerer Menge. Sie stammen in diesem Falle aus dem Futter. Neben ihrer biologischen Funktion als Vitamin E (s. I; 7.2.3.) sind sie der wichtigste natürliche Autoxydationsschutz von Fetten und Ölen. Sie werden allerdings bei der Raffination der Fette partiell (etwa 25 %) zerstört.

Tocopherole werden vor allem zur Stabilisierung von tierischen Fetten verwendet, teilweise auch zusammen mit Synergisten, wie Ascorbylpalmitat und Citronensäure.

Weitverbreitet angewandt werden *Alkylester* der *Gallussäure*, das Propyl-, Octyl-, Dodecyl- und auch das Laurylgallat. Diese Ester kommen natürlich vor, werden aber auch synthetisch hergestellt.

Nordihydroguajaretsäure (NDGA) wird bei Schweineschmalz und auch bei Gebäcken eingesetzt.

Tert-Butylhydroxyanisol (BHA), *Di-tert-Butylhydroxytoluen* (BHT) und *tert-Butylhydroxychinon* (BHQ) sind rein synthetische Verbindungen und zeichnen sich durch einen guten carry-through-Effekt (Wirkung bleibt beim Backen erhalten) aus. Sie haben sich besonders bei fetthaltigen Backwaren bewährt und gehören zu den meist verwendeten Antioxydantien für Fette.

Von den übrigen synthetischen Antioxydantien sei noch *Santoquin* (Ethoxyquin) erwähnt (6-Ethoxy-2,2,4-trimethyl-1,2-dihydro-chinolin), das als Zusatz zu Futtermitteln Verwendung findet.

Synergisten, Komplexbildner

Einer der bekanntesten Synergisten ist die *Ascorbinsäure* mit ihren Estern, hauptsächlich dem Ascorbylpalmitat. Ascorbinsäure ist ein guter Synergist bei der Fettautoxydation und vermag auch Metallchelate zu bilden. Eine noch größere Bedeutung kommt der Ascorbinsäure als Oxydationsschutz für pflanzliche Erzeugnisse zu, z. B. bei der Hemmung der enzymatischen und auch der nichtenzymatischen Bräunung.

Bei Fleischerzeugnissen wirkt Ascorbinsäure in verschiedener Weise günstig, so wird z. B. die Farbe gepökelter Fleischwaren verbessert, außerdem kann die Menge des Pökelsalzes herabgesetzt und eine Nitrosaminbildung unterdrückt werden. Bei Weizenmehlteigen dient sie zur Verbesserung der Backfähigkeit.

Citronensäure wird insbesondere zur Stabilisierung von Pflanzenfetten eingesetzt. Synergistische Eigenschaften sind auch für *Phosphate* bzw. *Polyphosphate* und *kondensierte Phosphate* charakteristisch. Sie sind mitverantwortlich z. B. für die Farberhaltung bei Lebensmitteln und die Stabilisierung von Vitamin C. Synergistische Eigenschaften haben u. a. auch *Weinsäure* und *Mono-* und *Diglycerid-hydroxysäureester*, die als Emulgatoren von Bedeutung sind.

Als typischer Komplexbildner mit ausgezeichneter Wirkung gilt die *Ethylendiamintetraessigsäure* (EDTA), die als chelatbildender Stoff unter Bezeichnungen wie Komplexon, Chelaplex, Versene u. a. eingeführt ist.

15.3. Verunreinigungen und Rückstände (Kontaminanten)

15.3.1. Rückstände aus der Pflanzenproduktion

15.3.1.1. Pflanzenschutz- und Schädlingsbekämpfungsmittel

Im Weltdurchschnitt werden etwa 35% der pflanzlichen Erntegüter durch Schädlinge und Pflanzenkrankheiten vernichtet. Die Versorgung der immer noch wachsenden Weltbevölkerung mit Nahrungsmitteln macht unter anderem auch den Einsatz von Pflanzenschutz- und Schädlingsbekämpfungsmitteln (Pesticiden) unerläßlich. Der Verbleib von Rückständen auf den damit behandelten Pflanzen sowie den daraus hergestellten Lebensmitteln kann nicht in jedem Fall ausgeschlossen werden. Viele solcher Wirkstoffe — insbesondere Insekticide — gelangen zusätzlich durch die Bekämpfung von Hygieneschädlingen in die menschliche Lebenssphäre.

Die Anreicherung im Warmblüter (Tier und Mensch) ist abhängig von den physikalischen und chemischen Eigenschaften der Pesticide sowie ihrer Abbau- und Umwandlungsprodukte. Der Anreicherung unterliegen besonders persistente (schwer abbaubare) Stoffe. Die Nahrungskette ist von lebensmitteltoxikologischer Bedeutung, weil der Mensch als eines der Endglieder dieser Kette Nahrungsmittel zu sich nimmt, in denen solche Wirkstoffe oder ihre Metabolite angereichert sein können. Wie diese Anreicherung zustande kommt, demonstriert Abb. 15.1.

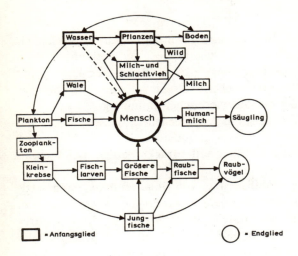

Abb. 15.1. Glieder der Nahrungskette (n. ENGST und KNOLL)

Der Schutz des Verbrauchers vor der Aufnahme gesundheitlich bedenklicher Mengen an Wirkstoffen erfolgt durch die Festlegung von Toleranzen. Zur Einhaltung dieser Toleranzen dienen Anwendungseinschränkungen und die Fixierung von Karenzzeiten.

Die Pesticide kann man in folgende Gruppen einteilen:

— Insekticide   (gegen Insekten)
— Akaricide   (gegen Milben)
— Fungicide   (gegen Pilze)
— Rodenticide   (gegen Nagetiere)
— Molluskicide   (gegen Weichtiere)
— Nematicide   (gegen Würmer)
— Herbicide   (gegen Unkräuter, aber auch zum Entlauben (Defoliation) und zum Austrocknen (Desikkation) von Kulturpflanzen (z. B. zur Ernteerleichterung)

Zusätzliche Wege der Schädlingsbekämpfung sind der Einsatz von *Chemosterilantien*, die Insektenmännchen sterilisieren, oder *Repellentien*, die nicht direkt auf den Schädling wirken, sondern ihn nur aus zu schützenden Bereichen vertreiben. Diese Wirkstoffe können — ebenso wie die Insektenbekämpfung durch den Einsatz nützlicher Bakterien, Pilze, Viren und Insekten — den chemischen Pflanzenschutz unterstützen. Sie sind aber nicht in der Lage, ihn in absehbarer Zeit zu ersetzen.

Die Pflanzenschutz- und Schädlingsbekämpfungsmittel wirken als Kontakt-, Fraß- oder Respirationsgifte.

Insekticide

Natürlich vorkommende Insekticide (z. B. Pyrethrine) haben bisher keine praktische Bedeutung erlangt. Die eingesetzten synthetischen Produkte kann man in chlororganische Verbindungen, phosphororganische Verbindungen und Carbamate unterteilen.

Chlororganische Insekticide

Das nach dem zweiten Weltkrieg so erfolgreich zur Schädlingsbekämpfung eingesetzte DDT (Dichlordiphenyltrichlorethan) ist heute in den meisten Ländern verboten. DDT ist außerordentlich persistiert und daher das Musterbeispiel für die bereits beschriebenen Anreicherungen in der Nahrungskette. Resistenzerscheinungen bei Schädlingen haben ohnehin den weiteren Einsatz eingeschränkt.

DDT und sein Biotransformationsprodukt DDE (Dichlordiphenyldichlorethen) fanden sich regelmäßig im menschlichen Fettgewebe und fetthaltigen Substraten (Muttermilch). Heute sind beide Substanzen dort vermindert, aber polychlorierte Biphenyle (s. I; 15.3.4.) angestiegen.

Günstiger als DDT ist sein Methoxyderivat *Methoxychlor* (Bis-(4-methoxyphenyl)-1,1,1-trichlorethan) zu beurteilen, da es schnell in wasserlösliche Metabolite umgewandelt und so aus den Organismen eliminiert wird. Die höheren Herstellungskosten und die Notwendigkeit, größere Mengen im Vergleich zum DDT einzusetzen, stehen einer breiteren Anwendung entgegen.

Das seit 1949 als Insekticid verwendete *Lindan* besteht zu mindestens 99 % aus γ-Hexachlorcyclohexan (γ-HCH).

Da es schnell durch Biotransformation zu wasserlöslichen cyclischen Alkoholen umgewandelt und unter Bildung von Konjugaten wieder eliminiert wird, galten lange Zeit Rückstände des Lindan, die zumeist unter denen des DDT liegen, trotz erhöhter akuter Toxizität als weniger bedenklich. Nach neueren Erkenntnissen ist jedoch die

Lindananwendung Ursache eines erheblich angestiegenen Vorkommens von Isomeren des γ-HCH, insbesondere von α- und β-HCH, in der Biosphäre. Die Isomeren sind wesentlich stabiler als γ-HCH und reichern sich daher in geeigneten Medien (z. B. Fettgewebe) an. Von α-HCH wird darüber hinaus angenommen, daß es cancerogen wirkt.

Toxaphen (ein chloriertes Camphen ohne einheitliche Zusammensetzung) wird vorwiegend gegen Rapsschädlinge eingesetzt. Es ist recht toxisch und persistent, aber bienenungefährlich.

Außerordentlich wirksam, aber auch akut toxischer als die bisher erwähnten chlororganischen Verbindungen, sind *Aldrin* sowie seine Epoxide *Dieldrin* und *Endrin* (ein Stereoisomeres des Dieldrin).

Dieldrin

Phosphororganische Insekticide

Ester der Phosphorsäure haben dann eine insekticide Wirkung, wenn zwei Hydroxylgruppen der Phosphorsäure durch basische Gruppen (R^1 und R^2) und die dritte Hydroxylgruppe durch eine saure Gruppe (X) ersetzt sind. „Basisch" und „sauer" sind hier im relativen Sinne der Säure-Basen-Beziehungen zu verstehen, d. h. R^1 und R^2 müssen nur gegenüber X basisch sein. R^1 und R^2 sind entweder Alkyl-, Alkoxy- oder alkylsubstituierte Amidogruppen, X kann dagegen sehr variabel sein; gewöhnlich ist es ein Acylrest oder eine andere „saure" Gruppe. Da diese insekticiden Verbindungen nicht nur echte Phosphorsäureester, sondern auch Phosphonsäureester sein können, spricht man besser von phosphororganischen Insekticiden.

Die Wirkung solcher Verbindungen beruht auf einer Hemmung von Cholinesterasen, insbesondere der Acetylcholinesterase, die im System der Reizübertragung von Nerven auf Muskeln eine wichtige Rolle spielt.

Es finden auch solche Stoffe Anwendung, bei denen der semipolar gebundene Sauerstoff des Phosphats durch Schwefel ersetzt ist (Thionophosphate). Diese Verbindungen hemmen Cholinesterasen nicht, aber sie können durch Oxydation leicht in Cholinesterasehemmer umgewandelt werden. Diese Aktivierung findet durch Oxydasen der

Pflanze oder durch Oxydasen des Zielorganismus selbst statt. Thiolophosphate sind Verbindungen, bei denen die saure Gruppe X durch eine Schwefelbrücke (statt einer Sauerstoffbrücke) an den Phosphor gebunden ist. Sie sind im Gegensatz zu den Thionophosphaten unmittelbar insekticid wirksam. Dithiophosphate enthalten sowohl Thiono- als auch Thiolo-Schwefel.

Viele organische Phosphorsäureester werden durch Hydrolyse schnell zersetzt und hierdurch sowie durch Reduktion und Glucuronidierung entgiftet. Rückstände sind meist kurzlebig, deshalb werden sogar stark akut toxische Organophosphate als Insekticide verwendet. Bekannteste Vertreter in dieser Gruppe sind *Parathion-methyl* (Wofatox) und *Parathion-ethyl* (E 605, Thiophos, Parathion).

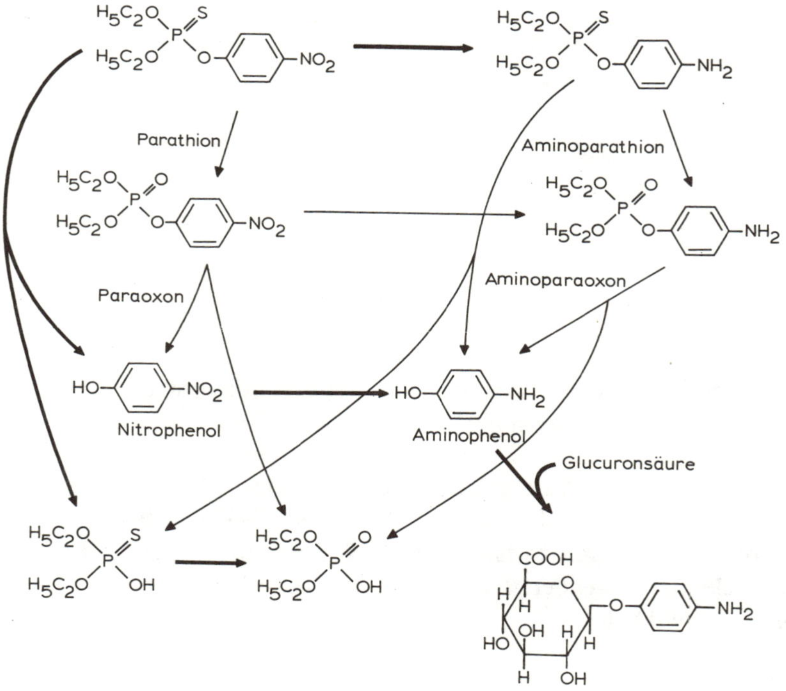

Abb. 15.2. Abbaumöglichkeiten des Parathion (n. O'Brien)

Ein halogenhaltiger phosphororganischer Wirkstoff ist das stark toxische *Dimefox*, das u. a. beim Hopfenanbau eingesetzt wird.

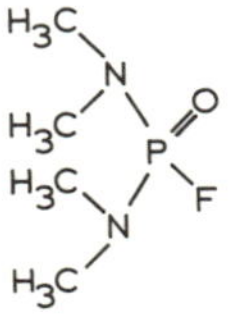

Dimefox

Typische Vertreter der systemischen Wirkstoffe sind die Tinoxpräparate *Demephion-O* bzw. *Demephion-S*. Systemische Wirkstoffe werden nach der Anwendung über Blätter, Stengel und Wurzeln aufgenommen und in der ganzen Pflanze verteilt, die somit auch für saugende Insekten giftig sind.

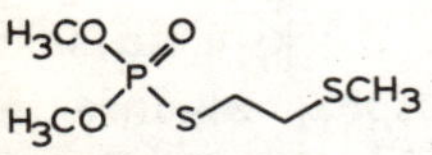

Demephion O

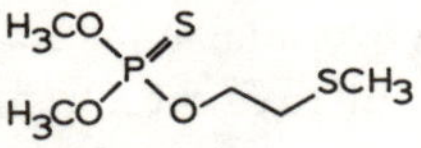

Demephion S

Unter den Dithiophosphaten besitzen das nichtsystemische *Malathion* und das systemische *Dimethoat* (Rogor) besondere Bedeutung.

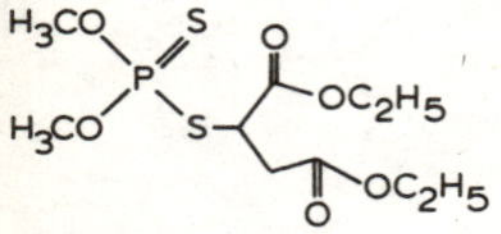

Malathion

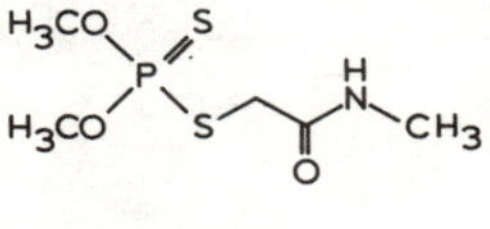

Dimethoat

Die wichtigsten Insekticide aus der Gruppe der Phosphonate (direkte C-P-Bindung) sind *Trichlorphon* (Dipterex) und *Tribuphon* (Butonat), die auch in pflanzliche Gewebe eindringen. Sie haben sich gegen DDT-resistente Hausfliegen und Mücken bewährt und werden ebenfalls in der Veterinärhygiene verwendet. Durch Abspaltung von Chlorwasserstoff entsteht aus Trichlorphon Dichlorvos (DDVP), das stark toxisch ist. Wegen des hohen Dampfdruckes ist DDVP außerordentlich flüchtig. Es wird deshalb zur Raumdesinfektion verwendet. Die hierfür erforderlichen Konzentrationen sind für den Menschen unbedenklich.

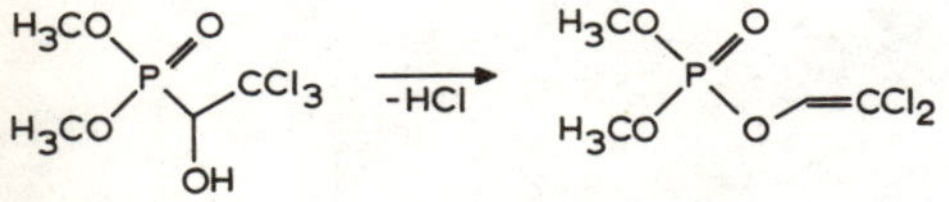

Trichlorphon → Dichlorvos

Carbamate

Die Wirkung der Carbamate beruht ebenfalls auf einer Cholinesterasehemmung. Sie ist jedoch charakterisiert durch eine schnelle Regeneration des Enzyms nach zunächst erfolgter Hemmung (kurze Halbwertszeit des Enzyminhibitorkomplexes).

Die Wirkstoffe Carbaryl, Propoxur und Isolan sind ausgezeichnete Insekticide.

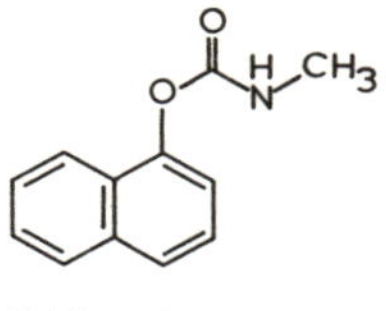

Carbaryl 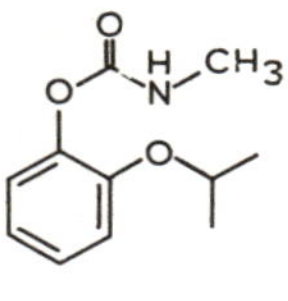 Propoxur 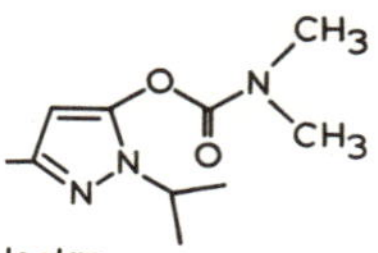 Isolan

Fungicide

Wesentliche Bedeutung als Fungicide besitzen die Dithiocarbamate. Sie sind gleichzeitig ein demonstratives Beispiel für den toxizitätswandelnden Metabolismus. Ihre Biotransformationsprodukte, wie Ethylenthiurammonosulfid und Ethylen-bis-isothiocyanatsulfid, sind toxischer als die Ausgangsverbindung. Als besonders bedenklich gilt die Bildung von Ethylenthioharnstoff, der thyreotoxisch und mutagen- sowie cancerogenverdächtig ist. Er tritt in bedenklichen Mengen auf, wenn Ethylen-bis-dithiocarbamathaltige Lebensmittel unter Sauerstoffausschluß erhitzt werden (z. B. Konserven).

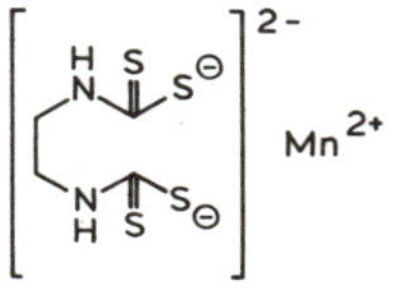

Maneb 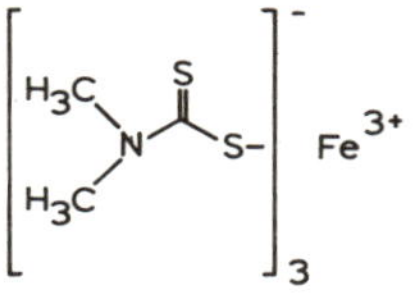 Ferbam

Maneb ist das Mangansalz der Ethylen-bis-dithiocarbaminsäure, *Ferbam* das Eisensalz der Dimethyldithiocarbaminsäure. Dithiocarbamatfungicide werden vor allem im Obst- und Weinbau eingesetzt.

Auch organische Quecksilberverbindungen finden als Fungicide mit beschränktem Einsatzgebiet (Saatgutbeizung) in zahlreichen Ländern Verwendung. Es muß hier differenziert werden zwischen den hochtoxischen Alkyl-Hg-Verbindungen und den weniger toxischen Alkoxy- und Phenyl-Hg-Verbindungen. Als Alternative für diese insgesamt recht suspekte Verbindungsklasse bieten sich organische Zinnverbindungen an, von denen besonders das Triphenylzinnacetat (Brestan, Fentinacetat) verwendet wird.

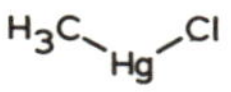

Methylquecksilber-
chlorid

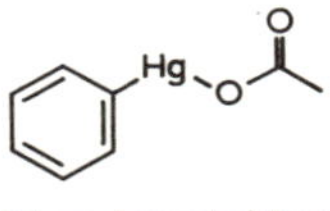

Phenylquecksilber-
acetat

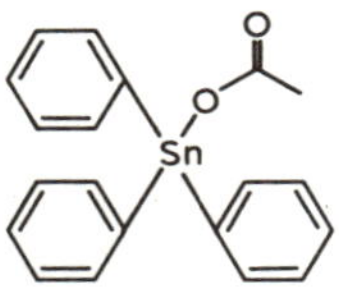

Triphenylzinn-
acetat

Weitere wichtige, rückstandsbildende Fungicide sind Phthalimidderivate wie Captan, Folpet, Difolatan, Captafol und die in den letzten Jahren eingeführten Benzimidazolderivate wie Benomyl, Carbendazim und Thiabendazol.

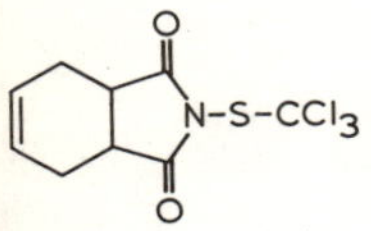

Captan 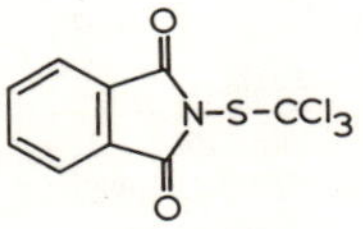   Folpet 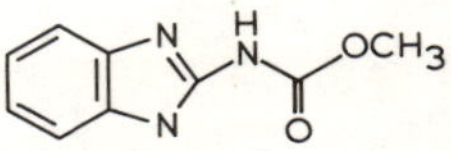   Carbendazim

Herbicide

Die Anwendung von Herbiciden hat ebenfalls lebensmittelhygienische Bedeutung, da auch diese Wirkstoffe Rückstände bilden, die sogar über Wasser und Boden von Pflanzen aufgenommen werden können. Unter den verwendeten Phenoxyalkansäuren — zur Anwendung kommen überwiegend deren Kalium- oder Natriumsalze — hat die 2,4,5-Trichlorphenoxyessigsäure (2,4,5-T) besondere Beachtung erlangt, weil sie mit dem außerordentlich teratogen wirkenden 2,3,7,8-Tetrachlordibenzo-p-dioxin (TCDD) verunreinigt sein kann.

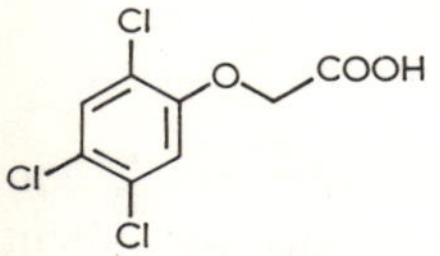

2,4,5-Trichlorphenoxy-essigsäure 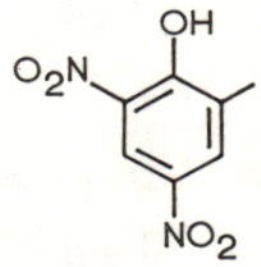   DNOC 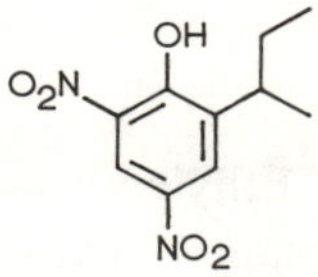   Dinoseb 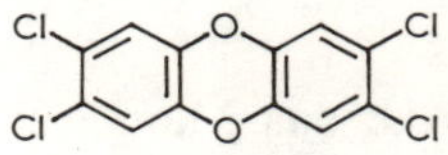   2,3,7,8-TCDD

Zu den herbiciden Wirkstoffen gehören auch Phenole, wie z. B. die Dinitrophenole DNOC (Dinitro-o-cresol) und Dinoseb (2,4-Dinitro-6-sec-butylphenol) sowie Phenylharnstoffderivate.

Zu den wichtigen Herbiciden zählen weiter einige Triazinderivate: Propazin, Atrazin (Simazin), Prometon (Methoxypropazin), Ametryn, Prometryn und Terbutryn. Amitrol ist dagegen ein Triazolderivat.

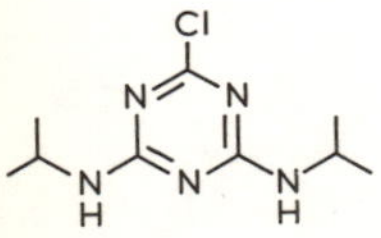

Propazin 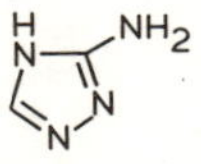   Amitrol

Auch einige chlorierte Alkansäuren wie Trichloressigsäure oder 2,2-Dichlorpropionsäure und Dipyridiniumverbindungen besitzen ausgezeichnete herbicide Eigenschaften.

Begasungsmittel

In diese Stoffklasse gehören gasförmige oder leichtflüchtige toxische Verbindungen, wie Cyanwasserstoff, Ethylenoxid, Methylbromid, Phosphorwasserstoff und Acrylnitril, die bei der Bekämpfung von Schädlingen in der Lagerhaltung Anwendung finden.

15.3.1.2. Sonstige Agrochemikalien

Zu erwähnen sind hier besonders Bodenlockerungsmittel, Reifungsmittel, Keimhemmungsmittel und Wachstumsregulatoren (z. B. Chlorcholinchlorid = Chlormequat). Letztere haben dadurch an Bedeutung gewonnen, daß sie durch Veränderung des Pflanzenwachstums höhere Ernteerträge ermöglichen.

Zu einem ernsten ernährungstoxikologischen Problem ist weltweit die zur Erhöhung der Hektarerträge praktizierte Steigerung der Stickstoffdüngung angewachsen, unabhängig davon, ob mineralischer oder organischer N-Dünger ausgebracht wird. Alle Stickstoffverbindungen (Harnstoff, Ammoniak, Cyanamid) werden in der Natur in Nitrat übergeführt (falls sie es nicht schon sind, wie Salpeter) und in dieser Form von den Pflanzen aufgenommen. Bei einem Überangebot ist die Pflanze nicht in der Lage, das gesamte aufgenommene Nitrat zu reduzieren und in Eiweiß umzuwandeln. Als Folge davon enthalten die Ernteprodukte mehr oder weniger große Mengen an Nitrat. Es gibt ausgesprochen „nitratophile" Pflanzen (unter ihnen Spinat, Rettich, rote Rübe, Kopfsalat, Kohlrabi), die hohe Nitratkonzentrationen (mehr als 1000 mg/kg Frischmasse) enthalten können, und solche, die weniger Nitrat aufweisen. Das Nitrat, das von den Pflanzen gar nicht erst aufgenommen wird, wird vom Boden nicht festgehalten, sondern gelangt in die Flüsse oder ins Grundwasser und kann auf diese Weise dem Menschen gefährlich werden.

Nitrat selbst ist wenig toxisch, aber es wird leicht (von Mikroorganismen oder im menschlichen Körper selbst) zu Nitrit reduziert. Nitrit ist sehr toxisch; es oxydiert das zweiwertige Eisen des Hämoglobins zu dreiwertigem Eisen, so daß Methämoglobin entsteht, welches für den Sauerstofftransport im Blut nicht mehr zur Verfügung steht, was zu Anoxie und sogar zum Erstickungstod führen kann. Besonders gefährdet sind Säuglinge, weil deren geringerer Säuregrad im Magen die mikrobielle Reduktion von Nitrat zu Nitrit begünstigt und weil deren Entgiftungsmechanismen noch nicht voll entwickelt sind. Auf die Bedeutung des Nitrits als Vorstufe zur Bildung der gefährlichen Nitrosamine sei hier verwiesen (s. I; 15.3.4.).

15.3.2. Rückstände aus der Tierproduktion

Die Verwendung von pharmakologisch wirksamen Substanzen in der Tierzucht und -haltung wurde zunächst — wie in der Humanmedizin — von therapeutischen oder prophylaktischen Gesichtspunkten bestimmt. Der Einsatz erfolgte im allgemeinen gezielt und zeitlich begrenzt. Die Beobachtung, daß subtherapeutische Mengen einiger dieser Substanzen (das gilt besonders für Antibiotica), während eines langen Zeitraumes verabfolgt, die Gesamtentwicklung von Schlachttieren und vor allem die Mastleistung fördern, führte zur Verabreichung derartiger Pharmaca und anderer gleichsinnig wirkender Substanzen mit dem Futter.

Kleine Dosen von Arsenverbindungen (meist 50 ... 100 mg/kg Futter) beschleunigen das Wachstum von Küken, Schweinen und Kaninchen. In den meisten Ländern Europas ist heute die Arsenverfütterung aber verboten. Breitere Berücksichtigung hat Kupfer (Kupfersulfat) als Futterzusatz gefunden. In der Schweinemast kann bei sehr hohen Kupfersulfatzulagen (250 mg/kg Futtertrockensubstanz ≙ 25- ... 50fache Überdosierung des physiologischen Bedarfes) eine Mehrzunahme von etwa 10 % erreicht werden. Die unerlaubte Verfütterung von mit Quecksilberverbindungen gebeiztem Getreide (Saatgut) kann zu entsprechenden Rückständen bei Schlachttieren, Geflügel und Eiern führen.

Natürliche weibliche Sexualhormone (Östrogene), halbsynthetische (Mestranol) und synthetische Östrogene (besonders Stilbenderivate, wie z. B. Diethylstilböstrol) sind unter bestimmten Bedingungen in der Lage, den Aufbau körpereigenen Eiweißes zu beeinflussen (anaboler Effekt). Zeitweilig sind solche Stilbenderivate (vor allem in den USA) als Implantate bzw. Futterzusätze in der Rindermast (5 ... 10 mg Diethylstilböstrol/Tier und Tag), aber auch bei Geflügel verwendet worden. Wegen der Fragwürdigkeit des Masterfolges und wegen gesundheitlicher Bedenken wurde der Einsatz — sofern er in einigen Ländern noch zulässig ist — auf spezielle Fälle der Rindermast beschränkt (Mestranol, Melangestrolacetat).

Diethylstilböstrol

Östradiol R : -H
Östriol R : -OH

Mestranol

Thyreostatica, z. B. Uracile, sind gleichfalls bei der Tiermast eingesetzt worden. Die „Mastwirkung" dieser Stoffe besteht nur in einer vermehrten Wasserbindung.

Antibiotisch wirksame Substanzen kommen in ganz geringfügigen Mengen in zahlreichen Lebensmitteln vor. Kontaminationsprobleme ergeben sich daraus nicht u. U. aber beim therapeutischen Einsatz von Antibiotica. Antibioticarückstände der Milch sind gewöhnlich die Folge veterinärmedizinischer Maßnahmen (Mastitistherapie). Sie sind durch ausreichende Sperrfristen, die die Verwertung der Milch behandelter Tiere für Tage verbietet, zu vermeiden. Tetracyclin, Chlortetracyclin und Oxytetracyclin werden häufig als Futterzusätze bei der Aufzucht von Schweinen, Kälbern und Geflügel verwendet. Die applizierten Dosen (10 ... 100 mg/kg Futter) liegen weit unter den therapeutischen und schließen bei sachgemäßer Applikation Rückstandsprobleme aus.

R¹ : H; R² : H   Tetracyclin
R¹ : H; R² : OH   5-Oxytetracyclin
R¹ : Cl; R² : H   7-Chlortetracyclin

Tetracycline

Die unkontrollierte Applikation von Antibiotica kann zu Resistenzausbildung der im Tier vorhandenen Mikroorganismen führen. Nach neueren Erkenntnissen ist auch eine Übertragung der Resistenz auf andere Mikroorganismen möglich, die selbst keinen Kontakt mit dem entsprechenden Antibioticum hatten (Infektionsresistenz). Rückstände von Antibiotica in Lebensmitteln können zur Allergisierung führen, deren Ursache schwer erkennbar ist. Antibiotica, die in der Veterinär- und Humantherapie eingesetzt werden, sollten als Fütterungsantibiotica nicht in Frage kommen.

Psychopharmaca (Tranquilizer) werden zur Ruhigstellung von Schlachttieren verwendet, um Kannibalismus, Masseverluste beim Transport und vor dem Schlachten zu verhindern oder um die Aktivität der Tiere bei der Masseneinstellung zu dämpfen. Grundsätzlich sind hierzu Sedativa geeignet, die auch humantherapeutisch Bedeutung haben (Diazepam, Meprobamat, Medazepan). Speziell für den Einsatz in der Bullenmast hat sich das Hydroxyzin bewährt.

Hydroxyzin   Meprobamat   Diazepam

Coccidiostatica werden in der Geflügelzucht und bei Kleintieren wie Kaninchen (etwa 100 mg/kg Futter) eingesetzt, um Sekundärinfektionen durch Coccidien (Protozonen)

Furazolidon   3,5-Dinitro-o-toluamid   Decoquinate zu dämpfen oder zu begrenzen. Rückstandsprobleme werden durch Sperrfristen und Karenzzeiten zwischen letzter Applikation mit dem Futter und der Schlachtung vermieden.

15.3.3. Mikrobielle Verunreinigungen

15.3.3.1. Mycotoxine

Mycotoxine sind Stoffwechselprodukte von Schimmelpilzen, die für die Toxizität pilzbefallener Lebens- und Futtermittel verantwortlich sind. Die klassische Mycotoxikose ist der Ergotismus, der bereits im Mittelalter beobachtet wurde und auf das Verbacken von Mehl, das Sklerotien von *Claviceps purpurea* („Mutterkorn") enthielt, zurückzuführen ist.

Ein Truthahnmassensterben in Großbritannien im Jahre 1960 gab Anlaß zur Untersuchung des zur Fütterung verwendeten, verschimmelten Erdnußschrotes und führte zur Identifizierung einer aus *Aspergillus flavus* isolierten toxischen Substanz, die man davon abgeleitet Aflatoxin nannte und die sich später als nicht einheitlich erwies.

Die Mycotoxine sind niedermolekulare Substanzen, die von den Schimmelpilzen als Endotoxine (mycelgebundene Toxine) oder Exo- bzw. Ektotoxine (Toxinausscheidung in das umgebene Milieu) gebildet werden. Derzeit sind ca. 300 Mycotoxine mit teilweise sehr unterschiedlicher Struktur bekannt, die von etwa 350 Schimmelpilzen mit annähernd 10 000 Stämmen produziert werden. Als wichtigste Toxinbildner konnten bisher Pilzspezies der Gattung *Aspergillus*, *Penicillium*, *Fusarium* und *Alternaria* identifiziert werden.

Als besonders relevante Mycotoxine werden gegenwärtig die Aflatoxine (einschließlich Aflatoxin M_1 und M_2, die im tierischen Organismus aus Aflatoxin B_1 und B_2 metabolisiert werden — carry-over-effect), Ochratoxin A, Patulin, Penicillinsäure, Citrinin, Zearalenon, Trichothecene und Ergotamin angesehen (WHO/FAO/UNEP 1987). Sie können nach der Extraktion, Reinigung und chromatographischen Trennung vornehmlich über ihre Fluoreszenzeigenschaften nachgewiesen und bestimmt werden.

Die Bildung der Mycotoxine erfolgt vorwiegend auf pilzbefallenen fettreichen Pflanzensamen (Nüsse, Leguminosen), Cerealien sowie Obst- und Gemüseprodukten, wobei insbesondere klimatische Einflußfaktoren und Lagerungsbedingungen von Bedeutung sind. Bei Verfütterung aflatoxinhaltiger Futtermittel, wie Soja- und Erdnußschrot, besteht die Gefahr des Auftretens von Aflatoxin M_1 und M_2 in tierischen Lebensmitteln, wie Milch, Käse, Eier, Leber und Niere.

Ochratoxin A   Sterigmatocystin   Patulin

Citrinin   Zearalenon   Trichothecen

Ergotamin   Penicillinsäure

Für die verschiedenen Mycotoxine werden charakteristische Erkrankungen bei Mensch und Tier (Mycotoxikosen) beschrieben. Aflatoxin B_1 wird als die derzeit stärkste cancerogene Kontaminante von Lebensmitteln angesehen, die Lebercarcinome, — zirrhose und Hepatitis hervorrufen kann.

Auf Grund der Toxizität der Mycotoxine sind in den verschiedenen Ländern Grenzwerte für Lebensmittel und Futtermittel festgelegt worden (z. B. max. 5 µg Aflatoxin B_1/kg Lebensmittel).

Die Mycotoxinproblematik belegt, daß Schimmelbildung bei Lebensmitteln — entgegen früheren Anschauungen — nicht nur ein Verdorbenheitskriterium ist, sondern auch eine gesundheitsbedenkliche Beschaffenheit anzeigen kann.

15.3.3.2. Bakterientoxine

Bakterientoxine sind Giftstoffe, die von pathogenen Bakterien gebildet werden. Dabei wird zwischen den intrazellulär gebildeten Endotoxinen, vorwiegend bestehend aus Lipoprotein-Komplexen, deren Freisetzung erst nach Zerfall der Bakterienzelle erfolgt, und den Exo- oder Ektotoxinen unterschieden, die von der Bakterienzelle an das umgebende Milieu abgegeben werden und überwiegend aus Proteinen unterschiedlicher Molekülgröße bestehen. Eine besondere Gruppe der Exotoxine stellen die Enterotoxine dar, die eine spezifische Wirkung auf den Darmtrakt (toxische Enteropathie) hervorrufen. Von verschiedenen Bakterien können auch unterschiedliche Toxine gebildet werden.

Für Lebensmittel sind folgende Toxinbildner von Bedeutung:

— *Bacillus cereus, Clostridium botulinum, Shigella dysenteriae* (Endotoxinbildner)
— *Vibrio parahaemolyticus, Salmonella enteritidis, Salmonella typhimurium* (Exotoxinbildner)
— *Clostridium perfringens, Staphylococcus aureus, Streptococcus faecalis, Escherichia coli* (Enterotoxinbildner)

Die Endotoxine von *Clostridium botulinum* gehören zu den stärksten derzeit bekannten Giften. Die hochmolekularen Toxine (M = 200 000 ... 1 000 000) wirken durch Blockierung der Acetylcholinfreisetzung an den Nervenendplatten. Die letale Dosis beträgt für den Menschen ca. 30 µg.

Salmonellosen (Salmonellen — Enteritis), hervorgerufen durch alimentär aufgenommene keimhaltige bzw. sekundär kontaminierte tierische Lebensmittel, spielen in den letzten Jahren bei den Darmerkrankungen eine besondere Rolle. Häufigste Erreger dieser Erkrankungen sind *Salmonella enteritidis* und *Salmonella typhimurium*.

15.3.4. Sonstige Verunreinigungen

Neben Rückständen von Produktionshilfsstoffen (Katalysatoren, Neutralisationsmittel usw.), Reinigungs- und Desinfektionsmitteln sowie Verunreinigungen aus Bedarfsgegenständen sind solche Verbindungen zu erwähnen, die infolge der ständig zunehmenden Technisierung und Chemisierung anfallen, zu einer Verschmutzung von Boden, Wasser und Luft führen und somit zwangsläufig auch als Kontaminanten in Lebensmitteln auftreten können. Relevante Stoffgruppen der letztgenannten Art sind polychlorierte Biphenyle, polycyclische benzoide Kohlenwasserstoffe, Nitrosamine und toxische Metalle (insbesondere Hg, Cd und Pb; vgl. hierzu I; 6.3.).

Polychlorierte Verbindungen

Die *polychlorierten Biphenyle* (PCB) werden in vielfältiger Weise technisch verwendet (z. B. Elektro-, Lack- und Farbenindustrie) und treten heute als ubiquitäre Umweltverschmutzungen in Erscheinung. Sie wurden zunächst in Fischen und Seevögeln, inzwischen aber auch in Lebensmitteln, menschlichem Körperfett und in Muttermilch festgestellt. Ihre Persistenz und ihre toxikologische Beurteilung ist der des DDT ähnlich. Es handelt sich um Verbindungen mit unterschiedlichem Chlorierungsgrad (theoretisch sind 210 Substanzen bei Biphenylen möglich) deren Toxizität recht unterschiedlich ist.

Polychlorierte Naphthalene (PCN) und *polychlorierte Terphenyle* (PCT) — ähnlich eingesetzt wie PCB — sind ebenfalls stark toxische Substanzen, wobei die Toxizität anscheinend mit zunehmendem Chlorierungsgrad ansteigt. Das mengenmäßige Vorkommen von PCN und PCT in der Umwelt ist aber wesentlich geringer als das von PCB.

PCB (x+y=1-10)   PCN (x+y=1-8)   p-PCT (x+y+z=1-14)

Polychlorierte Dibenzodioxine (PCDD), deren toxischster Vertreter, das Tetrachlordibenzodioxin (TCDD), als „*Dioxin*" bekannt geworden ist, entstehen unter bestimmten Bedingungen aus *polychlorierten Phenolen* (PCP), die ihrerseits wegen ihrer keimtötenden Wirkung als Holzschutzmittel eingesetzt werden, bzw. sind Nebenprodukte bei der Synthese von PCP.

Polycyclische benzoide Kohlenwasserstoffe

Der „Ruß- und Teerkrebs" als Berufserkrankung ist seit langem bekannt. Heute weiß man, daß 3,4-Benzpyren (Benzo(a)pyren) und etwa 200 andere Polyaromaten, die in Ruß und Teer angereichert vorkommen, hierfür verantwortlich sind. Diese Substanzen gelangen über Umweltverschmutzungen auf oder in Lebensmittel, oder sie entstehen bei lebensmitteltechnologischen Prozessen (z. B. Räuchern) bzw. bei der Zubereitung von Speisen (z. B. Grillen). Von den am stärksten wirksamen Vertretern dieser Klasse, dem 3,4-Benzpyren, dem 1,2,5,6-Di-benzanthracen, dem 20-Methylcholanthren und dem 9,10-Dimethyl-1,2-benzanthracen, genügen schon Bruchteile eines Milligramms, um in relativ kurzer Zeit bösartige Geschwülste in Tierexperimenten zu erzeugen.

3,4-Benzpyren   1,2,5,6-Dibenzanthracen   20-Methylcholanthren   9,10-Dimethylbenzanthracen

3,4-Benzpyren ist relativ einfach zu bestimmen und gilt als Leitsubstanz, an der sich Beurteilungen gewöhnlich orientieren. Es findet sich in Spuren in Grundnahrungsmitteln, wie Getreide bzw. Brot, Gemüse, Obst, aber auch in Margarine und pflanzlichen Ölen. Röst-, Räucher- und Grillprodukte enthalten zwar mehr 3,4-Benzpyren, fallen aber infolge ihres im allgemeinen geringeren Verzehrs weniger ins Gewicht. Die Qualität der Rohstoffe und ihre Verarbeitung zu den entsprechenden Lebensmitteln ist von großem Einfluß. Zum Beispiel werden in hausgeräucherten (schwarzgeräucherten) Fleischwaren Mengen bis über 50 µg/kg gefunden, während bei sachgemäßer industrieller Räucherung die Verunreinigungen im allgemeinen unter 1 µg/kg bleiben. Beim Grillen werden erhöhte Anteile an Benzpyren gefunden, wenn Fett auf glühende Kohle tropft. Die Kontamination von Erntegütern mit Polyaromaten wird in hohem Ausmaß durch ihren Standort beeinflußt und die in der Umgebung befindlichen Emittenten (z. B. Industrie, Heizkraftwerke, Hausbrand, Autoabgase). Die Umweltkontamination des Bodens reicht für 3,4-Benzpyren von praktisch 0 (Ostseesand) über 150 ... 800 µg/kg (ländliche bzw. Waldgebiete), 1000 ... 3000 µg/kg (Straßenränder, Eisenbahn- bzw. Bushaltestellen) bis zu bedenklichen Kontaminationen in der Nähe von Industriewerken (bis 50000 µg/kg). Die Kontamination von Obst, Gemüse und Getreide steht hierzu in deutlicher Beziehung.

Die Aufnahme polycyclischer Kohlenwasserstoffe im Verlauf eines Lebens kann erheblich sein. Sie wird auf 25 ... 100 mg geschätzt und ist demzufolge geeignet, den praecancerogenen Status ungünstig zu beeinflussen.

Nitrosamine, Nitrosamide

Nitrosamine entstehen bei der Umsetzung von Nitriten mit sekundären Aminen.

$$\begin{array}{c} R^1 \\ R^2 \end{array}\!\!NH + HON=O \longrightarrow \begin{array}{c} R^1 \\ R^2 \end{array}\!\!N-N=O + H_2O$$

Sekundäre Amide ergeben in analoger Weise Nitrosamide, die ebenso toxisch, teilweise sogar noch toxischer als die Nitrosamine sind. Gewöhnlich sind die Nitrosamide mitgemeint, wenn von Nitrosaminen gesprochen wird. Man sollte dann aber doch besser den umfassenderen Begriff „N-Nitroso-Verbindungen" verwenden.

Von 300 geprüften Nitrosaminen und Nitrosamiden erwiesen sich über 80% im Tierexperiment als cancerogen. Nitrosamine finden sich in erhöhter Menge (µg-Bereich) besonders in nitrat- bzw. nitritbehandelten Lebensmitteln (Fischkühlung mit nitrithaltigem Eis, Pökelerzeugnisse usw.) und nach lebensmitteltechnologischen Prozessen, wie dem Räuchern. Fische sind wegen des Gehaltes an Dialkylaminen für Nitrosierungen besonders anfällig.

16. LITERATUR

Allgemeine Literatur zum vertiefenden Studium

Autorenkollektiv, „*Lebensmittellexikon*", VEB Fachbuchverlag, Leipzig 1987
Baltes, W., „*Lebensmittelchemie*", 2. Auflage, Springer-Verlag, Berlin-Heidelberg-New York-Tokyo 1989
Belitz, H.-D. und W. Grosch, „*Lehrbuch der Lebensmittelchemie*", 3. Auflage, Springer-Verlag, Berlin-Heidelberg-New York-Tokyo 1989
„*Brockhaus ABC Biochemie*", VEB F. A. Brockhaus Verlag, Leipzig 1976
Beyer, H. und W. Walther, „*Lehrbuch der Organischen Chemie*", 21. Auflage, Hirzel Verlag, Stuttgart 1988
Fennema, O. R., „*Principles of Food Science*", Part I, Food Chemistry, Marcel Dekker, New York 1976
Haenel, H., „*Lebensmitteltabellen*", VEB Verlag Volk und Gesundheit, Berlin 1980
„*Handbuch der Lebensmittelchemie*", Bd. I—IX, Springer-Verlag, Berlin-Heidelberg-New York 1965—1970
Hauptmann, S., „*Organische Chemie*", VEB Verlag für Grundstoffindustrie, Leipzig 1985
Heiss, R., „*Lebensmitteltechnologie*", 2. Auflage, Springer-Verlag, Berlin-Heidelberg-New York-Tokyo 1988
Hofmann, E., „*Dynamische Biochemie*", Bd. I—IV (WTB), Akademie-Verlag, Berlin 1979 und 1980
Karlson, P., „*Kurzes Lehrbuch der Biochemie*", 13. Auflage, Thieme Verlag, Stuttgart 1988
Ketz, H.-A., „*Grundriß der Ernährungslehre*", 2. Auflage, VEB Gustav Fischer Verlag, Jena 1990
Lang, K., „*Biochemie der Ernährung*", Steinkopff-Verlag, Darmstadt 1974
De Man, J. M., „*Principles of Food Chemistry*", AVI, Publ. Comp. Inc., Westport, Connecticut 1976
Nuhn, P., „*Chemie der Naturstoffe*", Akademie-Verlag, Berlin 1982
Petrovskij, K. S., „*Hygiene der Ernährung*", Verlag Medizin, Moskau 1971
Rapoport, S. M., „*Medizinische Biochemie*", 9. Auflage, VEB Verlag Volk und Gesundheit, Berlin 1987
Souci, S., W. Fachmann und H. Kraut, „*Die Zusammensetzung der Lebensmittel* (Nährwerttabellen)", Wissenschaftliche Verlagsgesellschaft, Stuttgart 1986
Wünsch, K.-H., „*Einführung in die Chemie der Naturstoffe*", VEB Deutscher Verlag der Wissenschaften, Berlin 1980

Spezielle Literatur zum vertiefenden Studium

„*Chemisch-physikalische Merkmale der Fleischqualität*" (herausg. vom Institut für Chemie und Physik der Bundesanstalt für Fleischforschung), Kulmbach 1986
„*The Vitamins*; Chemistry, Physiology, Pathology, Methods," Bd. I—V (Hrsg.: W. H. Sebrell und R. S. Harris), Bd. VI und VII (Hrsg.: P. György und W. N. Pearson), Academic Press, New York-London 1971/1973
Ammon, R. und W. Dirschel, „*Fermente, Hormone, Vitamine*", Bd. III/1 und Bd. III/2, Thieme Verlag, Stuttgart 1974/1975
Anfinsen, C. B., J. T. Edsall und F. M. Richards (Ed.), „*Advances in Protein Chemistry*", Academic Press, Orlando-San Diego-New York-Austin-Boston-London-Sydney-Tokyo-Toronto, Vol. 1, 1944; Vol. 38, 1986 ff.
Baltes, J., „*Gewinnung und Verarbeitung von Nahrungsfetten*", Parey Verlag, Berlin-Hamburg 1975
Bässler, K. H. und K. Lang, „*Vitamine*", Steinkopff-Verlag, Darmstadt 1975

LITERATUR

BERGMEYER, U. und K. GAWEHN, „Grundlagen der enzymatischen Analyse", Verlag Chemie, Weinheim-New York 1977

BEYERSMANN, D., „Nucleinsäuren", VEB Deutscher Verlag der Wissenschaften, Berlin 1975

BRUBACHER, G., W. MÜLLER-MULOT und D. A. T. SOUTHGATE, "Mehods for the Determinantion of Vitamins in Food" (recommended by COST 91) Elsevier Appl. Science Publishers, London-New York 1985

CHICHESTER, D. O., „Advances in Food Research", Suppl. 3, „The Chemistry of Plant Pigments", Academic Press, New York-London 1972

DAVIDSON, E. A., „Carbohydrate Chemistry", Holt, Rinehart and Winston, Inc., New York-Chicago-San Francisco-Toronto-London 1967

DAVIDSON, J. N., „The Biochemistry of the Nuclei Acids", Academic Press, New York 1972

DÖPKE, W., „Ergebnisse der Alkaloidchemie", Akademie-Verlag, Berlin 1976

DRAWERT, F., „Geruch- und Geschmacksstoffe", Verlag H. Carl, Nürnberg 1975

FARKAS, L., M. GABOR und F. KALLAY, „Flavonoids and Bioflavonoids", Akademia Kiado, Budapest 1977

FLORKIN, M. und E. H. STOTZ (Ed.), „Comprehensive Biochemistry", Vol. 6: „Amino Acids and Related Compounds", 1965, Vol. 7: „Proteins" (Part I), 1963, Vol. 8: „Proteins" (Part II), 1963, Vol. 12: „Enzymes General Considerations", 1964, Elsevier Publishing Comp., Amsterdam-London-New York

FRIEDRICH, W., „Handbuch der Vitamine", Urban und Schwarzenberg, München-Wien-Baltimore 1987

FURIA, TH. E., „Handbook of Food Additives", Chemical Rubber Co., Cleveland (Ohio) 1972

GILDEMEISTER, E. und FR. HOFFMANN (Hrsg. W. TREIBS), „Die ätherischen Öle", Bd. I—VII, Akademie-Verlag, Berlin 1956—1968

GOODWIN, T. W., „Chemistry and Biochemistry of Plant Pigments", Academic Press, New York-London 1965

HESSE, M., „Alkaloidchemie", Thieme Verlag, Stuttgart 1978

HILDITCH, T. P. und P. N. WILLIAMS, „The Chemical Constitution of Natural Fats," Chapman & Hall, London 1964

ISLER, O., „Carotenoids", Birkhäuser Verlag, Basel-Stuttgart 1971

JAKUBKE, H. D. und H. JESCHKEIT, „Aminosäuren, Peptide, Proteine", 3. Auflage, Akademie-Verlag, Berlin 1982

JOHNSON, J. C., „Industrial Enzymes", Recent Advances Noyes Data Corp., Park Ridge, New Jersey 1977

KALUNJANZ, K. A. und L. I. GOLGER, „Mikrobielle Enzympräparate", Industrie-Verlag, Moskau 1979

KARRER, W., „Konstitution und Vorkommen der organischen Pflanzenstoffe", Birkhäuser Verlag, Basel-Stuttgart 1958

KATES, M., „Techniques of Lipidology", North-Holland Publishing Comp., Amsterdam-London und American Elsevier Publishing Co., INC.-New York 1972

KAUFMANN, H. P., „Analyse der Fette und Fettprodukte", Springer-Verlag, Berlin-Göttingen-Heidelberg 1958

LANG, K., „Wasser, Mineralstoffe, Spurenelemente", Steinkopff-Verlag, Darmstadt 1974

LEHMANN, J., „Chemie der Kohlenhydrate", Thieme Verlag, Stuttgart 1976

MARKS, J., „The vitamins", Medical and Technical Publ. Comp. LTD, Lancaster (England) 1975

MEISTER, A., „Biochemistry of the Amino Acids", Academic Press, New York 1965

MERKEL, D., „Riechstoffe" (WTB), Akademie-Verlag, Berlin 1972

NEUMANN, R., P. MOLNAR und S. ARNOLD, „Sensorische Lebensmitteluntersuchung", VEB Fachbuchverlag, Leipzig 1983

NEURATH, H., „The proteins", Vol. I—V, Academic Press, New York 1970

NEWBEBNE, P. M., „Trace Substances and Health", Part I, Marcel Dekker, New York-Basel 1976

PIGMAN, W. und D. HORTON, „The Carbohydrates", Bd. I und II, Academic Press, New York 1970/71

ROSIVAL, L., R. ENGST und A. SZOKOLAY, „Fremd- und Zusatzstoffe in Lebensmitteln", VEB Fachbuchverlag, Leipzig 1978

ROTHE, M., „Handbuch der Aromaforschung", Bd. 3: „Einführung in die Aromaforschung", Akademie-Verlag, Berlin 1978

RUTTLOFF, H., J. HUBER, S. ZICKLER und K. H. MANGOLD, „Industrielle Enzyme", VEB Fachbuchverlag, Leipzig 1978

SCHULZ, G. E. und R. H. SCHIRMER, „Principles of Protein Structure", 2. Auflage, Springer-Verlag, Berlin-Göttingen-Heidelberg 1979

Solms, J. und H. Neukom, *„Aroma- und Geschmacksstoffe in Lebensmitteln"*, Forster Verlag, Zürich 1965
Straub, O., *„Key to Carotenoids"* (Hrsg.: H. Pfander), 2. Auflage, Birkhäuser Verlag, Basel-Stuttgart 1987
Teuscher, E. und U. Lindequist, *„Biogene Gifte"*, Akademie-Verlag, Berlin 1988
Thiele, O. W., *„Lipide, Isoprenoide mit Steroiden"*, Georg Thieme Verlag, Stuttgart 1979
Ziegler, E., *„Die natürlichen und künstlichen Aromen"*, A. Hüthig Verlag, Heidelberg 1982

17. SACHWORTVERZEICHNIS

Abietinsäure 221, 229
acceptable daily intake 274
Acesulfam 280
Acetale 107
Acetalphosphatide 83
Achroodextrine 120
Acridin 241
Acrylnitril 297
Acyllactylate 283
Acyllipide 65
ADAMKIEWICZ-HOPKINS-Reaktion 37
Additive 276
Adenin 248
Adenosin 250
Adenosindiphosphat 251
Adenosinmonophosphat 251
Adenosintriphosphat 251
Adhumulon 270
ADI-Wert 274
ADP 251
Adrenalin 25, 38
Afferin 240
Aflatoxine 300
Agar-Agar 126
Agaran 126
Agarose 126
Aglycon 106
Agrochemikalien 297
Agropectin 126
Ajoene 228
Ajuose 116
Akaricide 290
Alanin 20, 39
Albumine 55
Aldonsäuren 111
Aldosen 99
Aldrin 292
Alginate 124
Alginsäuren 124
Alkaloide 241
Alkan-2-ole 97

Alkan-2-one 74, 79
Alkensäuren 69
Alkinsäuren 73
Alkoxylipide 87
Alkylsulfide 173
Allantoin 249
Allicin 249
Alliin 228
Alliinase 228
Allose 101
Allyldisulfid 228
Allylisothiocyanat 227
Allyltrisulfid 228
Aloin 107
Altrose 101
AMADORI-Umlagerung 33
Amaranth 277
Ambra 259
Ameisensäure 285
AMES-Test 41
Ametryn 296
Amine, biogene 38
Aminosäuren 18
—, bedingt essentielle 20
—, Bestimmung 29, 36
—, Eigenschaften 26
—, essentielle 20
—, Farbreaktionen 37
—, isoelektrischer Punkt 27
—, nicht proteinogene 38
—, pK_a-Wert 27
—, proteinogene 18
Aminozucker 108
—, -Homoglycane 122
Amitrol 296
AMP 251
Amygdalin 106, 226
Amylodextrine 120
Amylopectin 120
Amylose 120
Amylum 119

SACHWORTVERZEICHNIS

Anabasin 244
Anatabin 244
Anethol 224
Anhydrozucker 107
Anisaldehyd 260
Anissäure 224
Anserin 44
Ante-iso-Fettsäuren 75
Anthocyane 212, 237
Anthocyanidine 212, 237
Anthocyanine 212, 237
Anthrachinonfarbstoffe 216
Antibiotica 298
Antigene 55
Antikörper 55
Antioxydantien 94, 287
Antivitamine 154
Apiin 104
Apiol 224
Apiose 104
Apocarotenale 161
Aquacobalamin 176
Araban 104
Arabinose 104
Arachidonsäure 72
Arachinsäure 68
Arginin 25
Argininphosphat 25
Aroma 254
Aroma-Indizes 254
Aromastoffe 265
—, primäre 260
—, Schwellenwert 257
—, sekundäre 260
Aromatisierung 264
Aromawert 254
Arsenverfütterung 298
Aryl-Alanin-Alkaloide 241
Ascardiol 222
Aschegehalt, Lebensmittel 146
Ascorbigen 175
Ascorbinsäure 175
Äsculetin 233
Äsculin 233
Asparaginsäure 25
Aspartam 279
Aspartyl-phenyl-alaninmethylester 279
Assamare 271
Astaxanthin 210
ätherische Öle 218
ATP 251
Atrazin 296
Aurone 234

Avidin 172
Avitaminosen 152

Bakterientoxine 302
Ballaststoffe 98
Balsame 228
Baumwollsaatöl 69, 73
Begasungsmittel 297
Begleitstoffe 17
Behensäure 68
Benomyl 296
Benzaldehyd 224
Benzoeharz 229
Benzoesäure 284
Benzpyren 303
Benzylalkohol 224
Bergamottin 225
Bergapten 225
Bergaptol 225
Betacyanin 215
Betalaine 215
Betanidin 215
Betanin 215
Betaxanthin 215
BHA 288
BHT 288
Bilirubin 206
Biliverdin 206
Biocytin 173
Biotin 171
Biphenyle, polychlorierte 302
Bisabolol 224
Bittergeschmack 269
Bittermandelgeruch 258
Bittermandelöl 226
Biuret-Reaktion 44
Bixin 210
Blastocoline 232
Blattfarbstoffe 201
Blausäure 226
Blausäureglycoside 106
Blei 148
Bleitetraethyl 148
Blutfarbstoffe 201
Blutgruppensubstanzen 109
Bodenlockerungsmittel 297
Bolekoöl 74
Borsäure 287
Botulinustoxin 302
Brassicasterol 81
Bräunung 135
—, enzymatische 238
—, nichtenzymatische 239

—, nichtoxydative 136
—, oxydative 135
Brennwert, physiologischer 15
Brestan 295
Bromelain 194
Bufotenin 40
Butonate 294
Butter 69, 73
Buttergelb 272
Buttersäure 68
Butylhydroxyanisol 288
Butylhydroxytoluen 288

Cadaverin 40
Cadmium 149
Caffeoylchinasäuren 232
Calciferole 164
Calciumphytinat 240
Campesterol 81
Campfer 223, 258
Camphan 223
Caprinsäure 68
Caproleinsäure 70
Capronsäure 68
Caprylsäure 68
Capsaicin 243
Captan 296
Caramel-Farbmalze 115
Caramelisierung 136
Caran 223
Carbamate 294
Carbaryl 294
Carbendazim 296
Carbonylverbindungen 94
Carboxymethylcellulose 122
Carminsäure 216
Carnaubawachs 79
Carnosin 44
Carnosol 270
Caroten 162
—, Abbau 163
Carotenal 162
—, Carotenoide 162, 208
—, Struktur 162
—, Wirksamkeit 162
Carotenwachs 79
Carrageenan 119, 126
Carubin 123
Carubinose 105
Carvacrol 224
Carvon 222
Caryophyllen 224
Casein 59

Cassava 226
Catechine 235
Catechin-3-gallate 235
Catecholase 238
Cayennepfeffer 243
Cello-Oligosaccharide 117
Cellulose 121
—, mikrokristalline 281
Celluloseether 108, 122
Ceramid 83
Cerebrogalactoside 85
Cerebroglucoside 85
Cerebrose 105
Cerebroside 85
Cerotinsäure 68
Chaconin 245
Chalkone 234
Character Impact Compounds 254
Chaulmoograsäure 75
Chavicin 245
Chavicol 233
Chelaplex 289
Chemosterilantien 290
Chicle 221
Chilli 243
Chinaalkaloide 269
China-Restaurant-Syndrom 273
Chinazolin 241
Chinin 270
Chinolin 241
Chinolizidin 241
Chinone 216
Chinovose 85
Chitin 109, 123
Chitosamin 109
Chlorbenzoesäure 287
Chlorin 207
Chlormequat 297
Chlorogensäuren 232
Chlorophyll 206
Chlortetracyclin 298
Cholecalciferol 164
Cholesterol 80
Cholin 82, 40
Cholinesterasehemmer 292
Chondroitinsulfate 109, 127
Chondrosamin 109
Chromoproteine 59
Citral 221
Citranaxanthin 212
Citrifoliol 236
Citrinin 300
Citronellal 221

Citronellol 221
Citronensäure 266
Clostridium botulinum 302
Clostridium perfringens 302
Clupanodonsäure 72
CMC 122
Cnicin 270
Coatings 119
Cobalamine 173
Cobyrinsäure 173
Cocarboxylase 167
Coccidiostatica 299
Cochenille 216
Cocosfett 69, 73
Coenzyme 181
Coffein 243
Cohumulon 270
Colamin 82
Colaminkephaline 82
Corrin 174
Corrinoide 174
Cresolase 238
Crocin 210
Cryptoxanthin 162
Cumarin 225
Cumaronharze 229
Cumarsäure 232
Cyanidin 238
Cyanoalanin 39
Cyanocobalamin 174
Cyanwasserstoff 297
Cyclamat 279
Cyclitole 110
Cyclodextrine 120
Cyclohexylamin 279
Cyclo-Oxo-Tautomerie 100
Cyclopropan-Fettsäuren 75
Cyclopropen-Fettsäuren 75
Cymen 224
Cystein 24
Cystin 24
Cytidin 251
Cytosin 247

Dansylchlorid 30
Daphnetin 233
DDE 291
DDT 291
DDVP 294
Decensäure 70
Decoquinate 299
Defoliation 290
Dehydroascorbinsäure 175

Dehydrocholesterol 80
Delphinidin 238
Demephion-O 294
Demephion-S 294
Denaturierung
Depside 232
Desikkation 290
Desmethylsterole 80
Desoxycytidin 250
Desoxyguanosin 250
Desoxyhexosen 108
Desoxyribonucleinsäuren 252
Desoxyribonucleotide 251
Desoxyribose 109
Desoxythymidin 250
Desoxyzucker 108
Dextran 122
Dextrine 120
Dextrose 105
DGDG 85
Dhurrin 226
Diaminomonocarbonsäuren 19
Diastasen 115
Diätsalze 267
Diazepam 299
Diazin 247
Dibenzanthracen 303
Dibenzdioxine 303
Dichlordiphenyldichlorethylen 291
Dichlordiphenyltrichlorethan 291
Dichlorvos 294
Dickungsmittel 280
Dicumarol 166
Dieldrin 292
DIELS-ALDER-Synthese 96
Diethyldithioacetale 107
Diethylstilböstrol 298
Digalactosyldiacylglycoside 85
Digallussäure 231
Diglyceride 77
Diglycerid-Hydroxysäureester 282
Dihydrochalkone 280
Dihydrocholesterol 80
Dihydroxyaceton 101
Dihydroxyphenylalanin 238
Dimefox 293
Dimethoat 294
Dimethylaminoazobenzen 277
Dimethylbenzanthracen 303
Dimethyldisulfid 263
Dimethylquecksilber 149
Dimethylsterole 80
Dimethylthiophen 264

Dimethyl-1,2,4-trithiolan 264
Dinitro-o-cresol 296
Dinitro-o-toluamid 299
Dinoseb 296
Diollipide 87
Dioxin 303
Dioxophenylalanin 238
Diphenyl 287
Dipterex 294
Disaccharide 113
—, nichtreduzierende 114
—, reduzierende 115
Diterpene 220
Dithioacetale 107
Dithiophosphate 292
DNOC 296
DNS 252
Dodecylgallat 288
Dopa 239
Dopachinon 239
Dopachrom 239
DRAGENDORFF-Reagens 242
Duftstoffe 255
Dulcitol 111

E 605 293
Echinenon 162
EDMAN-Abbau 30
EDTA 289
EHRLICHS-Reaktion 37
Eicosanoide 71
Eicosantetraensäure 71
Eicosensäure 70
Einfachzucker 98
Eiweiß s. auch Proteine, Peptide
Eiweiß, biologischer Wert 15, 62
Eiweißbedarf 15, 62
Eiweißveränderungen 60
Elaeostearinsäure 73
Elaidinsäure 70
Elastin 58
Ellagerbstoffe 231
Ellagsäure 231
ELLMANS-Reagens 32
Embelin 216
Emulgatoren 281
Emulsin 226
Emulsionsstabilisatoren 281
Endoenzyme 151
Endolbildung 132
Endrin 292
Energiebedarf 15
Energiegehalt, Hauptnährstoffe 15

Enzyme 179
—, aktives Zentrum 180
—, Aktivierung 190
—, allosterische 182
—, Cofaktoren 181
—, Einheit 193
—, Einsatz bei Lebensmittelproduktion 198
—, Energiediagramm 181
—, Proteinanteil 179
—, Spezifität 182
—, Struktur 179
—, Temperaturoptimum 191
—, tierische 194
—, trägerfixierte 186
—, Vorkommen 194
—, Wirkung 197
Epimerisierung 100
Erdnußöl 69, 73
Ergocalciferol 164
Ergosterol 81
Ergotismus 300
Erkennungsschwelle 255
Erucasäure 70
Erythrodextrine 120
Erythrose 101
Escherichia coli 302
essentielle Nahrungsbestandteile 15
Essigsäure 68
Estergerbstoffe 231
Esterphosphatide 82
Estolide 79
Ethoxyquin 288
Ethylcellulose 122
Ethylen-bis-dithiocarbamate 295
Ethylen-bis-isothiocyanatsulfid 295
Ethylendiamintetraessigsäure 284, 289
Ethylenoxid 297
Ethylenthioharnstoff 295
Ethylenthiurammonosulfid 295
Ethylmaltol 293
Eudesmol 224
Eugenol 224, 233

Fall out 150
Faltblattstruktur 49
Farbstoffe, anorganische 200, 276
Farnesol 224
Fenchan 223
Fenchon 223
Fentinacetat 295
Ferbam 295
Fermente s. Enzyme
Ferulasäure 232

SACHWORTVERZEICHNIS

Fettaldehyde 64
Fettalkohole 64, 87
Fettbedarf 15
Fettbegleitstoffe 65, 86
Fette s. auch Lipide
Fette 64
Fettlösungsmittel 64
Fettsäuren 66
—, alicyclische 75
—, essentielle 72
—, gesättigte 67
—, mittelkettige 68
—, substituierte 74
—, ungesättigte 69
—, verzweigte 74
Fettsäureverteilung 77
Fettverderb, biologischer
Feuchtigkeit, relative 140
Ficin 194
Flavan 234
Flavandiole 235
Flavanole 236
Flavanone 236
Flavanonole 236
Flaven 234
Flavinmononucleotide 169
Flavone 236
Flavon-7-neohesperidoside 00
Flavonoide 233
Flavonoidglycoside 106
Flavonole 236
Flavor s. Flavour
Flavour 255
Flavyliumsalze 237
Fleischfarbstoffe 201
Fleischmilchsäure 266
Fluorose 148
FOLIN-CIOCALTEU-Reaktion 37
Folpet 296
Folsäure 172
Formaldehyd 286
Fotooxydation 92
Fremdstoffe 274
Fruchtzucker 105
Fructane 122
Fructosane 105
Fructose 105
Fucoidin 109
Fucose 109
Fucosterol 81
Fucoxanthin 210
Fumigantien 297
Fungicide 295

Furazolidon 299
Furcellaran 119
Furocumarine 225
Furosin 35

Galactane 123
Galactarsäure 113
Galactitol 111
Galactosamin 109
Galactose 105
Galactosidase 115
Gallate 288
Gallenfarbstoffe 201, 208
Gallocatechine 235
Gallocatechin-3-gallate 235
Gallotannine 231
Gallussäure 230
Gärungsmilchsäure 266
Geliermittel 280
Gentianose 116
Gentiobiose 117
Gentiopikrin 106, 269
Gentisin 269
Gentisinsäure 230
Genußsäuren 266
Geranial 221
Geraniol 221
Gerbstoffe, kondensierte 231, 235
Geruch 255
Geschmack 255
Geschmacksstoffe 264
Geschmacksumwandler 255
Geschmacksunterdrücker 272
Geschmacksverstärker 271
Globuline 57
Glucane 119
Glucarsäure 112
Glucitol 111
Glucopyranose 100
Glucosamin 109
Glucosan 107
Glucose 104, 105
Glucoseisomerase 105
Glucoseoxydase 112
Glucosidase 115
Glucosinolate 226
Glucovanillin 108
Glutamat 272
Glutamin 273
Glutaminsäure 25
Glutamylpeptide
Glutathion 44

SACHWORTVERZEICHNIS

Gluteline 57
Gluten 57
Glycane 117
—, sulfatierte 126
Glycarsäuren 112
Glyceraldehyd 99
Glyceridstruktur 78
Glycerin s. Glycerol
Glycerinaldehyd s. Glyceraldehyd
Glycerinolyse s. Glycerolyse
Glyceroglycolipide 84
Glycerol 76
Glycerolether 87
Glycerolyse 282
Glyceromonoether 87
Glycerophosphatide 82
Glycerotriether 87
Glycin 19
Glycoalkaloide 245
Glycogen 120
Glycolipide 84
Glycon 106
Glyconsäuren 111
Glycoproteine 59
Glycoside 106
—, cyanogene 106
C-Glycoside 107
N-Glycoside 106
O-Glycoside 106
S-Glycoside 106
Glycosylverbindungen 105
Glycuronsäuren 112
Glycyrrhizin 280
Goitrin 227
Gonan 80
GRAHAM-Salz 283
Grenzdextrine 120
Grundgeschmacksarten 264
Guanin 248
Guanosin 250
Guanosinmonophosphat 251, 273
Guaran 123
Gulose 101
Guluronsäure 125
Gummi 117, 124
Gummi arabicum 125
Gummi Ghatti 125
Gummi, mikrobielle 125
—, uronsäurehaltige 124
Gurkenaroma 261
Guttapercha 221
Gymnemiasäure 272
Gynolactose 117

Hämfarbstoffe 202
Hämoglobin 202
Hämoproteine 203
Harnsäure 249
Harze 228
HAWORTH-Projektionsformel 103
HCH 291
HDL 60
Heliotropin 224
Helix 50
Hemicellulosen 123
Hemiterpene 220
Heparin 109
Heptosen 99
Herbicide 296
Heringsöl 69, 73
Hesperitin 236
Heteroglycane 123
Heteropolysaccharide 123
Heterosaccharide 113
Hexachlorcyclohexan 291
Hexadecensäure 71
Hexamethylentetramin 287
Hexosen 104
Histamin 26, 39
Histidin 26
Histone 57
HMF s. Hydroxymethylfurfural
Holo-Enzym 139
Holzgummi 104
Holzöl, chinesisches 73
Homoglycane 119
Homopolysaccharide 119
Homosaccharide 113
Honigtau 116
Humulen 224
Humulon 270
Hyaluronsäure 127
Hydnocarpussäure 75
Hydrolasen 194
Hydroperoxidzersetzung 91
Hydroxizin 299
Hydroxybenzoesäure 230
Hydroxybenzylisothiocyanat 227
Hydroxy-3-butenylisothiocyanat 227
Hydroxycumarine 232, 233
Hydroxydiphenyl 287
Hydroxyfettsäuren 74
Hydroxymethylfurfural 135
Hydroxy-9-octadecensäure 74
Hydroxyprolin 24
Hydroxy-15-tetracosensäure 74
Hydroxytryptamin s. Serotonin

Hydroxyzimtsäuren 230
Hypervitaminosen 154
Hypovitaminosen 152
Hypoxanthin 248

Idose 101
Imidozol 241
Immunopolysaccharide 109
Indol 225, 241
Indolchinon 239
Inosin 250
Inosinmonophosphat 251, 273
Inositol 82
Inositolphosphatide 82
Insekticide 290
intermediate moisture foods 141
intrinsic factor 175
Intybin 271
Inulin 122
Inversion 114
Invertzucker 105
Iodmangel 148
Iodzahl 69
irreducible level 276
Isansäure 73
Isobornylan 223
Isocamphan 223
Isoenzyme 184
Iso-Fettsäuren 74
Isoflavane 234
Isoflavone 234
Isolan 294
Isolensäuren 71
Isoleucin 20
Isomaltol 135
Isomaltose 116
Isomerasen 194
Isopimpinellin 225
Isoprenoide 208, 220
Isorhamnetin 237
Isothiocyanate 227
Isotrehalose 114
Isovaleriansäure 74
Itai-Itai-Krankheit 149

Jasmon 259
Juenol 224

Kaffeesäure 232
Kaffein s. Coffein
Kakaobutter 69, 73
Kalorienbedarf 15

Kaltsterilisation 286
Kämferol 237
Karayagummi 125
Kartoffel 246
Katalase 194
Kautschuk 221
Keimhemmungsmittel 297
Kephaline 82
Ketale 107
Ketofettsäuren 74
Ketosen 99
Knoblauchöl 228
Kochsalz 267
Kohlenhydrate 98
—, back polymerization 132
—, Bedarf 15, 98
—, Bräunung 135
—, Dehydratisierung 133
—, Desmolyse 133
—, Einteilung 98
—, Endiolbildung 132
—, Hydrolyse 126
—, Isomerisierung 132
—, Konformation 99
—, Konstitution 99
—, Mutarotation 101
—, Reversion 131
—, Stereoisomerie 100
Kohlenoxisulfid 228
Kohlenwasserstoffe 86
—, polycyclische aromatische 86, 303
Kollagen 58
Kolophonium 229
Komplexbildner 289
Komplexon 289
Konjuensäuren 73
Konservierungsmittel 284
Kontaktgifte 225
Kontaminanten 274
Kreatinphosphat 25
Kropf 227
Kugelfisch 249

Lab 194
Lactase 115
Lactobacillussäure 75
Lactose 115
Lactucopikrin 271
Lactulose 115
LANGMUIRsche Adsorptionsisotherme 140
Lanthionin 41
Laurinsäure 68
Laurylgallat 288

Lävane 122
Lävoglucosan 107
Lävulose 105
LDL 60
Lebensmittel, halbfeuchte 141
Lebensmittelinhaltsstoffe, Einteilung 16
Lecithine 82
Leinöl 69, 73
Lepra 75
Leucin 23
Leucoanthocyanidine 235
Leucocyanidin 236
Leucodelphinidin 236
Leucodopachinon 239
Leucotriene 72
Licansäure 73
Lichtgeschmack 23
Ligasen 194
Lignin 233
Lignocerinsäure 68
Limabohne 226
Limettin 225
Limonen 271
Limonin 222
Linalool 221
Linamarin 226
Lindan 291
Linolensäure 71
Linolsäure 71
Lipasen, positionsspezifische 88
Lipid A 84
Lipide 64
—, Autoxydation 89, 93
—, enzymatische Oxydation 93
—, Hydrolyse 88
—, Hydroperoxidbildung 90
—, physiologischer Brennwert 15
—, Polymerisation 95
Lipidveränderungen 87
Lipochrome 86
Lipoglycane 84
Lipoide 64
Lipopolysaccharide 84
Lipoproteine 59
Lipovitamine 87
Lipoxydase 93
Lipoxygenase 93
Lumichrom 168
Lumiflavin 168
Lutein 210
Luteolin 237
Lyasen 194
Lycopin 209

Lysin 25
Lysinoalanin 41
Lysophosphatide 83
Lyxose 101

MAILLARD-Reaktion 33, 115, 136, 262
Malathion 294
Maltase 115
Maltobiose 115
Maltol 273
Maltose 115
Malvaliasäure 75
Malzzucker 115
Mandeln, bittere 225
Mandelsäurenitril 226
Maneb 295
Mangiferin 216
Mannane 105
Mannitol 111
Mannitolgärung 111
Mannoglycane 123
Mannosamin 109
Mannose 105
Mannuronsäure 124
Martiusgelb 277
Mastix 229
Mate 242
Medazepam 299
Mehrfachzucker 98
Melampyritol 111
Melanine 239
Melanoidine 33
Melecitose 116
Melibiose 116
Menth-1-en-8-thiol 223
Menthol 222
Menthon 222
Meprobamat 299
Mescalin 40
Mestranol 298
metal-scavanger 94
Methämoglobin 204
Methional 23
Methionin 20, 31
Methoxychlor 291
Methylanabasin 244
Methylanatabin 244
Methylbromid 297
Methylcellulose 122
Methylchavicol 224
Methylcholanthren 303
Methylketone 74, 97
Methylmercaptan 263

Methylmyosmin 244
Methylpentosen 109
Methylquecksilberchlorid 149
Methylsterole 57
Methyl-5-vinylthiazol 227
Metmyoglobin 204
MGDG 85
MICHAELIS-MENTEN-Kinetik 186
Milchsäuerung 115
Milchsäure 266
Milchzucker 115
MILLONS-Reaktion 37
Mineralstoffe 143
—, Gehalt in Lebensmitteln 145
—, radioaktive 150
—, toxische 143
Mineralwachse 79
Minimatakrankheit 149
Miraculin 272
MKC 281
Molluskicide 290
Monellin 280
Monoaminomonocarbonsäuren 19
Monoaminodicarbonsäuren 19
Monogalactosyldiacylglyceride 85
Monoglyceride 76, 282
Monoglycerid-Hydroxysäureester 282
Mononatriumglutamat 272
Monosaccharide 99
Monosaccharid-Heteroglycane 123
Monosaccharid-Uronsäure-Heteroglycane 124
Monoterpene 221
Montanwachs 79
mottled teeth 148
Mucoitinschwefelsäure 109
Mucopolysaccharide 127
Multienzymsysteme 185
Muscarufin 216
Mutarotation 132
Mutterkorn 242
Mutterkornalkaloide 242
Mycolsäuren 74
Mycose 114
Mycosterole 81
Mycotoxine 300
Myoglobin 59, 202
Myosmin 244
Myrcen 221
Myricetin 237
Myristinsäure 68
Myristoleinsäure 70
Myrosinase 227
Myrtenol 223

Nährstoffe 16
Nahrungskette 290
Naphthalene, polychlorierte 303
Naphthochinone 166
Naphtholrot S 277
Naringenin 236
Naringin 271
Natriumglutamat 272
NDGA 288
Nematicide 290
Neohesperidindihydrochalcon 280
Neoisomenthol 222
Neomenthol 222
Neotrehalose 114
Neral 221
Nerol 221
Nerolidol 224
Nervonsäure 74
Neutralfette 76
Niacin s. Nicotinsäure, -amid
Niacytin 170
Nichteiweißaminosäuren 38
Nicotellin 244
Nicotin 244
Nicotinamid 169
Nicotinsäure 169
Nicotinsäureamid 169
Nicotyrin 244
Ninhydrin 37
Nitrile 227
Nitritpökelsalz 278
Nitrobenzen 258
Nitroprussid-Reaktion 37
Nitrosamide 304
Nitrosamine 304
no-adverse-effect-level 274
no-effect-level 274
Nootkaton 223, 259
Nordihydroguajaretsäure 233, 288
Nornicotin 244
no-toxic-effekt-level 274
Nucleasen 252
Nucleinsäuren 247, 251
Nucleoproteine 58
Nucleoside 250
Nucleotide 250
Nutrasweet 279

Ochratoxin 301
Ocimen 221
Octadecadiensäure 71
Octadecatriensäure 71
Octadecensäure 70

SACHWORTVERZEICHNIS

Octylgallat 288
off-Flavour 255
Oiticicaöl 73
Oleuropeinsäuremonosaccharosid 271
Oligosaccharide 113
Olivenöl 69, 73
Ölsäure 70
Organoleptik 255
Organopolysiloxane 283
Ornithin 39
Östrogene 298
Oxofettsäuren 74
Oxydationswasser 138
Oxydoreduktasen 194
Oxypolymere 96
Oxytetracyclin 298
Ovalbumin 57
Ovoverdin 210

Palmitinsäure 68
Palmitoleinsäure 70
Palmkernfett 69, 73
Palmöl 69, 73
Pankreatin 194
Pansenbakterien 70
Panthothensäure 171
Pantoinsäure 171
Papain 194
Paprika 243
Paracasein 59
Parasorbinsäure 285
Parathion 293
Parfümranzigkeit 97
Parinarsäure 73
Patulin 300
PAULY-Reaktion 37
Pectine 123
Pectinsäuren 123
Pelargonidin 238
Pellagra 170
Penicellinsäure 301
Pentosane 103, 123
Pentosen 103
Pepsin 194
Peptide 42
—, bitter schmeckende 45
—, süß schmeckende 45
Peptidtoxine 44
Perhydrocyclopenta(a)phenanthren 80
Perillartin 280
permissible level 275
Peroxydation 90
Pesticide 289

Petroselinsäure 70
Pfeffer 245
Pfefferminzöl 222
Pflanzengummi 125
Pflanzenphenole 230
Pflanzenschutz- und Schädlingsbekämpfungsmittel 289
Pflanzenwachse 207
Phäophorbide 207
Phäophytine 207
PHB-Ester 285
Phellandrene 222
Phenolase 238
Phenolhydroxylase 238
Phenoloxydase 238
Phenylalanin 23
Phenylalkylamine 241
Phenyl-chroman 212, 234
Phenyl-4H-chromen 212, 234
Phenylketonurie 23
Phenylphenol 287
Phenylpropane 232
Phenylquecksilberacetat 295
Phosphagene 26
Phosphate 283
Phosphatide 82
Phosphatidsäuren 83
Phosphatidylcholin 82
Phosphatidylethanolamin 82
Phosphatidylinositol 82
Phosphatidylserin 82
Phospholipide 82
Phosphonate 294
Phosphoproteine 58
Phosphorwasserstoff 297
Phosvitin 56
Phytan 86
Phytosphingosin 61
Phytinsäure 284
Phytosterole 81
Picrocrocin 270
Picrosalvin 270
Pikrinsäure 277
Pilze, xerophile 141
Pinnan 223
Pinen 223
Piperidin 245
Piperin 245
Plasmalogene 83
Plastein-Reaktion 44
Polyalkensäuren 71
Polyglycerole 76
Polyglycerolfettsäureester 76, 282

SACHWORTVERZEICHNIS

Polymerisation 95
Polyoxyethylensorbitanfettsäureester 283
Polyphenoloxydase 238
Polyphosphate 283
Polysaccharide 117
Polyterpene 221
Polyuronide 112
Porphin 201
Prähumulon 270
Pristan 62
Progoitrin 227
Prolamine 57
Prolin 24
Prometon 296
Prometryn 296
Propazin 296
Propensulfensäure 228
Propionsäure 285
Propoxur 294
Propylgallat 288
Prostacyclin 72
Prostaglandine 72
Protamine 57
Proteide s. Proteine
Proteine 45
—, Denaturierung 54, 60
—, einfache 55
—, funktionelle Eigenschaften 61
—, Modifizierung 60
—, Struktur 46
—, Wasserbindungsvermögen 54
—, Wert, biologischer 62
—, zusammengesetzte 58
protein efficiency ratio 63
Proteinisolate 61
Proteinkonzentrate 61
Proteinquellen, neue 61
Proteoglycane 128
Protocatechualdehyd 271
Protocatechusäure 230
Protoporphyrine 201
Provitamine 152
Prunasin 106, 226
Pseudoalkaloide 241
Pseudorotation 103
Psicose 101
Psilocin 40
PSM 224
Psoralen 225
Psychopharmaca 299
Pteroinsäure 172
Pteroylglutaminsäure 172
Pulegon 222

Purinalkaloide 242
Purine 241
Puringehalt, Lebensmittel 249
Putrescin 40
Pyrazine 247
Pyrethrine 222
Pyridin 241
Pyridosin 35
Pyridoxal 170
Pyridoxamin 170
Pyridoxin 170
Pyrimidinbasen 247
Pyrimidine 247
Pyrokohlensäurediethylester 286
Pyrrolidin 241
Pyrrolidoncarbonsäure 273

Qualität 254
Quecksilber 149
Quellstärke 120
Quencher 93, 94
Quercetin 237
Quercetin-3-rutinosid 106

Radioaktivität 150
Radionuclide 150
Raffinose 116
random coil 51
Rapsöl 69, 73
Reifungsmittel 297
Reizschmerzempfindungen 256
Reizschwelle 256
Repellentien 290
Respirationsgifte 290
Retinal 160
Retinol 160
Retinoläquivalent 163
Retinsäure 160
Revitaminierung 158
Rhamnose 109
Riboflavin 168
Ribonucleinsäuren 253
Ribonucleotide 250
Ribose 104
Ribulose 101
Ricin 57
Ricinolsäure 74
Rindertalg 69, 73
RNS 253
Rodenticide 290
Rohrzucker 114
Röstaroma 263
Röstbitterstoffe 271
Rübenzucker 114

SACHWORTVERZEICHNIS

Sabinen 223
Sabinol 223
Saccharate 113
Saccharid-Protein-Verbindungen 128
Saccharidveränderungen 128
Saccharin 279
Saccharinsäure 134
Saccharose 114
Saccharosefettsäureester 282
Saccharoseoctaacetat 271
Safrol 224
SAKAGUCHI-Reaktion 37
Salicylsäure 230
Salicylsäuremethylester 224
Salmonellen 302
Salzgeschmack 267
Sambunigrin 106
Sandzucker 115
Santoquin 280
Sauergeschmack 265
Saxitoxin 249
SCHARDINGER-Dextrine 120
Schellack 79, 229
Schleimsäure 113
Schlüsselsubstanzen 256
Schwarzer Bruch 239
Schwarzkochen 239
Schwefeldioxid 28, 286
Schweflige Säure 28, 286
Schweineschmalz 69, 73
Schwellenwert 255
Scopoletin 233
Sehvorgang 161
Seifen 67
Seminose 105
Senföle 227
Senfölglucoside 226
Sensorik 255
Serin 24
Serinkephaline 82
Serotonin 38, 40
Sesquiterpene 220
Sesterpene 220
Sialinsäure 117
Silicone 283
Simazin 296
Sinalbin 227
Sinapinsäure 272
Sinigrin 227
Sitosterol 81
Skleroproteine 58
Sojaöl 69, 73
Solanidin 245

Solanin 245
Sonnenblumenöl 69, 73
Sonnenlichtgeschmack 23
Sorbinose 105
Sorbinsäure 285
Sorbit s. Glucitol
Sorbitanfettsäureester 283
Sorbitol s. Glucitol
Sorbose 105
Sorptionsisotherme 140
Spans 283
Sphingenin 59
Sphingoglycolipide 84
Sphingomyeline 84
Sphingophosphatide 83
Sphingophospholipide 83
Sphingosin 83
Spirolan 246
Squalen 86
Stachyose 116
Stärke 119
—, modifizierte 120
—, tierische s. Glycogen
Stearinsäure 68
Steran 80
Stercobilin 206
Sterine s. Sterole
Steroidalkaloide 245
Sterole 79
Sterolester 79
Sterylglycolipide 85
Sterylglycoside 85
Steviosid 280
Stigmasterol 82
Strahlenbelastung 150
STRECKER-Abbau 262
Sudanrot BB 277
SULLIVAN-Reaktion 39
Süße, relative 267
Süßgeschmack 267
Süßstoffe 278
Synergisten 287
Syringasäure 230

Tabak-Alkaloide 244
Tabakauszüge 245
Tagatose 101
Talin 272
Talose 101
Tanningerbstoffe 231
Taririnsäure 73
Taxifolin 236
Tee 242

SACHWORTVERZEICHNIS

Terbutryn 296
Terpen-Alkaloide 241
Terpene 220
Terpentinöl 229
Terpenyle 303
Terpinene 222
Terpineole 222
Test, kurativer 155
—, prophylaktischer 155
Tetracycline 298
Tetradecensäure 71
Tetrahydrofolsäure 173
Tetrapyrrole 201
Tetraterpene 220
Tetrodotoxin 249
Tetrosen 100
Tetrulose 101
Thaumatin 272
Thein s. Coffein
Theobromin 243
Theophyllin 243
Thiabendazol 296
Thiamin 166
Thiochrom 167
Thioxyanide 227
Thioglycoside 226
Thionophosphate 292
Thiooxazolidone 227
Thiophos 293
Threonin 24
Threose 101
Thromboxane 72
Thujan 223
Thujen 223
Thujol 223
Thujon 223
Thymin 247
Thymol 224
Thyreostatica 298
Thyroxin 227
Timnodonsäure 72
Tinoxpräparate 294
Tocochinon 165
Tocol 164
Tocopheramin 165
Tocopherole 164
Tocopheronolacton 165
Tocotrienole 165
Tomatidin 245
tonic-water 270
Toxalbumin 57
Toxaphen 292
Tragacanth 125

Tragant 125
Tranquilizer 299
Transcobalamine 175
Transferasen 194
trans-Fettsäuren 70
Traubenzucker 105
Trehalose 114
Tribuphon 294
Trichlorphenoxyessigsäure 296
Trichlorphon 294
Trichothecene 300
Triglyceride 77
Triosen 100
Triphenylzinnacetat 295
Trisaccharide 166
Triterpene 220
Tropan 241
Tryptamin 40
Tryptophan 23
Tungöl 73
Turanose 117
Tweens 283
Tyramin 40
Tyrosin 24

Umbelliferon 233
Unverseifbares 81
Uracil 247, 298
Urethane 287
Uricase 249
Uridin 250
Urobilin 206
Uronsäure-Heteroglycane 124
Uronsäure-Homoglycane 123
Uronsäuren 112
Urotropin 287

Vaccensäure 70
Vaccinin 108
Valin 20
Vanillin 224
Vanillinsäure 230
Verbascose 116
Verfärbungen, nicht-enzymatische 239
Versene 289
Vicianin 106
Vielfachzucker 98
Viktoriagelb 277
Vinyl-2-thiooxazolidon 227
Violaxanthin 210
Vitamere 156
Vitamin A 160
Vitamin-A_2-Aldehyd 160

Vitamin-A$_2$-Alkohol 160
Vitamin-A$_2$-Säure 160
Vitamin B$_1$ 166
Vitamin B$_2$ 168
Vitamin-B$_6$-Gruppe 170
Vitamin B$_{12}$ 173
Vitamin C 175
Vitamin D 164
Vitamin D$_2$ 164
Vitamin D$_3$ 164
Vitamin E 164
Vitamin F 51
Vitamin K 166
Vitamin P 237
Vitaminantagonisten 154
Vitamine 152
—, empfohlene tägliche Aufnahme 153
—, fettlösliche 160
—, Funktionen 153
—, Nomenklatur 153
—, Quellen 157
—, Stabilität 159
—, Verluste 158
—, Vorkommen in Lebensmitteln 157
—, wasserlösliche 166
Vitaminierung 158
Vitexin 107
VLDL 60
VTO 227

Wachse 78
Wachstumsregulatoren 297
Walöl 69, 73
Walrat 79

Wasser 138
Wasseraktivität 140
Wasserbedarf 138
Wassergehalt, Lebensmittel 139
Weinsäure 266
Wiederkäuerfette 70, 74
Wofatox 293
Wollfett 74

Xanthan 118, 125
Xanthone 216
Xanthophylle 217
Xanthoprotein-Reaktion 37
Xylan 104
Xylitol 110
Xylose 104
Xylulose 101

Zearalenon 300
Zeaxanthin 210
Zimtaldehyd 224
Zimtalkohol 224
Zingiberen 224
Zoosterole 80
Zuckeralkohole 109
Zuckeranhydride 107
Zuckerdicarbonsäuren 112
Zuckerester 108
Zuckerether 108
Zuckersäure 113
Zuckerstammbaum 101
Zunge, Geschmackszonen 264
Zusatzstoffe 16, 274
Zymogene 184